ENCYCLOPÉDIE DES TRAVAUX PUBLICS

HYDRAULIQUE FLUVIALE

Chaque ouvrage formant un ensemble, il n'y aura pas de numerotage lui assignant une place déterminée dans l'Encyclopédie des Travaux publics.

M.-C. L.

ANGERS, IMP. BURDIN ET Cⁱᵉ, RUE GARNIER, 4.

ENCYCLOPÉDIE

DES

TRAVAUX PUBLICS

Fondée en 1884 par Mc.-Cl. LECHALAS, Insp' gén'l des Ponts et Chaussées.

HYDRAULIQUE FLUVIALE

PAR

Mc.-Cl. LECHALAS

———— ·>•—••◦••—<· ————

PARIS

LIBRAIRIE POLYTECHNIQUE

BAUDRY ET Cie, LIBRAIRES-ÉDITEURS

RUE DES SAINTS-PÈRES, 15

MÊME MAISON A LIÈGE

———

1884

TABLE DES MATIÈRES

FIGURES

ERRATUM :

Page 180, ligne 6, lisez *déversoirs*, au lieu de déversions.

PREMIÈRE PARTIE

MÉTÉOROLOGIE ET HYDROLOGIE

CHAPITRE PREMIER

LA PLUIE

SOMMAIRE :

Figures :

LA PLUIE

§ Ier

LE PLUVIOMÈTRE

L'instrument qui sert à mesurer la hauteur de la pluie, tombant sur un point donné, a reçu le nom de pluviomètre ou d'udomètre.

1. Modèle de l'Association scientifique de France. — C'est le plus usité. L'Association a rédigé pour les observateurs des instructions qu'il peut être utile de résumer ici.

On reçoit la pluie dans un entonnoir dont l'entrée a $0^m,226$ de diamètre, ou 4 décimètres carrés de surface. Les parois de l'entonnoir, très inclinées afin d'éviter les rejaillissements des gouttelettes de pluie, sont en zinc, et son orifice est limité par un cercle de même métal tourné sur un mandrin spécial. On est ainsi assuré de l'exactitude du diamètre et par suite de la surface de cette partie de l'appareil.

L'entonnoir repose sur un vase en zinc légèrement conique, destiné à servir de récipient à la pluie. Un bord adapté à l'entonnoir empêche la pluie qui tombe sur les parois extérieures de cet appareil de pénétrer dans le récipient ; ce dernier est lui-même muni d'un bec afin de verser l'eau dans l'éprouvette.

La réunion de l'entonnoir et du récipient forme un système qu'il suffira de placer bien verticalement, à 1^m ou $1^m,50$ au-dessus du sol, pour installer le pluviomètre.

L'éprouvette est en verre ; son volume est d'un quart de litre et la graduation en parties d'égal volume est combinée de manière à donner immédiatement, en millimètres et dixièmes de millimètre, la hauteur de la couche d'eau tombée dans l'entonnoir et réunie dans le récipient.

Pour faire une observation, il faut donc verser dans l'éprouvette, mise sur une surface horizontale, l'eau rassemblée dans le récipient et lire la hauteur à laquelle elle s'élève.

Le pluviomètre doit être visité et vidé chaque matin à neuf heures. Le résultat de l'observation sera inscrit sur un carnet spécial, à la date du jour où elle a été faite. Si le pluviomètre a reçu de la neige ou si l'eau qu'il renferme est gelée, on fera fondre la glace, et la quantité d'eau sera immédiatement mesurée.

Le pluviomètre doit être placé à 15 ou 20 mètres de toute maison, de tout bouquet d'arbres considérable capable de produire dans le mouvement de l'air des remous qui, suivant leurs directions, accumulent ou dispersent la pluie. Les pluviomètres ne doivent pas être placés sur des toits. La meilleure position est le centre d'une cour ou d'un jardin.

  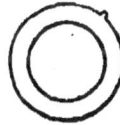

Entonnoir.   Récipient.

Il faut avoir soin qu'ils ne soient dominés par aucun arbre.

Dans les pays à grandes averses, il faut donner beaucoup de hauteur au récipient.

Lors des orages, il est utile de faire des constatations supplémentaires, pour avoir la quantité de pluie correspondant à leur durée.

§ II

LES PLUIES ANNUELLES

2. M. de Gasparin. — On a souvent cité le tableau des pluies annuelles donné, il y a longtemps déjà, par M. de Gasparin. Nous y relevons les chiffres suivants, qui se rapportent à une année moyenne :

Angleterre, partie occidentale, $0^m,916$; partie orientale, $0^m,687$.

France septentrionale, $0^m,678$; méridionale, $0^m,814$.

Russie, $0^m,904$.

La répartition des pluies entre les saisons varie beaucoup d'une région à une autre. La France septentrionale, moins pluvieuse dans l'ensemble, comporte une plus grande hauteur d'eau recueillie en été que la France méridionale : $0^m,230$ au lieu de $0^m,133$. Cette loi s'est vérifiée en 1881.

En automne, au contraire, il pleut davantage dans le sud que dans le nord : $0^m,292$, contre $0^m,174$.

On constate d'ailleurs de grandes différences d'une année à l'autre (voir le tableau A aux annexes). C'est ainsi qu'à Joigny, dans la vallée de l'Yonne, la hauteur totale n'a été que de $0^m,454$ en 1864, tandis qu'elle s'est élevée à $0^m,826$ en 1866.

La division de la France en parties nord et sud a sa raison d'être ; mais il ne faudrait pas appliquer à des localités particulières ce que l'on constate sur les moyennes générales. Il pleut davantage à Épinal et à Vesoul qu'à Cahors, Agen ou Montauban.

3. Première loi de Dausse. Loi de Belgrand. — La hauteur de la pluie annuelle croît *en général* avec l'altitude, *jusqu'à une certaine limite.* C'est la *première loi de Dausse* (*Annales des Ponts et Chaussées*, 1842, page 186). On verra que, pour être exact, il faut compléter cet énoncé en ajoutant : « Sauf l'accroissement que provoque le voisinage de la mer. » — Sans parler de celle-ci, Dausse dit

« toutes choses égales d'ailleurs, » ce qui comprend aussi l'influence de l'orientation, etc. [1]. — Voici quelques chiffres : A Auxerre, où l'udomètre est à 122^m,30 au-dessus du niveau de la mer, on n'a eu que 0^m,500 en 1864, tandis qu'à Lacolancelle, localité située comme la première dans la vallée de l'Yonne, mais à l'altitude 279^m,23, on a recueilli dans l'appareil 0^m,702. Il y a eu des différences analogues en 1861, 1862, 1865, 1866, 1867 et 1868 ; mais en 1863 une petite différence inverse a été relevée : 0^m,732 à Auxerre, contre 0^m,711 à Lacolancelle. — En 1881, la pluie recueillie au sommet du Morvan, à l'altitude 902^m, a été de 1^m,26 : aux Seltons, altitude 596^m, de 1^m,40 ; à Joigny (82^m), 0^m,51. Le maximum de la pluie correspond à 600^m de hauteur environ dans le bassin de la Seine.

On constate souvent la même loi pour une pluie distincte. C'est ainsi qu'on cite, dans le bassin de la Garonne, une pluie ayant donné 0^m,044 à Agen, 0^m,061 à Toulouse, 0^m,069 à Foix et 0^m,170 à la hauteur de 2,000 mètres environ. Des observations plus multipliées auraient peut-être fait découvrir un maximum entre les troisième et quatrième ordonnées.

Ligne des altitudes.

M. Belgrand a admis la *Loi de Dausse* ; mais il a cependant constaté des proportions inverses entre les altitudes et les hauteurs de la pluie annuelle, dans un certain nombre de circonstances spéciales. « Les plateaux et les pentes des montagnes sont déchirés par des vallées profondes, et ces vallées sont reliées entre elles par de grandes dépressions telles que celles de la Champagne sèche et humide, etc. Il pleut beaucoup plus dans quelques-unes de ces dépressions que sur les montagnes et plateaux voisins. »

1. *Loi d'Arago.* — Notons en passant la *loi d'Arago* : « En un lieu quelconque, la pluie s'accroît rapidement dans le trajet des couches inférieures de l'atmosphère. » Cette loi n'est pas en contradiction avec celle de Dausse.

Ce qui prouve bien que l'influence de l'altitude peut être dominée par les formes du terrain et par l'orientation des vents pluvieux, c'est qu'à Avallon et à Vézelay, sur les bords des coteaux qui longent le Cousin et la Cure, *à la même altitude*, les hauteurs annuelles de pluie ont toujours été plus fortes au second point qu'au premier, de 1861 à 1868. En 1866, 0^m,738 à Avallon ; 1^m,244 à Vézelay. « Les vents pluvieux sont déviés par la masse montueuse du Morvan ; il passe beaucoup plus de nuages à Vézelay, qui est à l'extrémité du revers occidental, qu'à Avallon, situé sur le revers oriental. Des contrastes du même genre, mais beaucoup plus prononcés, se remarquent dans les pays de grandes montagnes. »

L'influence du voisinage de la mer sur la hauteur annuelle de la pluie a été signalée par M. Belgrand : au phare de Fatouville (Eure) on a recueilli 0^m,650 d'eau en 1864 contre 0^m,500 à Auxerre. Les côtes du nord-ouest reçoivent de 0^m,80 à 1^m de pluie, tandis que Paris n'en reçoit pas 0^m,60, année moyenne. Sur les montagnes, en 1881, la pluie annuelle a atteint de 1^m,13 (monts du Forez) à 1^m,26 (sommet du Morvan) et 1^m,40 dans le Jura et les Vosges. Il paraît bien établi que la pluie décroît lorsqu'on s'éloigne de la mer, jusqu'en un certain point où l'influence de l'altitude devient dominante ; on a vu cependant que celle-ci ne se maintient pas toujours jusqu'aux sommets.

En conséquence, la *loi de Belgrand*, qu'il convient de substituer à celle de Dausse, peut s'énoncer ainsi :

« En général, la quantité annuelle de pluie, dans un même bassin, varie en sens inverse de la distance à la mer, puis dans le même sens que l'altitude, du moins jusqu'à une certaine limite de celle-ci. »

4. Fréquence des pluies. — M. de Gasparin donne les chiffres suivants :

Angleterre : partie occidentale, 160 jours en moyenne par an ; partie orientale, 153. L'automne l'emporte sur les autres saisons dans tout le pays, pour les nombres de jours comme pour les hauteurs de pluie ;

France : septentrionale, 115 jours ; méridionale, 91 ;
Russie : 101 jours.

5. Le nord et le midi de la France. — Il pleut plus
souvent dans le nord de la France que dans le midi. Si
donc on se plaçait au point de vue de la fréquence du phénomène, la partie septentrionale devrait être classée comme
étant plus pluvieuse que l'autre, tandis que nous avons dit le
contraire en donnant les renseignements relatifs aux quantités annuelles d'eau tombée. Les jours de pluie se partagent
à peu près également entre les saisons, à l'exception de l'été
dans la partie sud (15 jours seulement).

6. La fréquence des pluies et l'altitude. — Réserve
faite du voisinage de la mer, la fréquence des pluies diminue souvent quand on s'élève dans un bassin. En 1875,
122 jours à Lyon, 75 jours à Annemasse, tandis que les hauteurs d'eau recueillies sont, respectivement, de 0^m,775 et
1^m,080.

7. Influence côtière. — Quant à l'influence côtière, les
chiffres suivants la font ressortir. En 1872, à Yvetot, 223
jours pluvieux, tandis que la moyenne pour tout le bassin de
la Seine ne dépasse pas 164 jours. Les plus hautes stations du
Morvan se rapprochent des nombres relatifs aux stations du
voisinage de la Manche.

En ce qui concerne la Seine, il existe un minimum vers le
centre du bassin, pour les nombres de jours pluvieux, et deux
maximums : dans le bas et dans le haut.

8. Comparaison des années. — Le phénomène de la
pluie subit de grandes variations d'une année à l'autre
(Annexe A), sous le rapport de la fréquence comme sous le
rapport de la hauteur totale : 101 jours à Rouen en 1856, 197
jours en 1872.

§ III

PLUIES PROLONGÉES

Toutes ces moyennes : hauteurs, nombres de jours, n'ont d'intérêt que pour des questions très générales. Quand il s'agit d'annoncer à l'avance la hauteur d'une crue, c'est principalement aux chiffres concernant les dernières pluies qu'on doit avoir recours. Il ne faudrait pas d'ailleurs considérer comme suffisante l'observation des hauteurs depuis que le danger existe ; l'état antérieur du sol et des cours d'eau doit être, en outre, pris en considération.

9. Saturation du sol. — Quelle que soit la saison, si la terre est saturée et les cours d'eau déjà en crue, au moment où de grandes masses liquides s'abattent sur un bassin, le résultat sera sensiblement le même.

10. Crue désastreuse. — C'est dans ces conditions qu'a eu lieu la désastreuse inondation de 1875 dans le bassin de la Garonne. « La crue des 22, 23, 24 juin, dit M. l'ingénieur Dieulafoy[1], a été le résultat de plusieurs causes qui ont, les unes favorisé, les autres plus spécialement déterminé l'inondation. Dans la première catégorie nous devons ranger les pluies persistantes du mois de juin, qui ont accru les sources, déterminé un gonflement permanent des rivières et saturé le sol au point de le rendre imperméable, et incapable d'absorber de nouvelles quantités d'eau. Dans la seconde, les pluies d'orage tombées sans discontinuité les 20, 21, 22 et 23 juin, dans tout le bassin de la Garonne et de l'Ariège, et la persistance du vent ouest-nord-ouest pendant la même période. » M. Dieulafoy attribue à ce vent la fonte immédiate des « couches peu denses » des neiges « qui s'étaient depuis peu déposées. » Il paraît qu'en réalité il n'est pas tombé de neige dans les Pyrénées en juin 1875, mais il en restait certainement encore, et les eaux ont dû les entraîner.

1. Rapport du 3 août 1875, Toulouse, typographie Mélanie Dupin, 1875.

Dans les trois journées du 21 au 23, on a recueilli à Toulouse
0ᵐ,123 de hauteur d'eau dans les pluviomètres et à Foix 0ᵐ,179.
La crue de l'Ariège est venue se superposer à celle de la
Garonne, et a produit le gonflement final. La plaine de Toulouse a été subitement envahie et la crue s'est élevée à 9ᵐ,47,
tandis que la plus haute crue précédente n'était montée qu'à
7ᵐ88 (en 1772.)

Le maximum de la pluie n'a pas eu lieu, en juin 1875, dans
la haute montagne ; mais vers son pied. Il n'y a pas eu de
crue dans la partie supérieure du bassin de la Garonne.

§ IV

ORAGES EXCEPTIONNELS

11. Orage du 5 juin 1873 à Elbeuf. — M. le conducteur des ponts et chaussées Tourné a rendu compte de
l'orage du 5 juin 1873, qui s'est abattu sur la ville d'Elbeuf
et sur sa banlieue. Nous lui empruntons, en l'abrégeant, le
récit des faits : La pluie a duré *deux heures*, de huit heures
et demie à dix heures et demie du soir. Le pluviomètre, d'un
petit modèle, a débordé; mais nous avons trouvé 330 litres
d'eau dans une embarcation présentant une surface de 4ᵐᵍ,55,
d'où ressort une hauteur de 0ᵐ,0725 de pluie[1]. Le bassin du
ravin des Ecameaux a 750 hectares de superficie, et celui du
Thuit-Auger, qui s'y embranche à l'entrée d'Elbeuf, 400; en
tout 1150 hectares. A raison de 0,0725 par mètre carré, cette
surface a reçu 833,750ᵐᶜ en deux heures. Fort heureusement
les terrains crayeux qui environnent Elbeuf sont essentiellement perméables; c'est ce qui explique l'absence de sources
au-dessus de la vallée de la Seine, et la nécessité pour les
habitants d'avoir des citernes et des mares. Ces dernières
abondent dans le pays, et elles ont certainement retenu sur
les plateaux un volume important.

---

1. Voir l'annexe B. On remarquera l'énormité des grandes pluies dans
le département de l'Hérault, comparativement à celles de la Seine-Inférieure.

L'écoulement a eu lieu par les égouts d'Elbeuf et à la surface des chaussées : de 8 heures et demie à onze heures, le débit par seconde a été sans cesse en augmentant; le maximum s'est maintenu pendant deux heures, jusqu'à une heure du matin; enfin, les eaux ont baissé jusqu'à quatre heures, moment où l'on peut admettre que tout était fini. M. Tourné applique ensuite les formules de MM. Darcy et Bazin au calcul du débit par les aqueducs, et par la large rue qui occupe le thalweg après la réunion des deux ravins; il arrive aux résultats suivants :

Débit pendant la période du maximum.	. . . .	122,400 ᵐ
— —	de croissance.	. . . .	76,500
— —	de décroissance	. . .	01.800
	Total	. . . .	200,700 ᵐ

Le rapport de ce volume à celui de la pluie est d'environ trente-cinq centièmes. Il serait arrivé à la Seine un volume plus considérable sans la sécheresse antérieure du sol, et sans l'emmagasinement dans les mares et dans les excavations des tuileries et briqueteries, assez nombreuses dans la partie supérieure du bassin.

Pendant l'écoulement des eaux, des maisons ont été renversées le long de la côte rapide¹ qui précède la ville, et plusieurs personnes ont péri.

12. Sac d'eau du 5 juillet 1875 (Calvados). — Un sac d'eau, comparable au précédent, s'est abattu sur le bassin de la Courtonne, sous-affluent de la Touque (Calvados), le 7 juillet 1875. Pluie violente de une heure et demie à 3 heures; accalmie de 3 à 4; reprise plus violente de 4 à 7. Hauteur totale de la pluie, 0ᵐ 106. C'est plus qu'à Elbeuf comme quantité, beaucoup moins comme intensité du météore, puisqu'au 5 juin 1873 la hauteur a été de 0,0725 en deux heures.

Les meules de foin, entraînées, ont obstrué les ponts et les aqueducs, et ces ouvrages ont été emportés. L'ingénieur en chef du département, M. Leblanc, a fait connaître le fait suivant: Un mur, établi en travers de la partie haute de la vallée, était percé d'une ouverture de 1ᵐ. 20 sur 0ᵐ, 80 pour

---

1. Voir, à l'annexe C, quelles vitesses prennent les eaux sur les pentes raides.

le passage des eaux ; un bouchon de foin arrêtant celles-ci, le niveau s'éleva à deux mètres en amont du mur et un véritable torrent se précipita bientôt par une brèche de cinquante mètres de largeur. Il fondit sur le village de Saint-Paul-de-Courtonne et y produisit les plus grands désastres.

L'arrivée des eaux dans la Touque, à Lisieux, eut lieu à huit heures et demie du soir. Le lit de cette rivière fut tellement encombré par les bois et les foins que l'eau prit son écoulement par une large rue, et ensuite par le boulevard des Bains et la rue Saint-Dominique.

Plusieurs maisons ont été submergées sur presque toute la hauteur du rez-de-chaussée. Sept personnes ont péri.

§ V

PRÉVISION DE LA PLUIE

Nous allons résumer les remarques qui terminent l'intéressante étude de M. Moureaux, dans les *Annales du Bureau central météorologique* (année 1880 ; compte rendu publié en 1882).

13. Les bourrasques qui affectent la France. — La presque totalité des bourrasques qui affectent la France nous arrivent toutes formées de l'Atlantique. Quelques-unes attaquent directement nos côtes de l'Océan, mais c'est l'exception ; la plupart abordent l'Europe par l'ouest des Iles-Britanniques, et un certain nombre viennent des Açores.

14. Direction ouest-est ; abordage par l'ouest des Iles-Britanniques. — Les premières sont de beaucoup les plus fréquentes ; ce sont elles qui commandent le temps au nord de notre plateau central. Lorsque la trajectoire est orientée de l'ouest à l'est, ce qui est le cas le plus ordinaire, et que la pression croît progressivement jusqu'à l'Espagne, les pluies tombent en France dans tout le pays au nord du plateau central, depuis la Bretagne jusqu'aux Vosges et aux Alpes. On remarque : en Bretagne et le long de la Manche, un maximum secondaire dû au voisinage de la mer; ensuite un minimum; puis des augmentations sur le versant occidental des Ardennes, sur le plateau de Langres et sur le Morvan, et quelquefois jusqu'au plateau central; dans la vallée de la Saône un second minimum, suivi d'accroissements sur le versant occidental des Vosges, du Jura et des montagnes de la Savoie. La pluie, dans le cas dont il s'agit, affecte rarement les bassins de la Gironde et de l'Adour, et ne tombe presque jamais sur le bassin méditerranéen au-dessous de Valence.

15. Centre de bourrasque sur la Manche. — Si le centre de la bourrasque passe sur la Manche, les faibles pressions s'étendent à la France entière; c'est sur la côte de l'Océan, dans le bassin de l'Adour et le long des Pyrénées, que les pluies tombent le plus abondamment.

16. Direction nord-sud. — Il en est de même lorsque les bourrasques descendent la mer du Nord, en se dirigeant vers le sud de l'Europe.

17. Direction sud-ouest au nord-est. — Si les centres de dépression traversent les Iles-Britanniques du sud-ouest au nord-est, c'est principalement en Bretagne que tombent les fortes pluies.

18. Bourrasques venant des Açores : 1° *Sud-nord*. — Les bourrasques venant des Açores ont une tendance à se diriger vers le Nord le long de l'Océan, lorsqu'il existe déjà une zone de faibles pressions à l'ouest des Iles-Britanniques. Dans ce cas la distribution des pluies affecte, dans les régions du nord, une allure analogue à celle des pluies dues aux bourrasques de la première catégorie; mais la pluie tombe également sur le versant méridional des Cévennes, et souvent sur les Alpes maritimes. Il ne tombe pas d'eau sur le versant nord des Pyrénées, au moins tant que le baromètre baisse.

2° *Ouest-est.* — Lorsqu'une bourrasque venant des Açores apparaît à l'ouest du Portugal, elle gagne le plus souvent la Méditerranée en traversant l'Espagne, si les Iles-Britanniques se trouvent sous un régime de hautes pressions. Les pluies tombent alors, presque exclusivement, vers Nice et sur le versant méridional des Cévennes.

19. Cas de pluies simultanées sur les Cévennes et sur les Basses-Pyrénées. — Les régimes des pluies de la Médi*erranée et du golfe de Gascogne sont donc nettement opposés. La même bourrasque n'amène que rarement des pluies simultanées sur les Cévennes et sur les Basses-Pyrénées; ce cas se présente quand, le centre des basses pressions passant sur le versant nord des Pyrénées, les vents soufflent simultanément du nord-ouest sur le bassin de l'Adour et du sud-est sur la Méditerranée.

20. Prévisions. — En résumé, la distribution des pluies est intimement liée à la direction du vent. Les indications qui précèdent permettent d'établir des prévisions assez plausibles pour une région donnée, lorsqu'on est renseigné sur les bourrasques qui s'approchent.

21. Application locale. Les cyclones[1]. — Les cyclones sont de vastes tourbillons aériens, qui se produisent autour d'un centre où la pression atmosphérique est plus ou moins déprimée et dont le mouvement rotatoire s'effectue invariablement, dans l'hémisphère boréal, en sens inverse de celui des aiguilles d'une montre. Ils sont animés, en outre, d'un mouvement de translation dirigé de l'ouest à l'est, c'est-à-dire dans le sens de la rotation de la terre, en vertu duquel leur centre parcourt le plus souvent de vastes espaces sans suivre de direction bien déterminée; quelquefois, mais plus rarement, ils s'éteignent à peu de distance du lieu où ils sont formés. Leur action est plus ou moins grande suivant que leur centre est plus ou moins déprimé et qu'il est plus ou moins voisin du lieu d'observation; leur influence sur le temps est prépondérante, puisqu'elle détermine la direction et l'intensité des vents, et qu'il suffit de connaître d'avance leur position et leur degré d'accentuation pour en conclure sur un point, assez rapproché pour subir cette influence, le vent qui va régner. Ces principes constituent une des principales découvertes de la météorologie moderne, et c'est sur leur application que sont fondées les prévisions, si généralement réalisées, qui

---

1. Rapport de M. Bouvier, président de la Commission météorologique de Vaucluse (1882).

sont données par les dépêches du *New-York Herald* et qui
font connaître, plusieurs jours à l'avance, les perturbations
dont les côtes d'Europe doivent être affectées par l'arrivée de
cyclones dont la marche a été observée en Amérique, et dont
la translation à travers l'océan Atlantique est présumée. Elles
servent aussi de base aux prévisions quotidiennes du bureau
central météorologique de France.

Mais les circonstances qui président à la formation et à l'extinction de ces cyclones, ainsi que les causes qui réagissent
sur la direction des courbes très variables décrites par leurs
centres, sont encore inconnues; ce sont là des phénomènes
complexes, dont les lois sont difficiles à découvrir, et on ne
peut espérer d'y parvenir qu'à la suite d'observations patientes
et nombreuses, en multipliant les observations destinées à les
recueillir, et en s'attachant surtout à en établir sur les cimes
élevées, placées à l'abri des perturbations locales et susceptibles de fournir des indications précises sur la marche des
courants généraux de l'atmosphère; ce ne sera qu'alors qu'il
sera possible d'asseoir sur des bases sérieuses les prévisions
du temps à longue échéance.

En attendant, la météorologie locale doit se borner à un
rôle plus modeste, mais qui ne manque pas d'avoir son utilité
et, grâce aux découvertes déjà faites, en utilisant les précieux
renseignements contenus dans le Bulletin international du
Bureau central météorologique de France, elle rend de sérieux
services. C'est en se servant de ces éléments et en dressant,
pendant plusieurs années, des cartes cycloniques, où l'on a
représenté les trajectoires des cyclones, accompagnées de
l'indication des temps correspondants observés à la station
d'Avignon, qu'on est arrivé dans Vaucluse à formuler des
prévisions quotidiennes de plus en plus sûres, et à établir
certaines lois importantes de la climatologie de la région; il
ne semble pas douteux que la marche suivie ne soit appelée à
donner partout ailleurs des résultats analogues.

Ces lois peuvent se résumer de la manière suivante :

En traçant sur la carte d'Europe une ligne brisée ayant son
sommet à la station d'Avignon, et formée par une ligne dirigée suivant le méridien de cette ville, et par une ligne passant
un peu à droite de Valentia, on sépare, sur la gauche de cette

2

ligne brisée, la zone des centres de dépression qui déterminent, à la station d'Avignon, et généralement dans toute la Provence, les vents d'O., de S.-O., de S. et de S.-E., c'est-à-dire les vents, les derniers surtout, susceptibles de provoquer la pluie.

La zone beaucoup plus étendue, laissée sur la droite, appartient, au contraire, aux positions des centres de dépression, qui déterminent, dans la région considérée, les vents qui sont ordinairement accompagnés d'un temps sec.

En traçant dans cette seconde zone une ligne passant par Trieste, on laisse au-dessous de celle-ci la zone spéciale aux positions des centres de dépression qui provoquent le vent violent du N.-N.-O., particulier à la Provence et connu sous le nom de mistral.

Enfin le mistral se produit encore, bien qu'à de plus rares intervalles, lorsque de basses pressions atmosphériques règnent sur la Méditerranée et que de hautes pressions persistantes, désignées sous le nom d'anti-cyclones, existent parallèlement au N.-O. de la France.

Ces lois ont été confirmées par les observations de 1881.

22. La pluie en 1881. — Ce qui précède est complété par les passages ci-après de l'étude publiée en 1883 par M. Moureaux, sur la pluie en France pendant l'année 1881 :

« Si l'on compare la carte annuelle des pluies de 1881 avec les cartes correspondantes des années précédentes, on trouve que, abstraction faite des hauteurs absolues, elles ont toutes une grande analogie d'allures. Les points élevés reçoivent plus d'eau que les lieux voisins situés à une moindre altitude, tandis que les plaines et les vallées correspondent aux minima de pluie.

« Pour chaque groupe de pluies considéré isolément, l'influence de la situation topographique par rapport aux vents pluvieux est bien nette dans les pays montagneux, où les pluies sont beaucoup plus abondantes sur le versant exposé à l'action directe des vents humides que sur le versant opposé. Mais cette influence n'est pas aussi manifeste si l'on totalise les pluies d'une année, qui se rattachent nécessairement aux divers régimes pluvieux. Sur les cartes d'ensemble, l'altitude et le voisinage de la mer se montrent les facteurs principaux de la répartition des pluies.

« L'étude des périodes pluvieuses de 1881 confirme les remarques présentées sur la relation qui existe entre la distribution des pluies et le transport des bourrasques à la surface de l'Europe. Si l'on en excepte les pluies d'orage proprement dites, qui sont dues à des causes purement locales et se produisent principalement pendant les mois d'été, on voit d'abord que les périodes pluvieuses se rattachent toujours, d'une manière plus ou moins directe, à l'influence des bourrasques... Lorsque deux bourrasques existent simultanément, et qu'elles s'influencent mutuellement, les pluies, indépendamment de leur répartition habituelle, tombent en outre dans les régions situées sur la limite commune de leur cercle d'action. »

§ VI

LE SOUS-SOL

23. Les ponts. Le sac d'eau de 1842. — Quand il s'agit de la perméabilité ou de l'imperméabilité du sous-sol, il est impossible de ne pas parler du bassin de la Seine et de M. Belgrand, son historien, le type de l'ingénieur agissant et pensant.

Pour se rendre compte de l'action des pluies, il ne suffit pas de connaître leurs quantités et les conditions de leur chute. Il faut encore savoir sur quels terrains elles tombent.

« Les ponts des terrains imperméables, dit M. Belgrand dans *La Seine*, sont très nombreux et leurs débouchés mouillés très grands. Les ponts des terrains perméables sont rares, et lorsqu'ils ne sont pas construits sur des lieux de sources, leurs débouchés mouillés sont très petits. » — Je n'ai jamais été sous les ordres du maître, et je le regrette beaucoup, car je serais sorti de ses mains mieux en état de bien servir notre pays; mais je l'ai vu plusieurs fois, pendant le séjour que j'ai fait à Rouen comme ingénieur en chef de la Seine-Inférieure. Il voulait absolument que je lui donnasse le tableau de ceux

de nos ponts « où il ne passait jamais d'eau. » Je lui répon-
dais qu'il n'y en avait pas; mais il se montrait incrédule. C'est
à cette occasion qu'il fut question du *sac d'eau* du 24 septembre
1842, mentionné à la page 351 de l'ouvrage précité après
l'événement de *Joux-la-Ville* (sur lequel Belgrand ne donne
aucun détail) : « Les ingénieurs de la Seine-Inférieure m'ont
signalé une trombe du même genre, qui, le 24 septembre 1842,
fondit sur la ville de Fécamp et les vallées qui y débouchent,
et produisit d'affreux ravages sur une surface de 200 kilomètres carrés environ... On avait tellement perdu la mémoire
des cataclysmes de ce genre, à Fécamp, que les rues principales étaient tracées perpendiculairement au thalweg de la
vallée, et que chaque îlot de maisons formait barrage contre
le torrent. L'eau s'éleva jusqu'à 4ᵐ de hauteur, dans les rues
de la ville. » Belgrand reconnaît que le ruissellement est toujours considérable dans les cas de ce genre, quelle que soit
d'ailleurs la perméabilité du sous-sol; il ajoute « qu'on n'en
doit tenir aucun compte, dans le calcul du débouché mouillé
des ponts construits en rase campagne. Dans les villes et autres
localités habitées, on doit au contraire prendre les mesures
nécessaires pour éviter les désastres. Lorsque le sol est assez
perméable pour qu'il n'y ait pas de cours d'eau au fond des
vallées qui traversent la ville, on établit d'habitude une rue sur
chaque thalweg ; si le pays est ravagé par une trombe, les caves
et les rez-de-chaussée peuvent être envahis par l'eau; mais
on n'a pas d'autres malheurs à déplorer. Le débouché mouillé
des ponts peut donc être considéré comme nul en rase campagne, même dans une localité ravagée par le passage d'une
trombe... Si l'on établit un remblai sans pont dans une vallée
de ce genre, l'eau due à ces phénomènes (orages, fontes de
neige extraordinaires) s'accumule pendant un temps très court,
souvent pendant quelques heures, en amont de ce remblai,
puis disparaît dans le sol. » On ne prévoit pas le cas où le
remblai serait surmonté.

Il est fort heureux qu'à Elbeuf, le 5 juin 1873, on ait été en
possession des aqueducs construits par M. Lebasteur, l'un de
nos prédécesseurs à Rouen, contrairement je ne dirai pas aux
principes, mais aux exagérations de M. Belgrand. Sans ces
aqueducs, établis dans la partie inférieure de vallons sans

cours d'eau, les dommages causés dans la ville auraient été infiniment plus considérables. Il existe bien une rue dans le thalweg, comme le recommande notre auteur; mais on a déjà beaucoup souffert du débit de 7 mètres cubes à la seconde qui a eu lieu par cette rue, et l'on est effrayé à la pensée de ce qui serait arrivé si à ce volume s'étaient ajoutés les 10 mètres auxquels l'aqueduc a donné passage.

24. Terrains perméables et terrains imperméables du bassin de la Seine. — Le bassin de la Seine n'est pas perméable en totalité. Dans le Morvan, dans la Brie, etc., le granite, les argiles et autres terrains ne se laissent guère pénétrer. Mais il faut distinguer, au point de vue des cours d'eau, les terrains plus ou moins accidentés de ceux qui sont plats; les premiers ont une grande influence sur l'écoulement, les seconds sont qualifiés de *neutres* par Belgrand.

Les terrains perméables occupent dans le bassin une surface de 59,210 kilomètres carrés.

Les terrains imperméables
actifs, 9,705
neutres, 9,735 } 19,440 —

Total 78,650 kilomètres carrés.

On voit que les premiers entrent pour les trois quarts dans le bassin; les terrains imperméables ayant une grande action sur les crues, un huitième; les neutres, un huitième.

M. Belgrand reconnaît qu'il faut retrancher des terrains franchement perméables les terrains tels que la terre à foulon, les marnes d'Oxford et du Kymméridge, et une partie de la craie marneuse, qu'il serait plus exact de qualifier de demi-perméables.

25. Profils en travers des vallées. — Notre guide a fait des remarques très intéressantes sur la forme du profil en travers des vallées, suivant qu'elles sont bordées de terrains imperméables ou perméables. Les eaux ravinent les premiers, et il en résulte des alluvions beaucoup plus considérables que les dépôts du cours d'eau; les terres ainsi entraînées s'accumulent au pied même des coteaux, en pente très douce vers le cours d'eau, et recouvrent les alluvions anciennes. Les vallées, dans ces terrains, ont donc toujours la forme concave quand elles ne sont pas très larges.

Lorsque les versants sont perméables, il ne se produit que des ravinements peu étendus, et seulement sur les pentes très fortes; le fond des vallées reste donc plat, à moins qu'il ne soit convexe comme cela se voit souvent. La forme de la vallée ne s'oppose pas, comme dans le cas précédent, à ce qu'il y ait des marais.

§ VII

BACTÉRIES ATMOSPHÉRIQUES

26. Germes aériens. — Des myriades de germes, provenant du sol, des eaux, des infusions marécageuses, des substances malades ou en décomposition, sont entraînées par le vent dans l'espace. Les nombres de germes de bactéries, dans l'air, varient avec les circonstances météorologiques, et la mortalité varie en même temps. Les recherches entreprises à Montsouris sur ce sujet sont fort intéressantes.

Les bactéries et la pluie.

La figure ci-jointe donne, pour le premier trimestre de 1883, le résultat des observations faites par M. le docteur Miquel. La ligne de base se rapporte aux temps, les ordonnées supérieures aux nombres de bactéries, les ordonnées inférieures aux pluies. Les second et troisième trimestres accusent, à la fois, beaucoup plus de pluie et beaucoup plus de bactéries; mais les maxima de la première correspondent souvent aux minima des secondes, comme pendant le premier trimestre. Parfois des pluies moyennes correspondent cependant à de fortes quantités de germes, ce qui accuse d'autres influences. En somme, ce n'est qu'à titre provisoire qu'on peut accepter la conclusion de M. Miquel : « Le nombre des bactéries aériennes, toujours peu élevé durant les temps pluvieux, augmente pendant la dessication du sol, puis décroît quand la sécheresse se prolonge au delà d'une semaine. »

L'épidémie de fièvre typhoïde, en 1882, a été précédée d'une forte « crue de microbes. » Ensuite le nombre des bactéries est devenu faible à Paris, et pendant plusieurs mois n'a présenté que des oscillations assez modérées ; il en a été de même des chiffres des décès. En juillet 1883, forte mortalité par le choléra infantile, ne se traduisant que par une augmentation moindre du nombre total des décès ; le maximum de la mortalité infantile a presque coïncidé avec un maximum de bactéries atmosphériques.

27. Les campagnes et les villes. — Dans les campagnes, les bactéries sont en moindre nombre que dans les villes ; moindre encore sur les montagnes. Plusieurs causes expliquent ce dernier fait : un volume donné d'air correspond à une moindre masse ; la faible densité d'un milieu n'est pas favorable à la tenue en suspension des corpuscules ; enfin les foyers producteurs s'éloignent, jusqu'à devenir hors de portée dans la zone des neiges éternelles.

Pendant l'été de 1883, MM. de Freudenreich et Miquel ont recueilli de l'air en Suisse et en France. Les comptages de bactéries ont donné les chiffres suivants, rapportés à dix mètres cubes d'air :

1° A une altitude variant de 2,000 à 4,000ᵐ. . .   0

2° Sur le lac de Thoune (560ᵐ)   8

3° Au voisinage de l'hôtel de Bellevue, à Thoune.   25

4° Dans une chambre du même hôtel.   600

5° Au parc de Montsouris 7,600

6° A Paris, rue de Rivoli 55,000

Voici d'autres chiffres, dont l'intérêt n'est pas moindre :

Nombre de microbes trouvés dans un centimètre cube d'eau :

Eau de la Vanne, bâche d'arrivée à Montsouris.   120

Eau de la Seine, à Choisy.   300

Eau de la Seine, au robinet du laboratoire de
   Montsouris   5,000
Eau de la Seine, à Neuilly   180,000
    —   à Saint-Denis   200,000
    —   au Pecq   150,000

Profil en travers d'un ancien lac (Art. 38). D'après Ph. Breton.

CHAPITRE II

LA MONTAGNE

SOMMAIRE :

Figures :

LA MONTAGNE

LES TORRENTS

28. Crues et pentes. — Les torrents des Hautes-Alpes, dit M. Surell, coulent dans des vallées très courtes qui morcellent les montagnes en contre-forts. Leurs crues, presque toujours subites, ont peu de durée.

Dans les Hautes-Alpes, la plupart des torrents ne tarissent jamais; plusieurs même ont toujours un volume d'eau si considérable que dans d'autres pays, sur des pentes moins fortes, on les assimilerait aux rivières.

29. Le bassin de réception. — Un torrent comprend toujours dans son cours quelque large bassin, taillé dans les croupes des montagnes, qui accumule dans le même lit toute la masse d'eau répandue sur une grande région. Ce *bassin de réception* est un vaste entonnoir accidenté, avec un goulot dans le fond qui se prolonge sous forme de gorge encaissée dans les flancs des montagnes. Cette gorge est tantôt courte, tantôt longue (parfois près d'un myriamètre) ; les eaux y reçoivent de nouvelles matières provenant des berges qu'elles attaquent par le pied et que déchirent des ravins transversaux. La neige s'amoncelle dans la tranchée; « si les chaleurs du printemps arrivent sans préparation, elles fondent en peu de jours la masse d'eau accumulée pendant de ·

longs mois. Ainsi s'explique une des causes principales de la violence de certaines crues. » (Surell.)

30. Le canal d'écoulement. — Entre les parties très affouillées et celles qui se remblayent franchement, il y a un espace intermédiaire où les arrivages et les sorties de matériaux peuvent se compenser; c'est ce que M. Surell désigne sous le nom de *canal d'écoulement*. Dans le cas supposé ce canal est compris entre des berges bien dessinées. Il ne faut pas croire que ces conditions se réalisent souvent d'une manière absolue. Les arrivages et les départs sont généralement inégaux, l'un dominant l'autre alternativement; quand l'égalité existe, diverses circonstances peuvent la faire cesser: des désordres plus grands dans le bassin de réception, ou au contraire une amélioration de la situation antérieure.

31. Le cône de déjection. — Vient ensuite le *cône de déjection*, où les dépôts s'entassent en un monticule, accolé à la montagne comme un contrefort. L'inclinaison du cône varie avec la nature des dépôts; elle n'est jamais inférieure à deux centimètres par mètre et rarement supérieure à huit; elle diminue à mesure qu'on descend vers l'aval. Voici le nivellement en long du torrent de Boscodon, d'après Surell.

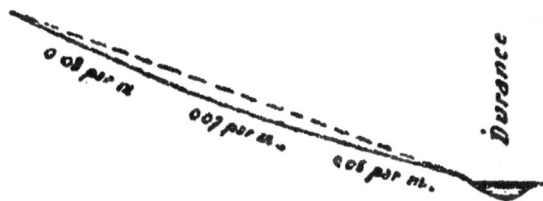

Profil en long d'un torrent des Hautes-Alpes.

Il suffit du moindre bloc, au sommet de l'éventail, pour dévier les eaux. Le lit se creuse et se détruit à chaque crue. Quand une rivière se trouve plus près que la distance nécessaire pour la pente d'équilibre, entre la puissance des eaux d'orages et la résistance des matières, cette pente limite ne peut se former; il en résulte de grands désordres dans la rivière, si elle est impuissante à entraîner les dépôts à mesure qu'ils arrivent.

32. Importance des travaux de correction. — Ces no-
tions, bien que très succinctes, suffisent pour faire comprendre l'importance des travaux de correction des torrents. Outre la préservation des propriétés en montagne et
dans les plaines de déjection, ils peuvent avoir pour effet
d'amoindrir les arrivages de pierres et de graviers dans les
rivières.

§ II

LES DÉFENSES

M. Philippe Breton, ingénieur en chef des ponts et chaussées, a écrit un beau livre sur les défenses contre les torrents :
On ne peut plus penser à ralentir l'écoulement des eaux dans
les torrents, dit-il, dès qu'elles sont rassemblées. Il n'en est
pas de même du ruissellement superficiel, depuis le point où
chaque goutte de pluie est tombée jusqu'au prochain thalweg.
Là on dispose d'une immense surface d'appui, pour la résistance à l'écoulement de quantités disséminées.

33. Gazonnements. — L'auteur cite une expérience remarquable de M. Gaymard, ingénieur en chef des mines,
qui montre le rôle important des gazons sur les montagnes.
M. Gaymard coupa sur une alpe en bon état un mètre carré
de pelouse pastorale, espèce de tapis végétal vivant, formé
d'un feutre compacte de racines d'herbes vivaces, dont l'é-
paisseur s'accroît lentement quand une jouissance abusive ne
la détruit pas. L'échantillon enlevé par M. Gaymard avait
20 centimètres d'épaisseur, il fut placé sur un plateau de
balance et pesé exactement ; puis on fit tomber dessus de
l'eau divisée en pluie jusqu'à ce que le feutre de racines ne
pût en garder davantage ; alors une deuxième pesée montra
que le mètre carré de gazon de 20 centimètres d'épaisseur
avait absorbé 50 kilogrammes d'eau, c'est-à-dire le volume
d'une couche ayant le quart de l'épaisseur du feutre de racines.
Or, une pluie de 50 millimètres est énorme [1].

1. Pour éviter de tirer de ces indications des conséquences exagérées,
il sera bon de se reporter à la note H des annexes.

En 1856, dans deux ou trois jours de la fin de mai, il tomba à Grenoble 70 millimètres de pluie ; mais c'était une pluie diluvienne, comme on n'en voit que rarement[1]. Les pelouses pastorales sont capables de garder quelque temps et de laisser ensuite écouler lentement de grandes quantités de pluie ; mais lorsque cette vaste éponge végétale est saturée, chaque goutte d'eau qui tombe dessus glisse à la surface sans pouvoir y pénétrer. Elle fonctionne comme tout autre réservoir ; si elle est déjà pleine au quart, à moitié, ou aux trois quarts, lorsque vient une pluie, l'eau ne trouve disponible dans ce réservoir spongieux que trois quarts, moitié ou un quart du volume total qu'il peut contenir.

34. Plantations. — Quant aux semis ou plantations d'arbrisseaux ou d'arbres, on sait que les ingénieurs des forêts ont obtenu de beaux résultats en combinant ces opérations avec l'exécution de barrages.

Ce n'est point ici le lieu d'entrer dans le détail de ces travaux, qui permettent de fixer les *bassins de réception*, non pas exclusivement, mais principalement en y ramenant la végétation. D'importants travaux sont aussi nécessaires en aval, et nous donnerons quelques indications à ce sujet à l'aide de l'ouvrage de M. Breton.

35. Cheminement des corps solides. — D'après M. Breton, les matériaux qui forment le fond mobile d'un torrent cheminent en roulant les uns sur les autres. Cependant quelques hydrauliciens ont pensé que les graviers en mouvement dans les crues sont suspendus dans l'eau, au lieu de rouler simplement sur le fond. Cela est vrai pour le sable dans une certaine mesure ; mais d'après l'auteur les gros cailloux n'ont jamais voyagé en suspension dans l'eau[2]. L'usure de leur surface provient de leur roulement sur le fond et du frottement des cailloux moins gros et du menu gravier, qui ont marché plus vite vers l'aval.

1. Nous avons cependant cité les sacs d'eau d'Elbeuf et de Lisieux, où la hauteur a atteint 73 et 100 millimètres en quelques heures. (Voir ce qui concerne les orages dans le voisinage de la Méditerranée, Annexe B.)

2. Les gros cailloux peuvent, toutefois, se trouver momentanément séparés du fond dans des circonstances extraordinaires, et notamment quand, entraînés sur un dépôt de lave par un courant de vitesse énorme, ils sont choqués contre des blocs. (Voir la note F.)

Galet en position de résister   Galet au moment où le courant
à l'entraînement.   va le rouler.

Dans un courant rapide, coulant sur un lit de gravier, il y a, d'après Dupuit, des pierres en suspension d'un certain volume et de tous les volumes inférieurs. Ensuite, en décrue, les pierres retombent et d'abord les plus grosses, ce qui explique la composition des bancs de gravier formés de menus à la surface, plus bas de matières de plus en plus volumineuses.

Mais cette composition des bancs est entièrement contraire, d'après M. Breton, à toute observation dans les torrents et dans les rivières torrentielles. En réalité, la surface des plages est formée de graviers dont les dimensions sont rarement inférieures à une limite déterminée, en chaque partie du lit, et le dessous se compose de matériaux de toutes les grosseurs que les hautes eaux ont traînés pêle-mêle et sans ordre appréciable. Le triage par ordre de grosseurs se fait de l'amont à l'aval, à la surface, et non de haut en bas en ligne verticale.

Lorsque dans le canal d'écoulement l'entraînement des matières est devenu supérieur aux arrivages, après la fixation du bassin de réception, le creusement qui s'opère tend à empêcher les divagations. Les déplacements transversaux du lit deviennent de plus en plus difficiles.

36. Défenses dans le canal d'écoulement. — Quand des divagations se produisent, principalement avant que la dominance des écoulements de gravier sur les arrivages soit acquise, on peut se défendre au moyen d'épis en T. Il faut les établir à angle droit sur la direction de la rive, ou mieux les obliquer vers l'amont; par cette dernière disposition, on évite de lancer le courant contre la digue opposée. La traverse du T est un tronçon de digue longitudinale, dont la partie amont doit avoir une longueur égale à la moitié de celle de la tige; le bout d'aval n'a besoin que d'une petite longueur. Du côté du courant, l'une et l'autre parties doivent être sérieusement défendues, mais surtout le musoir d'amont.

Le terrain colmaté par le secours des digues transversales ne tarde pas à se couvrir spontanément de végétation; lorsqu'il a atteint le niveau des crues moyennes, on peut le défricher et le mettre en prairie. Mais il reste toujours exposé aux plus hautes crues, et les autres cultures ne peuvent que rarement y prospérer. Il serait très utile d'établir les T par couples en face les uns des autres.

On a des exemples de plaines très riches exposées à des débordements à peu près annuels, et dont les propriétaires s'opposent énergiquement aux travaux qui pourraient les prévenir. Une expérience prolongée leur a appris qu'un peu de dépôt fertilisant compense et au delà quelques dépréciations de récoltes. Le parti à prendre dépend surtout de la qualité des dépôts et de la saison où se font les débordements.

Les endiguements longitudinaux présentent les plus graves inconvénients, quand les arrivages de matières sont supérieurs aux départs; il vient un moment où le lit se trouve entièrement au-dessus de la plaine, et, en cas de mauvais entretien des digues, les grandes eaux s'ouvrent un passage dans l'une d'elles. Un nouveau lit se forme au travers de riches cultures et d'habitations.

Nous ne suivrons pas M. Breton dans toutes ses explications sur l'endiguement des torrents dans leurs canaux d'écoulement, parce qu'il a surtout en vue l'état de choses antérieur à la fixation du sol des bassins de réception. La complication du problème pratique tient à ce que les circonstances sont très variables, beaucoup plus certainement qu'on ne le verra dans l'avenir, quand les forestiers auront achevé leur œuvre vers l'amont.

37. Encaissement sur le cône. — M. Cézanne conseille de ne pas abandonner à eux-mêmes les cônes de déjection, quelque succès qu'on obtienne dans les travaux d'amont.

A l'exemple de ce qui se pratique en Suisse, il faut ranger sur le côté les gros blocs mis à jour par les crues ; on arrive rapidement de cette manière à encaisser le torrent, surtout si l'on opère de l'aval vers l'amont. A l'aide de ce procédé si simple, on maintient très bien le cours régulier des rivières dans le Bergell et dans l'Engadine, et cela avec une dépense annuelle de 1,500 fr. pour cette grande étendue. Les pierres déposées sur le côté constituent de véritables digues parallèles, qui encaissent la rivière et augmentent sa puissance d'entraînement; l'approfondissement du lit s'opère vite. Lors des crues, les dépôts n'ont plus lieu aussi facilement; s'il s'en forme on enlève de nouveau les plus gros blocs, avec lesquels on fortifie la digue.

Ce procédé ne peut guère réussir, cela se comprend, quand le canal d'écoulement verse encore de grandes masses de détritus sur le cône.

§ III

LES LACS

Lorsque les montagnes ont acquis leur relief actuel, les fonds des vallées étaient bien loin de présenter les formes adoucies et continues qu'on y observe maintenant. Les thalwegs étaient d'abord au moins aussi accidentés que les faîtes dentelés des montagnes; ils se divisaient naturellement en une série de bassins communiquant par des cols plus ou moins étranglés.

38. Chapelets de lacs. — Ces bassins, retenant les eaux pluviales, formaient des lacs disposés en chapelet; le trop plein du lac supérieur se déversait dans le lac inférieur par une cascade ou par une cataracte. « Chacun de ces lacs a pu commencer à recevoir des lacs supérieurs de l'eau trouble, lorsque ceux-ci eurent perdu une assez grande part de leur profondeur pour que l'eau de leur trop plein ne fût pas entièrement clarifiée. Ainsi les particules terreuses les plus ténues ont dû opérer le comblement de la partie la plus profonde de chaque lac des montagnes. » (Ph. Breton.)

3

Profil en long d'un chapelet de lacs.

Comblement d'un ancien lac.

Les talus des montagnes ont fourni des matériaux d'encombrement, et souvent le phénomène a pu marcher plus vite
dans le lac d'amont, alimenté de débris solides à son origine
en même temps que par les côtés. Après avoir été transportée
seule, la vase a été accompagnée de sable, et enfin le lac a
laissé couler du gravier vers l'aval, quand les eaux des ravins
n'y ont plus trouvé la profondeur nécessaire pour perdre
entièrement leur allure torrentielle.

Dans toute la moitié septentrionale de la Suède, les détritus des roches supérieures n'ont pas encore achevé le comblement des lacs, dus à l'irrégularité primitive des thalwegs
et à leurs contre-pentes. Les lacs actuels de la Suisse ne sont
que les restes d'anciens chapelets de lacs, pour la plupart
comblés d'alluvions.

En approchant des grandes lignes de partage des eaux, les
montagnes prennent des formes si brusquement accidentées
que les lacs y deviennent presque aussi fréquents qu'ils l'étaient
primitivement dans les longues vallées inférieures; mais ils

sont extrêmement irréguliers et leur largeur est souvent presque égale à leur longueur. C'est seulement dans les cols principaux très allongés qu'on retrouve des lacs étroits, qui ont pu se conserver faute de dépôts suffisamment abondants. Les grands lacs, disposés anciennement en chapelets au fond de toutes les grandes vallées, recevant les dépôts d'une vaste région montagneuse, se sont au contraire presque tous comblés (1).

« On peut constater le long de la Durance, dit Surell, que cette rivière a dû s'écouler autrefois par une suite de lacs allongés, séparés par des rapides ou cataractes. Les lacs sont devenus des plaines, et les rapides sont marqués par des défilés plus ou moins étroits et encaissés. On retrouve les mêmes vestiges sur le Buëch, le Drac, la Romanche, etc. » (*Les Torrents des Hautes-Alpes*, page 3.)

39. Le lac de Genève. — Le lac de Genève s'encombre peu à peu; la réduction annuelle de sa longueur par les déjections du haut Rhône est évaluée à 2^m,50. Mais sa superficie est encore de 54,000 hectares, ce qui en fait un précieux réservoir d'emmagasinement. Il y a longtemps déjà que M. Vallée a proposé de suspendre l'écoulement de ses eaux pendant les crues du Bas-Rhône. On estime que le Rhône supérieur et les autres affluents peuvent fournir au lac 1,200 mètres cubes d'eau par seconde, au maximum, tandis qu'à la sortie du lac le débit du Rhône n'a jamais dépassé 575 mètres.

Il n'atteint que rarement 400 mètres, et n'a été que de 300 à 325 mètres cubes au moment des grandes crues extraordinaires de 1840 et de 1856.

On voit combien le lac est utile au pays d'aval. Le service supplémentaire qu'on pourrait lui demander ne correspondrait qu'à 300 ou 400 mètres par seconde. Il faudrait construire à la sortie du lac un barrage permettant d'arrêter au besoin toutes les eaux qui s'en échappent aujourd'hui en temps de crue du Rhône; malheureusement cette retenue n'aurait abaissé le maximum à Lyon, en 1840 et 1856, que d'environ vingt centimètres.

1. M. Philippe Breton, page 51.

40. Le lac du Bourget. — Ce second lac, avec sa plaine de la Chantagne, est latéral au Rhône. En temps ordinaire, il verse son trop-plein dans le fleuve; mais il constitue un réservoir pour les eaux de celui-ci en temps de grande crue. On ne doit donc pas, au voisinage du confluent, séparer du Rhône le bassin du lac du Bourget par un barrage de réservoir, sous prétexte d'emmagasiner les eaux de la rive gauche et de les empêcher d'arriver au fleuve pendant la crue. Cela conduirait à augmenter le maximum du débit par seconde au passage de Lyon, toutes les fois que l'état actuel amène un déversement du Rhône dans le lac, c'est-à-dire pendant toutes les inondations, car leur marche est rapide dans la grande vallée, tandis que l'exhaussement de l'affluent est entravé par l'action du lac.

Il pourrait arriver que la dérivation latérale des eaux, en apportant un élément de désordre dans l'écoulement, provoquât un exhaussement local du Rhône; mais, avant d'atteindre Lyon, la translation du flot de crue redeviendrait aussi normale que les autres circonstances le comporteraient, et le bénéfice de la réduction du débit serait entièrement acquis.

Il faut donc conclure que le lac du Bourget et la plaine de Chantagne ne pourront avoir qu'une heureuse influence au point de vue de la grande ville voisine, tant qu'on respectera leur libre communication avec le fleuve.

§ IV

LES FORÊTS

La végétation arborescente et pastorale ne pourrait qu'être utile dans un bassin comme celui de l'Ardèche, où l'eau ruisselle à grande vitesse sur des rochers dénudés; mais le boisement de ces surfaces semble malheureusement impossible. Nous ne disons pas le reboisement, car il est au moins douteux qu'elles aient jamais porté des forêts.

41. Résumé de Belgrand. — D'après Dausse, les forêts, « en atténuant en été l'action du soleil sur le sol, en empêchant l'évaporation et en entretenant l'humidité de l'air ambiant, accroissent nécessairement la quantité de la pluie locale. On doit reconnaître encore, ajoute-t-il, que ces forêts conservent cette pluie et l'aménagent au profit des rivières, et rendent enfin celles-ci plus abondantes, moins variables et moins troubles. » Cette conclusion n'est pas appuyée sur des observations précises.

Belgrand résume ainsi, dans son mémoire de 1854, des observations dont il donne le détail : « 1° Le reboisement par les arbres feuillus n'est pas propre à retarder l'écoulement des eaux pluviales à la surface du sol des formations imperméables, et n'égalise pas, entre l'hiver et l'été, le tribut que ces eaux apportent aux thalwegs ; 2° dans les terrains boisés comme dans les terrains déboisés, les cours d'eau torrentiels ont un régime d'hiver très différent de celui de l'été. Dans les terrains boisés, le passage d'un régime à l'autre est même plus marqué que dans ceux qui ne le sont pas, parce qu'il correspond toujours à la pousse et à la chute des feuilles ; 3° ... les bois ne retardent pas en réalité le ruissellement des eaux pluviales ; 4° dans les terrains perméables boisés, le volume des sources augmente très notablement l'hiver par les temps pluvieux et va presque toujours en décroissant du commencement à la fin de l'été, quoique cette saison soit plus pluvieuse que l'hiver ; 5° on ne doit donc pas attendre du reboisement une régularisation quelconque du régime des cours d'eau ; 6° les bois défendent très bien les terrains en pente contre les ravages des eaux pluviales, et, suivant la pittoresque expression de M. Surell, peuvent même servir à éteindre d'anciens torrents ; 7° les ravages que les eaux pluviales exercent dans les terrains déboisés peu accidentés ne doivent être considérés que comme des calamités privées ; ce n'est que dans les hautes montagnes que les désastres causés par les torrents sur les sols déboisés deviennent de véritables calamités publiques. »

Ses conclusions. — « *En été*, les feuilles qui couvrent les bois forment une vaste surface évaporante, qui absorbe à peu près la totalité des eaux pluviales, comme le réseau des petites fissures qui couvrent le sol dans les terrains déboisés ; les crues dans cette saison sont extrêmement faibles. *En hiver*, les obstacles n'existent plus (les arbres ayant perdu leurs feuilles); les crues sont considérables, et presques également élevées », que le sol soit ou non couvert de bois.

Les forêts d'arbres résineux, dans les bassins à terrains imperméables, auraient une importance réelle sur le régime des eaux. Mais il faut reconnaître que, *dans le bassin de la Seine*, les forêts n'aménagent pas la pluie au profit des rivières comme l'a écrit M. Dausse.

42. Les cultures permanentes. — Ce qui est incontestable, comme le reconnaît Belgrand, c'est l'action des forêts pour défendre les terrains inclinés, que les eaux tendent à bouleverser. Mais il ne faut pas perdre de vue que la résistance au ravinement, la fixation du sol, peut être souvent obtenue par d'autres cultures permanentes. Nous allons faire connaître les détails donnés par Belgrand à ce sujet (*Études hydrologiques*, de 1872) :

Le ravinement se produit surtout dans les terrains imperméables à grandes déclivités, rendus meubles par la culture. On trouve des ravins sur les pentes des argiles de l'Auxois ou du granit du Morvau. A la suite des grandes pluies, on remarque toujours un petit amoncellement de terre détritique au bas de chaque sillon, et un petit ravin à la partie haute.

Les bois. L'opération du reboisement est donc excellente quand elle est pratiquement possible; mais il paraît démontré que *le déboisement du bassin de la Seine ne peut être considéré comme ayant contribué à augmenter ou à diminuer la hauteur et le nombre des inondations.* Les bois diminuent très notablement le volume des matières terreuses transportées par les cours d'eau, puisqu'ils empêchent le ravinement des terrains meubles; mais le fleuve ne reçoit qu'un faible volume de sables et de graviers, en sorte que la question de son encombrement n'existe pas.

Le reboisement des terrains fertiles est une opération impraticable; mais il est d'autres cultures qui s'opposent, comme les bois, au ravinement des terres. Ce sont les prairies naturelles et la vigne.

Les prairies naturelles et les vignes. Les prairies naturelles fixent complètement la surface du sol. Il est très rare, même après de fortes pluies, de voir trace du passage des eaux sur les terres qu'elles occupent.

Les vignes sont rarement ravinées, malgré l'état parfait d'ameublissement du sol, lorsqu'on a soin, comme dans le lias de l'Auxois, d'y creuser de distance en distance de larges fossés presque horizontaux, destinés à arrêter les terres et les eaux.

Dans les saisons d'irrigation, les propriétaires conduisent sur les prés les eaux des champs voisins, qui sont chargées de terre. Ces eaux y sont dépouillées de tout leur limon. Ainsi, non seulement un pré ne se laisse pas raviner, mais encore il arrête des alluvions.

Ce qui précède est susceptible d'une grande généralisation : les prés et les bois sont partout le meilleur obstacle à opposer au ravinement des terres imperméables, les prés surtout, parce qu'ils peuvent être obtenus à peu de frais et en peu de temps; le reboisement, au contraire, est une opération dispendieuse et qui, de plus, laisse la terre improductive pendant longtemps.

Il vient d'être fait une grande application de ces principes dans les Alpes françaises. On sait que l'abus du pâturage avait détruit toute végétation sur ces pentes, et rendu le terrain tellement meuble que les torrents y causaient d'affreux ravages.

C'est par le gazonnement et le reboisement des pentes que l'administration des forêts est parvenue à arrêter ces gigantesques ravinements. Elle a promptement reconnu, d'après M. Belgrand, que le reboisement général était une opération trop dispendieuse pour des terrains si pauvres. Le gazonnement, au contraire, n'exige presque aucune dépense, et les propriétaires entrent immédiatement en jouissance; c'est ainsi qu'on a réussi à fixer le sol des Alpes, entreprise que tout le monde jugeait téméraire et inexécutable.

43. Observations de M. Demontzey. — M. Belgrand se montre trop optimiste dans ce qui précède, car il reste encore beaucoup à faire et le regazonnement des hautes montagnes ne peut souvent être obtenu dans de bonnes conditions sans le reboisement. M. Demontzey a constaté que les belles pelouses de nos Alpes ont été autrefois mélangées à des essences forestières, et qu'il faut généralement planter pour en créer de nou-

velles sur des terrains supérieurs dénudés. (Voir aux *Annexes*
la note II.) Cela n'atteint pas la justesse des remarques de
M. Belgrand en ce qui touche le bassin de la Seine; mais on
voit qu'il a trop généralisé.

44. La Météorologie forestière de M. Clavé. — Il est
facile de se faire une idée claire des avantages des forêts sur les
terrains très inclinés, et personne ne met en doute l'utilité du
reboisement des montagnes ravagées par les torrents; mais
faut-il compter sur cette opération pour améliorer le régime de
nos grands fleuves? Il serait important de dissiper les illusions
qui existent sur ce sujet, car elles conduisent à négliger les
réformes nécessaires dans les autres parties des bassins. Ne
voulant éluder aucune difficulté, nous allons citer le forestier
vulgarisateur par excellence, M. Clavé. Voici quelques passages de sa *Météorologie forestière*[1] :

Si la pluie se forme sous l'équateur, ce sont les accidents
locaux qui en déterminent la chute dans nos pays. L'atmosphère
est dans ce cas comme une éponge imbibée qui, par la moindre
pression, abandonne l'eau qu'elle contient. Parmi ces accidents,
la présence des forêts est prépondérante.

L'influence des forêts sur les climats et sur la physique du
globe a été très contestée; niée par les uns, elle a été admise
par les autres, sans toutefois que ceux-ci fussent d'accord sur
le sens dans lequel elle s'exerce. C'est que les phénomènes par lesquels cette influence se manifeste sont complexes et souvent
masqués les uns par les autres; aussi risque-t-on de tomber dans
la confusion, si l'on ne prend pas le soin de les analyser séparément. Or, en recherchant les divers modes par lesquels les
forêts peuvent agir sur le climat d'un pays, nous remarquons
qu'elles ont une action chimique, une action physique, une
action physiologique, enfin une action mécanique.

L'action chimique résulte de la décomposition, par les or-
ganes foliacés des arbres, de l'acide carbonique de l'air, amenant la fixation du carbone dans les tissus ligneux et le rejet
de l'oxygène dans l'atmosphère. L'action physique des forêts
se manifeste par l'accroissement des propriétés hygroscopiques
que les détritus végétaux procurent au terrain boisé, par les
obstacles que les cimes des arbres mettent à l'évaporation du

1. *Revue des Deux-Mondes,* 1er juin 1875.

sol, enfin par les barrières qu'elles opposent aux mouvements de l'air. L'action physiologique est le résultat de la transpiration des feuilles, qui restituent à l'atmosphère une partie de l'eau que les racines ont puisée dans le sol; enfin l'action mécanique est produite par les racines qui retiennent les terres, en empêchent le ravinement et facilitent l'infiltration des pluies dans les couches inférieures. Nous allons examiner séparément chacune de ces actions et rechercher les conséquences qu'on peut en tirer.

Quel peut être, au point de vue climatologique, l'effet de la décomposition de l'acide carbonique de l'air et de l'assimilation du carbone? *A priori*, on peut affirmer que cet effet doit être un abaissement de température, attendu que, par cela seul que le bois en brûlant dégage la chaleur, le bois en se formant doit en absorber. Aussi peut-on considérer les forêts comme de vastes appareils de condensation destinés à puiser le calorique dans l'atmosphère et à l'emmagasiner sous forme de bois jusqu'au jour où celui-ci en brûlant le restituera à la circulation générale. Les faits confirment ce raisonnement purement théorique. Dans son savant ouvrage intitulé *Des Climats et de l'influence qu'exercent les sols boisés et non boisés*, M. Becquerel avait déjà constaté ce phénomène et cité de nombreux exemples de l'abaissement de température dû à la présence des forêts. M. Boussingault, dans son voyage aux régions équinoxiales, a fait des observations directes et montré que la température moyenne des régions boisées est toujours plus basse, parfois de 2 degrés, que celle des régions dénudées. Depuis lors de nouvelles et nombreuses observations ont eu lieu, qui ont mis ce fait hors de doute. M. Mathieu a depuis 1866 entrepris des expériences comparatives sur la température des régions boisées et des régions déboisées. Il a établi ses stations d'observations, l'une aux Cinq-Tranchées, à huit kilomètres de Nancy, au milieu de la forêt de Haye; la deuxième à Bellefontaine, sur la limite même de la forêt; enfin la troisième à Amance, à seize kilomètres de Nancy, en terrain découvert, et dans une région qui, sans être dépourvue de bois, est plus spécialement agricole. Il y a installé des pluviomètres, des thermomètres et des atmidomètres pour mesurer l'évaporation. Ses observations, continuées depuis dix années, l'ont conduit aux résultats suivants, qui se sont constamment reproduits et qui peuvent dès lors être considérés comme dépendant d'une loi générale. En forêt, la température moyenne est toujours plus basse qu'en terrain dénudé, mais la différence est moins sensible en hiver qu'en été; les températures maxima sont toujours plus basses, et les températures minima plus élevées.

Afin de connaître exactement la quantité de pluie tombée, M. Fautrat a placé un pluviomètre à 7 mètres au-dessus d'un massif de la forêt, et un autre en plaine, à la même hauteur, à 200 mètres seulement du premier. Il a constaté que, pendant les huit mois qu'ont duré les expériences, il était tombé dans le premier 300^{mm} d'eau, tandis que le second n'en avait reçu que 275^{mm}. Une partie des 300^{mm}. ayant été arrêtée par le feuillage des arbres, il n'en est arrivé jusqu'au sol que 179^{mm}. c'est-à-dire environ 60 pour 100 de la quantité tombée, et 98^{mm} de moins qu'en terrain nu; mais cette différence est plus que compensée par la différence d'évaporation qui se produit de part et d'autre. En plaine, où le soleil et le vent exercent leur action sans obstacle, l'évaporation est à peu près cinq fois plus considérable qu'en forêt, où le dôme de feuillage, la couche des feuilles mortes forment des écrans contre l'action solaire, et où la tige des arbres supprime celle du vent. Il en résulte que, si le sol de la forêt reçoit moins d'eau que celui de la plaine, par contre il en conserve davantage et l'emmagasine dans les couches inférieures. D'ailleurs il ne faut pas perdre de vue pendant l'hiver, alors que les arbres sont dépouillés de leurs feuilles, presque toute l'eau qui tombe arrive jusqu'au sol, et l'on sait que ce sont les pluies d'hiver qui surtout alimentent les cours d'eau. Les forêts ralentissent également la fonte des neiges et permettent aux eaux qui en proviennent de s'infiltrer peu à peu dans le sol, au lieu de s'écouler rapidement et superficiellement dans la vallée.

Un autre phénomène résultant de l'action physique des forêts est l'obstacle qu'elles opposent aux mouvements atmosphériques. Les arbres, en effet, en brisant le courant d'air, l'obligent à s'élever au-dessus du massif, où il se trouve comprimé par les couches supérieures, et forcé d'abandonner par conséquent une partie de l'humidité qu'il contient; c'est donc une nouvelle cause de pluie que nous retrouvons ici. Les forêts agissent aussi comme abris, en protégeant nos cultures contre l'action du vent. Sous ce rapport, il est vrai, de simples lignes d'arbres produisent le même effet; c'est ainsi qu'en Provence des rideaux de cyprès garantissent les terres cultivées contre le souffle du mistral, et qu'en Normandie les rangées d'arbres plantées sur les talus qui entourent les prairies permettent aux pommiers de fleurir et de fructifier.

Au point de vue physiologique, les forêts puisent dans le sol une certaine quantité d'humidité ; elles en assimilent une partie dans les tissus ligneux et rejettent le surplus dans l'atmosphère par la transpiration des feuilles. Elles agissent ici dans un sens opposé à celui que nous avons d'abord constaté, et qui est au contraire la conservation de l'eau dans le sol. Il est donc utile d'examiner si ces actions n'arrivent pas à se contre-balancer. Pour ce qui est de l'eau, assimilée par les tissus ligneux, elle est très peu importante par rapport à la quantité de pluie tombée. Les éléments constitutifs de l'eau, l'hydrogène et l'oxygène, entrent environ pour moitié dans la composition du bois, en sorte que, sur une production annuelle par hectare de 4 mètres cubes de bois pesant 3,200 kilogr., l'eau n'entre que pour 1,600 kilogr., chiffre insignifiant comparé aux cinq et six millions de kilogr. de pluie que reçoit annuellement chaque hectare. La transpiration des feuilles réclame plus d'eau, mais on peut admettre qu'elle est proportionnelle aux surfaces herbacées des feuilles ; or un hectare de forêt de hêtres donne environ 4,600 kilogr. de feuilles desséchées, chiffre à peine égal à celui du fourrage produit par les prairies naturelles ou artificielles, d'où l'on peut conclure que les bois n'évaporent pas plus d'eau que toute autre culture. D'après les expériences faites par M. Risler, agriculteur à Calèves, ils en évaporent même beaucoup moins, car, tandis que par décimètre carré de surface foliacée la luzerne évapore par heure $0^{gr},46$ d'eau, le chou $0^{gr},25$, le blé $0^{gr},175$, la pomme de terre $0^{gr},085$, le chêne n'en évapore que $0^{gr},06$ et le sapin $0^{gr},052$. Ainsi, contrairement à ce qu'on pourrait croire, les forêts demandent pour végéter moins d'eau que les autres plantes et n'en enlèvent au sol qu'une quantité relativement peu considérable.

Ce qui a pu faire supposer qu'il en était autrement, c'est le pouvoir asséchant que possèdent certaines essences. On a constaté par exemple que les pins dessèchent rapidement les terrains humides sur lesquels ils sont plantés et assainissent les sols marécageux. En Sologne, les plantations de pins ont fait disparaître les marais ; dans les dunes de Gascogne, elles ont étanché les eaux stagnantes qui s'accumulaient au fond des vallons ; dans la forêt de Saint-Amand (Nord), la substitution du pin aux essences feuillues a eu pour effet de dessécher les mares qui s'y trouvaient, d'assainir le terrain et même de faire tarir les sources à proximité desquelles les plantations avaient été faites. Après l'exploitation des pins, les marécages ont reparu, et les sources se sont remises à couler. L'eucalyp-

tus jouit des mêmes propriétés que le pin à un degré bien plus
grand encore, et permettra sans doute, grâce à cette circonstance, la mise en culture dans les régions méridionales des
terrains jusqu'ici abandonnés à cause de leur insalubrité. Cependant rien ne prouve que ces phénomènes soient dus à la
transpiration des feuilles, car, si le pin avait besoin pour végéter d'une si grande quantité d'eau, on ne s'expliquerait pas
comment il pousse avec tant de vigueur sur les sols les plus
maigres et les plus secs. Je pense pour mon compte que cette
propriété asséchante est due non aux feuilles, mais aux racines,
qui, s'étendant au loin, augmentent la perméabilité du sol et
par une sorte de drainage facilitent l'infiltration de la pluie
dans les couches profondes. Quoi qu'il en soit, c'est un phénomène qui a besoin d'être analysé de plus près.

Nous arrivons à l'étude de l'action mécanique que les forêts
exercent sur le sol. Cette action est celle qui a été le moins
contestée, parce que les phénomènes qui la constatent frappent
tous les yeux. En maintenant les terres par leurs racines, elles
empêchent le ravinement des montagnes et par conséquent la
formation des torrents. Dans les Alpes, ces torrents sont formés
par des pluies d'orage qui, tombant sous forme d'ondées sur
les pentes friables et dénudées des montagnes, ravinent le sol
et répandent dans la vallée les matériaux qu'elles entraînent
avec elles, en recouvrant les cultures d'un immense manteau
de pierres et de rochers. M. Surell, dans son bel ouvrage sur
les Torrents, a constaté que ce fléau ne peut être attribué qu'au
déboisement, puisque partout où les montagnes ont été déboisées, des torrents nouveaux se sont formés; partout au contraire
où l'on a reboisé, les anciens torrents se sont éteints. Le premier, il a érigé en théorie que le reboisement devait être la
base de la reconstitution de cette région, et il a été en quelque
sorte le promoteur de la loi de 1860. Les résultats qu'ont
donnés les travaux exécutés en vertu de cette loi ont de tout
point confirmé ses prévisions, et les rapports annuels que pu-
blie l'administration forestière mentionnent un grand nombre
de faits qui constatent l'efficacité des reboisements pour empêcher l'effondrement des montagnes. Avant d'y procéder, on
commence en général par construire au travers des torrents des
barrages, dont on consolide ensuite les berges au moyen de
plantations. « L'efficacité de ces travaux, aussi simples qu'économiques, dit l'un de ces rapports, est remarquable. Les eaux,
retenues de toutes parts dans leur chute, se précipitent avec
beaucoup moins de violence et de rapidité; une grande partie

des matériaux qu'elles entraînent se trouve arrêtée derrière les barrages et l'accumulation de ces matériaux, jointe à l'active végétation des boutures, tend à faire disparaître les effets du ravinement entre les barrages successifs et à effacer en quelque sorte le torrent par la suppression des sillons ramifiés dont il se compose. »

Nous voyons dans le compte rendu des travaux faits en 1868 un autre exemple qui mérite d'être cité; c'est celui du torrent de Sainte-Marthe dans les Hautes-Alpes. « Tout se trouve réuni dans ce torrent pour y produire les effets les plus connus des torrents des Alpes. Le bassin de réception, entièrement dénudé, forme un entonnoir dans lequel les eaux, au moment des orages, se concentrent presque immédiatement. Cette masse d'eau se précipitant sur les pentes rapides du thalweg, arrachait d'abord aux flancs des berges supérieures des quantités considérables de pierres et de blocs de toute dimension. Plus bas, le tout se mélangeait à des laves noires fournies par l'effondrement des berges inférieures, et cette espèce d'avalanche, se précipitant avec une violence à laquelle rien ne pouvait résister, venait déboucher dans le fond de la vallée à l'extrémité de la gorge qui forme le sommet du cône de déjection. Les plus belles propriétés des environs d'Embrun, d'une valeur d'au moins 300,000 francs, une route avec un pont et des digues appartenant à l'État d'une valeur de plus de 200,000 francs, un chemin vicinal de grande communication, tout était menacé de destruction. C'est dans ces circonstances que le torrent de Sainte-Marthe a été attaqué en 1865; on y a établi deux cents petits barrages, dont on a consolidé les berges avec des plantations, si bien qu'aujourd'hui le torrent est éteint et que les plus forts orages peuvent s'abattre sur le bassin sans produire d'autres effets que de gonfler les eaux, mais sans entraîner aucune matière. »

En présence de semblables résultats qui se produisent journellement, les populations, qui, dans l'origine, s'étaient montrées très hostiles au reboisement dans la crainte de voir diminuer l'étendue de leurs pâturages, sont revenues de leurs préventions et sollicitent elles-mêmes le reboisement des torrents qui les menacent, et chaque année les conseils généraux, rendant justice aux efforts et au dévouement des agents forestiers, votent des fonds pour activer l'exécution de ces travaux, qui doivent régénérer la contrée. Grâce au concours de tous, mais surtout des agents subalternes, il a été reboisé dans diverses régions, depuis 1860 jusqu'en 1868, année du dernier compte rendu, près de 80,000 hectares dont 21,000 environ l'ont été par l'administration, et 59,000 volontairement par les communes ou les particuliers propriétaires : preuve évidente que l'efficacité de ces travaux est reconnue partout, et que la loi de 1860 sur le reboisement a été un véritable bienfait.

Quand les rivières descendent des régions boisées et par conséquent à l'abri du ravinement, le lit est régulier et n'est pas encombré de matériaux de transport. S'il survient de grandes pluies, la rivière déborde, les eaux couvrent la plaine, détruisent quelques récoltes, mais les pertes se réparent aisément, une fois que les eaux se sont retirées. Les rivières, comme la Loire et l'Allier, qui viennent des montagnes granitiques déboisées depuis longtemps, ne se comportent pas de même. A chaque crue, elles entraînent des masses énormes de sables et de galets qu'elles répandent sur les champs cultivés. Le lit de ces rivières, encombré de débris, n'a pas de profondeur, le thalweg se déplace à chaque crue, emportant les terres qu'on croyait à l'abri, et rendant toute navigation régulière impossible.

45. Réfutation d'une opinion de M. Clavé. — Notre auteur attribue au déboisement des montagnes du bassin de la Loire une grande importance, au point de vue de l'encombrement du lit de ce fleuve par les sables. C'est une opinion que contredisent formellement les constatations faites par M. Comoy sur la provenance actuelle de ces sables. Ils viennent bien des montagnes; mais, pour la plus grande partie, ils ont été déposés anciennement dans les vallées, où les reprennent maintenant les eaux. On ne peut guère citer sur le haut fleuve, comme ravinements pouvant influer sur le régime de la rivière, que ceux qui se produisent dans les argiles sableuses tertiaires des environs du Puy.

La superficie du bassin de la Loire supérieure, en amont de l'Allier, dépasse huit cent mille hectares. Si l'importance du reboisement dans la région montagneuse était ce que suppose M. Clavé, les ingénieurs des forêts auraient depuis la loi de 1860 dressé des projets s'appliquant à une surface considérable. Eh bien! voici les chiffres que nous devons à M. l'inspecteur général Jollois, qui a été successivement ingénieur en chef des deux départements de la Haute-Loire et de la Loire :

Haute-Loire : Le reboisement a été déclaré d'utilité publique
pour une surface totale de. .   . . . .   5,235 h. 28
Les travaux de gazonnement pour . . .   27   66
                                    Total.   5,262 h. 94
et cette surface se divise à peu près en parties égales entre les
bassins du fleuve et de l'Allier.

Loire : La surface totale des périmètres à reboiser dans ce
département est de . . . .   1,100 h. 20
qui sont situés presque entièrement dans le bassin de la Loire
proprement dite.

On arrive donc à moins de sept mille hectares en totalité
pour le bassin de la Loire supérieure.

Les terrains anciennement boisés, qui se trouvent presque
tous en montagne, et principalement sur les parties les plus
élevées, occupent une surface d'environ cent mille hectares.
L'influence de ces forêts peut être précieuse; mais on voit que
les reboisements faits ou à faire sont loin d'avoir une grande
importance.

M. Jollois a constaté que les sables et graviers de la Loire
supérieure proviennent presque entièrement de la démolition
des berges dans les plaines de Brives, Saint-Vincent et Bas,
dans le département de la Haute-Loire, et de celles du Forez
et de Roanne dans celui de la Loire. On y a exécuté, et on y
exécute chaque année, quelques défenses de rives; mais il
faudrait faire bien davantage, et cela est encore plus vrai pour
la vallée de l'Allier. Il y a longtemps que nous avons signalé
le fait, à la suite de M. Comoy. Les dépenses à faire ne seraient
pas considérables et leur utilité serait immense. Il est vrai que
l'affaire se complique de questions de répartition de dépenses
et autres; mais on aurait pu trancher toutes ces questions,
comme on l'a fait pour celles qui se rattachent aux reboisements et regazonnements en montagne (lois de 1860, 1864 et
1882). Il suffisait d'ailleurs d'appliquer la loi de 1865 et au
besoin celle de 1807, comme nous l'expliquerons ailleurs avec
les détails nécessaires.

46. Conclusions sur le reboisement. — 1. Les terrains
que démolissent les eaux gagneraient à être plantés; cela n'est
pas douteux. 2. Comme conséquence, les crues des rivières
voisines pourraient être atténuées; mais il faudrait tout un

concours de circonstances pour qu'il en résultât un abaissement notable des crues du grand fleuve dans lequel ces rivières
se jettent, directement ou indirectement. 3. Les vallées où les
inondations sont le plus à craindre sont quelquefois dominées
pas des terrains non boisables (Ardèche). 4. Quand les matériaux transportés par un torrent s'arrêtent sur le cône de déjection, le reboisement ne peut avoir d'effet sur le cours d'eau
voisin qu'au point de vue de l'arrivée moins rapide des eaux.
Lorsqu'au contraire le cône manque de l'espace nécessaire
pour se développer complètement, le cours d'eau s'encombre
jusqu'à modification de son régime en rapport avec le débit
solide qui lui est imposé. 5. Il n'est pas prouvé qu'il y ait, en
France, un seul grand fleuve qu'on puisse transformer par
des opérations de reboisement sur les montagnes de son
bassin.

On peut « reléguer l'action des forêts parmi les infiniment petits de la météorologie... Certains auteurs ont prétendu
que des plantations faites en Égypte avaient rendu les pluies
plus fréquentes. Clot-Bey démontre le contraire... Pour en
finir avec l'exemple si souvent invoqué des Cévennes, disons
que ces montagnes n'ont jamais été couvertes de forêts ou
que leur déboisement est bien ancien. L'action modératrice
des forêts n'est certaine et prépondérante que dans le cas où,
sans leur présence, les terrains en pente seraient ravinés. »
(Cézanne. *Étude sur les torrents.*)

CHAPITRE III

LES COURS D'EAU

SOMMAIRE :

Figures :

LES COURS D'EAU

§ 1er

LES DÉBITS D'EAU ET DE VASE

47. Débits minimum et maximum. — Le nombre de mètres cubes d'eau qui passe, dans l'unité de temps (la seconde), de l'amont à l'aval d'un profil en travers est ce qu'on appelle le *débit* de la rivière en cet endroit. Ce débit est de 48 mètres cubes pour la Seine à Paris, au moment de l'étiage, et de 1,661 mètres au moment d'une crue de 6m,42 à l'échelle du pont de la Tournelle[1] (mars 1876). Le débit de la Loire est de 98 mètres cubes au minimum, à Mauves, point où la marée commence à se faire sentir pendant les vives eaux; il atteint environ 6,000 mètres au même point, lors du maximum des crues extraordinaires. — A Lyon, le Rhône débite 170 mètres cubes d'eau à l'étiage; il a donné au même point 5,400 mètres par seconde au moment du maximum de la crue de 1856, et 13,960 mètres à Beaucaire. — Le débit minimum de la Garonne est de 36 mètres à Toulouse; pendant la crue désastreuse de 1875, il s'est élevé à 13,150 mètres au même point d'après M. Dieulafoy, à 8,000 mètres d'après les ingénieurs du service des inondations.

48. Le débit moyen. — Le débit moyen annuel se rapproche beaucoup plus de celui de l'étiage que de celui des

---

1. La crue maxima de la Seine s'est élevée beaucoup plus haut à Paris (8m,81 en février 1658), mais il n'est guère possible d'en évaluer le débit. L'altitude du zéro de la Tournelle est de 26m,285.

grandes crues; on a trouvé 687ᵐ,46 à Marmande, sur la Garonne.

49. Courbes des vitesses et des débits. — Si l'on porte sur une ligne droite diverses hauteurs d'eau, à partir d'un point correspondant à la rivière à sec, et que, sur chaque ordonnée perpendiculaire, on marque : 1° la moyenne des vitesses observées dans une section transversale ; 2° le produit de chaque vitesse moyenne par la superficie correspondante de cette section — ou le débit — on obtient deux courbes dans le genre de celles-ci, la première concave, la seconde convexe :

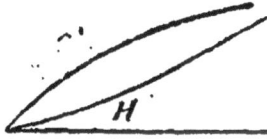

Courbes des vitesses et des débits.

Comme l'a fait remarquer M. Graëff (*Traité d'hydraulique*, II, page 198), la courbe des débits dans l'écoulement forcé par un orifice contraste avec celle qui se rapporte aux canaux découverts, sa concavité étant tournée vers la ligne des hauteurs de charge sur cet orifice. L'accord existe au contraire pour les courbes des vitesses, qui présentent dans les deux cas leur concavité à la ligne des hauteurs.

Lorsqu'il s'agit d'une rivière ayant toujours un certain débit, l'extrémité gauche de la figure disparaît. On adopte alors, pour le zéro de l'échelle des hauteurs, le niveau de l'étiage.

50. Courbes de la pluie, de l'évaporation et des hauteurs du fleuve à Paris. — Portons sur une ligne de base des points équidistants, correspondant aux divers mois de l'année ; sur les perpendiculaires, passant par chacun de ces points, marquons ensuite :

1° La hauteur moyenne de la Seine au-dessus de l'étiage pendant le mois, à Paris, par exemple ;

2° La hauteur de pluie recueillie dans l'udomètre pendant le même mois ; |

3° La hauteur d'eau évaporée dans le même temps à l'air, sous un toit abritant le récipient contre la pluie[1].

En joignant les points de chaque catégorie, on obtient les courbes annuelles : des hauteurs du fleuve, de la pluie et de l'évaporation à Paris. La plus petite moyenne mensuelle est de 0m,43 et la plus forte de 2m,17 pour les premières; 0,029 et 0,052 pour les secondes; 0,017 et 0,111 pour les troisièmes[2].

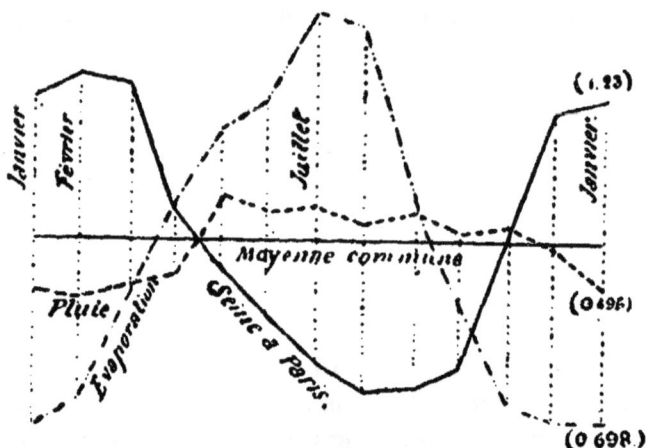

Courbes des hauteurs de la Seine, de la pluie et de l'évaporation à Paris.

On a ajouté, entre parenthèses : la hauteur moyenne annuelle de la Seine, la hauteur totale de la pluie et celle de l'évaporation, pendant la période de plusieurs années à laquelle se rapporte la figure.

1. On emploie aussi des évaporomètres sans toit (la hauteur udométrique est alors retranchée de leurs indications), et d'autres systèmes. Nous ne nous arrêtons pas à ces détails, ni aux discussions auxquelles la mesure de l'évaporation a donné lieu. Citons cependant une intéressante note de M. l'ingénieur A. Salles, publiée en 1883 chez Barlatier, à Marseille : M. Salles arrive à 1m,05 d'évaporation annuelle à Arles, tandis que M. de Gasparin a donné 1m,88 pour Orange; Cotte, 2m,56 à Arles; M. Vallès, 2m,50 à Marseille. D'une manière générale, on peut dire que le meilleur évaporomètre est celui qui se rapproche le plus des conditions du phénomène que l'on veut apprécier à l'avance : par exemple, il faut un bassin à l'air libre si l'on cherche une base de calcul pour les pertes d'eau par évaporation dans un canal projeté dans le pays.

2. Nous remplaçons dans la figure la ligne de base ordinaire par la ligne des hauteurs moyennes. On voit de suite quels sont les mois à pluie moyenne, etc.

L'évaporation dépasse la pluie, dans le rapport de **7 à 5**. Cependant on ne peut s'étonner qu'il reste de l'eau pour la rivière, le produit de la pluie ne se trouvant que très partiellement dans des conditions d'évaporation comparables à celles des expériences.

51. Seconde loi de Dausse[1]. — La non-concordance des hauteurs d'eau dans le fleuve avec les hauteurs de pluie surprend au premier abord. Sans parler de la perméabilité du sol, dans une grande partie du bassin de la Seine, nous rappellerons la seconde loi de Dausse : *les pluies d'été ne profitent point aux cours d'eau.* Leur produit s'arrête dans la couche supérieure du sol et est ensuite complètement évaporé, réserve faite bien entendu des pluies prolongées, et des pluies abondantes tombant sur des surfaces très déclives.

52. Courbes des hauteurs du fleuve et de la pluie à Tonneins. — On constate moins de discordance entre les hauteurs du fleuve et de la pluie sur la Garonne, parce qu'une grande partie du bassin est montagneuse et imperméable.

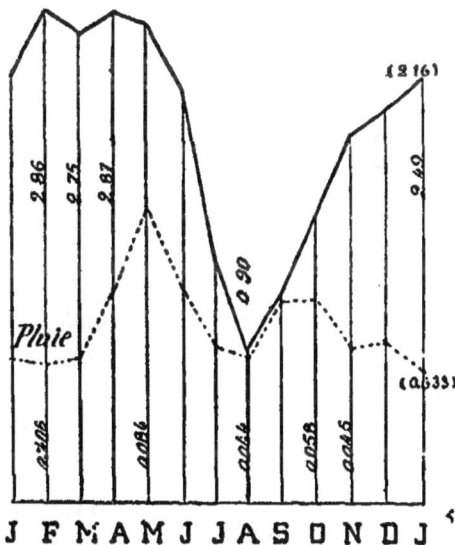

Courbe des hauteurs de la Garonne et de la pluie.

[1]. Voir l'article *Pluie annuelle*, où nous avons cité la *première loi de Dausse*.

53. Courbes du Pô : *Hauteurs du fleuve; pluie; évaporation.* — Les moindres hauteurs du Pô correspondent à l'époque où les glaciers retiennent la pluie et la neige. Un second minimum, au mois d'août, correspond au minimum de pluie de juillet et au maximum d'évaporation. Les plus grandes hauteurs, mai et juin, résultent de l'influence de la fonte des glaciers. Un second maximum, en septembre et octobre, indique le danger que les vallées du bassin peuvent courir à cette époque; on l'a vu en 1882.

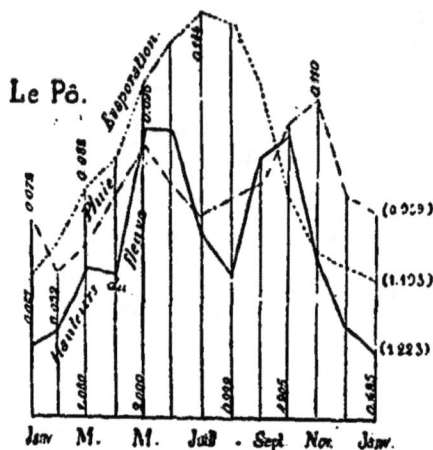

Le Pô.

Trois courbes relatives à la vallée du Pô.

Toutes ces courbes concernent une année moyenne. Il ne faut point y chercher, par conséquent, d'indications précises sur l'époque des crues exceptionnelles.

54. Débits de vase. — Le minimum des limons correspond aux rivières tranquilles alimentées en grande partie par des sources, comme la Seine; le maximum sera nécessairement donné par des rivières torrentielles, telles que le Var et la Durance. Voici quelques moyennes annuelles de débits de limons :

La Durance charrie 11,077,971 mc.[1], ou 17,323,321,769 kil.
Le Var   —   11,076,724   —   —   17,722,767,325
La Marne   —   104,801   —   —   167,684.276
La Seine   —   194,808 —   —   311,694,657
La Garonne   —   5,671,716,208

1. Le Rhône, 21 millions; le Pô, 40 millions.

Pour une même rivière, les quantités de limon par mètre cube d'eau varient considérablement, suivant les circonstances :

Dans la Durance, on trouve 0 kil. 20 à 0 kil. 30 en temps d'étiage, par mètre cube d'eau, et plus de 2 kilogrammes en temps de crue.

Dans le Var, à la suite de l'orage du 30 juin 1865, on a recueilli 36 kil. 62 dans un mètre cube, tandis que la portée minima n'est que de 9 gr. 15 et la moyenne 3 kil. 58.

Dans la Marne, de deux à cinq cent quinze grammes par mètre cube.

Dans la Seine, cinq grammes en basses eaux, cent cinquante en crue, et dans des cas exceptionnels beaucoup plus.

Le Nil en crue contient 1 kil. 254 de limon par mètre cube d'eau. La crue durant cent cinquante jours en moyenne, avec un débit quotidien de 864 millions de mètres cubes, cela donne 162 millions de tonnes de limon par an.

55. La vase et la vitesse des rivières. — M. Cunningham, cité par M. Flamant (*Annales des Ponts et Chaussées*, 1882), a constaté que la quantité de vase contenue dans l'eau n'influe pas sur la vitesse.

Le même auteur, parlant de barrages relevés de plusieurs pieds dans le canal du Gange, dit que ce travail « n'a produit aucun envasement de quelque importance, » bien qu'il ait eu pour effet de diminuer la vitesse en amont de chacun des barrages.

56. Matières dissoutes. — M. Hervé Mangon a trouvé dans l'eau du Var 269 grammes de matières dissoutes, par mètre cube; dans celle de la Seine, 214 grammes; dans l'Ourcq, 467 grammes.

Pour la Marne, le total annuel des matières dissoutes représente 552,480 tonnes; c'est beaucoup plus que le poids des limons transportés par cette rivière dans le même temps.

57. Dépôts de vases. Remise en suspension. — Dans un rapport communiqué au Conseil général de la Loire-Inférieure en 1873, M. Eou-Duval explique qu'au moyen d'un bac à râteau il a fait remettre en suspension dans la Vilaine maritime, au moment du jusant, 70,000 mètres cubes de vases antérieurement déposées par cette rivière, et qui encombraient son lit. D'après les chiffres qui précèdent, on ne sera pas sur‑pris que cette opération, qui a d'ailleurs duré un certain temps, ait parfaitement réussi, car on peut confier aux eaux en mou‑vément des quantités énormes de limon[1]. Mais l'exemple de la Vilaine nous montre que les eaux ne remettent pas la vase en suspension aussi facilement qu'elles la transportent : quand une marée dépose sur une surface qu'elle n'a surmontée que d'une faible hauteur, la vase reste, parce que la vitesse qui serait nécessaire pour la remise en suspension n'est reprise, après l'étale, qu'à un moment où le dépôt est découvert ; les matières se tassent entre les marées, et à défaut d'une agita‑tion marquée s'agrègent aux dépôts antérieurs ; il faut un tra‑vail de l'homme pour rétablir la situation. L'agrégation se produit aussi sur les talus. — Le succès obtenu par M. Eon-Duval s'explique sans doute par des circonstances spéciales ; il a néanmoins une grande importance, parce qu'il montre ce que l'on peut parfois obtenir, en procédant près des embou‑chures vaseuses par voie d'entretien[2]. Malheureusement, une administration est moins propre qu'une corporation locale à procéder avec suite, quand il s'agit de choses de ce genre ; les hommes changent, et *les petits moyens* n'ont pas toujours auprès des nouveaux venus le même crédit qu'auprès de leurs prédécesseurs.

58. Les colmatages dans la Garonne. — Les matières limoneuses et vaseuses, dit M. Baumgarten dans son mémoire sur la Garonne, coulent d'une manière continue jusqu'à la mer. Il n'y a de dépôts en route que ceux qui se font dans les parties où la vitesse est tout à fait insensible ; ce sont ceux qui fertilisent les alluvions ; la hauteur de ces dépôts peut être le $0^m,40$ à $0^m,50$ par an, lorsqu'ils se font en contre-bas de l'étiage dans les circonstances les plus favorables.

59. Vallée de l'Isère. — En cinq campagnes, dit M. Drizard

2 (15-11)

1. Toutefois, une partie de la vase ramenée par le flot a dû laisser des dépôts au moment de l'étale en divers endroits, entre la mer et le point dévas.

2. Voir, dans le même ordre d'idées, la notice sur le port de Lander‑neau (pages 143 et 144 dn Tome V des *Ports maritimes de la France*).

dans sa note sur les colmatages de l'Isère, nous avons obtenu des dépôts de plus de 2 mètres de hauteur et d'une grande richesse.

60. La Crau. Les Landes. — Ce n'est pas seulement au voisinage des rivières qu'une partie des limons est artificiellement retenue et utilisée; plusieurs canaux portent au loin des eaux vaseuses empruntées à la Durance : « Dans la Crau, on remarque çà et là des parties cultivées, entourées de grands arbres au milieu desquels la ferme est cachée. Ce sont les oasis de la plaine. Sans transition, on passe de la plaine découverte, nue et brûlante, dans l'ombre fraîchement sombre des ormeaux et des peupliers, dont le pied baigne dans les canaux d'irrigation. A l'abri de ces arbres, *tout réussit*, car les eaux de la Durance, chargées du limon noir des terrains liasiques qu'elles traversent, sont portées jusqu'aux extrémités de la Crau... Les prairies défendues par les arbres à feuilles caduques contre l'ardeur du soleil en été, et fumées par le pacage des moutons en hiver, sont aussi vertes que dans le Nord de la France... Le mûrier, le figuier, l'olivier, le cerisier et les autres arbres fruitiers prospèrent à l'abri du mistral, défendus par les rideaux de magnifiques cyprès qui bordent les rigoles d'arrosement. Dans les mêmes conditions, les légumes prospèrent très bien sur le sol nettoyé de pierres, et réduit aux alluvions fertiles déposées par les eaux. » (Ch. Martins.) Ce tableau ramène forcément la pensée sur le célèbre projet de M. Duponchel, tendant à la transformation des Landes au moyen de la démolition d'un pan de montagne, et à l'aide de canaux portant les limons artificiels qui en proviendraient sur toute l'étendue de notre mer de sable.

61. Limonages dans le Doubs. — L'emploi « des eaux troubles pour le limonage des terres est, dans nos contrées[1] comme partout ailleurs, une des opérations les plus fructueuses en agriculture; mais ces eaux sont plus ou moins fertilisantes selon la qualité et la quantité de limon qu'elles charrient, et selon la saison et la hauteur des crues. » M. Parandier évalue à 150,000,000 de mètres cubes le volume d'eau trouble débité par le Doubs pendant une crue moyenne.

---

1. *Le Doubs* (Mémoire de M. Parandier.)

Chaque mètre cube tenant en suspension 127 gr. 60 de limon, il en passe 19,000,000 de kilogrammes, dont la plus grande partie est perdue pour l'agriculture. L'action des eaux troubles du Doubs est très renommée dans le pays; mais on manque des moyens nécessaires pour l'utiliser en grand.

§ II

LES DÉBITS DE SABLE ET DE GRAVIER

62. Les sables et les graviers de la Loire. — Certaines rivières reçoivent de grands volumes de déjections provenant des montagnes[1]. Mais les conditions géologiques et autres peuvent modifier ce phénomène; voici les observations qui ont été faites par M. Comoy, en ce qui concerne le bassin de la Loire :

Dans la partie supérieure du bassin, il arrive assez souvent que les cours d'eau s'encaissent dans la plaine, en aval du cône de déjection. Ce cône est d'autant plus marqué que les montagnes ont plus de hauteur. A mesure qu'elles s'abaissent, l'envahissement de la plaine diminue, et l'on rencontre des ruisseaux qui n'ensablent que leurs lits. Dans ce cas les riverains procèdent ordinairement au curage, pour donner aux eaux l'écoulement nécessaire. Bien que l'opération n'ait lieu que tous les huit ou dix ans, le volume des détritus n'est pas considérable.

Les ruisseaux provenant des collines ne présentent plus trace de sable, sauf de rares exceptions; ils s'encombrent encore, mais seulement par les vases et les herbes aquatiques.

En résumé, M. Comoy constate que les sables et les graviers provenant de la partie supérieure du bassin s'arrêtent en

---

1. « Nous mouillons au-dessus du ruisseau de Tien-San-Hô qui a formé, à son embouchure dans le Fleuve-Rouge, une vraie montagne de grosses roches et de galets, couverte en partie de broussailles. » Et ailleurs : « Les amas de roches et de galets proviennent de nombreux torrents qui les roulent à leur embouchure *jusqu'au milieu du fleuve*. » (Dupuis. *Voyage au Tonkin*.)

route; il n'en arrive qu'une faible quantité dans la circulation générale du fleuve, comparativement aux matières solides d'autres provenances.

Quelle est donc la cause principale de l'encombrement du lit?

63. La corrosion des rives. — Les rives de la Loire sont sans cesse corrodées par les eaux dans les parties concaves; des dépôts se forment au contraire dans les parties convexes, comme cela se passe sur toutes les rivières à lit mobile. Le cube annuel des terres enlevées aux rives s'élève en totalité sur le fleuve et sur l'Allier à 8,900,000 mètres dans les années très humides et à grandes crues comme 1856, et à 1,400,000 dans les années très sèches comme 1858 et 1859. En 1857, que l'on peut considérer comme un type d'année moyenne, ce volume s'est élevé à 3,800,000 mètres cubes.

Les terres ainsi détruites, et qui tombent dans le lit des rivères, se composent d'argile, de sable et de gravier. La quantité de sable et de gravier qui entre dans un mètre cube a été trouvée (moyenne de plus de deux cents expériences) de 67 centièmes sur la Loire au-dessus du Bec-d'Allier, de 57 centièmes au-dessous, et également de 57 centièmes sur l'Allier.

L'argile entre en suspension dans l'eau, et est emportée par le courant, laissant en arrière les sables et graviers. Ceux-ci constituent, tout calcul fait, un apport annuel aux lits de la Loire et de l'Allier, par le fait de la corrosion des rives, de 2,300,000 mètres cubes, année moyenne.

64. Dépôts. — C'est un volume considérable apporté aux rivères; mais tout n'entre pas dans le courant des sables et graviers entraînés au loin. La plus grande partie de ces matières est déposée presqu'immédiatement sur les grèves des rives convexes, où elle s'immobilise et reforme des terrains, qui s'élèvent peu à peu par les dépôts successifs. Ces terrains finissent par devenir cultivables, en se colmatant à la longue au moyen des vases laissées par les crues.

Ce travail de reconstitution des terres riveraines est hors de doute; on l'observe sur toute la longueur de la Loire supérieure et de l'Allier. S'il ne se faisait pas il y aurait très long-temps, vu l'importance des corrosions, que les plaines sub-mersibles de la Loire et de l'Allier seraient complètement anéanties. D'après les données recueillies en 1857, la plaine submersible de la Loire supérieure aurait été entièrement détruite en deux mille ans et celle de l'Allier en *deux cents ans*. Cependant ces plaines existent encore ; elles ont donc dû se reformer. Il est probable que ce travail s'est déjà opéré plusieurs fois sur toute la largeur des plaines submersibles.

Les surfaces des nouveaux terrains n'égalent pas celles qui ont été détruites, car les lits de la Loire supérieure et de l'Allier ont pris un excès de largeur incontestable : on rencontre souvent des largeurs de 400 mètres à 600 mètres sur la Loire supérieure, et de 800 mètres à 900 mètres sur l'Allier.

65. Sables et graviers entraînés au loin. — Les reconstitutions de terrains à de petites distances n'en constituent pas moins une cause importante de réduction du volume des sables voyageurs, et la quantité annuelle se trouve certainement réduite à moins de moitié des 2,300,000 mètres. M. Comoy, après avoir rappelé qu'il n'y a qu'un très petit cube à descendre actuellement des montagnes et collines aux lits de l'Allier et de la Loire, fait allusion aux personnes qui portent à des chiffres de fantaisie le débit solide du fleuve ; il constate qu'il « serait difficile de trouver l'origine d'une masse de sable atteignant chaque année plusieurs millions de mètres cubes. Tout porte à penser que le chiffre de un million représente mieux l'importance du phénomène. »

66. Matières extraites par les riverains. — De ce dernier volume, il faut retrancher celui des matières extraites du lit par les riverains : « Les documents relevés dans toute l'étendue du bassin ont montré que les quantités enlevées s'élèvent à environ 600,000 mètres cubes par an, savoir : 150,000 mètres de graviers et 450,000 mètres de sable. »

On n'arrive guère, en définitive, qu'à un million moins 600,000, ou à 400,000 mètres cubes, pour le volume solide versé à la Loire maritime, en sus du limon.

67. Graviers polis d'un côté. — Par suite de la quasi-fixité des amas de graviers un peu gros de la Loire, « les surfaces polies qu'ils présentent ne proviennent pas, vraisemblablement, du frottement qu'ils éprouvent en roulant les uns sur les autres, mais bien plutôt du passage incessant des sables qui en usent les aspérités et en arrondissent les arêtes. Aussi n'est-il pas rare de trouver des graviers plats dont la surface est encore notablement rugueuse en dessous, tandis que la face exposée à l'usure des sables est beaucoup mieux polie [1]. » Voilà une démonstration catégorique de la petitesse des déplacements annuels de ces graviers. On n'en trouve presque plus en aval de Nantes.

68. Action des petites crues. — Voici ce qu'a constaté M. Sainjon : Des grèves où le sable domine contiennent souvent des graviers assez gros, mais peu apparents parce qu'ils sont noyés dans la masse. Aux *petites crues* le sable est emporté sur une certaine profondeur, tandis que les gros graviers ne sont pas entraînés ; aussi remarque-t-on, après la crue, la surface de la grève couverte de graviers précédemment contenus dans la couche de sable qui a disparu ; « mais ce n'est pas la crue qui les y a apportés. » Il ne s'agit dans cette citation que des petites crues ; on ne peut nier qu'il y ait certains transports de graviers, et M. Comoy va nous les expliquer tout à l'heure.

69. Anciens transports en masse. — On trouve dans le lit de la Loire des graviers appartenant aux formations des parties supérieures de la vallée ; mais M. Comoy ne pense pas que cela prouve qu'ils en soient récemment descendus. On explique leur présence en disant qu'ils proviennent des rives voisines, où ils se trouvaient au milieu de dépôts ayant une origine diluvienne. Les transports ont alors eu lieu en masse, sans grand triage.

70. Les tourbillons. — M. Comoy admet que les graviers peuvent être transportés par suspension momentanée au milieu des tourbillons des grandes crues. Comme les graviers soulevés par cette cause sont aussi bien projetés à droite et à gauche qu'en avant, cet ingénieur pense qu'une grande partie de leur mouvement s'opère sur place. « Les crues de la Loire ont une faible durée, quatre à cinq jours suffisent pour les faire passer ; il serait difficile d'admettre que pendant ce temps les graviers qui roulent sur le fond pussent faire un long trajet, quand on voit les sables fins ne jamais parcourir plus de cent mètres en vingt-quatre heures, dans les circonstances les

1. M. Sainjon, ingénieur en chef.

plus favorables et pendant des crues de quatre mètres de hauteur. Quant à ceux qui sont déplacés par les tourbillons, il est douteux qu'ils puissent être ainsi entraînés à de grandes distances, car les tourbillons ne se maintiennent pas longtemps dans les mêmes conditions, et dès que leur action diminue les graviers retombent.

« Ce n'est donc plus par centaines d'années, comme dans la marche continue des grèves de sable fin, mais par milliers qu'il faut sans doute compter pour apprécier le temps qu'un gravier emploie à parcourir toute la longueur de la Loire, quand les circonstances l'ont mis en position d'effectuer ce voyage... Il y a une grande partie des graviers, d'abord remués par les eaux, qui s'immobilisent sur les rives. »

71. Influences géologiques et autres. — Dans les 400,000 mètres cubes de sable qui franchissent chaque année les ponts de Nantes (1 million, moins 600,000 enlevés par les riverains), entrent ceux qui, suffisamment usés par les frottements dans leur long voyage, sont entraînés en suspension, agrégés aux vases flottantes.

Citons à cette occasion quelques lignes de l'intéressant *Mémoire sur les sables de la Loire*, que M. Partiot a joint au dossier du projet de transformation de la basse Loire, dont il a fait l'étude en 1869 sous notre direction. « La nature granitique des montagnes où la Loire et ses principaux affluents prennent leur source diminue considérablement le volume des matières qu'ils entraînent. Un point peut rester douteux, c'est le cube des graviers et des sables apportés par les ruisseaux ; mais si l'on songe aux nombreux barrages établis sur chacun d'eux pour les usines et les irrigations, aux curages que l'on exécute, on doit admettre que le cube des matériaux qu'ils charrient jusqu'à leur embouchure doit être extrêmement réduit... Les sables s'usent par le frottement, pendant leur marche au fond de l'eau... Lorsqu'ils arrivent à un degré de ténuité extrême, ils se mettent en suspension dans l'eau avec la plus grande facilité ; ils s'y mêlent à l'argile et forment de la vase. »

72. Le sable dans la vase. — En rendant compte des mesures prises pour le dévasement du bassin de Saint-Nazaire, M. Leferme a fait connaître que *les eaux troubles de la rade*

donnent « *une vase savonneuse*, très douce au toucher, et à
l'œil nu sans la moindre trace de sable. » Cependant M. Delesse
a trouvé que cette vase est, *pour la plus grande partie*, formée
de poussière de quartz parfaitement blanc ; le reste se compose
de carbonate de chaux, d'un peu de silex, etc. Cette vase, amenée
par le flot, provient principalement de la destruction des
côtes et des îles de la mer, d'un peu de poussière des sables
de la Loire, etc. « Le sable siliceux ou calcaire est, à l'état
impalpable, délayable dans l'eau, où il reste en suspension
à cause de la finesse des particules (état qui le fait con-
fondre souvent à tort avec l'argile), et à l'état palpable non
délayable[1]. » Sur les côtes de la mer, et aussi dans les rivières, le sable devient impalpable avec le temps ; il se comporte alors à peu près comme la vase d'argile. L'une et l'autre
vase ne se déposent que dans l'eau stagnante.

§ III

LE RUISSEAU DE M. DE LAVELEYE

73. Nous empruntons à un opuscule de M. de Laveleye
(*Envasement des fleuves*, etc., 1859) ce petit roman d'un ruisseau dont aucune complication ne trouble le régime :

« Suivez un ruisseau quelconque ; vers sa source il aura en
général une pente prononcée, l'eau y acquerra beaucoup de
vitesse ; si elle surpasse 30 centimètres par seconde, le sol
sera caillouteux, car le sable sera entraîné.

« Plus bas, la pente diminue, et la vitesse de l'eau finit par
être inférieure à 30 centimètres par seconde ; le fond du ruisseau devient sablonneux, sans mélage de terres meubles qui
sont encore entraînées :

« Plus loin encore, lorsque le ruisseau vient serpenter dans
les prairies, sa vitesse y est presque nulle ; aussi son fond
devient-il bourbeux, parce que la vitesse, inférieure à 7 ou 8
centimètres par seconde, est incapable d'entraîner les terres

1. M. Pichard, directeur de la station agronomique de Vaucluse.

détrempées qui viennent se déposer sous forme de vase, d'autant plus ténue que l'eau est plus dormante.

« C'est une chose curieuse que de suivre un petit ruisseau, coulant d'abord sur des cailloux anguleux, remplacés bientôt par du gravier, puis par du sable grossier d'abord, fin ensuite, et, enfin, prenant un fond de vase liquide dans laquelle un bâton pénètre aisément. »

Sans indiquer d'autres complications, faisons remarquer qu'un ruisseau bourbeux et dormant ne tarderait pas, sans l'intervention de l'homme, à se combler complètement; les prairies où « le ruisseau vient serpenter » ne seraient bientôt plus qu'un marécage[1].

1. Voir aux Annexes la note K.

CHAPITRE IV

LES CRUES

SOMMAIRE :

Figures :

LES CRUES

CLIMATS. ORAGES. RÉPARTITION DES EAUX

74. Climat au nord du plateau central. — Tandis que
M. de Gasparin calcule la moyenne des pluies pour la partie
orientale et pour la partie occidentale de l'Angleterre, il donne
pour la France les chiffres concernant la partie septentrionale
et la partie méridionale. C'est qu'en effet il y a de grandes
ressemblances dans le climat de toute la partie de notre pays
située au nord du plateau central.

M. Minard a constaté la simultanéité des crues dans la Seine
à Paris, la Saône à Châlon et la Loire à Digoin. En ajoutant
aux courbes des hauteurs de la Seine, de la Saône, de la Loire,
celles de la Meuse, M. Belgrand a montré qu'il faut généra-
liser davantage ; l'examen de ces courbes, dit-il, fait reconnaître que ces rivières sont toujours en crue en même temps
de novembre à avril. Il n'y a point d'exception pour les crues
importantes, et les exceptions sont même assez rares pour les
variations de niveau les plus insignifiantes. « Il n'existe, du
reste, aucune relation certaine dans les hauteurs des quatre
rivières. La Seine peut éprouver une crue très forte, pendant
que les autres cours d'eau n'éprouvent que des variations de
niveau médiocres, et réciproquement. Les courbes des crues
sont aussi très différentes : les crues de la Seine et de la Saône,
dans lesquelles les terrains perméables sont très étendus, ne

peuvent avoir la même forme que celles de la Loire, cours d'eau torrentiel.

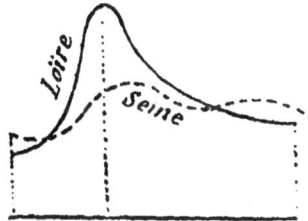

Types de crues dans la Seine et dans la Loire.

Ajoutons qu'après un affluent les courbes s'aplatissent à mesure qu'on avance vers le suivant. Les courbes des hauteurs de la Loire, quand la crue ne provient pas des affluents inférieurs, deviennent assez plates vers Saumur, Ancenis et Nantes.

75. Les bassins de la Seine et de la Saône. — La loi se vérifie moins bien dans les six mois de la saison sèche. Cela tient à diverses causes, et par exemple à celle-ci : dans les hautes montagnes du bassin de la Saône, le sol est souvent saturé d'humidité dès le commencement de l'automne, ce qui n'arrive pas dans le bassin de la Seine ; il en résulte que les pluies profitent aux cours d'eau plus tôt dans le premier, en sorte qu'on y a de fortes crues en septembre et octobre, ce qui n'est arrivé pour la Seine qu'en 1866.

76. Influence de l'étendue des bassins. Les orages à Paris. — Les pluies d'orage ont de l'action sur les petits cours d'eau ; elles n'en ont pas sur les grands. D'une manière générale, on peut dire que l'étendue d'un bassin est une circonstance favorable, au point de vue des crues ; les effets d'un phénomène partiel s'atténuent d'autant plus, en dehors du point même où il se produit, que le cours d'eau où se jette l'affluent est plus considérable. M. Belgrand fait remarquer qu'à Paris, dont la surface est de 70 kilomètres carrés, une averse ne tombe presque jamais sur toute la ville, ni dans le même temps sur toute la surface qu'elle mouille ; cela donne une idée du peu d'influence des pluies d'orage sur la hauteur d'un fleuve comme la Seine. Cette influence n'est marquée, dans le Nord de la France, que sur les cours d'eau dont les bassins ont moins de 200 kilomètres carrés.

77. Les orages dans l'Ardèche. — Dans le midi de la France, la répartition des pluies est beaucoup plus inégale que dans le nord.

Le mémoire de M. de Mardigny, publié dans les *Annales des ponts et chaussées* de 1861, fait connaître les effets des averses extraordinaires d'octobre 1827, septembre 1857 et octobre 1859 dans l'Ardèche. Les 14 et 15 octobre de cette dernière année, on a recueilli en divers points du département $0^m,43$, $0^m,48$, $0^m,51$ de hauteur d'eau. En jetant les yeux sur l'Annexe B, on verra quelle différence existe entre de pareils phénomènes et ceux qu'on qualifie d'exceptionnels dans la France du nord. Il faut dire que l'Ardèche paraît être le point le plus exposé de nos départements du midi, sous le double rapport de l'étendue atteinte et de l'intensité des pluies extraordinaires. On cite dans l'Hérault une grande pluie de 1860 qui a atteint 30.000 hectares; c'est peu comparativement à ce qui se passe quelquefois dans l'Ardèche, bien que ce soit énorme comparativement aux pluies d'orage du bassin de la Seine.

78. Les volumes de la pluie et les débits des cours d'eau, en été et en hiver. — D'après les calculs de M. Dausse, le volume de la pluie qui tombe sur ce bassin en amont de Paris est, en moyenne, savoir :

Pour le semestre d'été, mai-octobre, de. . 15.974.909.905
Pour le semestre d'hiver, nov.-avril, de . . 11.981.182.429

Cependant ce n'est pas en été qu'il passe le plus d'eau sous les ponts de Paris. Le débit moyen du semestre n'est que de. . . . . 2.756.173.392^{mc} soit les dix-sept centièmes du volume de la pluie, tandis que le débit fluvial de l'hiver atteint les quarante-trois centièmes de la pluie tombée, soit. 5.119.053.120

En entrant dans les détails, on trouve que la pluie en été dépasse de moitié celle de l'autre semestre (1er novembre au 30 avril) dans les régions centrales du bassin de la Seine; mais que, dans les parties hautes du bassin, la saison froide fournit plus de pluie que la saison chaude.

Dans le bassin de la Seine, dit M. Belgrand, la disposition

des couches de terrains perméables doit enlever une partie
considérable de l'eau tombée. Ces couches plongent les unes
sous les autres, de telle sorte que les eaux absorbées tendent
à s'enfoncer profondément dans le sous-sol. Une portion de ces
eaux reparaît, sans doute, dans les sources nombreuses des
terrains oolithiques ou des régions humides de la craie et des
terrains tertiaires; mais il n'est pas douteux qu'une partie considérable, perdue pour le bassin de la haute Seine, passe sous
Paris ou se disperse dans diverses directions.

77. Bassins de la Saône et du Pô. — Bien que les bassins de la Saône et du Pô soient plus chauds que celui de la
Seine, les volumes débités par les rivières sont une fraction
plus forte du volume de la pluie : $0^m,50$ pour la Saône, $0^m,75$
pour le Pô. Cela tient principalement à la moindre perméabilité du sol. (Voir l'Annexe D.)

Quoi qu'il en soit, il suffit en été de quelques jours de sécheresse pour annihiler les effets des pluies ordinaires sur le
débit des cours d'eau. Dans l'arrière-saison, une beaucoup
plus grande partie de l'eau tombée profite aux rivières, parce
que la terre a été saturée par les pluies précédentes, ou tout
au moins amenée à un certain degré d'humidité.

80. Bassin de la Meuse. — Dans sa curieuse notice sur
la distribution et la marche des pluies dans le bassin supérieur
de la Meuse, M. Poincaré arrive aux rapports suivants des
débits de la rivière et de la pluie, celle-ci ayant eu lieu du
26 novembre au 1er décembre 1869 :

1° Le débit du cours d'eau, déduction faite du débit initial,
a atteint les quatre-vingt-quatorze centièmes du volume de la
pluie, dans les terrains imperméables ;

2° Dès que la proportion des terrains perméables a atteint
les quarante-cinq centièmes de la surface, le rapport s'est
maintenu, sans descendre davantage, entre $0^m,47$ et $0^m,49$. Les
dix centièmes au plus de la pluie ont été enlevés par l'évaporation, ou conservés par le sol végétal ; quarante-deux centièmes environ correspondent au débit initial du cours d'eau, à
l'approvisionnement des sources permanentes et à l'entretien
de l'écoulement souterrain vers la mer.

81. Absorption par la terre sèche. — D'après M. Duponchel [1], une terre arable suffisamment meuble peut absorber, sans écoulement extérieur ou intérieur, à l'état d'assimilation physique (c'est-à-dire sans qu'il y ait combinaison véritable comme on l'entend en chimie), jusqu'à 20 ou 25 pour cent de son poids d'eau, et parfois davantage.

L'influence de la composition de la terre est naturellement considérable. Les terres végétales renferment ordinairement les cinq éléments suivants, en proportions diverses ; argile, calcaire impalpable, silex impalpable, calcaire palpable, silex palpable. M. Pichard a fait des expériences d'où il résulte qu'il y a équivalence, au point de vue de la perméabilité, entre les terres comprenant, mêlées aux éléments palpables, trente pour cent d'argile — ou vingt pour cent d'argile et vingt pour cent de calcaire impalpable — ou vingt pour cent d'argile et trente pour cent de silex impalpable [2].

82. Les glaciers. Les Neiges. — M. Duponchel fait remarquer que les glaciers des hautes montagnes, qui fondent plus ou moins au printemps et en été, doivent contribuer au même titre que les lacs à rendre le régime de certains fleuves plus uniforme. Quant aux neiges accidentelles qui couvrent toutes les régions montagneuses pendant la saison des froids, leur fonte rapide, loin de modérer les crues, ne peut que les accroître lorsque le dégel coïncide avec les fortes pluies du printemps.

83. Le Nil. Le Niger. Le Sénégal. Le Danube. — Dans les contrées où les pluies sont périodiques, le régime des inondations est régulier ; les crues sont durables et se reproduisent à époques fixes. Sous la zone torride, où la saison des pluies est unique dans l'année, les rivières comme le Nil [3], le Niger, le Sénégal, sont sujettes à une seule crue annuelle.

Sur le Danube, on observe deux oscillations annuelles, deux mouvements alternatifs dans le niveau des eaux.

1. *Hydraulique agricole* (Lacroix, 1868) ; pages 57, 84, 87.
2. *Le Génie civil* (n° du 15 septembre 1883).
3. La plus grande partie du bassin du Nil est située au sud du tropique du Cancer.

§ II

LITS IRRÉGULIERS

84. Expériences de Roanne. — Des expériences ont été faites à Roanne en 1847, dans de petits canaux artificiels, par MM. Vauthier. Ces ingénieurs en ont rendu compte dans les *Annales des ponts et chaussées* de 1848[1].

La première figure représente en plan la partie centrale du canal d'expérience.

La seconde représente la coupe longitudinale correspondante.

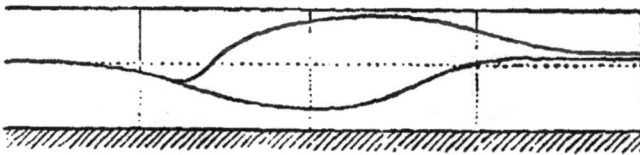

Un réservoir fournit l'eau qui arrive par une vanne dans le canal. Celui-ci présente un élargissement en *aa' bb'* ; mais des planches mobiles, indiquées en pointillé, permettent de rétablir à volonté l'uniformité de la largeur.

Première série. — Les planches *ab, a'b'* étant placées dans le canal, la surface de l'eau s'établit suivant la ligne pointillée, pour un certain débit d'eau par la vanne. Si le canal est débar-

---

1. Il est fâcheux que des expériences méthodiques n'aient pas été faites sur une plus grande échelle, dans des canaux irréguliers. Semblables expériences sur des canaux à fond de sable, réguliers d'abord, irréguliers ensuite, auraient présenté plus d'intérêt encore.

On peut regretter qu'il n'ait été donné aucune suite, jusqu'à ce jour, à l'idée émise à ce sujet dans une brochure autographiée, distribuée en 1874. (Observations sur l'avant-projet de transformation de la Loire maritime.)

rassé de ces planches, et qu'on ouvre la vanne sans précipitation, l'écoulement se produit sous la forme de la courbe inférieure de la seconde figure, pour le même débit que précédemment; il y a un fort abaissement dans la partie élargie, mais un certain exhaussement à la suite.

Deuxième série. — Les choses étant au point que nous venons d'indiquer, si l'on place momentanément vers l'aval un corps faisant obstacle au courant, la surface liquide passe à la courbe supérieure.

Même effet si l'on introduit brusquement l'eau dans le canal sans que les planches mobiles y soient.

Même effet encore si, l'écoulement ayant lieu d'abord dans le canal régulier, les planches en sont retirées.

Exhaussement énorme dans la partie élargie, exhaussement notable dans la partie aval, tels sont les résultats de cette seconde série.

Troisième série. — Un barrage ayant été placé dans la section la plus large, la surface de l'eau s'est disposée conformément à la figure ci-dessous. Les choses diffèrent de ce qui se passe dans le mouvement uniforme, mais moins que dans la seconde série.

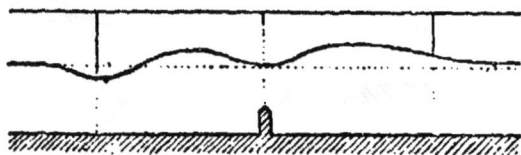

En remplaçant le simple barrage par un encombrement de la partie élargie, commençant à zéro pour atteindre le maximum au milieu, et revenir à zéro à la fin, on a constaté que le nivellement du régime uniforme se rétablit quand, en chaque profil transversal, la section d'eau et le périmètre mouillé sont les mêmes que dans les parties du canal à largeur constante.

Quatrième série. — Le canal ayant été disposé suivant la forme indiquée sur la figure ci-après, une planche mobile *fg* permet de fermer l'un des deux bras, ou de faire varier la division de l'ouverture totale à l'origine de ceux-ci. On a constaté les faits suivants :

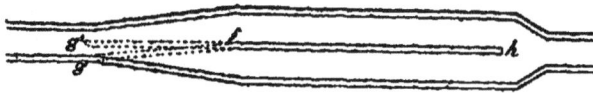

1° Quand la planche mobile occupe la position *fg*, l'écoulement se fait dans le bras gauche suivant une ligne parallèle au fond. Seulement il se forme un rebroussement partiel, lorsque la vitesse est considérable, au passage du pan coupé d'aval. Dans le bras droit, l'eau prend le niveau horizontal correspondant à celui de l'extrémité aval du bras gauche;

2° Quand on place la planche mobile en *fg'*, de manière que l'extrémité *g'* soit au milieu du canal, la surface liquide suit la courbe compliquée que voici :

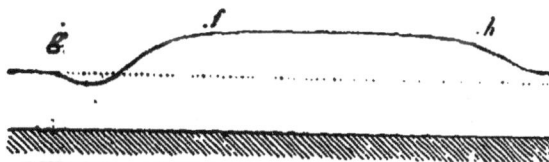

Les positions intermédiaires de la planche donnent lieu à des phénomènes analogues, moins accentués. En disposant les pans coupés d'aval suivant des angles aussi aigus que ceux d'amont, on a obtenu « deux solutions analogues à celles qui se sont manifestées dans le canal n° 1, première et deuxième séries. »

MM. Vauthier expliquent pourquoi, dans un grand cours d'eau, il se produit des reliefs ou des dépressions relativement moindres que dans leurs expériences[1]. L'étude de la crue du 18 octobre 1846, à Roanne, leur a permis de constater une

---

1. « Les surélèvements ou abaissements ne dépendant en valeur absolue que du rapport des vitesses, produisent dans l'axe hydraulique d'un grand cours d'eau des inflexions d'une bien moindre hauteur, relativement à la profondeur, que dans un petit canal comme celui dont nous nous sommes servis ; d'autre part, les intumescences ou dépressions produites dans un grand cours d'eau s'étendent sur une longueur beaucoup plus considérable que celles qu'elles embrassaient dans notre canal. Il résulte de ces deux faits que, dans un grand cours d'eau, les phénomènes de ce genre s'expriment par des reliefs ou dépressions qui sont bien loin d'être perceptibles à l'œil comme dans notre canal, et dont seulement peuvent rendre compte avec exactitude des nivellements bien faits, convenablement interprétés. »

surélévation de 1ᵐ20 par suite de l'ouverture d'un faux bras.
Dans d'autres cas on a observé des effets inverses, certaines
circonstances pouvant changer le phénomène du tout au tout,
comme dans les expériences[1].

§ III

DÉBOUCHÉS DES PONTS

85. Indications de Gauthey. — « Le débouché d'un pont
qu'on projette, dit Gauthey, est moins difficile à bien déterminer lorsqu'il existe près de son emplacement d'autres ponts
sur la même rivière ; alors on a soin de mesurer pendant
les crues la section du fleuve au passage de ces ponts et
d'observer la vitesse de l'eau et la chute qui se forme ordinairement en amont. Au moyen de comparaisons fournies par ces
données, on peut *quelquefois* fixer le nouveau débouché d'une
manière assez exacte. » En d'autres termes, si l'on se trouve
entre deux ponts ne donnant lieu qu'à une chute de quelques
centimètres, de l'amont à l'aval, on adoptera le débouché le
plus grand des deux, et l'on se tiendra la conscience en repos.
C'est ce qu'on fait le plus souvent, et l'on n'a pas raison si
l'on en juge par les résultats de nombreux procès[2]. « Entre
deux ponts de 200 mètres qui se trouvent parfaitement suf-

1. En terminant ce résumé de l'article de MM. Vauthier, nous rappelons
que M. l'ingénieur en chef Vauthier, l'un des auteurs, est bien connu des
hydrauliciens et a été souvent cité par M. Dupuit. Voir notamment les
Études sur le mouvement des eaux, pages 8 et 9 de l'avant-propos et
pages 88 et 89 (édition de 1863). Voir dans le même ouvrage, page 129 de
l'édition de 1863, des calculs amenant à la prévision d'une surélévation locale, dans un cas analogue à celui des 1ᵐ,20 dont on relate ci-dessus l'observation.
2. On lit dans le préambule d'un arrêt du Conseil d'État du 17 juin 1881
ce qui suit : « Considérant qu'il a été reconnu par tous les experts que les
dommages qui auraient été causés aux propriétés voisines de l'Hérault par
la crue exceptionnelle de cette rivière, dans le cours du mois de septembre
1875, ont été notablement aggravés, aux abords du pont de Paulhan, par
suite de la modification apportée par l'établissement du dit pont et des remblais insubmersibles qui l'accompagnent, dans le régime des eaux de la
rivière ; que, dès lors, la Compagnie requérante (Compagnie des Chemins
de fer du Midi) était tenue d'indemniser les propriétaires des terrains inon-

fisants, à l'amont et à l'aval du point qu'on considère, un pont de 300 mètres ou de 400 mètres peut se trouver insuffisant. » Ainsi parle Dupuit. Nous allons donner sa démonstration.

86. Objections de Dupuit. — Supposons les dispositions locales suivantes :

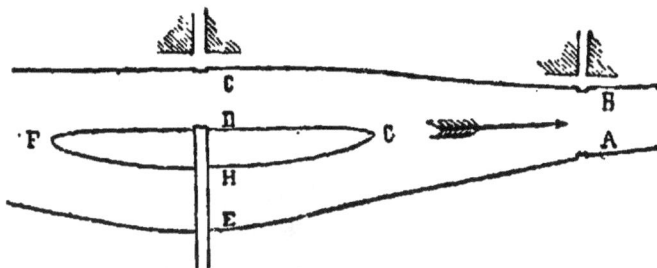

On a construit en AB un pont de 200 mètres ; la rivière était encaissée entre les deux rives, distantes aussi de 200 mètres et assez élevées pour que les plus grandes crues ne pussent les atteindre. Ce pont n'a eu et ne pouvait avoir aucune influence fâcheuse sur le régime des eaux. Maintenant on veut établir en amont un pont vis-à-vis de la ville C, où le profil de la rivière est tout à fait différent. Là le courant des grandes eaux est divisé en deux bras à peu près égaux, de 300 mètres de largeur, par une île insubmersible, ayant 2 kilomètres de longueur. Le succès obtenu en AB peut engager l'ingénieur à fermer le bras EH et à établir un pont de 200 mètres dans le bras DC. Cette solution est d'ailleurs entièrement conforme à l'ancienne théorie. Or, voici quelles peuvent en être les conséquences.

87. Une application de la méthode de Gauthey. — Le pont sur DC ayant 200 mètres, tandis que le bras dans lequel il est établi en a 300, donnera lieu à la surface de l'eau

tés dans la mesure où s'est produite à leur égard la dite aggravation. » Autant de grandes crues, autant de séries de dommages, et par suite d'indemnités.

Les faits de ce genre sont fréquents. Voir dans les *Annales des ponts et chaussées* de 1883 : 1° page 23, crue surélevée de 0ᵐ, 77 par le fait de la Compagnie P.-L.-M. ; 2° page 61, effets d'inondation aggravés « par suite de l'établissement en remblai de la voie ferrée et de l'insuffisance du débouché offert au passage des eaux sous le pont du chemin de fer. » (P.-L.-M. contre Prothon et autres.)

à un pli, et les bateaux obligés de franchir cette saillie à la remonte éprouveront une très grande résistance[1]. Mais allons plus loin, et supposons que, pour faire disparaître cet inconvénient, on ait donné au pont 300 mètres de largeur, c'est-à-dire celle du bras lui-même, il n'y aura plus de pli au passage du pont[2], mais il n'en restera pas moins un remous très considérable dans le bras; car, si la vitesse est double, la pente deviendra à peu près quadruple; si la pente du courant était antérieurement de $0^m,40$ de F en G, le remous sera d'environ : $1^m,60 - 0^m,40 = 1^m,20$ en tête de l'île.

88. Gonflement à l'aval et à l'amont. — La ville C peut être complétement inondée, ainsi que le pays en amont. On doit insister sur ce que, dans cette disposition locale, les eaux se trouvent soulevées *même à l'aval du pont,* sur une longueur qui dépendra de celle de l'île en aval. Tous les désastres qu'amène une plus grande hauteur dans les crues se produiront sur une vaste étendue de pays, bien qu'il n'y ait aucun remous apparent aux abords du pont.

Remarquons en passant que le gonflement général, s'étendant à l'aval comme à l'amont, n'est pas la conséquence de l'établissement d'un pont; mais bien du barrage d'un bras. Quand la rivière n'a qu'un bras et qu'on établit un pont avec des levées transversales pleines à ses abords, il y a à la fois, au moment des crues, gonflement général (levées) et remous local (pont). Par exemple à Montlouis, sur la Loire, l'espace compris entre les digues comprenant outre le pont une longue levée pleine, il y a nécessairement un gonflement général et un remous local[3]. Celui-ci peut devenir considé-

1. Il ne faut pas perdre de vue que les bateaux ont à vaincre, à la remonte, non seulement l'effet du courant, mais celui de la pesanteur décomposée suivant la pente. S'il y a chute brusque de $0^m,15$ au passage d'un pont, il faut que le tirage soit capable de résister au courant et de soulever le bateau de $0^m,15$ sur une petite distance, sans compter l'effort correspondant à l'intumescence exceptionnelle qui se produit à l'avant, quand le bateau se trouve dans un canal étroit. L'intensité du tirage peut devenir plus forte qu'elle ne l'est pour une voiture sur une route.

2. On suppose dans ce passage que le pont n'a qu'une arche et que ses tympans ne sont jamais atteints par les eaux.

3. Cet exemple n'est pas donné par Dupuit. On assure que le remous local a été de $0^m,47$ au moment du maximum de 1856; en ajoutant le gonflement général, on voit quelle influence ce pont a pu avoir sur l'ouverture des brèches dans le voisinage. Quand on établit un pont sur une ri-

rable, parce qu'il résulte de l'existence de la levée pleine que les courants se présentent mal en temps de grandes crues. Certaines levées n'ont pas sous ce rapport de conséquence grave ; cela dépend de la forme du lit majeur et du tracé de l'ouvrage.

Des inconvénients d'une autre nature pourront se manifester après la fermeture d'un bras ; nous voulons parler de ceux qui résulteront d'une augmentation de la vitesse ou d'un changement dans sa direction. Ainsi, la vitesse devenant double dans le chenal conservé, il peut y avoir des affouillements, des corrosions de rives ; les travaux de défense, qui avaient suffi jusqu'alors contre une vitesse moitié moindre, pourront être successivement emportés ; de là d'énormes dégâts pour les propriétés riveraines, et même pour les travaux publics se trouvant le long des rives, tels que quais, chemins de halage et autres. Ce n'est pas tout : le produit de ces affouillements ira se déposer à l'aval, former des îles, changer le régime de la rivière, couvrir les propriétés particulières. De plus l'étranglement du courant, qui se trouve en amont, et l'épanouissement, qui se trouve à l'aval de l'île, auront pour effet d'établir des courants transversaux qui pourront attaquer les rives contre lesquelles ils seront dirigés.

89. Autres désordres. — Examinons enfin ce qui se passera dans le bras de la rivière fermé par une levée insubmersible EH. Il est clair que, de l'amont à l'aval de cette levée, l'eau prendra une différence de niveau égale à toute la la pente qui existe actuellement entre le point F et le point G, qui serait $1^m,60$ dans l'hypothèse où nous nous sommes placés. Il y aura donc contre cette levée une pression considérable, qui pourrait donner lieu à des filtrations et par suite

---

vière dont on a eu le malheur de limiter le lit majeur par des digues longitudinales insubmersibles, il faudrait au moins faire régner les arches de digue à digue.

Il faut remarquer que M. Dupuit raisonne implicitement sur le cas de très bons raccordements aux deux extrémités de l'île : la fermeture d'un bras n'aurait pas autant de gravité, si ce bras correspondait à de mauvais raccordements en deçà et au delà de l'île. Il y a d'ailleurs une certaine exagération dans le calcul : on applique l'équation $HI = bU^2$, sans tenir compte de la variation de H autrement que comme conclusion finale. Cela grossit le résultat numérique sans altérer d'ailleurs le raisonnement général.

à une rupture. De plus, si la crête de cette levée n'a été calculée que sur les anciennes grandes eaux, elle sera franchie par les nouvelles. Remarquons maintenant que le réservoir EHF contient des eaux plus élevées que le chenal laissé aux eaux courantes, tandis que le réservoir EHG en contient de plus basses. Si dans l'étendue de l'île insubmersible FDG il se trouve quelque dépression, que les grandes eaux actuelles puissent surmonter, il y aura des avaries dans l'île, et les rives situées en face pourront être attaquées.

Nous n'irons pas plus loin dans l'énumération de tous les inconvénients qui peuvent résulter de l'établissement d'une route et d'un pont de 300 mètres sur la ligne EHDC, quoiqu'un pont de 200 mètres se trouve suffisant en aval dans l'emplacement AB. Au reste, ce n'est pas le pont qui est insuffisant sur la ligne EHDC, car si au lieu de faire un pont de 300 mètres, dans le bras DC, on faisait un pont de 100 mètres dans chacun des bras, on n'aurait plus qu'un faible remous général avec une cataracte assez forte, il est vrai, au passage des ponts. Ainsi, on voit que, *dans cet emplacement, la question de distribution du débouché est bien plus importante que celle de l'étendue.*

90. Le pont de la Bolmida. M. Dausse a lu à l'Académie des sciences, le 17 novembre 1862, un mémoire sur les ponts italiens, mémoire dont nous allons résumer une partie.

La Bolmida divague en serpentant dans la plaine d'Alexandrie. Sa pente moyenne et de 1ᵐ par kilomètre et elle apporte beaucoup de limon, de sable et de gravier. La largeur du lit des crues est de 200 à 250ᵐ ; et le pont, établi sous l'Empire (1809-1810), entre Alexandrie et Marengo, n'a que 120ᵐ de débouché linéaire entre culées en maçonnerie. Ce débouché est encore réduit par des palées, au nombre de quatorze. Un radier général avait été jugé nécessaire pour défendre l'ouvrage, et l'on comptait beaucoup d'ailleurs sur la submersibilité de la route aux abords. Cependant dix jours après l'inauguration, en mai 1810, une crue exceptionnelle emporta quatres palées. On les rétablit et l'on consolida le radier. *Plus tard, on releva la route,* en ménageant seulement trois travées de secours de 10ᵉ chacune. Celles-ci ayant été empor-

6

-tées en 1816, on remblaya leur emplacement. Quelques années plus tard, en 1823, la ruine du radier était complète. Enfin la crue du 17 février 1824 ayant emporté les quatre premières palées de gauche, un pont de bateaux fut établi à 114ᵐ à l'aval, en un point du lit qui était devenu fixe et encaissé. Après la crue du 22 décembre 1825, on constata dans l'emplacement du pont des affouillements énormes.

En 1826 on résolut de reconstruire le pont de 1809. L'Ingénieur en chef, M. Negretti, fut très frappé de la régularité acquise par la rivière depuis la construction de ce pont, sur plus de 500ᵐ en aval, suivant une direction perpendiculaire à la route, et de l'invariabilité de la section à l'emplacement du pont de bateaux. « Il s'expliqua cet important phénomène par la chasse que l'eau des crues, retenue en amont et formant lac, produisait à l'étroite issue qui lui était laissée. »

M. Dausse fait ensuite connaître qu'on s'arrêta au parti économique de réparer l'ancien pont, en le défendant au moyen de travaux analogues aux T de la Durance. On est ainsi parvenu à faire cesser ou à atténuer les tourbillons qui avaient entraîné de si grandes avaries. Notre auteur attache une importance extraordinaire à ce procédé de défense des ponts, grâce auquel « le Piémont, en dépit du nombre et de la violence des cours d'eau qui le sillonnent, doit d'avoir maintenant partout des ponts qu'aucune crue ne peut rompre. »

Bien qu'il s'agisse d'un procédé encourageant pour les constructeurs de ponts à trop petits débouchés, nous allons reproduire le résumé que M. Negretti a donné de son système. Mais il est entendu que nous n'approuverions nullement qu'on réduisît les débouchés des ponts, sous prétexte qu'on est en possession de procédés pour les tenir debout quand même. Cela n'empêche pas les désordres qui résultent de l'exhaussement du niveau des crues.

91. Système de M. Negretti pour la défense des ponts. — « Les digues normales au cours des rivières ne sont pas d'invention nouvelle, dit M. Negretti, et je ne prétends pas, comme aucuns peut-être ont pu le croire, les avoir employées le premier à régir les cours d'eau.

« Mon système consiste seulement à disposer ces digues de manière à produire un effet déterminé. Lorsqu'une vallée, submersible par une rivière dont le régime n'est pas encore établi, et qui est sujette en conséquence à de continuels changements, vient à être barrée par une digue insubmersible, d'équerre à la direction générale de la rivière, et réservant une ouverture pour le libre écoulement des eaux, on observe les effets suivants :

« 1° En amont de deux digues orthogonales établies en face l'une de l'autre, la rivière continue à changer de cours, parce qu'elle arrive toujours obliquement, tantôt contre l'une, tantôt contre l'autre digue, et forme au pied des musoirs de profonds affouillements ; mais, en aval, le cours s'établit fixement et dans une direction normale à l'ouverture ;

« 2° La profondeur de l'affouillement diminue par degrés en aval de l'ouverture, et cesse presque entièrement à une distance à peu près égale à l'amplitude de cette ouverture ; en ce point la section de la rivière devient constante, et régulière sur toute sa largeur :

« 3° L'incidence oblique du courant contre les digues a toujours une limite, et, quand il l'a atteinte contre l'une de ces digues, il se porte contre l'autre, sans pouvoir jamais se tenir au milieu. En défendant ces digues vers leurs musoirs, sur une certaine longueur du côté d'amont, on n'a pas à craindre qu'elles soient endommagées.

« Ainsi, un tel système borne en amont les divagations de la rivière, parce qu'il l'assujettit à passer toujours par l'ouverture réservée ; en aval il lui fait prendre un cours régulier, invariable et normal à la dite ouverture.

« Ces effets constatés, il devient facile de fixer les conditions du système d'ouvrages qui doit maintenir une rivière sans changement sur une section donnée. Les voici :

« *Première règle.* — Les digues orthogonales doivent être placées sur une même normale à la direction générale de la rivière, et prolongées l'une et l'autre jusqu'au sol insubmersible, ou jusqu'à une digue insubmersible, de manière à ne laisser d'autre issue aux eaux d'inondation que l'intervalle des deux orthogonales ;

« *Seconde règle.* — La distance de cette ouverture à la section qu'il s'agit de rendre constante et régulière (emplacement d'un pont par exemple) doit être à peu près égale à la largeur qu'il faut donner à la dite ouverture, pour que le libre écoulement des crues soit assuré ;

« *Troisième règle.* — Les musoirs des orthogonales doivent être suffisamment défendus pour résister au choc du courant et aux affouillements qui pourront se produire à leur pied : le revêtement capable de procurer cette résistance devra être prolongé à partir de chaque musoir sur une certaine longueur du côté d'amont, suivant la nature du terrain et le régime de la rivière ;

« *Quatrième règle.* — L'ouverture à réserver entre les musoirs doit être plus large, de un dixième environ, que la largeur à assigner à la section inférieure pour le libre écoulement des crues, à cause de la contraction de la veine fluide ;

« *Cinquième règle.* — Enfin les musoirs doivent être placés sur les bords de la section vive de la rivière, et non à l'écart ; sans quoi l'on aurait ensuite à faire d'autres ouvrages coûteux et d'un effet souvent très incertain, pour porter la rivière entre les dits musoirs.»

Il y avait intérêt à faire connaître ce système parce qu'il est donné par M. Dausse, ingénieur qui a souvent fait preuve de beaucoup de discernement, comme rendant les plus grands services pour la préservation des ponts, dans des situations où l'on éprouvait auparavant d'insurmontables difficultés. Ces situations sont celles où l'on se trouve quand on admet des débouchés insuffisants; mais les ouvrages de ce genre sont si nombreux qu'il est bon de savoir comment il faut les défendre.

92. Opinions diverses. — L'idée que le débouché d'un pont est suffisant lorsque ce pont ne croule pas, et ne donne pas lieu à un remous local considérable, mesuré en prenant la différence des niveaux à 10 mètres suivant les uns, à 100 mètres suivant les autres, à l'amont et à l'aval de l'ouvrage, cette idée, en tant qu'on lui donne une portée générale, est complètement fausse, comme le démontre la citation que nous avons faite des études de Dupuit sur le mouvement des eaux.

Ce qui a été écrit sur le rapport entre la surface des bassins et la section mouillée des ponts n'a pas de valeur générale, puisqu'il peut être nécessaire de donner à un pont plus de débouché qu'à un ouvrage suffisant situé plus en aval.

Pour montrer que notre insistance sur la question du débouché des ponts a sa raison d'être, nous citerons un passage d'un *Manuel formulaire des Ingénieurs*, l'un des plus estimés parmi les ouvrages de ce genre : « *Débouché des ponts.* — Lorsqu'on ne peut se procurer les renseignements qui ont fixé les débouchés des ponts existant en amont et en aval du point où doit être établi le nouvel ouvrage, on admet généralement qu'un pont doit, à moins de circonstances locales exceptionnelles, présenter les débouchés suivants :

« Dans un pays de plaine,... 0^m,80 par lieue quarrée.
« Dans un pays à coteaux de 40 mètres de hauteur, 1^m,50.
« Dans un pays à coteaux de 50 mètres,... 2 mètres. »

Il est certainement très difficile de donner des conseils bien motivés sur une pareille question, dans un formulaire où l'on ne peut consacrer beaucoup d'espace à chaque sujet; mais peut-être aurait-il mieux valu s'abstenir.

Belgrand dit que, pour les grandes vallées, « le débouché d'un pont doit se calculer au moyen de celui des ponts les plus rapprochés du même cours d'eau. » C'est du Gauthey aggravé, car le vieil ingénieur ne donnait pas une règle absolue dans ce sens; il se bornait à dire qu'au moyen des débouchés des ponts existants, des vitesses et des chutes, « on peut *quelquefois* fixer le nouveau débouché d'une manière assez exacte. »

93. Les digues longitudinales et les levées transversales. — Qu'on se reporte ci-dessus à la seconde figure des expériences de Roanne, et l'on comprendra quelles idées fausses on aurait pu se faire de l'écoulement en n'observant les hauteurs qu'à deux échelles, placées où l'on voudra dans le canal. En relisant ensuite les explications données sur les quatrième et cinquième figures, on verra que le raccordement mal ménagé des deux bras avec le bras unique d'aval contribue à produire, en amont, un gonflement considérable.

On peut craindre les conséquences d'un mauvais raccordement entre le cours d'une rivière et la partie rétrécie de la traversée d'une ville, et il est bien certain que les lectures faites à un petit nombre d'échelles sont insuffisantes pour l'étude de la question.

Si un pont d'une seule arche, à naissances hautes, est jeté d'un quai à l'autre, sans culées saillantes, il ne peut y avoir à son passage aucun remous local; mais cela n'empêche pas l'influence d'un écartement insuffisant des quais, surtout si les raccordements de ceux-ci avec les rives d'amont et d'aval sont mal tracés, aux extrémités de la traverse. Il faut donc distinguer dans le phénomène *l'action d'ensemble de l'action locale*. La première peut résulter de levées transversales accompagnant certains ponts, qui barrent les anciens courants secondaires des crues, ou de digues longitudinales réduisant en outre la surface d'emmagasinement. La seconde est la conséquence de faits accidentels, comme un rétrécissement dans une longueur de quelques mètres par la présence d'un pont. Comment celui-ci pourrait-il, en lui-même, avoir une influence comparable à celle des levées, s'il franchit l'espace compris entre des quais ou des digues insubmersibles, sans apporter à l'écoulement d'autres entraves de son fait que la saillie des culées, et la présence des piles et des tympans? Ceux-ci amèneraient, cependant, des désordres graves si les crues s'élevaient beaucoup au-dessus des naissances.

Les levées d'un pont agissent encore d'une manière quelquefois néfaste, par leur influence sur la direction des courants dans l'emplacement de cet ouvrage.

94. Résumé. — 1. Le débouché à donner à un pont dépend de la largeur naturelle de la vallée dans son emplacement[1], ou de l'écartement des digues insubmersibles, ou de la distance des quais.

2. Dans la traversée des villes, si l'on n'est pas complètement dominé par les faits accomplis, il faut se rapprocher le plus possible des règles suivantes :

A. — Le lit mineur, à disposer pour la concentration des petits débits dans l'intérêt de la navigation, sera bordé de murettes basses; de part et d'autre règneront de larges cales en tablier;

---

[1]. On ne sait que trop qu'il serait souvent impossible de supprimer toute levée pleine, à cause de l'élévation de la dépense ; mais il ne faut pas ignorer que c'est une nécessité des plus fâcheuses, à laquelle il ne faut pas se résigner trop facilement.

B. — Les ponts franchiront tout l'espace occupé par les cales en tablier et par le lit mineur, sans culées saillantes, en s'appuyant sur un petit nombre de piles minces;

C. — On évitera les tympans à grandes surfaces, qui sont une cause de trouble grave dans l'écoulement des crues, et par suite d'exhaussement de leur niveau. En conséquence, on donnera la préférence aux ponts à arcs très surbaissés, ou mieux aux ponts métalliques formés de poutres droites;

D. — Les appareils de chargement et de déchargement des marchandises seront placés sur des appontements, construits de manière à laisser une grande liberté aux courants sur les cales en tablier.

3. Les débouchés des ponts voisins, en amont et en aval de l'ouvrage projeté, ne seront relevés qu'à titre de renseignement.

4. La nécessité d'établir, quelquefois, des ponts intermédiaires à beaucoup plus grand débouché que les voisins étant démontrée (Dupuit), même en admettant que ceux-ci ont été construits dans de bonnes conditions, on tiendra pour erronée la notion du rapport entre les débouchés des ponts et les surfaces des bassins en amont de leur emplacement.

5. Les ponts accompagnés de levées traversant des plaines submersibles seront défendus au moyen de digues transversales, établies en amont, et celles-ci seront consolidées à l'aide d'amorces longitudinales complétant le T. Pareilles amorces seront disposées en prolongement de chaque culée du pont, comme le recommande M. Mary en rappelant la chute du pont de Saint-Germain-des-Fossés, occasionnée par l'absence de cette précaution.

§ IV

ÉCOULEMENT DES CRUES

95. Influences de l'amont et de l'aval. — C'est à tort que divers auteurs parlent du « débouché nécessaire » pour l'écoulement des crues et admettent que le surplus de la largeur de la plaine peut être soustrait sans inconvénient à l'envahissement des eaux. Pour qu'une surface inondable fût dans ce cas, il faudrait que, par son irrégularité, elle amenât dans l'écoulement un trouble dont la suppression fût équivalente au dommage résultant de la diminution de l'emmagasinement. Mais ce n'est guère qu'une vue théorique, à invoquer d'autant plus rarement que le bien et le mal ne se feraient pas sentir aux mêmes points.

Chaque localité est en droit de réclamer qu'on ne modifie pas l'écoulement d'une manière dommageable pour elle.

L'aggravation peut avoir lieu de deux manières, indépendamment de l'action immédiate des ouvrages locaux :

1° Par l'effet d'ouvrages établis en amont, amenant l'augmentation du débit maximum de la crue à la seconde ;

2° Par le relèvement du niveau des eaux, à égalité de débit, provenant de l'influence d'ouvrages établis en aval.

Le débit maximum à la seconde. — Le maximum de dommage pour un point donné correspondrait à la retenue, en amont, du volume de la crue dans un réservoir, si le mur de celui-ci venait à se rompre sous la charge. Pour les points inférieurs voisins, le débit à la seconde deviendrait monstrueux, puisque le volume emmagasiné s'écoulerait sous des pentes énormes.

Les digues insubmersibles troublent la jouissance des propriétés d'aval, parce qu'elles augmentent la submersion de celles qui ne sont pas défendues de la même manière; pour les autres elles augmentent le danger des ruptures, par suite de l'accroissement du débit maximum, soit dit pour mémoire, car celles-ci n'auraient pas le droit de se plaindre.

Cet accroissement peut-être démontré de la manière suivante :

La figure donne la courbe des débits en un point d'une rivière, pendant une crue, la base étant la ligne des temps. Les ordonnées de gauche et de droite se rapportent aux débits ordinaires, avant et après la crue. Si le point considéré est

situé vers l'aval d'un large épanouissement de la vallée, quel
sera le *débit total dans la période de croissance*, comparativement au débit à l'amont de cet épanouissement ? La différence
égalera le volume emmagasiné à droite et à gauche du lit.
Si l'on établit des digues insubmersibles le long de celui-ci,
cette différence se trouvera annulée, ou du moins il n'en
restera que le petit volume correspondant à l'excédant de
hauteur, multiplié par la surface du lit entre les deux points
considérés.

De même, le volume maximum débité *en une seconde* au
profil d'amont, qui s'atténuait entre les deux profils, en raison
du progrès de l'emmagasinement sur les réservoirs latéraux,
se transmettra sans modification sensible après l'endiguement ;
par conséquent il y aura augmentation, en même temps
qu'avancement, à l'endroit auquel se rapporte la figure.

Une seconde ligne représente la courbe des débits dans la
nouvelle situation des choses : le maximum est venu plus
vite ; il a été plus fort puisqu'il ne profite plus d'une réduction
par rapport au profil d'amont.

Le volume total de la crue est le même qu'autrefois, mais il
se répartit différemment entre les périodes de croissance et de
décroissance ; l'augmentation du débit maximum à la seconde
se traduit par un exhaussement de la crue.

« Si dans une localité, dit M. Kleitz dans son mémoire de
1877, on diminue l'emmagasinement par des travaux d'endiguement, on augmente nécessairement le débit maximum
dans les localités d'aval. *Cette conséquence si évidente paraît
avoir passé longtemps inaperçue, car c'est lors des inondations
de 1856 seulement que le danger des digues insubmersibles a
été signalé.* » Ce dernier énoncé n'est pas exact, et il nous suffira, pour le prouver, de citer un court passage du mémoire
publié par M. Belgrand dans les *Annales* de 1852 (t. III,
page 108) : « Les plaines submersibles forment de vastes
réservoirs que les crues remplissent au fur et à mesure qu'elles
s'élèvent et *cette grande réserve a pour effet de diminuer leur
portée par seconde et d'allonger leur écoulement*[1]. »

1. Voir aussi le Mémoire de Baumgarten dans les *Annales* de 1817
(t. XIII). On y trouvera la preuve de l'erreur commise par M. Kleitz. Lombardini connaissait depuis longtemps, quand sont survenus les désastres de
1856, l'influence des digues insubmersibles sur la hauteur des crues.

L'exhaussement des crues par l'aval. — Nous venons de voir que des travaux exécutés en amont peuvent augmenter la hauteur des crues en un point donné. La même chose peut aussi se produire par des travaux faits en aval. Cela est évident de soi, puisqu'en barrant une vallée à grande hauteur on exhausserait le niveau d'amont; mais le même résultat peut être amené par des causes moins apparentes, telles que l'exhaussement des chemins de la vallée, des rectifications du lit mal entendues, etc. Tout ce qui gène l'écoulement dans un profil en travers amène un changement dans le profil en long, et ce changement réagit plus ou moins sur l'amont, car il faut plus de chute pour vaincre plus de résistance.

Quand un fleuve prolonge le delta de son embouchure, le résultat est le même que si l'on encombrait son lit, en ce qui concerne l'exhaussement des eaux vers l'amont. Le niveau fixe de la mer étant rejoint dix kilomètres plus loin, je suppose, si le nivellement superficiel conserve la même pente moyenne de 0,05 par kilomètre, il y aura 1 mètre d'exhaussement au lieu de 0^m,50 à 10 kilomètres de l'ancienne embouchure, ou à 20 kilomètres de la nouvelle.

Donc, s'il faut regarder vers l'amont pour savoir quel débit maximum on aura, il faut aussi regarder vers l'aval, pour savoir dans quelles conditions de pente et à quel niveau ce volume pourra s'écouler.

Mais il faut regarder pour voir les faits réels et non pour les grossir, comme on le fait quand on attribue une grande influence à la marée plus ou moins vive ou morte sur le niveau des crues, en des points de l'intérieur d'un fleuve où celles-ci s'élèvent à trois ou quatre mètres au-dessus du niveau maximum de l'embouchure.

96. Lois générales. Études locales. — Les lois générales de l'écoulement des crues se déduisent de l'étude analytique de M. Kleitz (*Annales*, 1877). On peut les résumer de la manière suivante :

1° Le maximum du débit d'une crue, en un point quelconque du cours de la rivière, précède le maximum de hauteur[1].

1. Il s'agit d'un petit intervalle de temps, qu'on peut souvent négliger pour simplifier les explications. Mais le fait a néanmoins de l'intérêt, ne serait-ce qu'au point de vue théorique.

Ces deux maximums ne peuvent coïncider que si la courbe des débits[1] présente un élément horizontal à son sommet, c'est-à-dire si la crue étale, comme cela se produit dans les rivières non torrentielles;

2° Pour une hauteur donnée, le débit est plus fort dans la période de croissance que dans la période de décroissance. Les courbes des débits, à base *hauteurs*, ne rendent donc qu'approximativement compte des faits; il en est par suite de même pour les courbes à base *temps*, car on ne peut guère mesurer les vitesses pendant les phases de montée et de descente, et l'on recourt aux courbes du premier genre, établies à l'avance en saisissant autant que possible les crues qui s'arrêtent aux diverses hauteurs;

3° Le maximum de la vitesse moyenne est antérieur au maximum du débit;

4 Le flot produit par une crue simple s'affaisse de plus en plus, en s'allongeant, lorsqu'il se propage sur une partie de cours d'eau qui ne reçoit aucun affluent. Pour la crue de 1825 sur la Loire, la plus forte de ce siècle n'ayant pas rompu les digues, le débit maximum a été évalué à 5.384 mètres cubes à Briare et à 4.813 mètres cubes à Tours;

5° Dans les crues un peu importantes, la section d'écoulement augmente plus rapidement que la vitesse moyenne; c'est un fait d'observation, confirmé par le calcul;

6° Lorsqu'une rivière déborde sur de vastes plaines, l'emmagasinement continue assez longtemps après que la crue, dans le courant principal, a atteint sa plus grande hauteur.

Ces lois générales sont précieuses; mais elles n'apportent pas de solution toute faite à l'ingénieur. Pour découvrir les points faibles du système des travaux antérieurs, sans s'exposer à attribuer l'influence majeure à ce qui ne joue qu'un rôle secondaire, il faut commencer par observer minutieusement les faits; mais cela n'est pas facile.

Les observations à un petit nombre d'échelles, comme on

---

1. Il y a plusieurs « courbes des débits » en un point d'une rivière : celle qui se rapporte aux variations avec la hauteur; celle qui concerne la succession des débits aux divers moments d'une crue. Dans le premier cas, la courbe est convexe vers la ligne de base; dans le second (celui dont il s'agit ci-dessus), elle est alternativement convexe et concave.

les fait généralement pour ne pas dire toujours, sont insuffisantes. La pente étant l'élément le plus sensible, ses variations
constituent l'avertisseur par excellence; il faut donc avoir des
échelles très multipliées, à zéros parfaitement rattachés au
nivellement général, ou en autres termes dont l'altitude au-
dessus du niveau moyen de la mer soit exactement connue.
Des constatations simultanées pouvant seules donner des
bases certaines aux calculs ultérieurs, il faut recourir à des
observateurs auxiliaires; les personnes capables et de bonne
volonté ne manquent pas, comme le savent les ingénieurs qui
s'occupent d'études météorologiques. Deux aides seraient
affectés à chaque échelle, et se relèveraient périodiquement;
ils connaîtraient à l'avance les cas où leur concours deviendrait nécessaire, et les règles à suivre pendant les observations. — Si l'on attend pour s'organiser l'approche des circonstances extraordinaires pendant lesquelles les agents
administratifs, débordés, ne peuvent suffire à la tâche, on
n'arrive pas au but.

Les observations sur la direction des courants et autant
que possible sur leurs vitesses, pendant les diverses phases
de la crue, occuperont assez ceux des employés que ne
retiendra pas la défense des ouvrages.

Enfin il serait fort utile de réclamer de chaque ingénieur,
par une instruction générale, un premier rapport purement
descriptif, immédiatement après la crue, et un autre contenant
des propositions motivées quelques mois plus tard. Après
étude de ces documents, l'administration ferait son choix,
ajouterait un rapport d'inspecteur ou un rapport de commission, et ferait du tout l'objet d'une publication spéciale.

Cela est nécessaire si l'on veut élucider les questions avec
l'aide de tous. Comment les hommes éclairés pourront-ils
concourir aux solutions nécessaires, s'ils manquent des renseignements que l'administration seule peut centraliser (nos
habitudes étant ce qu'elles sont)? Après les crues de 1856, il
y a eu un moment de zèle, puis le même phénomène s'est
produit après les crues de 1866; mais on est loin d'être fixé
sur tous les points. Si de nouvelles circonstances extraordinaires surviennent, et il en surviendra, l'opinion publique
réclamera de promptes mesures. Mais quelles mesures? Est-

on seulement préparé pour observer plus complètement, plus utilement les faits?

A notre avis, l'étude des questions se rattachant aux inondations n'appartient pas aux seuls ingénieurs de l'État. Il incombe aux départements et aux villes de rechercher, à leurs points de vue respectifs, quelles mesures devraient être prises dans l'ensemble du bassin. Telle ville est exposée à de grands désastres, parce que bien loin d'elle on a établi des endiguements mal entendus; n'a-t-elle pas intérêt à produire les idées d'ingénieurs travaillant sous sa direction? Mais il ne faut pas que ces ingénieurs soient ceux de l'État; à chacun sa tâche: les contrôleurs nécessaires de toutes les études ne doivent pas être les agents directs d'intérêts locaux. D'ailleurs l'émulation est une grande chose; que des ingénieurs libres se forment à l'étude des questions d'hydraulique pratique et l'on verra que les ingénieurs de l'État se perfectionneront dans leur art.

§ V

ANNONCE DES CRUES

Il est inutile d'insister sur la nécessité de prévenir les populations, lorsque des crues se préparent.

Pour les localités situées dans le haut des vallées, il faudrait indiquer les hauteurs de pluie tombant dans la montagne, pour ainsi dire à mesure que le phénomène se produit; mais cela est malheureusement presque toujours impossible. Pour les localités plus basses, on fait connaître les hauteurs d'eau aux échelles d'amont, et les prévisions qui en découlent d'après la comparaison avec les crues précédentes; mais il est difficile de bien faire cette comparaison.

97. Les crues de la Seine à Paris. — Dans les bassins mixtes, comme celui de la Seine, le maximum des grandes crues est déterminé par les pluies tombées sur les parties imperméables. Les crues arrivent en trois ou quatre jours à Paris. Les eaux des terrains perméables soutiennent la crue, la font durer plus longtemps.

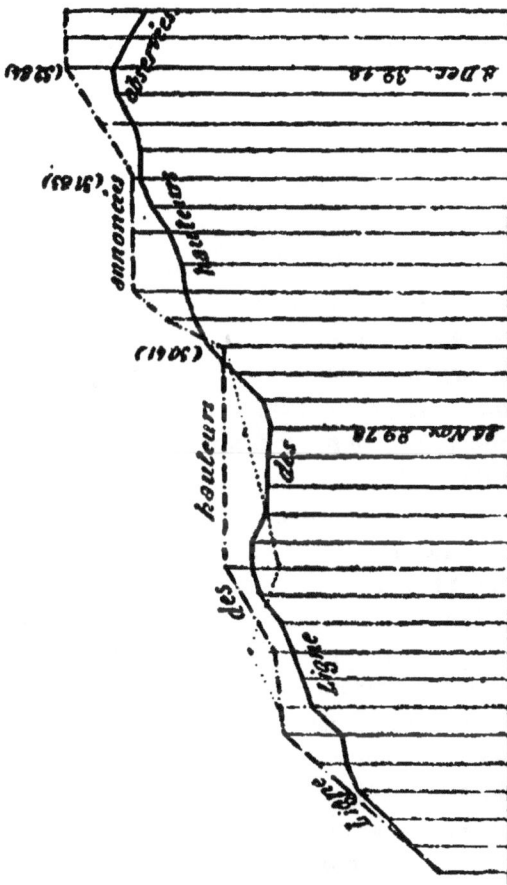

LA SEINE A PARIS

Crue de novembre-décembre 1882.

Nota. — La ligne horizontale (zéro du pont de la Tournelle) est à l'altitude 25ᵐ,28.

A la suite de rapprochements patiemment faits, M. Belgrand a reconnu qu'on peut annoncer la hauteur d'une crue à Paris au moyen d'observations sur les affluents torrentiels: l'Yonne à Clamecy, le Cousin à Avallon, l'Armançon à Aisy, la Marne à Chaumont et à Saint-Dizier, l'Aire à Vraincourt, l'Aisne à Sainte-Menehould. On néglige ce qui se passe dans le Gâtinais et dans la Brie, dont les crues sont toujours passées quand arrivent les eaux torrentielles qui déterminent le maximum à Paris.

98. Règle approximative. — La hauteur de la montée à Paris, quand elle n'est pas précédée d'une décrue, est égale au double de la hauteur moyenne des crues des affluents aux points indiqués ci-dessus. Dans le cas contraire, il ne faut plus multiplier que par un et demi (exactement 1ᵐ.55) au lieu de deux; mais il peut y avoir quelquefois de grands écarts, tandis que dans le premier cas ils ne dépassent pas 0ᵐ,60 d'après M. Belgrand. — C'est déjà beaucoup, et par conséquent il reste des efforts à faire pour perfectionner la méthode actuellement en usage.

Le *Journal Officiel* fait connaître les hauteurs probables trois jours à l'avance. Ces annonces ont permis de tracer les courbes de la petite planche ci-jointe, pour la crue de novembre-décembre 1882. Les différences ou erreurs sont quelquefois grandes, ce qui tient en partie à ce qu'on s'attache à donner des chiffres plutôt forts que faibles. Quand on sera plus assuré de rencontrer juste, on se défera sans doute de cette habitude, parce qu'il est fâcheux d'induire les gens en frais, pour ranger des objets qui n'auraient pas été atteints.

Nous voyons, dans le dernier compte rendu de M. de Préaudeau, que le maximum annoncé pour la Marne à Chalifert, en mars 1882, a été de 1ᵐ,53, tandis que la rivière ne s'est élevée qu'à 1ᵐ,17. De même, pour l'Oise à Venette, 3ᵐ,49 au lieu de 3ᵐ,14. Quelques faits en sens inverse se sont produits.

Nous avons indiqué sur notre planche, par une ligne pointillée, les annonces rectifiées vingt-quatre heures après le premier avis. Les différences avec la réalité ne sont pas toujours dans le même sens que d'après les annonces primitives.

99. Les crues de la Loire au Bec-d'Allier. — *Premières prévisions.* — M. Guillemain formule de la manière suivante, pour le Bec-d'Allier, l'une des méthodes qu'on peut suivre pour les premières prévisions des crues de la Loire.

Les débordements sont déterminés en général par les pluies de trois jours consécutifs.

Le maximum de la crue, au Bec-d'Allier, apparaît de 58 à 60 heures après le moment qui peut être considéré comme le centre de la période pluvieuse occasionnant chaque onde, dans la partie supérieure de la vallée.

Les rapports de la hauteur de la crue à la quantité d'eau tombée[1] sont à peu près les suivants, *une fois que les terrains sont imprégnés d'eau :*

Règle. — 12 millimètres *par jour*, pendant trois jours consécutifs, amènent la Loire à remplir son lit, c'est-à-dire à un état voisin du débordement.

20 millimètres *par jour*, pendant trois jours consécutifs, donnent une crue de 4^m,30 au dessus de l'étiage.

35 millimètres *par jour*, pendant trois jours consécutifs, sont suivis d'une grande inondation, comme celle de 1866.

Ces indications font connaître le rapport présumé de la hauteur de la crue à ce que M. Guillemain appelle la pluie *effective*, entendant par cette expression celle qui produit un effet direct sur la crue, quand la terre ne peut plus rien absorber. Lorsque le sol n'est pas saturé, les renseignements udométriques qui parviennent à l'Ingénieur donnent la pluie brute, et non la pluie nette ou effective ; pour se rendre compte de l'absorption, on observe les effets de la pluie sur les cours d'eau, effets qui sont d'autant moindres que les terrains sont plus altérés.

Correction. Des comparaisons suffisamment prolongées semblent démontrer que la saturation existe lorsque l'échelle du Bec-d'Allier marque 1^m, 30, tandis qu'il faut 39 millim. de

[1]. *Évaluation de la pluie moyenne :* On se rend compte par les renseignements udométriques de la quantité d'eau tombée, moyennement, dans le bassin en amont du Bec-d'Allier. On partage, pour y arriver, ce bassin en un certain nombre de régions, de superficies connues, contenant chacune un ou plusieurs udomètres, et l'on en déduit la quantité moyenne d'eau tombée chaque jour, pendant la période pluvieuse qui donne naissance à la crue.

pluie, quand la rivière est à l'étiage, pour ramener le sol à ne plus rien absorber. On admet qu'il suffit de prendre, entre zéro et 0,039, un nombre calculé par une proportion quand la hauteur à l'échelle est entre $1^m,30$ et zéro. La crue d'octobre 1872 a été causée par une chute d'eau de $0^m,058$, qui a eu lieu les 18, 19, et 29. Le 18, la cote de la Loire étant de $0^m,90$ au-dessus de l'étiage, le nombre de millimètres à retrancher d'après la règle admise se trouvait égal à 12. Mais il était déjà tombé, le 15, le 16 et le 17, dix millimètres d'eau, qui avaient commencé à saturer les terres; il ne restait donc que $0^m,002$ à déduire du total fourni par les udomètres, pendant les trois jours principaux. Cette crue d'octobre correspond en résumé à une pluie *effective* de 0,056 en 3 jours; sa hauteur a été de $4^m,25$.

« Nous concluons de cet exposé, dit M. Guillemain, que l'on peut, soit par ce moyen, soit par tout autre, tenir compte de toutes les données du problème, sinon d'une manière rigoureuse, au moins approximativement. On gagnera ainsi un ou deux jours pour un premier avertissement, auquel la précision est inutile, mais dont la diffusion peut être précieuse, en raison des préparatifs qu'exigent les sauvetages. »

100. Recherches complémentaires. — Les ingénieurs ne sont pas arrivés à des résultats complètement satisfaisants, et il faut chercher encore. Mais on est dans la bonne voie, et l'annonce des crues sera faite avec une approximation de plus en plus grande. L'organisation du service est très avancée, et le public est à l'abri des désastreuses surprises qui l'ont frappé à d'autres époques : si les populations de la Garonne avaient été mieux renseignées en 1875, les statistiques n'auraient pas eu à enregistrer les chiffres qu'on va lire.

Signalons les recherches de M. l'Ingénieur Mocquery, publiées dans les *Annales* de 1879. D'après l'auteur, on peut établir, pour les parties supérieures du bassin de la Saône où les crues se propagent sans rencontrer d'affluent, des formules donnant les hauteurs à 10 ou 15 kilomètres en aval de chaque point d'observation. Les avis télégraphiques n'arriveront pas avec une grande avance; mais ils pourront cependant être utiles.

101. Garonne, 540 victimes. — Des relevés officiels
ont fait connaître que le nombre des victimes a été, pendant
l'inondation de 1875 :

Ariège	73
Haute-Garonne	330
Tarn-et-Garonne	116
Lot-et-Garonne	20
Gironde	1
Total	540

En septembre 1875, des pluies désastreuses se sont abattues
sur les départements de l'Aude, de l'Hérault, de la Lozère, de
l'Ardèche et sur une partie des départements voisins. La ville
de Saint-Chinian est située sur un petit affluent de l'Orb, dont
le lit est resserré entre deux rangées de maisons; le 12 septembre les habitants furent surpris par une crue si haute que
vingt maisons furent détruites, si subite que cent personnes
furent noyées.

§ VI

CRUES DE DÉBACLES

102. La crue de janvier 1795. — Les arches des anciens ponts de la Seine, dit Belgrand (*Etudes hydrologiques*,
1872 ; page 317), étaient très petites et, dans les fortes gelées,
les glaces s'accumulaient facilement en amont et y formaient
de véritables barrages. Chacun de ces barrages déterminait
au-dessus des ponts une retenue d'eau plus ou moins grande,
et au moment de la débâcle cette retenue, brusquement lâchée, s'augmentait de pont en pont d'une manière extra-
naturelle.

L'accroissement de hauteur qui en résultait à Paris était
quelquefois considérable.

Ainsi, en janvier 1795, la rivière, prise de glace depuis le
25 décembre 1794, par des eaux très basses, était tombée à
un niveau très voisin du zéro à l'échelle de la Tourelle. Le
dégel et la débâcle, survenus le 27, firent monter en deux

jours le niveau de l'eau à $5^m,36$; deux jours après il tombait à $3^m,75$. De telles oscillations ne peuvent s'expliquer que par la lâchure brusque des retenues, produites à chaque pont par les barrages de glaces.

103. Débâcle de 1879-1880 sur la Seine. — Au fur et à mesure qu'on a agrandi les arches des ponts, dit le même auteur (page 348), pour les besoins de la navigation, la hauteur des montées dues aux grandes débâcles a été en diminuant. Ainsi, depuis 1830 (jusqu'en 1872), aucune débâcle n'a donné lieu à une crue qui ait attiré l'attention, et cependant il y a eu des froids très extraordinaires, par exemple ceux de l'hiver 1871-1872, qui ont déterminé la prise complète du fleuve.

Depuis 1830, beaucoup de ponts ont été reconstruits, des arches marinières ont été pratiquées dans les vieux ponts conservés ; « les débâcles s'effectuent donc aujourd'hui avec une grande facilité ; à peine, sur les feuilles des variations du niveau de la Seine, les distingue-t-on des autres crues. »

La débâcle de 1879-1880 est venue donner un cruel démenti à l'optimisme de Belgrand. Nous allons en indiquer les principales circonstances d'après les rapports du *service hydrométrique* du bassin de la Seine.

Ce sont surtout les petits cours d'eau torrentiels de ce bassin, issus des terrains imperméables, qui gèlent facilement ; quand cela arrive aux petites rivières tranquilles des terrains perméables, ce n'est qu'à une grande distance des sources. La température de celle-ci ne varie pas beaucoup d'un moment à l'autre de l'année, et est toujours assez rapprochée de dix degrés. Malgré les grands froids de décembre 1879, la Vanne n'a même pas charrié de glaçons ; en aval de son confluent, la rivière d'Yonne, complètement prise sur tout le reste de son cours, est restée dégagée sur plus de 80 mètres de longueur et 30 mètres de largeur.

Le dégel des petits cours d'eau a eu lieu le 30 décembre ; dans la campagne, la fonte des neiges avait commencé le 29 d'une manière sérieuse. « La débâcle de l'Yonne, commencée le 1er janvier, arriva au pont de Montereau à huit heures et demie du soir ; le 2 janvier, après deux arrêts successifs entre Montereau et Melun, elle devint très intense dans la traversée de cette ville, de neuf heures du matin à midi. La masse des glaçons suivit une marche régulière jusqu'en amont de Corbeil, où le mouvement se ralentit sur un baissier vers une heure et demie du soir. A deux heures, arrêt; un embâcle considérable fit gonfler les eaux et creva vers quatre heures. Arrêtée un instant au pont de Corbeil, la débâcle passa au barrage d'Evry à cinq heures et demie du soir; mais à ce moment le phénomène devint plus complexe, car toute la masse de glaçons comprise entre Evry et Paris se mit en mouvement.

Avant d'atteindre Paris, cette grande débâcle subit des alternatives d'arrêts et de ruptures successifs. Le premier flot, arrivé aux portes de la ville le 2 janvier entre 9 et 10 heures du soir, s'arrêta subitement en amont du pont National. La Marne était en crue et, à la même heure, elle amenait en Seine un train de bois qui avait été entraîné. La haute Seine continuant à charrier, les barrages successifs étaient grossis, et notamment celui qui s'était formé entre Villeneuve-Saint-Georges et Choisy. L'eau arrêtée par cet obstacle monta en arrière à une hauteur inconnue jusque-là, et le 3 janvier, quand la masse vint à crever, le grand flot arriva à Paris. » La surélévation, par rapport à la crue de 1876, ne s'est pas maintenue en aval du barrage d'Ablon et au pont d'Austerlitz on est resté à 1^m,09 au-dessous de cette crue.

« C'est à Paris que les effets de la débâcle étaient le plus à craindre, tant à cause de sa position en aval du confluent de la Seine et de la Marne qu'en raison des nombreux ponts qui formaient autant d'obstacles à l'écoulement des glaces. En outre, le pont des Invalides était en reconstruction et une passerelle provisoire avait été établie un peu en amont. C'est dans la journée du 2 janvier que la débâcle a commencé à se produire dans la traversée de Paris, sous l'influence d'une température relativement douce, et favorisée d'ailleurs par les ruptures opérées aux abords des ponts à l'aide de substances explosibles. Ce jour-là, vers midi, un embâcle considérable se formait en s'appuyant contre les avant-becs des piles du Pont-Neuf : sous l'influence de ce barrage artificiel, les eaux s'élevaient à l'amont, puis le barrage ayant cédé sous la pression allait se reformer et se rompre successivement, à la rencontre de tous les ponts. Les chocs auxquels les piles étaient exposées ont momentanément donné des craintes pour l'existence de

quelques-uns de ces ouvrages : ils ont amené le samedi la
chute de trois des quatre arches du pont des Invalides, deux
vers onze heures, une vers deux heures. » La passerelle avait
été emportée dès le vendredi soir.

Au pont d'Austerlitz, le maximum, observé le 3 janvier 1880
à trois heures et demie du soir, a été de $5^m,60$, soit une montée de $4^m,70$. Sur l'Yonne, à Sens, le maximum n'a eu lieu que
le 4 janvier; les prévisions publiées par le service hydrométrique
le vendredi 2 janvier indiquaient seulement comme maximum
possible, jusqu'au mardi 6, $4^m,80$ à l'échelle d'Austerlitz, soit
$0^m,60$ de moins que la réalité.

« En résumé, le maximum de la crue de débâcle, observé à
Paris, a été dû à une cause artificielle. Les circonstances du
phénomène, sans ébranler en rien l'autorité des lois empiriques
établies par M. Belgrand pour l'annonce des crues, expliquent
comment ces lois ont cessé d'être rigoureusement applicables
pendant les premiers jours de janvier. Elles s'appliquent au
régime naturel du fleuve; elles sont donc plus ou moins troublées lorsque des causes locales y substituent un régime plus
ou moins artificiel. » Quand le service hydrométrique juge
que des causes de ce genre sont en jeu, il importe de faire connaître au public que les annonces faites sont plus sujettes à
erreur que les annonces ordinaires, ce qui n'est pas peu dire,
comme on peut le voir en se rapportant à l'article 98. Le régime naturel n'existe pas à Paris, et c'est pour Paris que les
règles de M. Belgrand ont été formulées. Par conséquent, il
faut seulement entendre que ces règles deviennent encore
plus incertaines qu'à l'ordinaire lorsque, hors de Paris, les
conditions normales des crues sont troublées (par exemple
en cas d'embâcle), et quand dans Paris des accidents spéciaux
se produisent, tels que l'arrivée de trains de bois en dé-
tresse, etc.

104. Glaciers de la Saône. — Parmi les embâcles de
1879-1880, celui de la Saône mérite d'être cité; M. Pasqueau
a donné tous les détails qui le concernent dans sa conférence
du 26 mars 1881 à la Sorbonne. Nous le prendrons pour
guide.

La Saône présente, immédiatement au-dessus de Lyon,
une mouille large et profonde, qui sert de port général pour

les radeaux et de chantier pour la construction des bateaux.

Dès les premiers jours de décembre 1879, les glaces venant d'amont s'amoncelèrent dans cette fosse, se soudèrent sous l'influence d'une température de 15 à 18 degrés au-dessous de zéro, et formèrent une vaste nappe de blocs enchevêtrés sur 3.000 mètres de longueur, entre la gare d'eau de Vaise et l'extrémité amont de l'île Barbe. Cet embâcle englobait un certain nombre de bateaux et plus de quatre mille pièces de bois assemblées en radeaux le long de la rive droite.

On commença par ouvrir un chenal de 50 mètres de largeur, pour isoler les radeaux du massif des glaces, et tâcher de les faire descendre avant la débâcle. Trois moyens ont été employés concurremment :

1° On lançait des barques en chêne à toute vitesse contre la glace, en les faisant tirer par vingt ou trente manœuvres attelés à des cordages ; le batelet montait sur la glace de la moitié de sa longueur ; les hommes sautaient alors en cadence sur la proue, pour fendre la glace et lui imprimer ensuite un balancement pour provoquer le départ des banquises détachées.

2° On employait aussi un vapeur, armé de tôles formant une étrave tranchante ; on le lançait à toute vapeur contre les glaces, aux points où la dynamite avait ouvert des fentes ; mais ses aubes se brisaient constamment sur les banquises flottantes qui entouraient la coque de toutes parts.

3° Enfin, c'est principalement avec la dynamite qu'on a opéré. Deux cartouches de dynamite, ficelées à l'extrémité d'une perche, étaient introduites dans des trous de manière à correspondre à la face intérieure du massif. Dix ou douze trous étaient percés à la hache sur une ligne circulaire ; on calait les perches avec des morceaux de glace ; les mèches étaient allumées en même temps et il se produisait des explosions presque simultanées. Les blocs existant sur la nappe principale obligeaient à ouvrir des fossés dans leur enchevêtrement, avant de percer les trous. On a reconnu plus tard qu'il vaut mieux augmenter les charges et supprimer toute cette main-d'œuvre.

Le 3 janvier, à deux heures et demie du soir, sous l'influence d'une crue, le glacier tout entier se mit en mouvement d'une seule pièce, broyant absolument tout ce qu'il rencontrait sur son passage. Les blocs montèrent contre les rives, en formant de véritables moraines latérales dépassant de plusieurs mètres les chemins de halage. Après un parcours de 800 mètres, le glacier s'arrêta.

Le 7 janvier, vers onze heures du matin, la masse entière, soulevée par une crue, descendit encore de 200 mètres.

Quatre ponts avaient été obstrués par les débâcles partielles des 3 et 7 janvier. Des chocs de radeaux ayant amené la rupture des glaces, des soulèvements de débris jusqu'au dessus des garde-corps s'étaient produits. L'enchevêtrement au pont d'Ainay descendait presque jusqu'au fond de la rivière et formait une retenue de plus de 1 mètre en amont. On attaqua ces forêts de bois pour tirer les pièces sur la rive, entières ou brisées, ou pour les faire dériver. En six jours les quatre ponts ont été entièrement dégagés ; la traverse de Lyon était libre, mais en amont la mer de glace, menaçante, s'étendait sur plus de deux kilomètres ; son volume était de 3 millions de mètres cubes. Le massif portait presque partout sur le sol, son épaisseur variait de 6 à 12 mètres. Il soutenait une chute de $3^m,07$, cubant 6 millions de mètres d'eau. Une crue instantanée pouvait amener de grands désastres.

On recourut pour ouvrir un chenal à des charges de deux, trois et jusqu'à cinq kilogrammes de dynamite.

Quand une banquise, détachée par l'explosion simultanée d'un ensemble de grosses charges, prenait le fil de l'eau, des mineurs s'embarquaient dessus, perçaient rapidement cinq ou six trous de $0^m,80$, plaçaient des pots de un kilogramme et regagnaient la rive en batelet. Avant d'arriver au pont de la Gare, la banquise était divisée en morceaux.

Les principales barres de fond ayant été coupées par les travaux et la crue ayant diminué, la chute s'effaça.

Le 20 janvier, une dernière série d'explosions à fortes charges coupa la dernière bande de glace. Tout danger de débâcle violente était conjuré.

105. Embâcle de la Loire. — Vers la même époque, la banquise de Saumur soutenait une chute de $2^m,50$ répartie sur 12 kilomètres. Il y avait un grand intérêt à empêcher le volume d'eau correspondant de s'écouler en masse. On procéda comme à Lyon avec la dynamite et, le dégel aidant, la

retenue se vida peu à peu, et la débâcle arriva sans causer
les désastres qu'on avait eu à redouter.

106. Le glacier de Giétroz. — Ce glacier débouche
dans la vallée de la Dranse, en Suisse, à une grande hauteur
au-dessus de la route du Saint-Bernard. En 1818 une partie
tomba dans la vallée et barra la Dranse par une digue de
glace de 200 pieds de hauteur, derrière laquelle les eaux
s'accumulèrent. Les moyens dont on disposait alors étant
insuffisants, on n'arriva pas à vider tout ce lac ; le 16 juin la
digue fut emportée ; trente-quatre personnes périrent et cinq
cents maisons furent rasées.

107. La formation des embâcles. — M. Pasqueau l'explique de la manière suivante : Les embâcles résultent presque
toujours de la soudure des glaces flottantes, retenues dans
une partie trop large et trop profonde de la rivière, par le
ralentissement du courant dû à cet élargissement du lit.

Ces glaciers s'enracinent au sol par l'action du regel sur les
glaces qui viennent plonger sous la première nappe. Ils s'accroissent rapidement en terrasse vers l'amont, par la super-
position d'une série de gradins dus à la soudure des glaces
qui flottent dans un bief de plus en plus élevé, à mesure que
l'obstruction de la rivière devient plus complète.

Ces barrages de glace arrêtent les eaux de la rivière. Ils
forment des retenues, des lacs suspendus qui peuvent causer
d'effroyables désastres, si la digue fusible qui les soutient
vient à céder sous l'action d'une crue ou d'un dégel trop
rapide.

Pour conjurer ce péril, il faut entamer l'embâcle par l'aval,
ouvrir un large chenal en l'attaquant vigoureusement par la
dynamite à fortes charges, sans s'encombrer d'un trop nombreux personnel.

SECONDE PARTIE

LES FLEUVES

GRANDES INONDATIONS. — NAVIGATION

CHAPITRE V

LA GARONNE

SOMMAIRE :

Figures :

LA GARONNE

§ Ier

DÉCLIVITÉS, VITESSES, GRAVIERS

108. Pentes. — De la source de la Garonne au Pont-du-Roi, origine du flottage, sur 48 kilomètres de longueur, la pente est énorme. De l'altitude 1.872^m, le fleuve descend à 585^m, soit de 27 mètres par kilomètre. Du Pont-du-Roi au confluent du Salat, origine de la navigation, pente kilométrique de 3^m,72 ; de là à Toulouse, 1^m,65 ; de Toulouse au confluent du Tarn, 0^m,61 ; de là au Lot, 0^m,60 ; de là à Castets, 0^m,31 ; de Castets à Langoiran, 0^m,17[1] ; de Langoiran à Bordeaux, 0^m,05. De Bordeaux à la mer, on ne peut guère dire qu'il y ait une pente, car si la basse mer de vive eau est, dans notre grand port du sud-ouest, à une altitude supérieure à celle de la basse mer à l'embouchure, le contraire a 'ieu en morte eau ; ce n'est pas ici le lieu d'expliquer ce fait, qui ne surprendra pas les ingénieurs familiarisés avec les rivières à marées.

109. Vitesses. — Vers l'embouchure du Lot, on a observé dans la Garonne des vitesses de 2^m à 2^m,50 à la surface, pendant une crue de 2^m à 2^m,50. A l'étiage, les plus fortes vitesses correspondent toujours aux hauts-fonds, mais nous n'avons pas connaissance qu'elles aient été mesurées sur ces points, où l'opération présente apparemment de trop grandes difficultés ; on trouvera seulement plus loin une appréciation

---

1. Dans les environs de Castets, les pentes sont en voie de transformation. (Voir IVe partie.)

approximative. Dans les grandes crues les vitesses doivent atteindre et même dépasser 4ᵐ; M. Baumgarten a trouvé 3ᵐ,74 au roc de Catalan, et 3ᵐ,59 au pont de Marmande, mais il ne dit pas par quelle hauteur de crue.

La vitesse moyenne a été augmentée par les travaux de régularisation de la Garonne. M. Baumgarten calcule qu'aux eaux basses comme aux eaux moyennes l'augmentation est d'un dixième.

110. Tenues. — Des relevés faits sur 19 années ont donné, dans le département de Lot-et-Garonne : 10 jours au-dessous de la cote 0ᵐ,10 ; 140 jours de 0ᵐ,10 à 1ᵐ au-dessus de l'étiage ; 163 de 1ᵐ à 2ᵐ,20 ; 47 de 2ᵐ,20 à 4ᵐ,40 ; 6 au-dessus de 4ᵐ,20. En dehors des causes d'interruption par les brouillards et les glaces, la navigation n'est complètement suspendue que pendant les deux périodes extrêmes. — Dans le département de la Gironde l'interruption est plus longue, en dehors bien entendu de la partie maritime.

111. Indications géologiques. — Sauf une courte traversée dans les terrains crétacés, aux environs de St-Martory, la Garonne reste sur tout son cours à partir de Montréjeau dans un dépôt d'alluvions récentes, sur des terrains tertiaires. Les coteaux de la rive gauche, dit Baumgarten, renferment une couche de gravier à gangue plus ou moins ferrugineuse et un peu argileuse, qui a parfois plus de 4ᵐ d'épaisseur. On trouve quelquefois dans cette couche des galets de 0ᵐ,30 à 0ᵐ,40 de grosseur ; elle est recouverte par une épaisseur assez grande de bonne terre de diluvium. Le gravier de la basse plaine est généralement plus menu. Cette plaine est l'œuvre de la Garonne actuelle ; avant les travaux de fixation des rives, elle se formait et se détruisait incessamment, et cela continue sur les points où les travaux n'ont pas été faits.

Les graviers que la Garonne transporte sont de même nature que ceux des coteaux de la rive gauche et de la haute plaine de la rive droite.

112. Variations du lit. Marche des graviers, des sables et des vases. — La Garonne livrée à elle-même déplace incessamment ses berges en les corrodant, et en encombrant son lit par les graviers qui en proviennent. Elle donne naissance à des îles, qui commencent par n'être que des graviers blancs ; quelques végétations spontanées se développent, puis les hommes font des plantations. Tantôt les rives se maintiennent intactes pendant de longues années, tantôt on constate (1785 à 1825) des déplacements de plus de 500ᵐ. « Certaines corrosions n'ont lieu que pendant les moyennes et basses eaux : c'est ce qu'on remarque encore aujourd'hui à la rive gauche, vis-à-vis l'île Megniel, et ce qui a eu lieu anciennement à la rive droite, vis-à-vis l'île Lagahuzère. Cet effet se produit lorsque des bancs de graviers placés en écharpe dans le lit donnent lieu, par des eaux suffisamment basses, à des courants normaux à ces bancs qui vont frapper la rive opposée et la creuser à la base. D'autres corrosions sont dues à la violence des courants directs, lorsque les eaux sont hautes. Enfin le plus grand nombre n'a lieu que par l'affaissement et le glissement des berges, qui s'opèrent seulement deux ou trois jours après que les eaux sont rentrées dans leur lit, à la suite d'un grand débordement : dans ces circonstances, les terres fortement imbibées sont poussées en dehors par les eaux qui, après avoir pénétré le sol de la plaine, refluent souterrainement vers la rivière, et n'étant plus soutenues par les eaux du courant finissent par s'affaisser. » (Baumgarten.)

Sur les bancs de graviers en mouvement pendant les crues. il n'y a que les graviers de la surface qui roulent, ils marchent sur une surface qui se relève assez doucement, franchissent l'arête et tombent sur un talus raide. D'autres les recouvrent, et ils ne se remettent en marche que longtemps après. Le talus terminal peut avoir un de hauteur pour deux ou trois de base. M. Baumgarten ayant fait mesurer la longueur de l'arête saillante d'une grève en marche, on a trouvé près de 180ᵐ ; l'année suivante, cette arête avait marché de 30ᵐ, puis de 20ᵐ dans une autre année. Enfin, douze mois plus tard, des sables s'étaient déposés en aval et le talus n'était plus visible. La surface antérieure, sur laquelle les graviers roulaient, n'était pas un plan, mais une surface convexe dont la forme n'a pas varié. *Les graviers mis en mouvement étaient assez menus* et généralement de la grosseur d'une forte noix et de petits œufs de poule : la vitesse des eaux qui avait amené ce résultat pouvait bien être de 2ᵐ à 2ᵐ,50.

Lorsque les eaux sont très hautes, les graviers en roulant sur la surface inclinée antérieure peuvent en hausser l'arête, qui formerait un véritable barrage en eaux basses, si les courants ne creusaient des passes au travers avant le retour de l'étiage.

« ... Si les graviers (dans l'exemple qui précède) ont avancé de 50 mètres en deux ans, il ne faudrait cependant pas en conclure que la marche générale des graviers dans la Garonne est de 25ᵐ par an : cette marche générale est bien plus faible. » *L'arête ne descend que lorsqu'il survient une modification notable dans le lit, soit par la corrosion des berges, soit par des travaux dans le lit mineur ou dans le lit majeur[1] de nature à augmenter les vitesses et à rompre l'équilibre antérieur.*

« Je me suis assuré, dit Baumgarten, que les graviers qui existent au milieu du lit même[2], et qui découvrent de 0ᵐ,80 à 1ᵐ, quoique soumis aux plus forts courants, ne sont pas entraînés. Plusieurs ingénieurs ont exprimé des doutes à cet égard...; ils pensaient qu'ils pourraient être entraînés par les hautes eaux et que les eaux moyennes en déposeraient d'autres. Pour lever ce doute, je fis enterrer en novembre 1845, à des profondeurs de 0ᵐ,15 à 0ᵐ,30, des rognures de bois de 0ᵐ,30 à 0ᵐ,40 de longueur et de 0ᵐ,20 de diamètre, dans quatre localités où les courants sont très forts... Le 16 août 1846, j'allai à la recherche de ces rognures; sur quatre, trois furent retrouvées à la même place, la surface des graviers était restée à la même hauteur. » La quatrième rognure avait été emportée.

« On ne peut pas non plus dire qu'il a passé par-dessus ces graviers, dont la *surface est très compacte*, et qui est formée par des *galets qui ont en moyenne 0ᵐ,08 et 0ᵐ,10 de longueur, et dont quelques-uns ont même 0ᵐ,13 et 0ᵐ,20*, une certaine masse de menus graviers ou gros sable qui aurait exhaussé momentanément le fond pendant les hautes eaux, car les ou-

---

1. D'après cela, on ne sera pas surpris d'apprendre, par la lecture d'un autre chapitre, qu'avec des rives défendues par des endiguements à tracés perfectionnés, des chenaux conservent de grandes profondeurs indéfiniment, sans dragages. Il y a certainement encore des mouvements, mais non des déplacements de bancs.

2. On ne comprend pas très bien ce passage, mais on voit un peu plus loin qu'il s'agit de gros graviers. Ainsi, il y a des bancs en marche formés de petits graviers : les gros sont au contraire à peu près fixes.

vriers qui ont enterré ces rognures implantèrent à côté de menues branches de chêne pour pouvoir les retrouver plus facilement; ces branches, quoique cassées à la surface du gravier par la violence des eaux et couchées horizontalement, sont cependant restées attachées à la partie de la tige fichée dans le sol, et n'ont offert *aucune trace* de strie ou de frottement provenant de matériaux roulants.

« On peut donc affirmer qu'aujourd'hui les graviers proprement dits de 0^m,05 à 0^m,15 de long, comme ceux de la Garonne, marchent très peu; que leurs déplacements sont tout à fait locaux; qu'ils proviennent en général des bancs de gravier contemporains d'un grand cataclysme bien antérieur aux temps actuels, bancs que l'on trouve à une très grande hauteur au-dessus des plus grandes crues, *qu'il n'en descend guère ou pas du tout des montagnes actuelles*. Ce qui est encore une preuve à l'appui de cette opinion, c'est qu'en aval de Rioms ou de Langoiran, dans le département de la Gironde, on ne rencontre plus de bancs de ces graviers; s'ils s'arrêtaient et s'accumulaient en route, le fond du lit s'exhausserait; or *ce lit ne s'exhausse pas*[1] non plus, puisque *sur un grand nombre de points l'eau coule* non sur le gravier mais *sur le tuf, l'argile et le roc* qui forment le terrain tertiaire de la vallée. »

Le sable ne forme qu'exceptionnellement des bancs isolés, mais il est mêlé au gravier, dans la proportion de 20 à 40 pour cent. Les courants violents de la Garonne l'entraînent jusque dans la partie maritime du fleuve et dans la Gironde.

« Les matières limoneuses et vaseuses sont tenues en suspension dans l'eau et coulent avec elle d'une manière continue jusqu'à la mer[2]. Il n'y a de dépôts en route que ceux qui se font dans les parties où la vitesse est tout à fait insensible; ce sont eux qui fertilisent les alluvions. La hauteur de ces dépôts peut être de 0^m,40 et 0^m,50 par an, lorsqu'ils se font en contre-bas de l'étiage dans les circonstances les plus favorables. Ces matières en suspension colorent les eaux en rouge

---

1. On ne sait où l'auteur d'un ouvrage considérable, récemment publié, a recueilli les renseignements d'après lesquels il parle de l'exhaussement du lit des rivières comme d'un fait ordinaire.

2. Sauf les retours par le flot, et sauf la chance qu'a chaque particule de se déposer à l'étale, en un point où peut-être elle ne sera pas reprise.

chocolat lorsqu'elles tirent leur origine du Tarn, en rouge jaune lorsqu'elles proviennent du Lot, en noir lorsque c'est l'Aveyron qui les fournit et en blanc sale lorsqu'elles viennent de la Garonne seulement. Dε   . les anciennes rives corrodées, on voit souvent les couches successives de ces vases de différentes couleurs, parfaitement caractérisées. »

§ II

CRUES ANTÉRIEURES A LA SECONDE MOITIÉ DU XIXe SIÈCLE

113. Avant le XVIIIe siècle. — D'après M. Payen (rapport du 22 mai 1867), de grandes crues ont désolé le bassin de la Garonne en 1428, 1435, 1599, 1652, 1653; mais on n'a pas de documents permettant d'en déterminer la hauteur. On peut cependant conjecturer que plusieurs de ces inondations ont dépassé tout ce qu'on a vu au xviiie siècle et jusqu'en 1855, date de la dernière crue étudiée par notre auteur.

114. Crues du XVIIIe siècle. — M. Payen cite celles de 1712, 1768 et 1770. Nous trouvons en outre, dans le mémoire de M. Baumgarten, 1772 et 1791, et pour le Tarn, 1766, 1773, 1793; pour le Lot, 1728 et 1783.

La crue d'avril 1770 se serait élevée à 6^m,36 à Toulouse, 10^m,58 à Agen, 10^m,76 à Marmande et 12^m,43 à Langon. Les débits correspondants seraient: 4.300, 6.436, 6.035 et 7.999 mètres cubes. Une crue plus forte, en 1772, aurait atteint la cote de 7^m,88 à Toulouse (Dieulafoy).

Nous trouvons dans le résumé du t. III du *Bulletin météorologique*, par M. Belgrand, que la crue de 1770 (6 au 9 avril) se serait élevée à Toulouse à 7^m,36, et celle de 1772 (8 au 9 septembre) à 7^m,80.

115. Première moitié du XIXe siècle. — On n'a noté que les crues de 1807, mai 1827, et mai-juin 1835, plus quelques autres à Tonneins seulement. La première s'est élevée à 9^m,82 à Langon. La seconde à 6^m,36 à Toulouse (7^m,03

d'après Belgrand)[1], 9^m,52 à Agen, 9^m,81 à Marmande, 10^m,18 à
Langon. La troisième est cotée par M. Payen : 6^m,60 à Tou-
louse (MM. Dieulafoy et Belgrand disent 7^m,50[1]), 9^m,82 à
Agen; 9^m,68 à Marmande; 10^m,68 à Langon.

M. Baumgarten donne les hauteurs suivantes, à Tonneins :
mai 1837, 8^m,11; janvier 1843, 9^m,14; janvier 1844, 8^m,70;
février 1844, 8^m,76; janvier 1845, 8^m,74; juin 1845, 7^m,55;
février 1847, 7^m,50. « On voit que, depuis la fin de décembre
jusqu'à la fin de juin, on peut toujours s'attendre à un débordement. »

Les débits constatés ont été :

En 1827, à Toulouse, 4.300 mètres; à Agen, 5.736 ; à Marmande, 5.931 ; à Langon, 5.638.

En 1835, aux mêmes points : 4.500, 5.900, 5.782, 6.138.

§ III

ÉTUDE GÉNÉRALE A L'OCCASION DES CRUES
DE 1855 ET DE 1856

116. Débits à l'étiage, Module. — Nous avons indiqué
les gros débits de quelques crues, et l'on en rencontrera ci-
après de plus énormes encore. Pendant les basses eaux, la
Garonne débite très peu. A l'étiage :

Toulouse	36 mèt. cubes
En amont du Tarn	40 —
En aval	48 —
Agen	55 —
Tonneins, en aval du Lot . . .	75 —
Marmande	80 —
Langon.	86 —

Le module, ou débit moyen, a été trouvé de 659^m,70 à Tonneins, pour les quinze années 1832 à 1846 inclusivement.

1. Les différences de cotes proviennent, vraisemblablement, de ce qu'on
donne tantôt des lectures faites au pont de pierre de Toulouse, tantôt à l'é-
chelle du canal du Midi.

117. Circonstances dans lesquelles se produisent les crues. — Après les désastres de 1856, des services d'études ayant été organisés dans les grands bassins, M. l'inspecteur général Payen fut chargé de celui de la Garonne. Nous empruntons à son rapport, en l'abrégeant, l'exposé suivant :

Les sources de la Garonne et de l'Ariège sont dans les Pyrénées ; celles du Tarn, dans les Cévennes, du Lot dans la Lozère et le Cantal. C'est donc dans la chaîne des Pyrénées et dans celle des montagnes qui s'étendent des Cévennes au Plomb du Cantal que se forment, principalement, les crues de la Garonne. La première chaîne, sensiblement dirigée de l'ouest à l'est, se rapproche cependant un peu de la direction nord-est. L'autre se divise en deux parties à la hauteur de Florac : l'une dans le sens du nord-est, l'autre du sud-ouest.

L'influence qu'ont les montagnes sur l'intensité des crues s'explique facilement ; les fortes déclivités du sol permettent aux eaux de prendre de grandes vitesses, et les pluies sont plus intenses sur les lieux élevés. Ainsi, la pluie qui a produit la grande crue de juin 1855 a donné : à Agen, à l'altitude de 50 mètres, une hauteur d'eau de 0m,044 ; à Toulouse (198 mètres), 0m,061 ; à Foix (395 mètres), 0m,069 ; à 1.990 mètres, 0m,170 [1].

Le bassin de la Garonne remonte jusqu'à la Maladetta, dont le sommet, couvert de neiges perpétuelles, est à l'altitude 3.580 mètres. Celui de l'Ariège s'étend jusqu'à des pics dont l'altitude est 3.073 mètres. Les faîtes des Cévennes et de la Lozère, où le Tarn prend sa source, sont à 1.564 mètres et 1.679 mètres ; le sommet du Cantal, qui limite une partie du bassin du Lot, est à l'altitude 1.858. Les bassins du Gers et de la Baïse ne montent qu'à 679 mètres, au plateau de Lannemezan.

Il ne se produit pas de très grande crue, dans la vallée de la Garonne, quand les Pyrénées ne fournissent pas un fort contingent. Cependant la crue de mars-avril 1876 a marqué 8m,20 à Col-de-Fer, sous l'influence du Tarn et du Lot seule-

---

[1]. Cette dernière hauteur d'eau a été constatée au lac Bleu, qui n'est pas dans le bassin de la Garonne. On manquait d'observations pluviométriques dans le haut de celui-ci.

ment. Il est vrai qu'on avait eu 11,70 l'année précédente, trois
jours après le désastre de Toulouse.

Fort heureusement les maxima ne s'ajoutent que rarement.
Bien que les longueurs du Tarn et du Lot, depuis leurs sources
jusqu'à leurs confluents dans la Garonne, excèdent la longueur
du fleuve lui-même de 83 et 122 kilomètres, la crue de l'un et
de l'autre précède ordinairement celle de la Garonne.

Au printemps les pluies sont accompagnées de la fonte
des neiges, à laquelle elles contribuent énergiquement.

118. Crue de 1855. — La crue du 3 au 5 juin 1855 a dépassé toutes celles qu'on avait observées depuis 1770 et 1772.
Elle a marqué 7ᵐ,25 au-dessus de l'étiage à Toulouse. Tous
les grands affluents ont été simultanément en crue ; mais leurs
plus forts débits n'ont point coïncidé avec les maxima de la
Garonne à leurs embouchures.

La crue a été courte à Toulouse : trois jours en tout, avec
un débit maximum à la seconde de 4.200 mètres cubes. Elle
s'est prolongée pendant six jours à Agen ; plus grand débit,
6.036 mètres, avec une hauteur de 10ᵐ,06. A Marmande,
5.966 et 9ᵐ,84 ; à Langon, 6.388 et 10ᵐ,93.

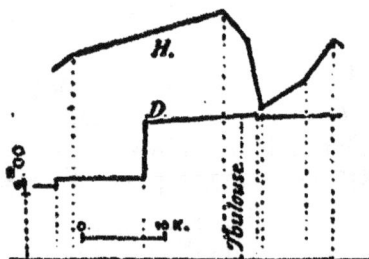

Crue de juin 1855 à Toulouse et à ses abords. — Courbes des débits
à la seconde et des hauteurs maxima.

Les courbes locales des hauteurs s'arrondissent et s'allongent, à mesure qu'on considère des localités de plus en plus
voisines de la mer ; le débit total de la crue va toujours en
croissant, mais le contraire peut arriver pour le maximum à
la seconde. C'est ainsi que nous avons eu à enregistrer
5.966 mètres cubes pour Marmande, après 6.036 pour Agen.

On trouvera, sur la figure ci-dessus, les courbes des débits et des hauteurs maxima aux abords de Toulouse. L'exhaussement de la crue au passage de cette ville provient, à la fois, du volume de l'Ariège et du trouble apporté dans l'écoulement par l'obstacle artificiel que forment les faubourgs dans le champ d'inondation. Il existe aussi un barrage à Toulouse et des passages rétrécis.

119. Crue de 1856. — L'année 1856 a été très humide. Il arrive quelquefois qu'une grande inondation se produit dans une année sèche ; on souffre alors, non de l'excès des pluies, mais de leur mauvaise répartition.

On a compté neuf crues sur la Garonne, du 22 janvier au 30 juin, et quatre d'entre elles ont atteint une grande hauteur. Ainsi les eaux se sont élevées au-dessus de l'étiage, à Agen, de $7^m,82$ le 15 avril ; $9^m,18$ le 12 mai ; $9^m,17$ le 1er juin, $8^m,67$ le 18 juin. Le fleuve a éprouvé en quelque sorte une crue de cinq mois, avec des oscillations.

Les hauteurs maxima ont été :

A Toulouse.	$5^m,00$
A Agen	$9^m,18$
A Marmande	$9^m,60$
A Langon	$10^m,90$

M. Belgrand donne par Toulouse (Résumé déjà cité) :

Le 31 mai 1856.	$5^m,55$
Le 16 et le 19 juin	$6^m,00$

120. Défense des rives. — Ce qu'on a dit des déplacements du fleuve montre quelle est l'importance de la défense des rives, même au point de vue des inondations, car l'encombrement du lit ne peut que favoriser l'élévation de celles-ci. On a des exemples de déplacements récents : *Plusieurs communes de Tarn-et-Garonne, primitivement bornées par le fleuve, ont maintenant des enclaves sur la rive opposée à leur territoire principal.* Toute rive concave non défendue est menacée, avec les constructions qu'elle porte. « De chaque côté du fleuve, dit M. Payen, et sur une grande largeur, la propriété reste précaire. Elle est exposée non seulement à de graves perturbations, mais encore à une destruction complète... Toute amélioration de la navigation doit commencer, comme en ce qui concerne l'endiguement (contre les crues) par la fixation des rives [1]. »

Les travaux sont très avancés dans la Gironde et Lot-et-Garonne ; mais ils sont loin d'approcher de leur terme dans Tarn-et-Garonne, et ils ne sont pas commencés dans la Haute-Garonne.

121. Description des ouvrages. On a établi le long de la partie inférieure du fleuve des lignes longitudinales de régularisation, dites de rives, rattachées aux berges par des lignes transversales. Les lignes de rives sont généralement formées de pieux clayonnés, garnis dans le bas d'enrochements, principalement du côté du large ; des brins de saule sont placés verticalement, dans les interstices du clayonnage, et forment ainsi un rideau continu. Les lignes transversales sont simples ou doubles.

Par ce système, on défend les rives en même temps qu'on cherche à améliorer la navigation. Il a réussi sous le premier rapport dans la Gironde et dans Lot-et-Garonne ; mais il donne lieu à des difficultés en amont, à cause de la violence des courants et de la grosseur des galets en mouvement. Dans la Haute-Garonne, où la pente moyenne est de $0^m,96$ par kilomètre, les galets ont jusqu'à $0^m,25$ de diamètre ; les essais faits par les riverains n'ont pas réussi. Il faudra employer de grands volumes d'enrochements, et l'on estime que le mètre courant de rive défendue reviendra à 227 fr., soit dix millions pour 44.000 mètres à protéger.

Dans Tarn-et-Garonne, la partie en amont du Tarn peut être assimilée à la Haute-Garonne, et celle en aval à Lot-et-Garonne ; la dépense serait de cinq millions.

Il reste un million à dépenser dans Lot-et-Garonne, et deux millions dans la Gironde.

122. Levées. — Les questions relatives aux digues dites insubmersibles, ou aux digues plus ou moins submersibles, pour défendre la plaine contre les crues, seront traitées avec détail au chapitre de la Loire.

Il n'y a pas très longtemps qu'on envisage ces questions à

---

1. Remarquer la grande analogie qui existe, sous ce rapport, entre la Garonne et la Loire.

leur véritable point de vue dans la vallée de la Garonne, car
nous lisons dans le grand rapport de M. Payen ce qui suit:
« Tous ces calculs (ceux qui ont été présentés par les ingénieurs) supposent que la suppression des réservoirs naturels,
que présente le fond de la vallée en arrière des digues, n'aurait
pas d'influence sur la hauteur des crues. Or, une telle hypothèse est inexacte; lorsqu'on a cherché à se rendre compte
des effets dus à cette suppression, on a reconnu que les crues,
ainsi contenues entre des digues, s'exhausseraient graduellement de l'amont à l'aval, et prendraient *dans les parties
inférieures du fleuve* des excédants de hauteur relativement
considérables.

« Dans de telles conditions l'endiguement, pour remplir
son objet, devrait être surélevé au-dessus des crues actuelles,
de quantités d'autant plus fortes qu'on descendrait plus bas
dans la vallée; la dépense augmentant, l'opération perdrait les
avantages en vue desquels elle aurait été faite. »

L'endiguement surélève la crue en aval, non pas d'une
manière générale au-dessus de ce qu'elle est à l'emplacement
des levées, mais au-dessus du niveau qu'elle atteindrait plus
bas si celles-ci n'existaient pas.

123. Retenues artificielles. — M. Payen arrive à une
conclusion négative, après avoir traité avec beaucoup de soin
la question des réservoirs: « Les réservoirs, lorsque leur capacité est suffisamment grande, ont, examinés isolément, une
action très puissante pour diminuer le débit (maximum, à la
seconde) des crues du cours d'eau sur lequel ils sont établis;
mais leur effet s'affaiblit énormément avec la distance, et
comme on ne trouve des emplacements convenables que dans
les régions montagneuses, fort éloignées des plaines à abriter,
on conçoit combien s'en trouve amoindrie l'influence qu'ils
peuvent conserver pour y réduire la hauteur des eaux. Les
crues des affluents sont essentiellement variables. L'ordre
dans lequel elles arrivent les unes par rapport aux autres, et
par rapport à celles du fleuve, ainsi que les moments com-
parés de leur maximum, et leur intensité, peuvent se modifier
de mille manières; en sorte que les combinaisons qui auraient
été réalisées, d'après un état de choses donné, pourraient ne
pas convenir dans une situation différente et rester alors sans

efficacité ou même devenir nuisibles. » Ces critiques ne con-
damnent pas les réservoirs d'une manière générale, mais elles
appellent utilement l'attention sur la difficulté de les utiliser beaucoup pour la partie inférieure des bassins.

124. Résumé. — En somme, les études faites à la suite
de l'inondation de 1856 n'ont abouti qu'à deux conclusions
pratiques:

1° Poursuivre les travaux de défense des rives;

2° Ne pas s'opposer à ce que les propriétaires de la plaine
se défendent par des endiguements contre l'invasion des eaux,
mais ne pas encourager les entreprises de cette nature; refuser
les subventions qui pourraient être demandées.

Pourquoi ne pas s'opposer aux entreprises des riverains
quand elles sont contraires à l'intérêt public? Ce n'est pas en
étant faible que l'autorité se fait respecter.

§ IV

INONDATION DE JUIN 1875

125. La pluie en juin 1875. — L'inondation de 1875 a
été des plus funestes. Nous ferons d'abord connaître les circonstances qui ont précédé le désastre de Toulouse, d'après le
récit qu'en a donné M. l'ingénieur Salles, dans un mémoire
inséré aux Comptes rendus de l'Académie des sciences et
lettres de cette ville.

La pluie qui a produit cette inondation s'est étendue sur
une grande partie de la France. Elle a commencé le 16 juin
dans la région du sud-ouest, et s'est continuée jusqu'au 20
sans affecter aucun caractère extraordinaire. C'est le lundi 21,
à huit heures du matin, qu'elle a commencé à tomber avec
force et d'une manière continue, dans tout le bassin de la
Garonne et de ses affluents en amont de Toulouse. Elle s'est
prolongée jusqu'au 23, huit heures du soir, sans intermittence.
Elle n'a donc pas cessé pendant soixante heures, et ses effets
ont été d'autant plus désastreux qu'elle a été précédée de

plusieurs jours pluvieux qui ont imbibé le sol et préparé sa prompte saturation ; enfin elle a présenté cette circonstance particulière : que le maximum de la pluie est arrivé le 23, lorsque les rivières commençaient à déborder.

Répartition dans le bassin. — L'examen des tableaux des hauteurs de pluie donne lieu aux remarques suivantes :

1° La quantité totale de pluie augmente avec l'altitude des points d'observation ;

2° A altitude égale, elle augmente aussi avec la distance à l'Océan ; ainsi, à Orthez (altitude 80 mètres), on recueille $0^m,48$; à Lectoure (87^m), on arrive à $0^m,77$. A Lembeye (Basses-Pyrénées (altitude 316^m), la hauteur totale n'est que de $0^m,116$; tandis qu'à Mirepoix (Ariège, 311^m) elle atteint $0^m,146$. A Eauze (Gers, 147^m), $0^m,057$; à Toulouse (147^m), $0^m,145$. — Il s'agit de points trop éloignés de la mer pour que ces faits, applicables d'ailleurs à une série de quelques jours et non à la pluie annuelle, constituent une véritable dérogation à la loi de Belgrand (art. 3) ;

3° Dans la montagne, la quantité de pluie diminue quand on avance vers le sud.

En résumé, le maximum s'est déversé sur une ligne qui passe dans le voisinage de Bagnères-de-Bigorre, Montrejeau, Saint-Girons, Foix et Bélesta. Ce maximum se prolonge sur les Corbières jusqu'à la mer ; la région de Belcaire et Quillan, qui se trouve au point de croisement des Corbières occidentales et des Corbières orientales, a reçu une quantité de pluie de $0^m,200$, du 19 au 24, sur des points d'une altitude de 1000 mètres environ. Plus au sud, cette quantité reste inférieure à $0^m,100$, sur des altitudes presque doubles.

126. Crues des rivières. — Le gave d'Aspe et le gave des Eaux-Chaudes ont eu une crue exceptionnelle, jusqu'au pied de la grande chaîne des Pyrénées.

Le gave de Cauterets, au contraire, n'a pas dépassé une forte crue ordinaire, et il en est de même de son voisin le gave de Gavarnie, dans la partie en amont de Luz et Saint-Sauveur. Mais après leur réunion qui forme le gave de Pau, ces deux torrents ont grossi rapidement ; leur crue a été excessive au pont de Lourdes. C'est donc entre leur point de réunion et Lourdes que s'est formée la hauteur extraordinaire de la crue.

L'Adour et l'Arros ont eu des crues très fortes au pied du pic du Midi, jusque dans les environs de Tarbes et Tournay; plus loin, dans la partie moyenne et dans la partie inférieure de leur cours, ces rivières n'ont pas atteint le niveau le plus élevé de leurs anciennes crues. Le Neste a éprouvé une crue extraordinaire en aval de Sarrancolin, mais les deux rivières qui l'alimentent n'ont pas également grossi; la Neste d'Aure, dont la chaîne remonte à la source centrale, est restée calme, tandis que la Neste de Louron, qui coule au pied du Monné de Luchon, a pris des proportions extraordinaires. C'est donc le versant du Monné qui a alimenté la crue de la Neste. La Lousse et le Nistos, qui coulent au nord de la même montagne, l'One de l'Arboust à l'est près de Luchon, ont eu aussi des crues excessives, tandis que les torrents situés au delà vers le sud sont restés calmes. Il est évident d'après cela que les nuages pluvieux ont enveloppé le massif du Monné, et ne l'ont pas dépassé vers le sud; mais en s'y fixant ainsi, ils l'ont couvert d'une pluie torrentielle.

Comme les rivières voisines, la Pique n'a commencé à grossir extraordinairement qu'au pied du Monné, c'est-à-dire à partir de Luchon. Tous les torrents de la rive droite de la vallée ont subi la même influence; on a pu le constater par les ravages qu'ils ont produits à Montauban, Juzet et en aval.

Dans la vallée de Saint-Béat, il y a eu une grande crue dans tous les cours d'eau. Cependant la Garonne n'avait qu'une hauteur moyenne à la frontière du Pont-du-Roi. La crue extraordinaire s'est donc formée dans la région même de Saint-Béat, sur les flancs du massif élevé qui sépare les bassins de la Pique, de la Garonne, du Salat et du Gers.

En continuant d'avancer vers l'ouest, nous entrons dans le bassin du Salat, où nous trouvons une crue excessive de la rivière principale et de ses affluents jusque dans les régions voisines de leurs sources.

Après le Salat vient le bassin de la haute Ariège, où nous trouvons les rivières presque calmes. Toute cette région a été préservée de l'inondation; les crues extraordinaires commencent seulement à Tarascon, au pied de la montagne de Saint-Barthélemy.

Au delà de l'Ariège, en tournant vers les montagnes du

centre de la France, suivant la direction des Corbières, nous trouvons l'Agout qui a donné une très forte crue jusqu'à sa source. Le Tarn, situé plus au nord, a donné une crue moindre, et le Lot, qui vient ensuite, une crue moindre encore.

En marquant sur une carte tous les points où nous venons de constater le commencement des grandes crues, on reconnaît qu'ils sont disposés sur une ligne passant sur les montagnes qui forment la première grande chaîne des Pyrénées, depuis la vallée de la Nive à Saint-Jean-Pied-de-Port, jusqu'à celle de l'Aude et de l'Agout.

127. Explications. — Le 21 juin, un courant de nuages pluvieux envahit le bassin de la Garonne, poussé par un vent d'ouest nord-ouest qui le tient adossé au versant des Pyrénées. A mesure qu'il avance vers l'est et qu'il rencontre des terrains plus élevés, sa section d'écoulement diminue, sa pression augmente et il est soulevé à une plus grande hauteur dans une région plus froide. Aussitôt la pluie se précipite non pas en proportion de l'altitude absolue de chaque point, mais en proportion du rétrécissement de la section à laquelle il appartient. Ce courant est borné jusqu'à une certaine altitude par les montagnes des Pyrénées, qui lui forment une rive profondément découpée. Il la côtoie en passant à la pointe de tous les promontoires, c'est-à-dire contre les grands massifs qui forment le premier alignement au nord de la chaîne. Il se heurte contre ces saillies, les enveloppe, y tourbillonne en se comprimant et produit d'abondantes condensations. C'est la région du maximum des pluies. Au delà, vers le sud, les golfes formés par les vallées les plus allongées se remplissent d'une masse à peu près stagnante, qui est moins comprimée et par suite moins pluvieuse. Arrivé devant les Corbières, dont l'altitude n'est pas suffisante pour l'arrêter, le courant nuageux déverse par-dessus leur sommet et va produire une crue dans l'Aude. Mais aussitôt après, la pente du versant méditerranéen lui donnant une section d'écoulement plus étendue, et d'une altitude décroissante, la condensation et la pluie vont en s'atténuant.

Le déversement par-dessus les Corbières est limité d'un côté par les Pyrénées, et de l'autre par la Montagne-Noire. Ces obstacles latéraux devaient produire les mêmes phénomênes des deux côtés et, en effet, il y a eu forte pluie dans la vallée de l'Agout, comme dans celles de l'Ariège et de l'Aude.

Les conséquences à tirer de là, c'est que les causes premières de l'inondation de juin sont au nombre de deux : 1° une cause générale qui a produit la bourrasque et la pluie ; 2° une cause locale consistant dans la configuration et le relief du sol, qui a déterminé la quantité de pluie condensée sur chaque point. La répartition faite sous cette influence serait toujours la même si les nuages pluvieux effectuaient leur passage toujours de la même manière. Mais il n'en est pas ainsi ; quand ils passent à une certaine altitude, ils peuvent couvrir de pluie la montagne jusqu'à la limite des neiges et embrasser ainsi le maximum de superficie de chaque vallée : la ligne des plus grandes condensations se trouve portée sur la montagne même comme on l'a vu en 1855, et dans ce cas tous les grands cours d'eau, comme la Garonne, le Salat, l'Ariège et l'Aude, grossissent en même temps. Quand, au contraire, ils se tiennent très bas, le champ d'inondation du bassin se resserre et la ligne du maximum d'intensité se rapproche de la plaine ; les grands cours d'eau qui descendent de la haute montagne échappent alors en partie à la crue, tandis que ceux dont la source est moins élevée éprouvent leurs crues les plus fortes. C'est ce qui est arrivé en 1875.

128. Les neiges. — On s'est demandé si la crue extraordinaire du 23 juin 1875, avait été produite par la coïncidence d'une forte pluie dans la plaine et d'une rapide fonte de neige dans la montagne. D'après les renseignements recueillis, cela n'a eu lieu que sur des parties très restreintes de la haute montagne. En effet, dans le département des Hautes-Pyrénées, les observations de l'hôpital militaire de Barèges (à l'altitude de 1,250 mètres) portent sous les dates des 22 et 23 : « Pluie torrentielle toute la journée du 22 et neige sur les sommets à partir de l'altitude de 1,800 mètres ; le 23, la pluie persiste, le Bastan grossit, mais la neige ne fond pas sur la haute montagne. » Ce renseignement est confirmé par l'observatoire du pic du Midi, qui signale les faits suivants : le thermomètre placé à 2,360 mètres d'altitude a oscillé de 1 à 5° au-dessous de zéro dans l'intervalle de midi 21 juin à sept heures du matin le 24 ; une seule observation, faite le 23 à midi, a donné exceptionnellement + 1°,9. Mais à ce moment toutes les rivières étaient arrivées à leur maximum au pied des Pyrénées, de sorte que la neige qui a pu entrer en fusion sur les sommets n'a contribué en rien à la hauteur des crues.

Dans la Haute-Garonne les agents-voyers de Saint-Béat, Luchon et Aspet, consultés aussitôt après la crue, sur ce qui s'était passé autour d'eux, ont constaté aussi le fait de la persistance de la neige sur les montagnes voisines; celui de Saint-Béat a même ajouté, avec une précision basée sur la connaissance exacte des hauteurs environnantes, que la neige a fondu dans la nuit du 22 au 23 jusqu'à l'altitude de 1,350 mètres seulement. Enfin, dans le département de l'Ariège, parmi les rivières qui descendent de la haute montagne, telles que le Vicdessos, le Siguer, l'Aston, l'Ariège et l'Oriet, les unes n'ont pas grossi, les autres n'ont donné qu'une crue ordinaire, ce qui prouve qu'elles n'ont pas été alimentées par une rapide fonte de neige simultanée avec la pluie. Il faut conclure de là que, dans toute l'étendue du bassin de la Garonne, la fonte de la neige n'a exercé qu'une faible influence sur les crues du 23 juin.

129. Arrivée à Toulouse. — Les volumes des divers affluents ne sont pas arrivés ensemble à Toulouse. Cependant, on estime que les produits du Salat et de l'Ariège ont coïncidé à un quart d'heure près; ceux de l'Hers et de l'Arize à quelques minutes.

Le grand flot de l'Ariège est arrivé à Toulouse le 23 vers dix heures du soir; le maximum de la Garonne proprement dite n'est arrivé qu'à deux heures et demie du matin, le 24.

Il y a d'ailleurs divergence dans les récits des divers auteurs; mais chacun reconnaît qu'il n'y a eu qu'un écart relativement faible entre les maxima et que de là est résulté le désastre.

130. Marche de la crue à Toulouse. — D'après M. Dieulafoy, la crue s'est manifestée dès le lundi, 21 juin, d'une manière très sensible. Elle est restée à peu près stationnaire, ou légèrement ascendante, jusqu'au soir du 22, huit heures. A minuit, on a constaté une élévation graduelle de 0ᵐ,03 par heure; plus tard, de 0ᵐ,05, puis de 0ᵐ,08 et jusqu'à 0^m,15. A trois heures de l'après-midi, le 23, la crue prenait des proportions redoutables : le premier batardeau, construit avenue de Muret, à la Croix-de-Pierre, était surmonté et les eaux montaient de 0^m,30 à 0^m,35 par heure. A quatre heures et demie, le second batardeau de l'avenue de Muret, construit dans le but de donner aux habitants du faubourg Saint-Cyprien le temps de s'échapper, était à son tour franchi. A cinq heures, les eaux se déversaient sur le cours Dillon et franchissaient la balustrade qui le limite. Le batardeau de la rue Viguerie, élevé dans la nuit du 22, résistait encore; mais les eaux qui avaient envahi l'hospice commençaient à faire irruption dans les quartiers bas de Saint-Cyprien; la ruine de la Croix-de-Pierre était à peu près consommée. Une heure plus tard Saint-Cyprien était envahi. A huit heures, nouvelle hausse de 0^m,20 malgré l'immensité de la surface couverte.

Enfin, à dix heures du soir la crue atteignit son maximum. L'échelle des écluses de l'embouchure du canal marquait 9^m,74, tandis que les crues régulièrement observées jusqu'alors n'avaient atteint, au même repère, que :

$$7^m,88 \text{ en } 1772,$$
$$7^m,50 \text{ en } 1836,$$
$$7^m,25 \text{ en } 1855,$$

Jusqu'à onze heures, état stationnaire. A partir de ce moment, abaissement très rapide. Le jeudi 24 juin, à midi, les eaux s'étaient abaissées de 2^m,70, et le soir les rues de Saint-Cyprien étaient en général praticables.

131. Marche de la crue au confluent de l'Ariège. — Dans la nuit du 22 au 23, la Garonne couvrait le plancher du rez-de-chaussée de la maison du garde. Le mercredi matin, 23, la crue de l'Ariège était devenue très apparente; vers deux heures, le courant de la Garonne dominait encore; mais à quatre heures les eaux jaunâtres de l'Ariège rejetaient celles de la Garonne sur la rive gauche et déterminaient, par l'importance subite de leur afflux, l'exhaussement qui à Toulouse amenait à cinq heures le désastre de Saint-Cyprien. A neuf heures l'abaissement était sensible.

La période du maximum à Toulouse, de cinq à onze heures

du soir, correspond à la période de crue maxima de l'Ariège, qui a eu lieu à l'embouchure de quatre à huit heures et demie.

132. Désastres à Toulouse. — Deux cent neuf personnes ont été noyées ou écrasées dans la commune.

· Les deux ponts suspendus et une partie de la levée du chemin de fer ont été détruits; les murs de quai affouillés; une salle de l'hospice de la Grave s'est écroulée. Sur les 2.212 maisons des quartiers inondés, 1.141 se sont écroulées, les pertes immobilières sont évaluées de 11 à 12 millions.

« Certaines rues ont été partiellement affouillées, les allées de la Garonne entièrement ravinées jusqu'à 6 mètres de profondeur. Des bancs de sable et de gravier ont remplacé les terres arables et les ramiers. Dans le quartier dit des Sept-Deniers, 30 hectares ont été couverts d'une couche de sable et de cailloux roulés qui varie de $0^m,50$ à $1^m,50$ d'épaisseur (ce résultat est dû au peu de largeur du lit en amont de ce point et à la propagation oblique du courant). »

M. Dieulafoy a évalué le débit à 13.150 mètres, à travers une section de 3.700 mètres, soit une vitesse *moyenne* de $3^m,55$, ce qui doit correspondre à une vitesse maxima d'environ 5 mètres.

D'après le même ingénieur, la crue de 1835 n'a débité que 4.600 mètres à la seconde, au maximum; celle de 1855 4.350 mètres. Ces derniers chiffres diffèrent légèrement de ceux de M. Payen.

Mais il y a des différences énormes entre le débit maximum de 1875 d'après M. Dieulafoy et d'après les auteurs du projet de défense dont nous parlerons plus loin. Ceux-ci indiquent 8.000 mètres, dont 1.000 par le faubourg Saint-Cyprien. Comme il n'y a pas eu d'observations de vitesses, il serait fort difficile de faire un choix.

133. Moyens préservatifs. — Après un désastre aussi épouvantable, le public s'est vivement préoccupé des travaux qu'il serait possible d'exécuter pour prévenir le retour de pareils malheurs.

« On a proposé successivement d'endiguer la Garonne sur une très grande longueur ou de creuser un canal de secours, d'enfermer Saint-Cyprien dans un vaste boulevard, de créer dans les Pyrénées des réservoirs capables d'emmagasiner une partie de la crue, d'activer enfin le reboisement des montagnes.

« Nous ne pensons pas, dit M. Dieulafoy, que ces travaux soient d'une exécution pratique et susceptibles de sauvegarder les quartiers que leur position topographique place dans la zone inondable, au moins contre des crues aussi considérables que celle de 1875.

« La Garonne, à dix heures du soir, charriait plus de 13.000 mètres cubes d'eau par seconde; l'endiguement de la rive gauche du fleuve, au droit de Toulouse, aurait eu pour effet de faire passer cette masse considérable de liquide dans un étranglement de 200 mètres. Il serait résulté de ce fait un gonflement des eaux et un accroissement de vitesse... La crue se serait élevée de 1^m,80 au-dessus du niveau atteint et eût risqué de submerger des quartiers de la rive droite respectés jusqu'à ce jour.

« *Canal de secours.* Le canal de secours n'accroîtrait pas la somme des accidents à redouter, mais ne porterait pas non plus un remède efficace à la malheureuse situation qui semble être faite désormais au faubourg. Avec la plus grande section possible, il ne débiterait que 1.600 mètres cubes environ à la seconde et ne ferait, en conséquence, baisser le plan d'eau, pendant une crue comparable à celle du 23, que de 20 à 22 centimètres. »

134. Conclusions de M. Dieulafoy. — Notre auteur conclut en ces termes :

« Nous ne pensons pas qu'il y ait lieu de s'arrêter à aucune des solutions que nous venons de discuter. La réalisation de pareils programmes peut être dangereuse, quelquefois inutile et toujours très coûteuse. Le rôle de l'autorité, en pareille circonstance, ne consiste pas tant à faire exécuter des travaux défensifs généraux, qui peuvent toujours être surmontés, qu'à forcer chaque particulier, chaque habitant, à donner à sa demeure une stabilité qui lui permette de résister aux plus hautes eaux, et à prescrire, après avoir étudié la cause de la ruine partielle de chaque immeuble, les modes de construction qui doivent en prévenir le retour [1].

1. L'abus du mortier de terre, des briques creuses dans les murs de refend,

9

« Il est donc indispensable de prescrire, pour les fondations et les deux premiers étages, l'emploi exclusif, dans la construction de tous les murs, de briques de bonne qualité ou de moellons appareillés et de mortier de chaux hydraulique.

« Ces simples précautions, qui ne sont que l'application des règles les plus simples de la pratique des constructions, doivent suffire. De nombreux exemples, pris dans les villes qui bordent des fleuves à débordements fréquents, et tout près de Toulouse aux filtres de Portet, en sont la preuve surabondante. On sait, en effet, que la maison de garde élevée à l'extrémité aval des filtres, sur le gravier même où ils sont établis, est simplement construite en briques et chaux hydraulique. Cependant, bien qu'elle ait été entourée par les eaux dès la nuit du 22 et que, pendant la nuit du 23, elle ait été entièrement noyée; bien que, placée au milieu des courants combinés de la Garonne et de l'Ariège, elle ait été affouillée circulairement sur 5 mètres de profondeur et ait reçu des coups de bélier qui ont ébréché les angles opposés au courant, elle ne présente aucune trace d'insolidité. »

En dehors de ces mesures de garantie personnelles, M. Dieulafoy demande pour éviter l'envahissement du faubourg par des crues analogues à celles de 1827, 1835 et 1855, la construction, le long de la route nationale n° 20 et au droit du cimetière Rapas, d'une digue plus haute que ces crues, submersible seulement dans des cas exceptionnels.

« Certainement, en construisant des bassins, en reboisant la chaîne des Pyrénées, on ferait un travail essentiellement utile et protecteur; mais on n'arrêterait pas, on n'atténuerait même pas les ravages causés par un fléau qui ne peut être comparé qu'au raz-de-marée ou aux tremblements de terre qui portent tour à tour, dans tous les pays, la mort et la désolation.

« Il ne convient même pas d'endormir les populations et de leur dissimuler le danger qu'elles courent. Que les habitants qui vont repeupler les zones inondées ne cherchent pas, dans

l'emploi de matériaux de qualité inférieure et de mauvaise chaux grasse dans les façades, sont les causes de la ruine de toutes les maisons qui se sont effondrées. Les eaux ont agi en détrempant la base des murs qui, le plus souvent, n'ont pas eu à supporter l'action des courants.

des travaux généraux, la sécurité que peuvent seules donner des habitations solidement construites et soigneusement entretenues ; qu'ils apprennent surtout que, toute crue pouvant être dépassée par une crue ultérieure, ils doivent se mettre prudemment en garde contre tout gonflement de la Garonne signalé comme dangereux, et abandonner sans hésitation leurs habitations, avant que les eaux ne leur aient rendu toute fuite impossible. »

135. Projet. — Cependant on a proposé la combinaison suivante :

1º Élargissement de la Garonne à l'emplacement et aux abords du seul pont de pierre que possède Toulouse sur le fleuve (le Pont-Neuf, construit au xvi° siècle) ;

2º Reconstruction de ce pont ;

3º Établissement de digues insubmersibles sur la rive gauche, ces digues reliant les nouveaux quais avec une levée de chemin de fer d'un côté et avec les terrains élevés de l'autre.

On a aussi étudié un canal pour la dérivation d'une partie de la crue, soit à travers le faubourg Saint-Cyprien (rive gauche), soit vers le pied des coteaux qui limitent ce faubourg. Le premier tracé comporterait une rentrée en Garonne dans la ville même, en un point situé en amont d'un passage très étranglé ; il ne pourrait pas produire grand bien.

La Garonne forme à Toulouse une courbe très prononcée, dont la concavité baigne la partie principale de la ville, sur la rive droite ; la ligne de plus grande pente, suivant laquelle une partie considérable des grandes crues devait s'écouler autrefois, correspond aux terrains bas de la rive gauche. D'après le second projet, le canal de dérivation se trouverait au delà de la corde de la courbe. Son débouché aval se présenterait bien ; mais il est difficile de disposer convenablement le tracé vers l'origine amont. A défaut de solution de cette difficulté, mieux vaudrait renoncer au canal, car les dérivations ne tiennent pas toujours leurs promesses ; une crue pourrait monter plus haut malgré la dérivation, si de grands désordres dans l'écoulement résultaient des mauvaises conditions d'établissement au point de partage ; en tous cas le profil longitudinal ne pourrait être réformé sérieusement que si l'on supprimait le rétrécissement qui existe immédiatement après la trave-se, et si l'on transformait en barrage mobile le barrage du Bazacle qui se trouve entre le Pont-Neuf et l'étranglement.

D'après Baccarini, les dérivations exécutées en Italie ont été fermées; on fera bien de profiter de l'avertissement ou tout au moins de ne passer outre qu'après des expériences sur des canaux artificiels reproduisant les dispositions de la Garonne et des projets. On opérerait d'abord sur le canal représentant la rivière seule, puis sur l'ensemble.

Un canal de dérivation serait nécessairement accompagné de digues insubmersibles, et l'on en édifierait aussi le long du fleuve. La dépense serait très considérable. Aujourd'hui Saint-Cyprien est rebâti solidement, dans les conditions indiquées par M. Dieulafoy. Une nouvelle crue de 1875 ne produirait plus un grand désastre[1]; les voies publiques et les jardins souffriraient encore, mais les habitants se réfugieraient dans les étages supérieurs (comme le font les habitants de plusieurs îles de la Loire). Il n'y aurait pas d'écroulements de maisons. Si l'on songe combien le retour d'une pareille crue, qui n'a pas son analogue dans l'histoire de la Garonne, est improbable; si l'on additionne les sommes à dépenser, en y comprenant les 13 millions du grand canal de dérivation; si l'on réfléchit à la longueur des digues insubmersibles, et par suite aux chances de ruptures[2], on pourra douter sérieusement de l'*utilité* des travaux, tout compte fait. L'utilité n'est pas démontrée par cela seul qu'il y aura des avantages certains dans un cas donné; il faut mettre en regard les inconvénients probables ou seulement possibles, et, enfin, si la balance est positive, la comparer à la dépense.

---

1. En 1875, les constructions très défectueuses ont seules été renversées; elles étaient malheureusement en fort grand nombre. A cette époque, on n'a été prévenu de l'envahissement probable du faubourg que quelques heures avant le sinistre, tandis qu'il existe maintenant un bon service d'avertissements.

2. Des ruptures ont quelquefois lieu sans que les digues soient surmontées. Cependant on peut souvent se défendre avec succès dans une villa populeuse, quand on prend bien ses précautions à l'avance. (Vallée du Pô.)

§ V

LES DERNIÈRES CRUES. — LES DIGUES INSUBMERSIBLES

136. Les dernières crues. — On a constaté, depuis l'inondation de juin 1875, quatre grandes crues dans la Garonne : une en novembre 1875, une en mars 1876, une en février 1879 et enfin la dernière en juin 1883. Aucune n'a été grave à Toulouse.

La première n'a marqué que 3^m,40 à Toulouse, mais s'est élevée à 8^m,90 à Col-de-Fer. La seconde 8^m,20 en ce dernier point. La troisième 10^m,20 à Agen et 12^m,51 à Castets. La quatrième 5^m,90 à Carbonne, mais 3^m,50 seulement à Toulouse.

A la suite des désastres de 1875, on a organisé un service d'observations hydrométriques et d'annonce des crues. Ce service comprend seize postes de constatation des hauteurs dans les rivières et cinq d'observations udométriques et météorologiques. Ce dernier nombre paraît insuffisant et l'administration ne tardera probablement pas à l'augmenter.

137. Les digues insubmersibles. — Les digues insubmersibles établies dans la vallée de la Garonne ne suivent pas de tracés réguliers.

De tout temps les propriétaires ont cherché à mettre leurs terrains à l'abri des inondations en construisant des digues plus ou moins élevées. Ces travaux étaient exécutés soit par des propriétaires isolés, soit par des réunions de propriétaires formant des associations libres.

Deux syndicats officiels s'étaient cependant formés après la fixation des rives par M. Baumgarten[1] : celui de Fourques et Coussan, constitué par ordonnance royale du 19 avril 1844, et celui de Varennes, constitué par ordonnance royale du 23

---

1. On a également construit vers cette époque les digues de la plaine de Thivras. On conçoit ce mouvement, que favorisait alors l'opinion. Des digues insubmersibles, construites autrefois à 300 mètres des rives, antérieurement à la fixation de celles-ci, avaient été englouties par suite des déplacements du fleuve. (Baumgarten, page 107.)

juillet 1845. Les digues de ces syndicats (établies avec le concours de l'État!) ont des tracés assez réguliers.

Après les inondations de 1855, quelques tentatives furent faites pour constituer de nouveaux syndicats; mais elles n'aboutirent pas et ce n'est qu'après les désastreuses inondations de 1875 que les intéressés, en présence des dépenses considérables à faire pour la réparation des digues et dans l'espoir d'obtenir le concours de l'État, cherchèrent à constituer des associations. Depuis 1875, six syndicats se sont formés dans le département de Lot-et-Garonne et deux dans le département de la Gironde. Ces associations n'ont eu en général pour but que de réparer les brèches faites à leurs digues, ouvrages fort anciens, par l'inondation de 1875 et de pourvoir à l'avenir à leur entretien. Établies sans autorisation, sans plan régulier, ces digues se trouvent sur plusieurs points dans des conditions désastreuses au point de vue de l'écoulement des eaux. Aux termes de l'article 7 de la loi du 28 mai 1858, l'administration aurait pu interdire toute réparation et même contraindre les intéressés à les rétablir sur de meilleures tracés; mais, en présence des faits accomplis, du refus des populations de modifier ces digues, les ingénieurs se sont bornés à demander l'exécution de quelques travaux pouvant remédier en partie aux inconvénients reconnus, et en outre à repousser toute demande de subvention.

A la suite des inondations de 1875 et de 1879, plusieurs décisions ministérielles ont accordé des subventions importantes à divers syndicats, sous la condition qu'ils apporteraient des modifications au tracé de leurs digues; mais partout les associations ont renoncé à ces subventions, pour ne pas exécuter les travaux demandés.

Le syndicat de Séuestis offre un exemple de tracé défectueux. La digue insubmersible est tellement rapprochée du coteau du Mas-d'Agenais qu'elle ne laisse à l'écoulement des eaux qu'une largeur de 250 à 300 mètres. Il était bien difficile d'exiger le déplacement des ouvrages dans ce cas particulier, en présence du nombre considérable de maisons bâties à leur abri dans le champ d'inondation; on se borna à demander des travaux de régularisation et un déversoir analogue à ceux qu'on entreprend dans la vallée de la Loire. Mais le syndicat n'a fait que rétablir les choses dans leur état antérieur aux ruptures de 1875, *et les mêmes événements se sont reproduits en 1879.*

La situation se résume en peu de mots : les digues insubmersibles de la vallée de la Garonne ont été établies, une grande partie du moins, sans plan régulier et souvent dans des conditions désastreuses pour les intérêts généraux. En 1875 et 1879, toutes les digues insubmersibles ont été rompues, plusieurs sans avoir été surmontées. *On n'obtient rien des syndicats et l'on n'use pas de contrainte.* (Voir les lois de 1865 et de 1807.)

§ VI

NAVIGATION

138. Premiers travaux. — Les travaux exécutés le long de la Garonne n'avaient autrefois qu'un but défensif; ils étaient faits par les riverains, sans aucune vue d'amélioration de la navigation. (Baumgarten, *Annales* de 1848.) « De tout temps les riverains de la Garonne ont employé, pour se défendre contre les corrosions, des plantations de saules, protégées et consolidées par des lignes de petits piquets battus simplement à la masse ou à la demoiselle, que l'on reliait ensemble par un clayonnage. Ces lignes, appelés *nasses*, étaient toutes plus ou moins inclinées à la rive, dont elles ne s'éloignaient pas. Ce n'est qu'en 1810 qu'un riverain plus hardi, plus riche, plus actif, plus intelligent que les autres, M. de Vivens, entreprit sur la rive droite en amont de Tonneins, jusqu'à la hauteur des roches de Reculay, des travaux plus considérables pour défendre ses propriétés... Le système de Vivens consistait à avancer en rivière peu à peu. » Un banc de gravier fut attaqué, après quelques essais, par voie de corrosion progressive, au moyen de travaux faits sur la rive opposée et de plus en plus saillants. On réussit.

D'autres essais, faits par des syndicats, furent moins heureux.

En 1825, M. l'inspecteur de Baudre fut chargé d'études ayant pour but l'amélioration de la navigation, et, le 30 mars

1828, il présenta « son beau projet de rectification complète des deux rives de la Garonne » (Baumgarten). Ce projet fut approuvé le 20 septembre suivant.

« Depuis ce moment une impulsion nouvelle fut donnée; aucun riverain ne put plus faire aucun travail qu'en suivant l'alignement général qui concourait à la rectification du lit, et l'État encouragea par des subventions les travaux ainsi faits. »

139. Régularisation. — « La part que la Garonne a eue dans la loi du 30 juin 1835, rendue pour l'amélioration de la navigation des principales rivières de France, permit à l'État d'exécuter sur une grande échelle les projets de M. de Baudre ». On y travailla pendant plus de dix ans, dans les départements de Lot-et-Garonne et de la Gironde.

Nous avons déjà dit quelques mots, au § III, de la défense des rives. Dans les deux derniers départements, elles ont fait partie du système des travaux de régularisation, ayant l'amélioration de la navigation pour principal objectif. Le système suivi consiste dans la création de deux rives à peu près parallèles, distantes de 175 à 180 mètres, sauf dans les courbes très prononcées où l'écartement va jusqu'à 200 mètres. Ces rives nouvelles sont rattachées de distance en distance aux anciennes, par des traverses normales.

Les lignes de pieux clayonnés formant les rives nouvelles ont d'abord été réglées à 1 mètre au-dessus de l'étiage, puis à 1^m,50, enfin à 2^m,50 et même 2^m,80. Plus le plan de recépage est élevé, plus les cases latérales s'attérissent promptement.

« Pour amortir la vitesse des courants, lorsqu'ils dépassent le plan de recépage, et faciliter les dépôts des sables et des vases, on implante dans les vides laissés par les clayonnages des branches de saule dont les extrémités inférieures descendent à l'étiage, et dont les sommets s'élèvent à 4 et 5 mètres au-dessus. On les serre les unes contre les autres autant que possible, de manière à faire un fourré bien résistant; quoique ces branches de saule soient ainsi dans des conditions peu propices à la végétation, il n'est pas rare cependant de les voir verdir et pousser pendant un an ou deux... Cette opération, qui hâte singulièrement les attéris-

sements, s'appelle *flocage*... Au bout de deux ans, la moitié
de la surface à conquérir peut en général être plantée, et
après quatre ans la presque totalité. Il est très essentiel de
faire les plantations au fur et à mesure que les dépôts le permettent, et dès que leur épaisseur est assez forte pour
que les plançons puissent y être implantés solidement ; une
épaisseur de $0^m,40$ à $0^m,50$ de sable suffit ; mais il en faut une
de $0^m,60$ à $0^m,80$ lorsque c'est de la vase de peu de consis-
tance.

Les lignes de rive et de rattachement sont défendues par
des enrochements, dont les noyaux sont formés autant que
possible, par économie, de saucissons en branchages et graviers.

140. Dragages. Déblais dans le rocher. — Acces-
soirement, on a procédé à des dragages sur les passages difficiles, pendant l'étiage.

L'opération se faisait au moyen de la machine décrite par
M. Borel, dans un article inséré en 1836 dans les *Annales des
ponts et chaussées*.

L'extraction du rocher avait lieu au moyen de grandes
tranches en fer, de 4 mètres à $4^m,50$ de longueur et de $0^m,10$ de
diamètre, à tranchant aciéré, battues dans les bancs de tuf
dur pour en détacher des éclats. On taillait d'abord le devant
du banc à pic, puis on marchait vers l'amont en détachant
successivement des tranches sur une largeur de $0^m,40$ à $0^m,50$.
La dépense n'était que de 8 à 10 fr. par mètre cube. On
a creusé de cette manière, à travers les roches de Reculay,
en amont de Tonneins, une passe de 30 mètres de largeur et
de 200 mètres de longueur, « dans laquelle on trouve un mètre
d'eau, généralement, à l'étiage. »

141. Les Riverains. Les syndicats. — Les travaux ont
eu l'immense avantage de fixer les rives. Il en est résulté
qu'on a pu s'occuper avec quelque sécurité des digues contre
les inondations ; l'administration a adopté l'écartement de
600 mètres entre les digues insubmersibles de l'une et l'autre
rives. Malheureusement, en agissant ainsi d'après les idées en
cours, on est arrivé à de tristes résultats : les crues montent
plus haut qu'autrefois, les digues se rompent, et l'administration n'exige même pas les 600 mètres. Tant que l'opinion

ne se prononcera pas dans le sens d'une ferme application des lois existantes, sauf dans le cas d'impossibilité morale bien constatée, les choses iront de mal en pis.

142. Modifications de la pente à l'étiage. — Les altitudes de la rivière pour les divers débits, et surtout pour celui d'étiage, ne paraissent pas avoir été modifiées à Tonneins. Aussi M. Baumgarten s'est-il toujours servi des hauteurs à l'échelle de cette localité pour ses comparaisons.

Le rapprochement des profils longitudinaux montre une certaine tendance vers l'égalisation des pentes. Il y a eu abaissement progressif de l'étiage dans les parties régularisées : diminution des pentes sur les rapides ; exhaussement sur une étendue restreinte à la suite d'une grande longueur de lit rectifiée ; enfin création ou augmentation d'un rapide en amont des travaux.

Les graviers déplacés ne vont pas encombrer et exhausser les parties inférieures, au moins au delà d'une distance très limitée. Cet encombrement local doit avoir eu bien peu d'importance, car nous rencontrerons, un peu plus loin, un passage où l'on n'en tient pas compte[1].

143. Fonds résistants. — M. Baumgarten signale, à Lacornée, un exhaussement successif dans le plan des eaux, qui s'éleva à $0^m,16$ en amont de la borne 70 k.5, et qui fut même de $0^m,50$ entre les bornes 70 k.5 et 71. Cet exhaussement était occasionné par un gravier très dur qui tenait à la rive gauche et s'avançait jusqu'à la ligne de pieux battue sur la rive droite. Ce gravier n'a cédé qu'aux effets des crues de l'hiver de 1840 à 1841. Le niveau des eaux s'est abaissé, et est même descendu à $0^m,20$ au-dessous de ce qu'il était autrefois. L'abaissement ne peut guère être plus considérable, parce qu'en amont à la borne 68 et en aval à la borne 71k.5, « il y a dans le lit un fond de tuf à nu. »

A Col-de-Fer, on a de même observé d'abord un relèvement, de $0^m,15$; puis est survenu un abaissement progressif qui a été de $0^m,60$, vis-à-vis la borne 108 en 1844. « Depuis trois

---

[1]. Des travaux faits plus récemment (oir les Conclusions) ont amené un certain encombrement en aval, mais le profil longitudinal de la rivière n'en a pas encore été affecté.

ans le niveau est resté permanent, *le lit ayant été creusé presque partout jusqu'au tuf.* »

« Au quatorzième projet, l'altération du lit n'est pas très sensible, parce que *le fond est en général du tuf.* »

On a mentionné plus haut les roches *Reculay*, et d'autres fonds de tuf sont encore signalés aux pages 127, 129, 130[1] et 131.

Il n'est donc pas surprenant que M. Baumgarten, dans la première partie de son mémoire, ait écrit (passage déjà cité) que : « Sur un grand nombre de points l'eau coule non sur le gravier, mais sur le tuf, l'argile et le roc, qui forment le terrain tertiaire de la vallée. »

144. Action des travaux sur les crues. — L'auteur signale un point où les crues s'élèvent à $0^m,65$ plus haut qu'autrefois, au-dessus de l'étiage; mais il ajoute que celui-ci s'est abaissé de $0^m,75$, en sorte que l'exhaussement des crues n'est qu'apparent.

« En résumé, nous voyons que sur la Garonne, avec son lit de gravier, l'abaissement produit dans le niveau des eaux basses compense à peu près l'élévation que le rétrécissement tend à produire dans les crues moyennes[2]. Si les travaux n'exhaussent pas les crues moyennes, *qui les recouvrent à peine,* à plus forte raison n'ont-ils aucune influence sur le niveau des grands débordements. » M. Baumgarten ne se préoccupe pas de l'action des digues insubmersibles sur les crues extraordinaires de la Garonne ; il connaissait cependant l'action de digues de ce genre sur les crues du Pô.

Malgré l'abaissement de l'étiage, il y a une moins grande section liquide au moment où les eaux sont prêtes à déborder, puisque le lit mineur a été très rétréci. Pour qu'il n'en résulte pas d'augmentation dans le niveau des crues moyennes, il faut que la régularité donnée à la rivière, bien que les nouvelles rives n'aient pas été aussi bien tracées qu'on le ferait

1. A la page 130, il est question d'une longueur de 300 mètres, où le tuf aurait été affouillé d'un mètre. (?)
2. L'auteur paraît attribuer au seul abaissement de l'étiage l'influence constatée au point de vue de l'écoulement ; mais comme il n'y a eu qu'une faible augmentation de la section, comparativement à la diminution, il faut certainement accorder une grande part d'influence à la régularisation du lit mineur.

aujourd'hui, compense une partie de la diminution de la largeur. C'est un point important, qui mérite d'arrêter l'attention du lecteur.

145. Dispositions du thalweg. — En général, le thalweg se tient le long des rives concaves, et les maigres correspondent aux passages d'une courbe concave à une autre. Cependant il y a de nombreuses exceptions dans les rivières à tracés désordonnés, et même dans les rivières régularisées d'une manière imparfaite. « Je terminerai, dit M. Baumgarten, en faisant remarquer que la règle qui admet le thalweg dans les parties concaves des anses et des coudes n'est pas sans exception ; ainsi aux roches de Reculay, à la queue de l'île Bournan, au coude si prononcé de Jusix, le thalweg se trouve tout à fait contre la partie convexe de la courbe[1]. » Rien à dire pour les roches de Reculay, si ce n'est qu'il aurait fallu les noyer sous le remous d'un barrage mobile ; mais le « coude si prononcé de Jusix » n'aurait pu satisfaire que par hasard à la règle. On sait maintenant que les courbures doivent varier graduellement, et que les longueurs des courbes ne doivent pas, dans chaque partie de rivière, s'écarter beaucoup d'une certaine valeur moyenne.

Les travaux de M. Baumgarten ne peuvent nous éclairer complètement sur les phénomènes qui tendent à se produire dans une rivière à fond mobile, quand le lit mineur est bien disposé. Non seulement les tracés sont défectueux, mais encore le lit est parsemé d'un grand nombre d'affleurements inaffouillables.

146. Navigation en 1847. — L'auteur du mémoire, après avoir insisté sur les avantages qui résultent des travaux pour la propriété, ajoute qu'ils ne sont pas moins utiles pour la navigation, parce qu'ils tendent à régulariser l'inclinaison des eaux.

M. Baumgarten constate l'abaissement des seuils, et dit que le tirant d'eau minimum est de 1 mètre au lieu de 0^m,60, « là où les travaux ont produit leur effet normal. » En réalité, la suite a prouvé que l'on ne gagne rien au point de vue de ce minimum.

1. Mémoire de 1848, page 134. On aurait pu en conclure que le tracé ne valait rien.

147. État actuel. — Un ancien ingénieur, qui connaît parfaitement la Garonne et tout ce qui s'y est fait, a bien voulu rédiger pour nos lecteurs une note sur son état actuel. Nous en extrayons les renseignements qui suivent.

Depuis 1847, les travaux ont été continués, en suivant presque sans modification le projet présenté en 1828 par M. de Baudre. L'ensemble de ces travaux peut être considéré comme terminé ; il n'existe du moins que peu de lacunes, et l'on estime qu'elles ne peuvent avoir qu'une légère influence sur le résultat général.

Malheureusement, depuis déjà longtemps, les propriétaires, trouvant onéreux le concours réclamé par l'Administration, n'exécutent plus de travaux neufs et ne veulent même plus concourir à l'entretien des travaux exécutés pour la fixation du lit mineur ; toutefois ces travaux sont encore généralement en bon état.

En consultant les nivellements généraux des eaux basses de la Garonne, qui ont été faits dans le département de Lot-et-Garonne en septembre 1854 et en septembre 1861, au moment où les eaux atteignaient la cote de 1 mètre à l'échelle de Tonneins, on a constaté à très peu de chose près les mêmes résultats que M. Baumgarten. Le nombre des rapides n'a pas beaucoup changé.

Entre Agen et la limite du département de la Gironde, sur une longueur de 88 kilomètres, la pente totale des eaux est de 28^m,38 pour le nivellement de 1854 et de 28^m,21 pour le nivellement de 1861, soit 0^m,32 par kilomètre.

En ne tenant compte que des rapides présentant une pente supérieure à 0^m,80 par kilomètre, on trouve les résultats indiqués dans le tableau placé à la page suivante :

On voit que, de 1854 à 1861, la situation est restée à peu près la même, tant au point de vue du nombre des rapides que de leur hauteur et de leur pente.

En outre de ces passages, il existe un rapide important aux roches de Reculay sur 500 mètres environ, dont la pente est de 2^m,10 par kilomètre.

Il est intéressant de rechercher en détail les modifications survenues dans les rapides signalés dans le mémoire de M. Baumgarten, page 114 et page 117.

Les rapides indiqués aux bornes 58 et 70,5, ont complètement disparu, ainsi que les rapides des bornes 81 et 82,5.

A la borne 84, le rapide qui, en 1847, avait une pente de 0^m,66 par kilomètre, sur 880 mètres, s'est reformé ; il présentait en 1854 une pente de 0^m,94 sur un kilomètre et en 1861 une pente de 1^m,04 sur la même longueur [1].

A la borne 86, le rapide, qui présentait une pente de 1 mètre sur 850 mètres, a conservé la même longueur et présentait une pente de 0^m,96 par kilomètre en 1854 et de 0^m,66 en 1861.

Le rapide de Thivras s'est reporté un peu plus en aval, et présentait en 1854 une pente de 1^m,20 sur 1,000 mètres, et, en 1861, une pente de 1^m,04.

Les rapides en aval de la borne 108 ne s'étaient pas reformés. Le rapide signalé (page 117), entre les bornes 66,5 et 67 a presque disparu ; mais un autre, signalé entre les bornes 78,5 et 79, est remonté en amont entre les bornes 77,5 et 78, où il présentait en 1854 une pente de 0^m,96, et en 1861 une pente de 0^m,86 par kilomètre.

PENTES KILOMÉTRIQUES	NIVELLEMENT de 1854		NIVELLEMENT de 1861	
	NOMBRE des rapides	LONGUEUR.	NOMBRE des rapides	LONGUEUR.
De 0^m, 80 à 0^m, 90	»	»	1	500^m
De 0^m, 90 à 1^m, 00	4	3,000^m	2	1,000
De 1^m, 00 à 1^m, 10	1	500	2	1,500
De 1^m, 10 à 1^m, 20	2	1,000	2	1,500
De 1^m, 20 à 1^m, 30	3	2,000	3	1,500
De 1^m, 30 à 1^m, 40	1	500	»	»
De 1^m, 60 à 1^m, 70	»	»	1	500
De 1^m, 90 à 2^m, »	1	500	»	»
	12	7,500^m	11	6,500

Le rapide signalé vers la borne 109 s'est maintenu ; il présentait en 1854 une pente de 0^m,86 par kilomètre et en 1861 une pente de 0^m,66 sur 500 mètres environ.

Il résulte de ces observations que les travaux exécutés jusqu'en 1847 avaient à cette époque produit à peu près leur

1. Aucun fait de ce genre ne s'est produit dans le département de la Gironde, aux passages remaniés depuis dix ans par M. Fargue.

entier effet[1]. Les travaux qui ont été exécutés depuis, notamment en aval de la borne 79, n'ont pas sensiblement modifié la pente des eaux dans la partie amont.

L'influence des travaux sur l'abaissement du plan d'eau a pu être constatée d'une manière beaucoup plus complète.

Peu de temps après l'exécution des travaux, abaissement à peu près général de l'étiage. En 1854, cet abaissement atteignait :

A Agen . . . .   0^m,29
A Nicole . . . .   0^m,66
A Marmande . . . .   0^m,52

Les zéros des échelles ont été abaissés de ces quantités[2], et, depuis cette époque, les eaux sont descendues, à plusieurs reprises, au-dessous des zéros nouveaux.

C'est surtout dans le département de la Gironde, entre le département de Lot-et-Garonne et Castets, que l'abaissement de l'étiage a été sensible. Ainsi, à la Réole, le niveau de l'étiage est descendu de 0^m,32, à Caudrot de 1^m,64. La marée qui, en 1843, ne se faisait pas sentir à Castets, se fait maintenant sentir beaucoup plus haut.

La navigation trouve encore de nombreux obstacles dans le département de Lot-et-Garonne et est complètement suspendue dès que les eaux se rapprochent de l'étiage. La batellerie n'emprunte du reste le fleuve qu'à la descente et préfère se servir à la remonte du canal latéral, malgré les droits excessifs dont elle est frappée.

Quels sont donc les résultats obtenus par la rectification des rives dans le département de Lot-et-Garonne ?

Ces travaux ont eu pour avantage principal, au point de vue de la navigation, de fixer définitivement le chenal et de faire disparaître ou d'améliorer les passages les plus difficiles. Mais, au temps de M. de Baudre, on ne connaissait pas les conditions à remplir par un tracé rationnel ; les travaux n'ont pu, par suite, produire tout l'effet qu'on en attendait. Sur certains points, les seuils ont disparu, ou ont été abaissés ;

1. Cela se comprend, puisqu'il y a dans le département du Lot-et-Garonne de nombreux affleurements inaffouillables.
2. C'est peut-être un tort. On oubliera quelque jour cet abaissement des échelles, et ensuite l'on raisonnera à faux.

mais sur beaucoup d'autres le seul résultat obtenu a été un déplacement du seuil. On ne peut compter que sur 0ᵐ,50 au-
dessous de l'étiage entre Agen et le département de la Gironde.
C'est triste en comparant ce résultat aux illusions de Baumgarten. Dans le dernier département, on a corrigé certaines
rectification de rives en appliquant les principes développés
dans les mémoires de M. Fargue (*Annales des ponts et
chaussées*, 1868 et 1882). Ces travaux ont donné de très remarquables résultats [1].

En amont d'Agen jusqu'à l'embouchure du Tarn, les rives
ont été fixées sur la majeure partie du fleuve ; mais la navigation rencontre des obstacles plus grands encore qu'en aval
d'Agen.

Quant à la portion de la Garonne située entre l'embouchure
du Tarn et Toulouse, il reste beaucoup à faire pour fixer les
rives. La navigation étant fort difficile et à peu près nulle
dans cette partie, les riverains devront concourir aux travaux
à exécuter pour la moitié de la dépense. Ce n'est que dans les
parties où se produisent des corrosions importantes, et où
le fleuve tend à changer de lit, que ces propriétaires se dé-
cident à offrir leur concours à l'Administration.

En présence des difficultés que l'on rencontre pour assurer
à la batellerie un tirant d'eau suffisant, même dans la portion
en aval d'Agen, et des dépenses annuelles considérables que
nécessiterait l'entretien des travaux projetés en amont, on
regrette vivement que le canal latéral à la Garonne ait été
concédé à la compagnie des chemins de fer du Midi [2]. Si ce
canal était resté la propriété de l'État, la batellerie, n'ayant
plus à payer les droits élevés qui lui sont imposés, ne se ser-
virait de la Garonne qu'en bonnes eaux et à la descente. Partout où les défenses de rives sont faites, on n'aurait plus à se
préoccuper que de les entretenir dans leurs emplacements
actuels.

---

1. Nous reviendrons, dans un autre chapitre, sur les Mémoires et sur les
travaux de M. Fargue.
2. Oui, on le regrette vivement ; mais, avec cette légèreté qui ne manque
pas plus sur les rives de la Garonne qu'ailleurs, on a poussé le gouvernement à prendre la mesure malheureuse dont il s'agit.

Le lecteur doit être maintenant fixé sur les conséquences des travaux de M. Baumgarten et de ses successeurs. Excellent résultat pour les riverains ; résultat sans importance au point de vue de la navigation, parce qu'il y a des passages sans profondeur et aussi parce que des vitesses excessives continuent à exister sur un grand nombre de points. Ajoutons que la fixation des rives, ayant arrêté les divagations du lit, a favorisé le développement des digues insubmersibles, et que sous ce rapport les travaux ont eu un résultat défavorable.

148. Opinion de Deschamps. — Rappelons que « le célèbre Deschamps regardait cette rivière (la Garonne) comme la plus propre en France à être façonnée à une grande navigation, la plus *facile à contenir par des digues longitudinales et à transformer en biefs par des barrages éclusés.* » (*Annales des ponts et chaussées*, 1844, t. VIII, page 278.) La première partie de cette prédiction est accomplie (au-dessous du Tarn du moins), mais personne ne songe à la seconde.

Pourquoi n'y a-t-on pas songé sérieusement avant d'entreprendre le canal latéral ? On aurait pu tout au moins maintenir la navigation en rivière jusqu'à Agen.

Il nous manque un vif sentiment de ce que pourrait produire une belle navigation fluviale aux abords de nos ports maritimes, parmi lesquels Bordeaux occupe l'une des premières places. Sans cela, l'opinion d'un homme tel que Deschamps aurait servi de point de départ à des études patientes et à des expériences, et l'on serait arrivé au but. On ne se sert pas beaucoup du canal latéral, que détient la Compagnie des chemins de fer du Midi ; mais il existe...

149. Trafic. *Fleuve.* — En 1846, le tonnage, réduit au parcours total de Toulouse à Bordeaux, était de 139.684 tonnes. Mais une beaucoup plus grande masse de marchandises profitait de la navigabilité de la Garonne, car le poids réel transporté était de 576.341 tonnes, à diverses distances. Ce chiffre ne comprend pas le transport des marchandises, entre Bordeaux et Langon, au moyen de 960 bateaux à quille d'un tonnage de 13.042 tonnes, utilisant le mouvement de la marée.

Les 139.684 tonnes comprenaient 97.267 tonnes à la descente et 42.417 à la remonte. Les premières se composaient principalement d'eaux-de-vie, de vins, farines, huiles, savon, graine de trèfle, draperie, fers et prunes. (Baumgarten, page 59.)

Les tonnages de 1881, relevés sur les tableaux officiels publiés par le Ministère des travaux publics, sont :

De Toulouse à Castets, *tonnage moyen ramené à la distance entière*, y compris les bois flottés : Descente, 28.114 tonnes.
Remonte,   166

Total . . . . 28.280 tonnes.

Ce total ne comprend presque que du *trafic né hors de la voie* : Arrivages, 2.313 tonnes; transit, 23.842 tonnes.

De Castets à Bordeaux :   Descente, 125.857 tonnes.
Remonte, 122.432

Total . . . . . . 248.289 tonnes.

Les 125.857 tonnes sont entièrement du « Trafic né hors de la voie ; arrivages. » Il n'y a aucun autre trafic né hors de la voie.

Si nous passons au tableau du *tonnage effectif*, en comptant chaque tonne de 1881, quelle que soit la distance parcourue par elle sur le fleuve, nous trouvons 106.589 tonnes de Toulouse à Castets; 249.040 tonnes de Castets à Bordeaux.

Les 106.589 comprennent :

Trafic né sur la voie : 7.031 de trafic intérieur et 1.533 d'expéditions;

Trafic né hors de la voie : 30.719 d'arrivages et 61.306 de transit.

Les 249.040 comprennent :

Trafic intérieur (tout à la remonte) : 45.245;

Expédition (idem) : 77.679;

Arrivages (tout à la descente) : 126.089.

Les gros articles sont :

De Toulouse à Castets, descente : 22.527 tonnes de matériaux de construction et minéraux; 7.997 tonnes bois à brûler et bois de service; 63.333 tonnes produits agricoles et produits alimentaires. Pas de gros article à la remonte.

De Castets à Bordeaux :

1° *Descente* : Matériaux de construction et minéraux, 4.229;

bois, 6.834; produits industriels, 1.962; produits agricoles et produits alimentaires, 111.712.

2° *Remonte* : Matériaux de construction et minéraux, 5.325; engrais et amendements, 2.051; bois, 22.389; industrie métallurgique, 1.131; produits industriels, 6.576; produits agricoles, 49.319; divers, 5.571.

En résumé, la marchandise fréquentant le fleuve en 1846 a diminué de moitié.

Canal latéral. — Les relevés confondent le canal et son embranchement sur Montauban; mais cet embranchement n'a que peu d'importance.

Descente : 46.816 à la distance entière.

Remonte : 62.173   id.

Au total : 109.979. Le trafic né hors de la voie constitue le plus gros élément; il comprend surtout 31.367 tonnes de transit-descente, 29.838 de transit-remonte et 17.405 d'arrivages-remonte.

Ainsi, à la distance entière de Toulouse à Castets, on a pour l'ensemble des voies d'eau :   Fleuve, 82.802 tonnes.

Canal, 108.979

Total . . . . . 137.259 tonnes.

Il y a presque parité avec le tonnage que l'on constatait en 1846 sur le fleuve seul.

CHAPITRE VI

LA LOIRE

SOMMAIRE :

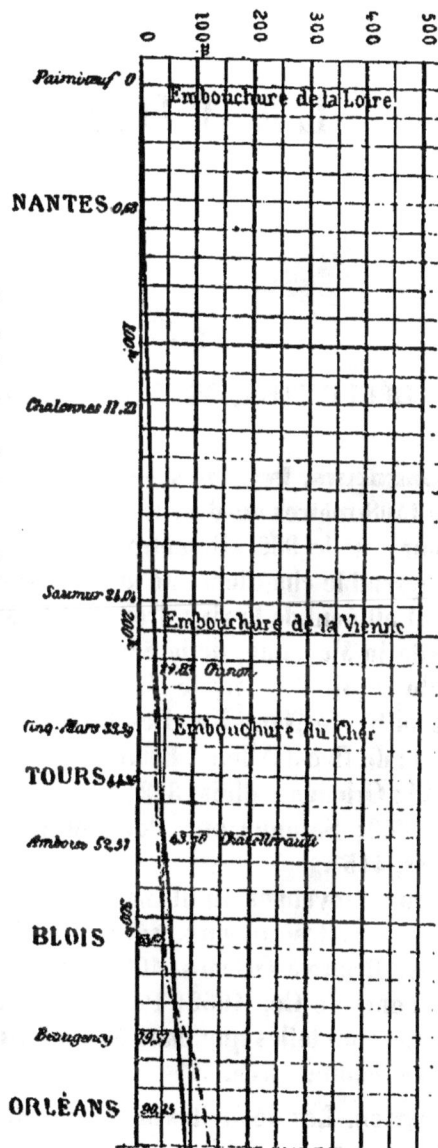

La Loire entre la mer et Orléans. — Profil longitudinal.

LA LOIRE

DÉCLIVITÉS, VITESSES, DÉBITS

150. Longueurs, largeurs. — La Loire prend naissance à l'altitude 1408 mètres au-dessus du niveau moyen de la mer. Sa longueur est de 980 kilomètres jusqu'à Paimbœuf. Son bassin comprend le cinquième de la population de la France. Le principal affluent de la rive droite est la Maine, formée de la réunion de la Mayenne, de la Sarthe et du Loir; sur la rive gauche, elle reçoit l'Allier, le Cher, l'Indre, la Vienne, le Thouet et la Sèvre-Nantaise. Les largeurs moyennes du lit mineur sont : du Bec-d'Allier à Briare, 533 mètres; de Briare à Orléans, 341; Orléans à Blois, 312; Blois à Tours, 356; Tours à Saumur, 386; Saumur aux Ponts-de-Cé, 470; Ponts-de-Cé à Nantes, 415[1].

Les largeurs moyennes du lit majeur, formé par les digues insubmersibles et les coteaux, sont : Bec-d'Allier à Briare, 1433 mètres; Briare à Orléans, 1036; Orléans à Tours, 713; Tours aux Ponts-de-Cé, 1062; Ponts-de-Cé à Nantes, 1620. Les variations sont telles que dans Maine-et-Loire on trouve 450 mètres et 6000 mètres.

151. Pentes. Les déclivités moyennes du fleuve sont, en temps de basses eaux, par kilomètre :

1. Il y a de grandes variations dans les largeurs; le chenal entre les grèves, ou entre une grève et une rive, passe dans Maine-et-Loire de 50 mètres à 150 mètres, et la largeur de rive à rive (ou la somme des largeurs quand il y a des îles) dépasse parfois 600 mètres.

Du Gerbier de Jonc à Retournac . . . . 7^m,41
De Retournac à Roanne . . . . 1^m,77
De Roanne au Bec-d'Allier . . . . 0^m,58
Du Bec-d'Allier à Briare . . . . 0^m,45
De Briare à Orléans . . . . 0^m,41
D'Orléans au confluent du Cher . . . . 0^m,37
De ce point au confluent de la Vienne . . . . 0^m,28
De ce point à la Maine . . . . 0^m,20
De la Maine à Nantes . . . . 0^m,16

On ne peut se défendre, à la lecture de ce tableau, de penser qu'il doit être possible d'obtenir un bon tirant d'eau pour la navigation depuis le Cher jusqu'à Nantes, la pente étant modérée dans cette partie du fleuve. C'est une impression que le lecteur pourra contrôler un peu plus tard, après avoir lu le § 8 ci-après et la troisième partie de l'ouvrage.

152. Vitesses moyennes. Débits. — A titre de simple indication approximative, voici un tableau des vitesses moyennes par seconde dans les diverses sections de la Loire en aval de Briare. La vitesse moyenne varie souvent beaucoup entre deux profils en travers voisins l'un de l'autre, et il ne peut s'agir de renseignements bien précis :

TABLEAU DES VITESSES MOYENNES PAR SECONDE

SECTIONS	HAUTEURS AUX ÉCHELLES				
	0^m.00	1^m.00	1^m.50	2^m.00	3^m.00
Entre Briare et Orléans.	0^m.60	1^m.12	1^m.42	1^m 63	1^m.91
Entre Orléans et Blois.	0 59	1 17	1 32	1 53	1 81
Entre Blois et Cinq-Mars.	0 65	1 06	1 25	1 42	1 68
Ent. Cinq M. et la Vienne	0 55	1 06	1 25	1 42	1 68
Ent. la Vienne et la Maine	0 40	0 81	0 96	1 12	1 32
Entre la Maine et Nantes	0 35	0 75	0 81	0 91	1 12

Les débits sont très faibles à l'étiage dans la partie supérieure du fleuve; mais au point où la marée commence à se faire sentir dans les vives eaux (Mauves), il passe environ 100 mètres cubes par seconde, aux plus basses eaux. La figure donne les débits jusqu'à 5 mètres au-dessus de l'étiage; les vitesses n'ont pas été mesurées par de plus grandes hauteurs.

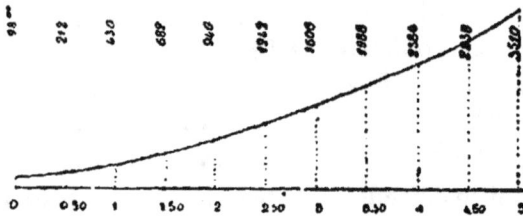

Les débits de la Loire à Mauves.

L'étiage correspond à 0^m, 40 au-dessous du zéro de l'échelle locale.

153. Terrains imperméables. — Près de la moitié de la superficie totale du bassin de la Loire se compose de terrains imperméables. Quand une masse de pluie tombe sur une partie de ces terrains, le fleuve reçoit très vite un immense volume d'eau, si la terre a été saturée pendant les jours précédents. Mais les divers affluents de la Loire ne sont pas soumis simultanément aux mêmes influences atmosphériques, fort heureusement.

154. Les affluents. — On divise les affluents en trois groupes :

Le premier, constitué par la haute Loire, l'Allier et les petits affluents en amont du Bec-d'Allier, reçoit surtout les eaux amenées par les vents de l'ouest et du midi[1].

Le second groupe est composée du Cher, de l'Indre et de la Vienne, qui débouchent en Loire entre Tours et Saumur. Le bassin de ces affluents est très étendu ; il ne compte pas moins de 60,000 kilomètres carrés composés, pour les trois quarts, de terrains perméables. Il est soumis à l'action des vents de l'ouest et du nord-ouest.

---

1. Les hautes montagnes d'où descendent la Loire et l'Allier, « arrêtant au passage le courant pluvial de l'ouest et du nord-ouest, reçoivent des quantités d'eau considérables. » (Cézanne, p. 159.) Le faîte des Cévennes est situé entre les sources de l'Hérault et de la Loire ; le bassin de celle-ci renferme une petite surface de la chaîne, et cela suffit pour augmenter le nombre des inondations dans la vallée de notre fleuve central.

Le troisième groupe est formé de l'Authion et de la Maine, qui reçoivent principalement la pluie par les vents d'ouest.

La Loire reçoit encore, à Nantes même : la Sèvre sur la rive gauche, l'Erdre sur la rive droite.

155. Le transport des sables. — Voici comment Dubuat décrit le mouvement des sables dans une rivière :

La manière dont l'eau courante travaille le fond du lit, quand il est de nature à lui céder, et dont se fait le transport du sable qu'elle charrie avec elle, est tout à fait admirable, et mérite d'être rapportée. Tantôt c'est un tourbillon qui emporte la fumée; et cet effet a lieu quand la vitesse est assez grande pour que le choc du fluide soit pleinement victorieux de l'inertie des molécules solides; tantôt c'est un travail réglé, plus paisible, et pour ainsi dire méthodique, qu'on peut admirer comme un chef-d'œuvre de dynamique. Je vais essayer d'en donner une idée.

Lorsque la vitesse au fond du lit est assez grande pour faire glisser ou rouler des corps spécifiquement plus pesants que l'eau, ces corps ne sont point entraînés d'une manière uniforme, mais ils cheminent, pour ainsi dire, par relais. Prenons le sable pour exemple : Quand le fond du lit est de sable un peu gros et bien visible, et que la vitesse s'y trouve de 10 à 12 pouces par seconde, il offre aux yeux le dessin de ces tapisseries connues sous le nom de point de Hongrie, en présentant des sillons irréguliers, dont la direction est perpendiculaire au cours de l'eau. Chacun de ces sillons est composé de deux glacis à pente opposée; celui qui regarde le côté d'où vient l'eau est une pente fort allongée, dont le sommet est commun à l'autre pente plus roide, qui regarde le côté d'aval. Le profil d'un sillon est assez ressemblant à celui du glacis et du chemin couvert d'une place de guerre. A peu de distance du pied du talus le plus roide, commence la rampe douce d'un autre sillon, et ainsi de suite en descendant. Un grain de sable, poussé par le courant, monte la pente douce du premier talus, et étant arrivé au sommet, il roule par son propre poids du haut en bas du talus opposé; là il demeure en repos, à l'abri de l'action du fluide, et il est recouvert par d'autres grains, qui viennent à leur tour. Ce travail ressemble assez à celui des terrassiers qui roulent la brouette, en montant avec leur charge la rampe du remblai, pour la verser au sommet, et en faire rouler les terres du haut en bas : ces grains de sable, ainsi enterrés, restent en repos, chargés et recouverts par les derniers venus, jusqu'à ce

que toute la masse du sillon, qu'ils avaient laissé en arrière, ait
passé en détail au-dessus d'eux. C'est ainsi que le sillon tout
entier se déplace en détail, en avançant peu à peu d'un espace
égal à sa largeur : alors, le grain dont je parle se trouve au
pied du nouveau glacis qui s'est formé en avant de lui ; et comme
il s'y trouve de nouveau exposé à l'action de l'eau, il monte ce
glacis et se précipite de nouveau, comme la première fois, en
bas du remblai. Tandis qu'un sillon chemine ainsi fort lentement, tous les autres en font autant ; si la vitesse de l'eau est
modérée, il ne faut pas moins d'une demi-heure pour que chacun fasse ce pas progressif, qui est de 4 à 5 pouces. Si la vitesse
de l'eau augmente, l'ouvrage se fait avec plus de diligence, et il
se ralentit au contraire quand elle diminue. Ainsi, dans un travail moyen, il faut environ deux ans pour qu'un grain de sable
parcoure une lieue de 2,400 toises.

Les molécules les plus déliées du sable fin et de l'argile étant
emportées avec moins de ménagement par le courant, le fond
du lit se trouve garni du sable le plus gros, des petits cailloux,
des pierres et des masses les plus volumineuses, qui tombent
et s'arrêtent dans le fond du lit, et y forment souvent une
couche solide, dont la résistance oblige le courant à élargir son
lit, ou même à se déplacer tout à fait, s'il trouve moins de résistance de droite et de gauche. C'est presque toujours de ce
principe, c'est-à-dire de l'amas des graviers ou de pierres dans
le fond du lit, que naissent ses déplacements ; et cela est inévitable, lorsque le terrain n'est pas parfaitement homogène.

Comme le dit Duponchel (*Hydraulique agricole*, 93), « par
suite du défaut absolu d'adhérence de leurs éléments, les dépôts arénacés cèdent très aisément à la moindre *action latérale*. » Il suffit qu'il y ait des parties presque entièrement
sableuses pour que des talus un peu raides, non défendus,
soient facilement abattus par les eaux courantes.

La résistance que peuvent acquérir les sables en couches
horizontales ou peu inclinées résulte de l'orientation des particules, sous l'action de faibles courants capables de les re-
muer sur place, mais non de les entraîner. Des courants plus
forts, dans une certaine mesure, sont ensuite impuissants. Tel
l'enchevêtrement des pierres cassées, sous l'action du rouleau
compresseur, les met en état de subir sans bouger le passage
des voitures, même avant l'addition de la matière d'agrégation.

L'équilibre stable que peuvent acquérir des sables, un certain temps après avoir été déposés, « ne peut résulter que de l'orientation des particules qui, douées de formes définies, s'enchevêtrent et s'imbriquent les unes sous les autres, de manière à présenter une résistance considérable dans le sens du courant. Dans toutes les formations limoneuses, qui se retrouvent surtout à l'embouchure des rivières, on remarque des profondeurs d'autant plus grandes dans le courant, des talus d'autant plus raides sur les berges, que l'adhérence est plus prononcée, l'état limoneux plus caractérisé. Telles sont, à la limite, les berges presque perpendiculaires, parfois en surplomb, qui constituent les bords de la Charente et de toutes les rivières coulant dans des sols vaseux et tourbeux. Les matières organiques qui se trouvent dans la vase et la tourbe ont, en effet, la propriété de développer à un haut degré cette action d'adhérence. » (Duponchel.)

Par suite de l'absence de toute régularité de ses rives, le lit de la Loire est le siège, outre les mouvements ordinaires des sables, de transports spéciaux de grandes masses, dites grèves. Voyageant avec une sorte d'indépendance, elles se déplacent en grand, sauf le départ des grains les plus fins et l'abandon d'une partie des petits graviers. De 1878 à 1881, une grève a parcouru 500 mètres à Mauves. Une observation attentive a montré comment avancent les gros grains mêlés à la masse et quels retards ils doivent subir : Pendant les basses eaux, les menus grains courent sur le fond de la manière si bien décrite par Dubuat; de temps en temps, on remarque des arrêts derrière un grain plus gros, puis on voit celui-ci faire un mouvement en avant, sous forme de chute dans le petit affouillement qui s'est formé en aval.

Dans les parties bien endiguées de la Garonne au-dessous de Castets, les matières solides ne forment pas de grandes masses, occupant presque toute la largeur de la rivière; elles sont plus régulièrement cantonnées le long des rives convexes. Le débit de sable et de gravier existe toujours; mais il a lieu sans arrêts ni empiètements durables dans le chenal, puisqu'on a des profondeurs de 2 et 3 mètres au passage du maigre, se maintenant sans dragages pendant de longues suites d'années. Survienne une grande inondation, il y aura des désordres; mais

ils disparaîtront généralement pendant la phase de décroissance. Toutefois il n'est pas impossible que des amas de matières plus grosses que les graviers ordinaires subsistent parfois à la fin d'une crue, et encombrent le thalweg en quelques
points; c'est le cas de recourir exceptionnellement à la drague.

§ II

CRUES ANTÉRIEURES AU XIXᵉ SIÈCLE

156. Saint Grégoire le Grand. — Il faut mentionner d'a-
bord les renseignements donnés par saint Grégoire de Tours,
dans l'*Histoire ecclésiastique des Francs* : « La cinquième année du règne de Childebert, le pays d'Auvergne fut affligé par
de grands déluges, au point que la pluie ne cessa pas de tomber pendant douze jours. La Limagne fut tellement inondée
que beaucoup ne purent faire leurs semailles. Les rivières de
Loire et d'Allier, ainsi que les torrents qui se jettent dans cette
dernière, se gonflèrent à ce point qu'elles dépassèrent des
limites qu'elles n'avaient jamais franchies. Il en résulta la destruction de nombreux troupeaux, le ravage des cultures et la
ruine de bien des édifices... On était au mois de septembre. »

157. M. Godard-Faultrier. — Les digues de défense
contre les crues remontent, dans la vallée de la Loire, à une
époque très reculée : « Après Louis le Débonnaire, dit M. Godard-Faultrier (*L'Anjou*, t. II, pages 212 et suivantes) les levées
furent grandement négligées. On avait cessé de les confier à
un corps régulier de travailleurs; elles étaient abandonnées
aux soins de chaque propriétaire riverain. De là, ces courbes,
ces angles, que l'on remarque encore aujourd'hui, et qui accusent l'absence de tout ensemble; de là aussi, lors des grandes
crues, ces inondations fréquentes dans la vallée (de l'Authion).

Levée d'Anjou. — « Dès le commencement du xiiiᵉ siècle,
la levée d'Anjou pouvait servir de chemin aux piétons et aux

chevaux durant la sécheresse. Henri[1], toujours en vue du commerce et de l'agriculture, contribua beaucoup à l'entretien et à l'accroissement des digues... Le plan conçu par les princes carlovingiens, abandonné avant lui à des directions partielles et capricieuses, recouvra son ensemble. Un corps fut formé, ayant ses privilèges, ses affranchissements, et devant en temps de guerre marcher sous une seule et même bannière. Il se composait des serfs habitant les campagnes voisines de la levée.

« ... Le dessèchement progressif de la vallée, par l'effet des turcies, eut l'avantage de favoriser l'aisance des serfs qui l'habitaient. A des époques perdues dans la nuit des siècles, les souverains de l'Anjou, afin de récompenser sans doute les travailleurs aux levées, leur accordèrent une partie des terrains encore submergés, à la réserve de diverses redevances féodales ; ces terrains, insensiblement convertis en pâturages, demeurèrent indivis entre tous les habitants de l'ancien comté de Beaufort, sous le nom général de communs. » L'auteur parle des génisses « étendues sur une herbe fraîche, à l'endroit qu'occupait jadis le sable stérile de la grève. » Il semble que le large Val[2] de l'Authion ait été longtemps ravagé par les crues du fleuve, et que la levée ait limité les divagations de celui-ci. On ignorait alors que les digues insubmersibles surélevassent les inondations; en les disposant de manière à défendre le Val contre les courants, tout en laissant des ouvertures pour l'entrée des eaux débordées, on aurait vraisemblablement mieux concilié tous les intérêts. Cependant il y aurait eu de sérieuses difficultés d'exploitation, eu égard à la largeur du Val; la création de tertres, pour y établir des villages, serait devenue nécessaire.

158. L'abbé Travers. — La bibliothèque de Nantes possède le précieux manuscrit de l'*Histoire des Evêques de Nantes, du comté et de la ville*, écrit au milieu du xviiie siècle, qui a été publié en 1836 par MM. Forest et Savagner sous le titre :

---

1. Henri II d'Angleterre.
2. Nom donné, dans la vallée de la Loire, à chaque surface comprise entre le terrain insubmersible et une digue rattachée aux coteaux, soit à l'amont et à l'aval, soit à l'amont seulement.

Histoire civile, politique et religieuse de la ville et comté de Nantes, par l'abbé Travers. On trouve dans cet ouvrage quelques indications sur les crues de la Loire, sur les ponts, les glaces, etc.

Inondation de 1414. — « La Loire (selon la chronique de Saint-Brieux, reproduite par D. Lobineau dans son *Histoire de Bretagne*, tome II, page 882) déborda extraordinairement par les pluies qui furent continuelles pendant les mois de février, mars et avril 1414. Vertais, Richebourg, la Fosse, et toutes les parties basses de la ville, depuis l'église des Frères-Prêcheurs jusqu'aux portes de Saint-Nicolas et de Sauvetour, furent tellement inondés que les habitants de ces quartiers se retirèrent dans les lieux plus élevés, et aux faubourgs du Marchix et de Saint-Clément. »

Les glaces en 1475. — « Les glaces de cette année (1475) renversèrent les ponts d'entre la Saulzaie et la prairie de la Magdeleine, et l'ouvrage public commencé en 1474 auprès des moulins Coustant, autrefois Harnois. »

Les moulins, 1483. — Voici encore les moulins : « Le duc fit une fondation à la Collégiale le 14 août 1483. Guillaume Guéguen en fut le rapporteur et le trésorier. Landays, pour la mettre à exécution, fit fermer entre la chapelle de Bou-Secours et la Belle-Croix sur le grand pont de Nantes, la moitié d'une des voies d'eau et le tiers d'une autre voie pour la construction d'un moulin à eau : on l'appela le moulin du Pain du chapitre de Notre-Dame, sa destination ayant été de moudre le froment pour le pain distribué manuellement tous les jours aux chanoines de Notre-Dame (*Tit. de Notre-Dame*); ou le leur paye aujourd'hui par argent. Ce moulin ne subsiste plus depuis quelques années, mais l'eau, devenue moins rapide, et encore plus lente par la construction d'un autre moulin au joignant, dit le *Moulin Grognard*, que la ville fit construire dans le siècle suivant, ont donné lieu à un amas de sable dont la grève de la Saulsaie, aujourd'hui île Feydeau, s'est formée insensiblement. »

On voit dans ce passage une trace des agissements séculaires qui ont exhaussé le lit de la Loire, à Nantes, et amené une véritable protubérance dans la ligne passant par les sommets du chenal.

Chutes de ponts, 1498. — Nouvelles mentions de chutes de ponts : « Les glaces de cette année (1498) emportèrent une partie des ponts de Nantes. » Cela n'est pas surprenant, quand on songe que les arches étaient très étroites et encombrées de moulins, pêcheries, etc. « La rivière de Loire était couverte d'écluses ; elles étaient un grand empêchement pour la navigation. »

Ecluses, 1517 ; *inondations*, 1527. — « Le roi, en 1517, ordonna de les détruire toutes (les écluses), ce qui fut exécuté si complètement qu'il n'y en a pas de vestige aujourd'hui. L'année 1527 fut accablante pour le peuple par sa stérilité et la cherté des bleds ; la Loire qui déborda extrêmement avait rendu inutiles tortes les terres qu'elle inonda. »

Ponts entraînés par les glaces, 1558. — «Les glaces de l'hiver de 1558 avaient rompu et entraîné les ponts de Pirmil et de la Saulsais... On continuait (1577) à travailler aux ponts de Pirmil. On commença par le pont neuf, autrement le pont de Nantes, dit aujourd'hui le pont de la Belle-Croix... Les ouvrages publics que la ville avait entrepris n'étaient pas négligés. On voit, par les délibérations du 13 mai 1580, qu'elle faisait bâtir un moulin à eau avec la maison pour loger le meunier, au pont des Rousseaux, proche Toussaint ; par les délibérations du 23 juin qu'elle fit marché pour battre les pilotis ou estafes du pont de pierres de la Magdeleine, entre la chapelle de ce nom et la rue de Biesse, et d'un pont de bois pour passer d'un bord à l'autre les charrettes et les chevaux, et par les délibérations du 7, du 11 et du 14 juillet qu'elle fit augmenter de trois cents livres de bronze un des moutons à battre pilotis, qu'elle mit cent quatre-vingt-treize livres sur le poids d'un autre, et qu'elle avait un troisième mouton de bronze, également du poids de sept cent quatre livres, à deux sous la livre. »

Inondation de 1650-1651. — « De mémoire d'homme les eaux n'avaient été si débordées qu'elles le furent à la fin de l'an 1650 et au commencement de l'an 1651. L'eau monta jusqu'au haut du chœur de l'église des Carmes, remplit les caves de la maison de ville, et couvrit presque toute la place du Bouffay. Le procureur-syndic représenta, le 29 janvier, que le débordement avait mis le pont Rousseau hors d'état de

pouvoir passer sûrement, même à pied ; qu'il avait entièrement emporté le pont de bois entre Vertais et le pont de
Pirmil, celui de la Saulsais à la sortie du faubourg, les deux
arches du milieu du pont de la Madeleine, et causé beaucoup
d'autres dégâts... Le dimanche 12 février, le bureau arrêta,
à cause des grandes réparations à faire aux ponts, de retrancher tout ce qu'on pourrait des dépenses ordinaires de la
ville. *Les déjeuners du dimanche à la maison de ville ces-
sèrent de ce jour,* et les distributions de vin, de pain bénit et
de panonceaux furent réduites à moins. *Cela ne dura guère.* »

**159. Crues de 1706, 1710, 1711, 1719, 1726,
1733, 1755, 1765, 1782.** — Notons qu'une grande
crue a eu lieu dans la Loire en 1706, et que beaucoup de levées
longitudinales ont été exhaussées à la suite de cet événement.
Une autre grande crue, en novembre 1710, a ouvert des
brèches dans beaucoup de levées[1]. Autres encore en 1711,
1719, 1726, 1733, 1755, 1765, 1782. C'est à la suite de la
crue de 1711 que la construction de la digue de Pinay fut
ordonnée. — La table du chapitre 113 de l'abbé Travers
porte : « Inondation (1711). » Mais, à la page 442 du tome III,
les éditeurs expliquent qu'il y a une lacune de six pages
dans le manuscrit, et ce qui concerne la crue de 1711 se
trouvait malheureusement compris dans ces pages[2].

160. Crues de 1789 et de 1790. — D'après M. Comoy, l'Allier débite au plus six mille mètres cubes d'eau par
seconde, dans une crue analogue à celle de 1856 ; mais il
rapporte que la crue de 1790 s'est élevée à 0^m,70 plus haut à
Moulins, et que son débit maximum a dû être de sept mille
mètres. Les hauteurs constatées ont été de 5^m,76 au-dessus
de l'étiage à Digoin, sur la Loire supérieure ; 5^m,90 à Moulins ; 6^m,52 à Gien ; 5^m,54 à Meung ; 6^m,55 à Amboise et 6^m,65
à Tours. L'année précédente avait aussi été marquée par une
grande crue.

On trouve à la bibliothèque de l'École des ponts et

1. Notamment dans celle de l'Authion, au-dessus de la Chapelle.
2. La crue de 1711 a été supérieure à celle de 1856 dans la partie inférieure de la vallée : de 0^m,30 près de l'embouchure de la Maine, de 0^m,70
à Ancenis, de 0^m,16 à Oudon (Comoy). Cette crue paraît avoir eu peu d'importance dans le haut du bassin ; elle a eu lieu en février.

chaussées un rapport de l'inspecteur gén^ral des turcies et levées, non daté [1], qui se rapporte à l'une de ces crues. D'après ce document, les eaux ont dépassé les levées, qui avaient cependant vingt et un à vingt-deux pieds au-dessus de l'étiage, et qui se trouvaient au-dessus des plus grandes crues connues jusqu'alors. — Ne comprenant pas que l'exhaussement des crues doit nécessairement se produire, à pluies égales, par l'effet des digues elles-mêmes, l'auteur attribue les désastres à l'exhaussement prétendu du lit ; il en conclut que les efforts qu'on ferait pour exhausser ces levées deviendraient inutiles par la suite. Bien que le raisonnement pèche par la base, l'avenir a donné raison à l'auteur, parce que les crues s'exhaussent de plus en plus, à mesure qu'on surélève les levées, qu'on les multiplie et qu'on les consolide.

Nous examinerons plus loin les propositions faites par l'inspecteur général des turcies et levées, propositions qui n'ont pas reçu l'accueil qu'elles méritaient. (Voir une reproduction partielle de la planche annexée au rapport de cet inspecteur au § 7 du présent chapitre.)

III

INONDATIONS DE 1843 ET DE 1846

161. Crues de 1804, 1807, 1810, 1823, 1825, 1826, 1836, 1840. — On n'a pas de renseignements bien complets sur les crues des premières années du xixᵉ siècle : 1804, 1807, 1810. A Saumur, le fleuve est monté à 6ᵐ,06 au-dessus de l'étiage à la fin de janvier 1823, à 5ᵐ,52 en décembre 1825, 5ᵐ,41 en décembre 1826, 5ᵐ,10 en mai 1836 et 5ᵐ,35 en 1840. Le maximum de la crue de 1823 a été aux Rosiers de 6ᵐ,66 ; celle de 1825 a marqué à Orléans 6ᵐ,16 et aux Rosiers 6ᵐ,09.

162. Grande crue de 1843. — La crue de janvier 1843 ne s'est élevée qu'à 2ᵐ,50 à Digoin sur la Loire ; 2ᵐ,20 à Mou-

1. En lisant les *Notices biographiques* de M. Tarbé de Saint-Hardouin, nous voyons que cet inspecteur devait être Aubry.

lins sur l'Allier, 3^m,80 à Orléans ; mais elle a atteint 6^m,70 à Saumur en amont du pont et 6^m,48 en aval ; 7^m,35 et 7^m,25 aux Rosiers, 5^m,70 et 5^m,54 aux Ponts-de-Cé, 6^m,53 à Ancenis et 6^m,12 à Nantes [1].

Cette crue de 1843 est restée dans les souvenirs des riverains de la partie aval du fleuve, qui n'avaient pas vu depuis longtemps de pareilles hauteurs d'eau ; leur émotion fut extrême. On discuta beaucoup sur les débouchés des ponts ; mais la discussion s'égara, par suite de la fausseté des idées en cours sur la question des débouchés. M. Dupuit l'a élucidée depuis, mais la pratique n'a pas encore tiré de ses belles études tout le parti qu'elles comportent.

Il semblerait, en lisant les écrits de cette époque, que cette question des crues fût quelque chose de mystérieux, d'inaccessible à l'homme. On pose les problèmes les plus essentiels, mais on ne fait aucun effort pour les résoudre. Aucun programme n'est rédigé concernant les constatations à faire pendant les inondations qui viendront plus tard.

Voici une citation qui donnera un aperçu des opinions émises, opinions qui, malheureusement, ont encore une autorité qu'elles devraient avoir perdue depuis longtemps.

Les ponts et les levées transversales. — « Au lieu d'attribuer gratuitement à la présence des ponts telle ou telle surélévation du plan d'eau, pourquoi ne pas mesurer directement cette surélévation ? L'effet d'un obstacle placé dans une eau courante est assez connu. Que cet obstacle consiste en un exhaussement du fond, comme dans le cas d'un déversoir, ou qu'il consiste en une réduction brusque de la largeur du lit, comme dans le cas d'un pont de faible débouché, les mêmes modifications s'introduisent dans l'écoulement normal. Un gonflement se manifeste immédiatement à l'amont, et la pente de superficie subit une réduction qui va s'affaiblissant jusqu'à la limite du remous où elle reprend sa valeur primitive. A part d'ailleurs la perturbation locale qui a lieu au passage de l'obstacle, *rien n'est changé dans la hauteur des eaux d'aval.* En mesurant au moyen d'un nivellement fait

---

1. Ces cotes sont données au-dessus des zéros des échelles. A Nantes, l'étiage est à 0^m,50 au-dessous du zéro du pont de la Bourse ; la crue a donc été en réalité de 6^m, 62.

avec soin la différence de niveau de deux points pris à la surface fluide, l'un à cent mètres en amont, l'autre à cent mètres en aval de l'obstacle, on est donc certain d'obtenir la valeur absolue de la surélévation augmentée de la pente normale des cours d'eau pour deux cents mètres de longueur. »

Après la citation que nous avons faite d'un passage de Dupuit, dans le chapitre IV, nous pourrions nous dispenser d'insister. Le gros bon sens suffit pour faire justice de la prétention d'établir des digues transversales insubmersibles, barrant la plus grande partie d'une vallée sans qu'il en résulte autre chose qu'un petit gonflement local. C'est supposer qu'il n'y avait que de l'eau morte sur toute la plaine pendant les grandes crues, avant l'établissement de la levée. Il y a telles circonstances où cela peut être à peu près vrai, d'autres où la division des courants présente autant ou même plus d'inconvénients que d'avantages; mais la théorie qui consiste à voir dans le remous local d'un pont la seule conséquence du barrage d'une vallée est une de ces erreurs qui ne se discutent plus. Une réduction de la section débitante suppose une augmentation de la vitesse et, *en général*, une augmentation de la pente. Il y a, par conséquent, exhaussement de la rivière, en aval comme en amont, jusqu'aux points où se retrouvent les conditions naturelles de l'écoulement de la crue. On se rabat quelquefois sur des affouillements énormes qui se formeraient sous le pont et disparaîtraient avant le retour des petits débits; mais c'est oublier que le raisonnement que nous réfutons est appliqué aux fonds inaffouillables comme aux autres. L'influence de l'affouillement supposé ne serait pas du tout d'ailleurs ce qu'on imagine, faute de comprendre l'impossibilité d'éviter les grandes déperditions de travail, ou si l'on veut la nécessité de plus grandes chutes par mètre, quand les phénomènes hydrauliques s'accomplissent sans que toutes les transitions soient bien ménagées.

On peut conclure en disant : Les levées transversales, interceptant des courants longitudinaux de débordement, provoquant des courants transversaux qui troublent l'écoulement dans le lit, ont en général une action nuisible pour les localités voisines d'amont et d'aval[1]. Pour les points plus éloignés, de ce dernier côté, l'avantage d'une réduction du débit maximum (conséquence de l'emmagasinement supplémentaire qui résulte de l'exhaussement local) n'a plus pour contrepartie les inconvénients indiqués.

263. Grande crue d'octobre 1846. — La crue d'octobre 1846 est la plus forte qu'on ait relevée dans la Loire supérieure. Dans l'Allier, elle vient après celles de novembre 1790 et de juin 1856. M. Belgrand a constaté que cette crue est descendue toute formée de la petite partie du bassin de la Loire qui se trouve dans les Cévennes (page 24 du rapport sur les tomes I et II du *Bulletin météorologique*).

Les hauteurs atteintes ont été :

Digoin.	6^m,46
Moulins.	5 00
Gien.	7 13
Orléans.	6 79
Blois.	7 00
Amboise.	7 27
Tours.	7 15
Saumur.	6 01
Nantes.	4 77

Le Cher et la Vienne n'ayant pas donné en octobre 1846, il y a eu dans la partie d'aval un affaiblissement notable de la crue. A Nantes, elle ne compte que parmi les crues moyennes. La crue de 1856 a rompu toutes les levées longitudinales, dites digues insubmersibles, sans aucune exception, tandis que celle de 1846 n'a causé de ruptures que jusqu'à l'embouchure du Cher[2].

La gorge et la digue de Pinay. — M. Graëff a calculé que l'action de la gorge de Pinay, complétée par la digue de ce nom, a consisté dans l'emmagasinement dans la vallée supé-

---

1. L'utilité du plus grand limonage peut contrebalancer et au delà cette action nuisible.

2. De Briare à l'embouchure du Cher, la largeur moyenne du lit endigué n'est guère que de 0 kil. 70, tandis qu'on a 1 kil. 43 du Bec-d'Allier à Briare, 1 kil. 00 du Cher à la Maine, et 1 kil. 62 de là à Nantes. — Il ne s'agit que de moyennes ; le minimum est de 230 mètres et le maximum de 2,200 mètres.

rieure de la Loire d'un volume de 131 millions de mètres
cubes, pendant la crue de 1866. L'écoulement de ce volume
a été retardé, au grand avantage de la ville de Roanne. La
plus grande partie de ce résultat a été due au rétrécissement
naturel de la gorge que traverse la Loire; mais la digue artificielle a cependant concouru au phénomène pour plus de
vingt millions de mètres. « Pour la crue de 1846, la proportion serait plus forte encore, puisqu'elle s'est élevée plus

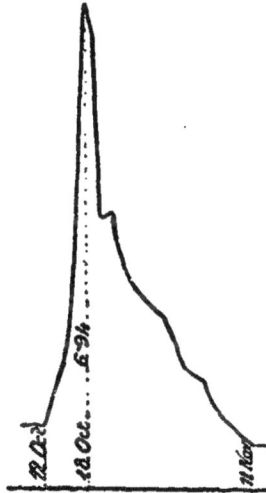

Crue d'octobre 1846, à Roanne.

haut que celle de 1866 ». M. Graëff pense que, sans la digue
de Pinay, la crue de 1846 aurait été surélevée de 1 mètre à
Roanne; « toute la partie basse de la ville eût été engloutie
par les eaux. »

On voit sur le croquis ci-joint avec quelle vitesse énorme
les grandes crues, dans la Loire supérieure, passent du débit
ordinaire au débit maximum.

§ IV

INONDATION DE JUIN 1856

Nous voici arrivés à l'inondation qui a causé le plus de
désastres et, par suite, amené le plus d'études, études dont

le résultat pratique n'a pas été nul, mais n'a pas été non plus d'une très grande importance.

164. M. Comoy. — Nous trouvons, dans les rapports et publications de M. l'inspecteur général Comoy, des renseignements complets. Que nous rappelions son nom, que nous ne le rappelions pas, il est bien entendu que le présent paragraphe procède en grande partie de ses travaux.

Hauteurs. — Les hauteurs atteintes ont été :

A Digoin	5^m,18
Briare	6 82
Sully	7 20
Jargeau	7 62
Orléans	7 43
Blois	7 23
Amboise	8 24
Tours	7 52
Saumur	7 07
Les Rosiers	7 58
Ancenis	6 72
Nantes	5 94
L'Allier, à Moulins	5 23

Levées rompues. — Toutes les levées, et elles sont nombreuses, ont été rompues en 1856. Ces levées ou digues dites insubmersibles atteignent généralement 7 mètres au-dessus de l'étiage, et même en beaucoup de points 8 mètres et 8^m,50.

Ces hauteurs sont le résultat de plusieurs rechargements successifs. Dans l'*Essai sur les ponts et chaussées, la voirie et les corvées*, publié sans nom d'auteur en 1759, on nous apprend que dans les temps anciens on avait réglé les digues à quinze pieds au-dessus des basses eaux.

Comment avait-on déterminé cette hauteur de quinze pieds? On suppose que c'était celle des plus grandes crues connues avant la construction des levées.

Débits. — Les débits à la seconde ont atteint les valeurs suivantes, lit et val compris; ce ne sont pas les sommes des deux maximums, mais ceux des plus grands totaux instantanés : Briare, 8.865; origine du val d'Orléans, 8.035; Mareau, extrémité du val d'Orléans, 7.281; origine du val de la Cisse,

6.962; extrémité du même, 6.770. Au-dessous de ce dernier point, il y a eu de telles complications qu'on ne peut plus chiffrer le maximum total; les nombres suivants sont les maxima dans le lit : Tours, 6.411; La Chapelle 7.150, puis réductions à 6.100 par suite d'une brèche énorme dans la levée de l'Authion; Saumur, 6.315; Ponts-de-Cé, 6.097; La Pointe, 6.300; Nantes, environ 6.000.

Les débits totaux pendant la crue de 1856 ont été de :

Loire en amont de l'Allier. . .	1.342.000.000 m. c.
Allier	1.205.700.000
Cher.	519.000.000
Indre.	95.000.000
Vienne.	654.500.000

Anciens déversoirs. — Pour suppléer à l'insuffisance du lit majeur, dans les endroits où les digues ont été établies encore plus près qu'ailleurs des coteaux ou de l'endiguement de l'autre rive, on a interrompu ou abaissé ces digues sur des longueurs plus ou moins grandes, en amont des plus mauvais passages. La figure dans le texte et la petite planche ci-jointe concernent :

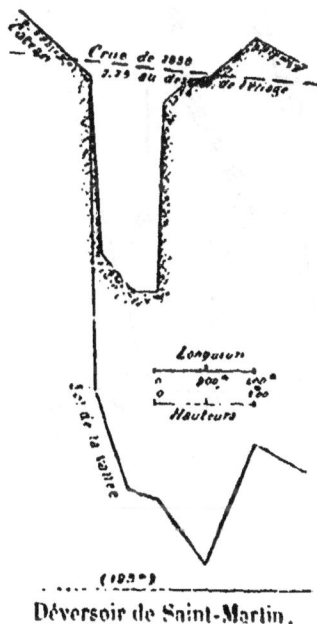

Déversoir de Saint-Martin.

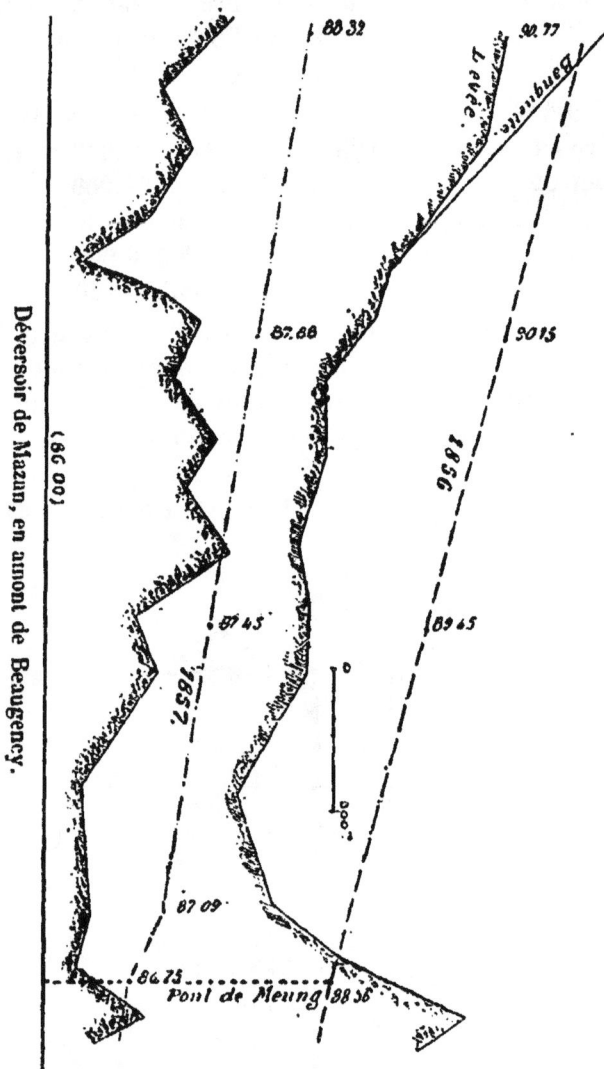

Déversoir de Mazun, en amont de Beaugency.

1° Le déversoir de Saint-Martin, ayant pour but de diminuer le débit des grandes crues dans le lit au passage de Gien ; 2° le déversoir de Mazan, en amont de Beaugency.

Il y a également un déversoir de ce genre au-dessus de Blois.

Ces déversions fonctionnant longtemps avant l'arrivée du maximum de la crue, les eaux déviées ne subissent pas un long retard en sorte que le débit maximum n'est guère atténué au delà de la réunion. Le fonctionnement de ces ouvrages diffère essentiellement de celui des nouveaux déversoirs à seuils élevés, dont nous parlerons plus loin : ceux-ci verseront des masses d'eau dans des vals presque vides, en ne commençant pas très longtemps avant le maximum ; les volumes qui les auront franchis s'attarderont, et la situation sera réellement un peu améliorée au-dessous du val. Il arrivera malheureusement que cette amélioration ne se prolongera pas toujours bien loin en aval, comme nous l'expliquerons.

On voit que l'on peut s'égarer quand on compare les anciens déversoirs à ceux que l'on construit maintenant.

Exhaussement des digues. — Après la crue de 1706, où les eaux s'étaient élevées en certains points à dix-huit pieds, on fixa la hauteur des digues à vingt-et-un pieds. On croyait faire les choses largement, mais c'était une illusion : l'exhaussement des digues surhaussant les eaux, les nouvelles crêtes furent dépassées.

Cependant on ne paraît pas avoir procédé à de nouvelles surélévations jusqu'à la fin du siècle, car le rapport cité de l'Inspecteur général des turcies et levées (1790) parle de vingt-et-un à vingt-deux pieds.

La grande crue de 1846, limitée par l'action des brèches, n'ayant pas dépassé de beaucoup la hauteur des digues, on crut qu'il suffirait d'ajouter une banquette de 1 mètre au plus de hauteur ; mais c'était une nouvelle illusion, que la crue de 1856 est venue détruire.

Hauteurs à donner aux levées pour les rendre réellement insubmersibles. — Quelle hauteur faudrait-il donner aux digues de la Loire, pour que les grandes crues pussent être contenues dans le lit endigué? Les études faites depuis 1856 tendent à démontrer qu'il faudrait exhausser ces ouvrages de 1m,75 à Sully ; 1m,25 à Jargeau; 1m,20 à Orléans ; 1 mètre à Montlivaut; 1m,30 à Montlouis[1]; 1m,20 à Tours, etc., *au-dessus des niveaux atteints par la crue de 1856 dans ces diverses localités.* Mais ces niveaux ayant été supérieurs à la plate-forme des digues, les exhaussements seraient en définitive de 2m,50 à 3m,50.

Une crue arrivant dans les mêmes circonstances météorologiques que celle de 1856 dépasserait donc de beaucoup les niveaux de cette époque, s'il n'y avait pas de ruptures. Il ne faut pas s'en étonner, car dans l'état naturel le lit majeur de la Loire avait 3 kilom. 10 de largeur moyenne, du Bec-d'Allier à Nantes. Aujourd'hui, limité par l'endiguement, ce lit n'a plus que 1 kilom. 09 pour la moyenne générale. *Pas beaucoup plus du tiers!*

165. Influence du lit majeur sur le débit maximum. — Une pluie donnée, tombant sur les bassins de la Loire supérieure et de l'Allier, par exemple, amène une crue dont la hauteur dépend des travaux exécutés dans la vallée, toutes circonstances égales d'ailleurs. Par conséquent lorsqu'on dit, comme c'est de mode depuis quelque temps, que les inondations sont des phénomènes inévitables, contre lesquels l'assurance mutuelle est le seul remède possible, on dit une chose inexacte. Qu'il y ait à transiger avec les faits accomplis, c'est fort probable; mais transiger n'est pas ne rien faire.

Supposons que l'on barre une vallée par un ouvrage si solide que les eaux ne puissent le détruire, si haut qu'elles ne puissent atteindre son sommet après les pluies les plus violentes et les plus prolongées. Le débit du cours d'eau se trouvera réduit à zéro; il n'y aura plus d'inondation au-dessous du barrage, car il n'y aura plus de rivière. C'est une hypothèse extrême; mais elle montre que le débit maximum d'une crue dépend des retenues naturelles ou artificielles[2].

---

1. Les arches du pont de Montlouis n'occupent que la moitié environ de l'espace compris entre les digues insubmersibles des deux rives; le reste est occupé par une levée pleine. — Ce pont fait partie du chemin de fer d'Orléans à Tours.

2. Si le retardement avait lieu dans une vallée d'affluent, il pourrait

Par opposition à l'hypothèse précédente, on peut faire une
autre supposition extrême ; celle de l'exécution de levées
longitudinales très rapprochées, mais tellement hautes et
solides qu'elles puissent défier les crues. Dans ce cas, on
verrait monter celles-ci à des hauteurs tout à fait inconnues
auparavant ; les eaux se précipiteraient vers la mer sous une
pente énorme. Elles y arriveraient plus vite, et par conséquent — le débit total ne changeant pas — les débits à la
seconde dépasseraient ceux des crues anciennes.

Sachant que le débit maximum peut être augmenté par la
réduction du champ d'inondation, nous comprenons que le
resserrement des crues produit leur exhaussement par deux
causes :

1° La moindre largeur offerte aux courants ; 2° le plus
grand volume à écouler en une seconde au moment du maximum.

Largeurs insuffisantes. Ruptures de digues[1]. — Les hauteurs actuelles des grandes inondations résultent, dans une
certaine mesure, de l'endiguement longitudinal ; elles seraient
énormes s'il ne se produisait pas de ruptures. C'est une question de savoir ce qu'il aurait fallu faire pour que ces hauteurs actuelles ne fussent pas dépassées, les digues tenant
bon. M. Comoy a calculé que la largeur libre laissée au fleuve
aurait dû être augmentée, pour cela, de 500 à 600 mètres. « Le
plus fort débit que le lit puisse admettre sans danger ne dépasse guère 6,000 mètres cubes, et reste souvent au-dessous,
tandis que la Loire, dans les crues extraordinaires, débite de
7,000 à 9,000 mètres cubes[2]. »

Situation actuelle. — Les digues insubmersibles ont un côté
utile quand il existe dans une vallée des espaces tels qu'on ne
puisse, dans de bonnes conditions, assurer leur exploitation

amener le maximum de celui-ci à coïncider avec celui du fleuve, au lieu de
le devancer ; les retenues seraient alors nuisibles au lieu d'être utiles.

1. On emploie souvent la même expression (digues) pour désigner les
levées établies sur le sol de la vallée et les ouvrages destinés à régulariser,
et au besoin rétrécir le lit mineur ; mais il n'y a pas de confusion possible.

2. Pas partout ; quand la crue vient de la Loire supérieure et de l'Allier,
il y a atténuation vers l'aval, non du volume total, mais du débit maximum,
en sorte qu'on n'a pas atteint jusqu'ici 7,000 mètres par seconde à Nantes.
Dans la vallée du Rhône, les choses se passent tout différemment, à cause
des grands affluents d'aval.

agricole à l'aide de bâtiments placés au delà de la limite naturelle des crues. La méprise est complète quand on applique
ce procédé à un val étroit, puisque la question reste au moins
douteuse quand il s'agit de vallées larges à cause des ruptures
et de l'augmentation du débit maximum[1].

La situation où se trouve la vallée de la Loire se résume
de la manière suivante : Si les levées qu'on exhausse, en
même temps qu'on tâche de les consolider, tiennent mieux
qu'autrefois, les crues s'élèveront plus haut; un plus ou
moins grand nombre céderont alors, car il serait bien surprenant que partout on eût réussi à se mettre en mesure de
supporter un mètre ou deux de hauteur supplémentaire[2]. Ces
ruptures assureront le salut des vals pourvus des digues les
plus solides, mais on comprend que dans les autres les dévastations seront aggravées, puisque les eaux arriveront en plus
grandes masses et avec plus de vitesse.

Une partie des digues tenant, le débit maximum sera augmenté en aval, et des dommages immenses pourront en résulter.

**166. Dommages causés par la crue de 1856 en aval
du Bec-d'Allier.** — Voici quelques détails sur les effets de la
crue historique dont nous nous occupons.

Nombre et longueur des brèches. — Les brèches ouvertes
par la crue de 1856 dans les levées ont été au nombre de 160,
présentant une longueur totale de 23.370 mètres; quelquefois
il s'en est formé quatre ou cinq dans une petite longueur,
comme on le voit sur la petite planche ci-jointe. Une somme
de 8 millions a été consacrée à la fermeture de toutes ces
brèches.

Gouffres et ensablements. — Les terrains fortement corrodés
dans lesquels, dit M. Comoy, les eaux ont ouvert des gouffres
profonds à la suite des brèches, ont présenté une surface de
410 hectares. Les sables provenant des brèches et des gouffres
ont couvert 2.750 hectares.

En général, ces ensablements se forment près des brèches

---

1. Sans compter qu'on se prive de la fertilisation par les limons.

2. Telle digue, qui résiste à une crue de 7 mètres, cèdera plus tard à une
crue de 6 mètres. On cite, dans la vallée du Rhône, une rupture qu'on n'a
pu s'expliquer que par le travail des taupes.

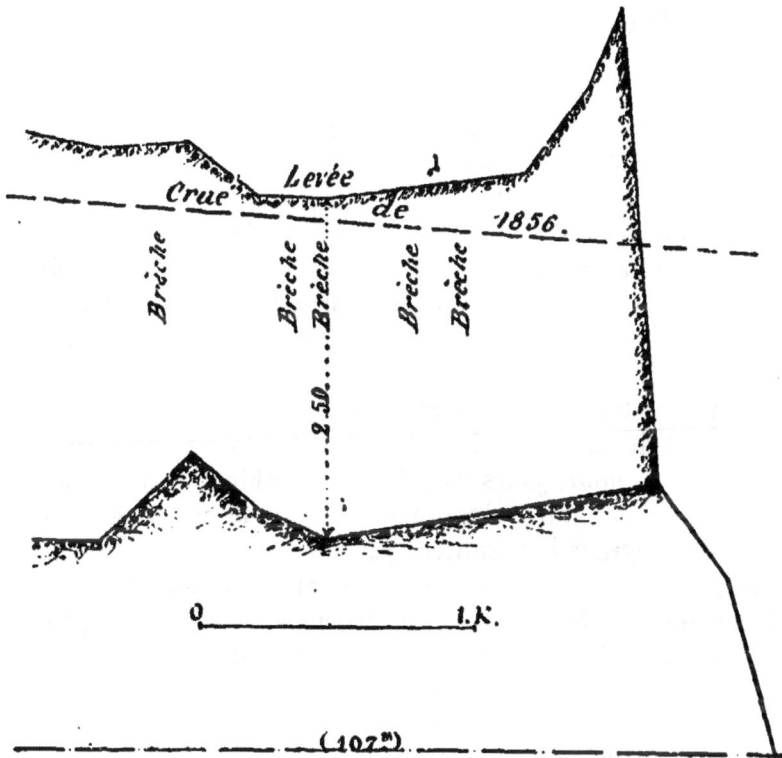

La crue de 1856

Les brèches en amont de Châteauneuf.

en s'épanouissant un peu à droite et à gauche, et en s'arrêtant brusquement à une distance qui dépend de la hauteur de la chute et de la durée de la crue ; au delà, il peut y avoir perte de récolte, mais la terre est améliorée par le limon. Il n'y a de courants agressifs qu'en des points peu nombreux, quand l'eau a pu s'accumuler devant quelque obstacle rencontré dans le val envahi.

Destructions de bâtiments. — Il existe un grand nombre de maisons bâties sur les digues même de la Loire ; elles sont anéanties quant elles se trouvent sur la longueur des brèches. Il en est de même de celles qui se trouvent sur le passage des courants les plus forts. Le nombre des maisons ainsi détruites par la crue de 1856 s'est élevé à plus de trois cents.

Chemins de fer submergés. — Les parties de chemins de fer qui ont été couvertes d'eau pendant la crue de 1856 ont ensemble une longueur de 97.880 mètres. Près de cent kilomètres !

L'interruption de la circulation résultant de la présence des eaux a été de cinq jours dans le val de la Cisse et dans celui de Tours, de douze jours dans le val d'Authion ; mais l'interruption réelle a duré vingt-quatre et trente-quatre jours à cause des dégradations causées par la crue.

Dégradations aux ponts. — Le pont suspendu de Fourchambault a eu deux travées emportées ; la levée entre le pont et la rive droite a été en grande partie détruite.

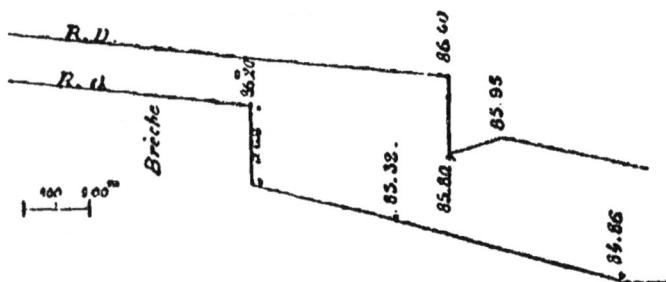

Crue de 1856.
Les remous au pont de Beaugency.

Les abords du pont de Saint-Thibault ont été bouleversés. Le pont du petit bras de la Loire à Cosne a été emporté.

Le pont de Sully a été détruit.

La levée qui fait suite au pont de Beaugency, sur la rive gauche, a été rompue. On peut juger, par le croquis ci-dessus, du désordre causé dans le phénomène de l'écoulement par la présence de ce pont.

Les levées des ponts de Meung, de Muides et de Port-Boulet ont également été coupées.

Observations sur ce qui serait arrivé sans les ruptures de levées. — Il faut remarquer que les ponts n'ont donné passage qu'à une partie du débit maximum de la crue. Le reste s'est écoulé par les vals au moyen des brèches. Cependant de fortes dénivellations se sont produites de l'amont à l'aval des ponts : la différence de niveau était de $0^m,41$ à Gien ; $0^m,62$ sur la rive gauche et $0^m,45$ sur la rive droite à Baugency ; $0^m,42$ à Blois ; $0^m,60$ à Amboise et $0,32$ à Tours. Si toutes les eaux avaient été concentrées dans le lit de la Loire, la situation des ponts aurait été considérablement aggravée, et l'on peut admettre que la plupart auraient été détruits. On n'en doutera pas en comparant les deux séries de chiffres du tableau suivant :

	DÉBIT MAXIMUM de la crue :	PLUS GRAND DÉBIT écoulé sous le pont :
La Charité	8.900 m. c.	6.470 m. c.
Jargeau	8.020 —	6.772 —
Orléans	8.020 —	6.549 —
Muides	7.000 —	5.618 —
Amboise	6.881 —	5.900 —

167. Dommages en amont du Bec-d'Allier. — Dans la partie supérieure de la vallée de la Loire, les digues sont rares. Par conséquent les dommages causés par les ruptures de digues n'ont pas, en somme, une grande importance.

Corrosions de berges. — Mais il se produit dans cette partie de la vallée des dommages d'une autre nature qui méritent de fixer l'attention.

Les corrosions de rives se font sur de grandes longueurs, et détruisent chaque année des surfaces considérables de terrains. Elles ont lieu en tout temps, quelle que soit la hauteur des eaux ; mais elles sont surtout importantes pendant les crues.

Ces corrosions jettent dans le lit du fleuve des quantités considérables de sables et de graviers.

Élargissements du lit. — Une partie des matières enlevées aux rives s'immobilise sur d'autres points et y reforme de nouvelles terres. Mais il n'y a compensation entre la perte et le gain ni en surface ni en valeur. Il paraît certain qu'au milieu de ces transformations incessantes le lit de la Loire s'élargit. Les terres recréées ne sont longtemps que des grèves infertiles; ce n'est qu'après un temps très long, quarante ou cinquante ans au moins, que le colmatage opéré par les crues peut les rendre propres à la culture.

A cela ne se bornent pas les dommages qu'éprouve cette partie de la vallée de la Loire.

Parties basses des berges. — Par suite de la mobilité du lit, la surface des plaines submersibles n'est pas régulière; elle présente de nombreuses ondulations. Les berges du fleuve ont nécessairement le même caractère. Leur hauteur dépasse rarement 3^m,50; mais en beaucoup de points elles ont une hauteur moindre : les parties les plus basses de la berge servent d'entrée aux dépressions de la plaine submersible.

Il résulte de cette circonstance que certaines crues, assez faibles pour ne couvrir la plaine entière, peuvent cependant déterminer des courants dans les parties les plus basses; lors des grandes crues, les mêmes courants s'établissent avant que la plaine ne soit submergée. C'est dans ces parties déprimées des plaines submersibles que les crues font le plus de mal : elles y détruisent plus fréquemment les récoltes, y corrodent le terrain et ce n'est même qu'en ces parties des plaines que les eaux attaquent la surface du sol. Cependant il arrive quelquefois que des dépressions reçoivent de forts ensablements.

Changements de lit. — Le lit du fleuve se déplace parfois pendant les grandes crues. Le nouveau lit se forme dans une des dépressions de la plaine submersible, et le danger existe surtout quand ces dépressions suivent la corde de l'une des sinuosités du fleuve. C'est là une cause de dommages considérables, non seulement par l'anéantissement des terrains occupés par le nouveau lit, mais encore par les perturbations qui en résultent dans l'exploitation des terres riveraines.

168. Dommages sur les bords de l'Allier. — Tout ce qu'on vient de dire de la Loire supérieure s'applique à l'Allier. Les terres submersibles de la vallée sont exposées aux mêmes inconvénients que celles de la Loire au-dessus du Bec, et ces inconvénients sont même plus accentués.

Il existe sur cette rivière, comme sur la Loire supérieure, quelques travaux de défense; mais l'administration n'autorise pas d'endiguements insubmersibles. Quelques ponts n'ont pas le débouché nécessaire.

169. Propagation du maximum. — Un dernier point reste à mettre en lumière, à l'occasion de la grande crue de juin 1856, c'est la vitesse de propagation du maximum.

Cette vitesse est donnée dans le tableau suivant, où les chiffres concernant les crues de 1857 et de 1859 ont été ajoutés à ceux de 1856.

	MAI 1856		Juin 1856	Octobre 1857	Octobre 1859	OBSERVATIONS
	1re crue	2e crue				
Andrezieux...						
Bigoin	"	"	6 68	5 25	5 65	Les vitesses sont données en kilomètres à l'heure.
Decize	"	"	4 78	3 01	3 76	
"	"	"	"	"	"	Entre Decize et la Charité, les faits de juin 1856 n'ont aucune signification, à cause de la rupture des levées à Nevers.
La Charité....						
Briare	4 31	4 31	4 "	3 04	"	
Tours	3 17	3 81	3 93	4 16	"	
Saumur	4 31	4 "	6 33	2 68	"	
Nantes	2 18	2 86	4 89	2 75	"	

Dans la Loire supérieure, le maximum marche rapidement. La crue de juin 1856 présente généralement des vitesses supérieures à celles des autres crues, qui ont été moins hautes. — De Tours à Nantes, les vitesses de juin 1856 sont comparativement plus fortes qu'en amont, parce que la brèche de la Chapelle a jeté dans le val d'Authion un volume énorme[1]. L'écoulement ultérieur de ce volume a produit un second maximum, qui a eu lieu trois jours et demi après le premier; en calculant les vitesses de propagation d'après ce second maximum, on aurait des chiffres de beaucoup inférieurs à ceux des autres crues.

La connaissance des vitesses de translation des maxima est l'un des éléments des prévisions sur les crues en marche. Il ne suffit pas d'annoncer aux populations la hauteur probable, il faut encore leur dire à quel moment elle se produira. Il est d'ailleurs impossible de prévoir le maximum en un point, avec quelque exactitude, sans connaître la vitesse de translation sur le fleuve et sur les affluents en amont de ce point.

Propagation dans les affluents. — Le maximum des crues des affluents devance presque toujours celui du fleuve aux embouchures. L'avance de l'Allier est assez faible, trois à six heures. Exceptionnellement, elle peut devenir nulle, ou arriver à vingt-trois heures, comme dans la crue de janvier 1860, notablement plus forte sur l'Allier que sur la Loire.

Le Cher ne devance guère la Loire que de dix à seize heures, quoique les crues de cette rivière n'aient que 350 kilomètres à parcourir, tandis que celles du fleuve peuvent en avoir de 600 à 700. Cela tient à ce qu'une grande partie du Cher coule dans une plaine peu inclinée.

Au contraire, les pentes fortes et le lit encaissé de la Vienne donnent une grande vitesse aux crues de cette rivière, qui ont ordinairement une avance de soixante-dix à cent heures sur celles de la Loire.

1. En cas de surhaussement et de consolidation de la levée de l'Authion, une crue analogue à celle de 1856 en amont, serait plus dangereuse en aval.

§ V

INONDATION D'OCTOBRE 1866

170. Crues de 1860, 1861, 1865. — Après les crues que nous avons citées sont venues celles de :

Janvier 1860 : 2^m,16 à Orléans ; 4^m,92 à Saumur ; 5^m,16 à Nantes ;

Décembre 1860 : 2^m,64 à Orléans, 5^m,23 à Saumur, 5^m,62 à Nantes ;

Janvier 1861 : 3^m,36 à Orléans, 5^m,16 à Saumur, 5^m,26 à Nantes ;

Février 1865 : 2^m,74 à Orléans, 4^m,68 à Saumur, 4^m,60 à Nantes ;

puis la grande crue d'octobre 1866.

171. Les crues d'invasion. — On qualifie quelquefois les crues de 1846, 1856 et 1866 de *Crues d'invasion*, à cause de leur marche rapide et de leurs grandes hauteurs. La crue de janvier 1843 ne compte guère pour Orléans, car elle n'y a atteint que 3^m,80 ; tandis qu'elle montait à 6^m,70 à Saumur et 6^m,12 à Nantes. La crue de mars 1844 non plus : 3^m,60 à Orléans ; 6^m,05 à Saumur ; 5^m,78 à Nantes. Par une triste compensation la crue d'octobre 1846, la première des crues d'invasion, qui n'a marqué que 4^m,77 à Nantes, s'est élevée à 6^m,79 à Orléans.

172. Crue de 1866. Hauteurs. — En octobre 1866 on a eu :

A Digoin.	5^m,56
A Orléans.	6 92
A Saumur.	6 88
A Nantes.	5 58
A Moulins-sur-l'Allier.	4 95

C'est la dernière crue d'invasion pour Orléans. Elle a causé dans la Loire moyenne de grands désastres.

Nous n'avons guère à noter ensuite que la crue de décembre 1868 : 2^m,47 à Orléans ; 5^m,23 à Saumur et 5^m,26 à Nantes, avant d'arriver à la crue de 1872, maxima à Nantes.

§ VI

CRUES DE 1872, 1876, 1879 ET 1882

173. Cinq grandes crues en trois mois. — En 1872, il y a eu cinq grandes crues accumulées en quelques mois. En voici le tableau :

	SABLÉ sur la Sarthe	MOULINS sur l'Allier	LE CHER à Nogent	DIGOIN	ORLÉANS	SAUMUR	NANTES
Fin octobre 1872........	2m,16	3m,15	2m,10	5m,18	5m,23	5m,22	4m,63
Fin novembre 1872......	2 92	1 30	2 70	2 34	2 85	4 41	4 85
3 décembre 1872........	3 57	1 54	2 64	2 70	2 82	4 33	5 45
14 décembre 1872......	3 42	1 46	2 97	3 70	3 28	5 75	6 29
Janvier 1873...........	3 42	»	2 70	»	1 01	4 80	5 20

On remarquera dans ce tableau les hauteurs à Sablé, sur la Sarthe, rivière centrale du groupe de la Maine.

Il n'était pas fait d'observations régulières dans ce bassin avant 1863.

174. Influence du Cher et de la Maine. — La crue du 14 décembre 1872, la plus forte de tout le groupe à Saumur et à Nantes, la plus forte du siècle en ce dernier point, correspond à un maximum sur le Cher et à un quasi-maximum dans le groupe de la Maine, tandis que les hauteurs sont modérées à Digoin et à Moulins. C'est donc la crue des affluents inférieurs qui a joué le rôle principal. On comprendra combien Nantes peut être menacée, sans pour ainsi dire que la Loire supérieure et l'Allier s'en mêlent, si l'on songe qu'une partie des quais est à plus de trente centimètres au-dessous du niveau atteint par la crue.

175. Danger de la situation de Nantes. — Un fait à noter, fait très effrayant pour l'avenir de Nantes, c'est que la crue de 1872 a été de 0m,34 plus élevée en ce point que celle de 1856, tandis qu'à Ancenis cette dernière a dépassé de 0m,26 le niveau atteint en 1872.

Quelles sont les circonstances qui ont ainsi aggravé la situation de Nantes, comparativement à celle d'Ancenis, de 0ᵐ,34 plus 0ᵐ,26, soit de 0ᵐ,60, quant au niveau des grandes inondations? Ces circonstances sont multiples et nous citerons les deux plus apparentes :

1° La levée insubmersible la plus voisine, celle de la Divatte, a crevé en 1856, comme toutes les autres; mais, consolidée, elle a résisté en 1872;

2° Il a été fait des travaux imprudents dans le champ d'inondation aux abords de Nantes, notamment le relèvement des chemins au voisinage de Pont-Rousseau et de Trentemoult.

La bonne tenue des digues de la Basse-Loire en 1872 doit donner à penser qu'ailleurs, aussi, l'on pourrait bien avoir réussi à consolider ces ouvrages d'une manière sérieuse. Comme, d'un autre côté, les travaux entrepris jusqu'à présent pour atténuer les inondations ne peuvent avoir aucune influence sur les parages de Nantes, il n'y aurait rien de très surprenant à voir dans cette ville une crue notablement supérieure à celle de 1872.

Chose difficile à comprendre, et qui prouve bien la nécessité d'instruire le public dans les questions de rivières : Depuis 1872 la ville de Nantes et le département de la Loire-Inférieure ne se sont pas occupés sérieusement de la question des inondations. Les choses sont dans le même état qu'en 1872, et il n'y a peut-être pas, à l'heure actuelle, un seul citoyen de cette grande ville qui se préoccupe véritablement de ce qu'amèneraient des circonstances météorologiques semblables à celles de 1856.

Nous ne disons pas qu'on n'ait point délibéré à Nantes, émis des vœux dans les conseils électifs; mais on sait que ce ne sont pas là des signes suffisants, pour qu'on puisse considérer une question comme tenant une grande place dans les préoccupations publiques. La multiplicité des vœux est souvent telle, et dans le nombre il y en a de si évidemment émis pour la forme, qu'il faut autre chose pour qu'une affaire marche vers une solution. Le mieux serait, quand une question à la fois importante et controversable se trouve posée, d'étudier d'abord cette question avec des gens de son choix, pour ensuite se présenter au gouvernement avec une base sérieuse de discussion. Les choses n'en marcheraient pas plus mal, quant au fond, et dans certains cas on gagnerait du temps.

La petite planche ci-jointe montre que le profil longitudinal passant par les sommets du thalweg se relève brusquement lorsque, venant de la mer, on arrive à la traverse de Nantes, et que la ligne passant par les points de plus bas étiage y subit des influences extraordinaires. Des obstacles artificiels déforment le profil des basses eaux comme le ferait un barrage proprement dit.

La route nationale n° 23 traverse les six bras de la Loire sur autant de ponts. Presque tous ces ouvrages ont été détruits plusieurs fois par les crues et les débâcles, et ont toujours été rétablis dans l'emplacement primitif, où le fond se trouve rehaussé par des débris d'anciennes maçonneries, par des pieux et enrochements de pêcheries, etc.

En ce qui concerne les crues, la situation est aggravée par le défaut de hauteur de nombreuses arches, où les clefs sont surmontées par les eaux bien avant que les grandes inondations n'arrivent à leur maximum. Ce maximum n'est pas sérieusement influencé par la marée [1], bien qu'on l'ait dit : les très grandes crues dominent trop le niveau de l'Océan. Pendant la crue de 1882-1883, l'oscillation est restée parfaitement sensible à Rouen, malgré le plus grand éloignement de la mer, parce que le phénomène s'accomplit à moindre hauteur au-dessus de celle-ci. On était en vive-eau au moment de cette crue, comme à l'époque de la crue de 1872 dans la Loire.

Une partie seulement des arches de Nantes présentant de la marge, pour la section d'écoulement au-dessus du niveau de 1872, l'accroissement du débit maximum (que la consolidation des digues porte à prévoir) correspondra surtout à une augmentation de la vitesse. Le relèvement des eaux sera plus fort à l'amont de la ligne des ponts qu'à l'aval; des courants s'établiront à travers les îles. L'Hôtel-Dieu, assis sur un remblai de sable dans l'une de celles-ci, sera probablement emporté; on verra se répéter à Nantes les déplorables événements de Toulouse en 1875. Lorsque le danger

1. Le jour du maximum à Nantes de la crue de 1872, l'oscillation produite par la marée n'a été sensible qu'à une grande distance en aval de ce port. (Voir l'Annexe L.)

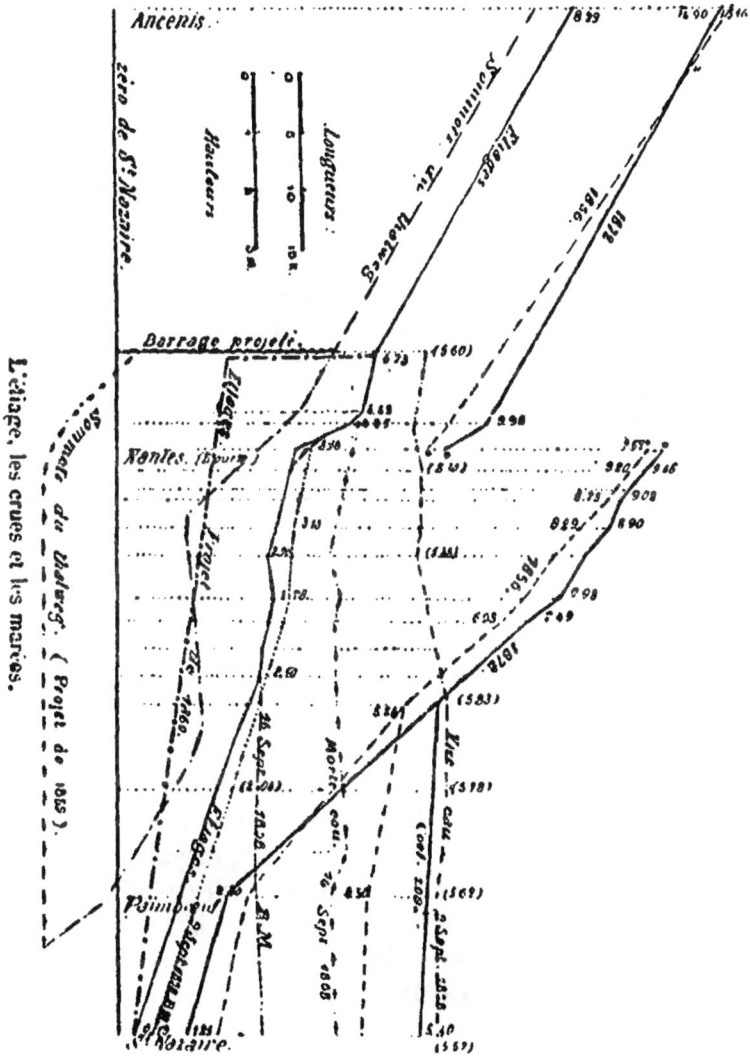

La Loire, d'Ancenis à Saint-Nazaire.

Ancenis.

Barrage projeté.

Nantes.

Paimbœuf.

St-Nazaire.

L'étiage, les crues et les marées.

deviendra imminent, on songera peut-être à rompre la levée
de la Divatte; mais cette fâcheuse voie de fait pourrait bien
n'arriver que trop tard et ne pas produire l'effet qu'on en
attendrait[1].

Que faire donc? Amél orer le nivellement du lit, en prolon-
geant un peu vers l'amont la ligne rectifiée passant par les
sommets du thalweg d'aval; limiter la Loire maritime, à
l'extrémité supérieure de cet abaissement, par un barrage à
hausses mobiles, analogue au barrage de Martotsur la Seine.

Le but serait mieux atteint au moyen d'un ensemble de
travaux comprenant un plus grand abaissement du lit et la
rectification des bras de la rive droite; ceux-ci seraient remplacés, au point de vue de l'écoulement, par un nouveau bras
à travers les îles comme nous l'avons proposé en 1869 (voir
p. 196 un extrait de l'une des pièces du projet); l'abaissement
du niveau de l'étiage ne présenterait pas d'inconvénients, si
l'on transformait en même temps le port actuel en bassin à
flot[2]. Mais il faut se hâter, car autrement les expropriations
deviendraient ruineuses. Les travaux publics exécutés depuis
1869 rendraient déjà l'opération plus difficile.

Dernières crues. — Depuis 1872, on signale des crues importantes en mars 1876, janvier 1879 et décembre 1882; celle
de 1879 s'est élevée à 6 mètres à Nantes et celle de 1882 à
3^m,67, après 2^m,67 à Orléans, 5^m,25 à Saumur, 6^m,92 à
Montjean.

La cote de 1882 à Nantes est comptée comme à l'ordinaire
au-dessus du zéro de l'échelle du pont de la Bourse. Ce zéro
étant à 3^m,68 au-dessus de celui de Saint-Nazaire, on voit
que la Loire s'est élevée à Nantes à 9^m,35 par rapport au
zéro hydrographique de l'embouchure. A l'extrémité aval du
port, on a eu 8^m,83; à Couëron, 7^m,32 à basse mer et
7^m,43 à haute mer. L'influence de la marée s'est approchée
de Nantes plus qu'en 1872 : la cote de la haute mer à Saint-

1. Il n'y a pas de projet de déversoir pour cette digue. Il est vrai que
la courbe des hauteurs des crues s'aplatit à mesure qu'on descend, et que
par suite l'influence de ce déversoir serait faible à Nantes.

2. C'est ce qu'on a fait à Bristol sans qu'il y eût, que nous sachions, de
motif analogue. Pour améliorer l'ancien port, qui occupait le lit de l'Avon,
on l'a transformé en bassin à flot fermé, et un nouveau lit a été ouvert
pour l'écoulement des eaux de la rivière.

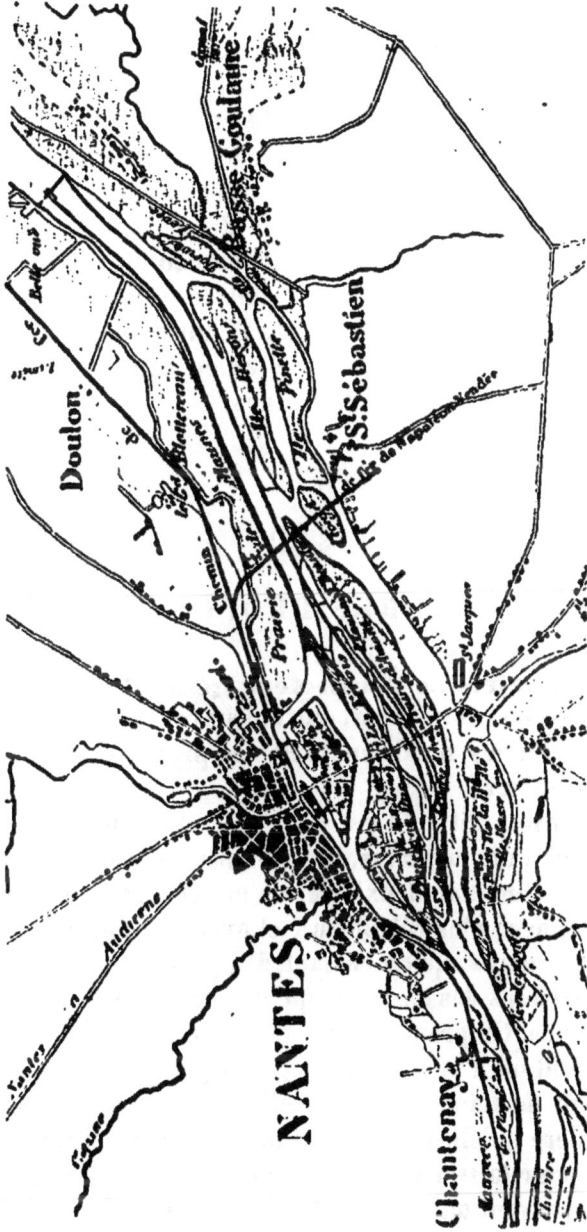

Le Loire à Nantes.

Rectification de la traverse de Nantes et bassin à flot.
(Extrait du plan général joint au projet de 1843.)

Nazaire a été moindre ($5^m,10$, au lieu de $5^m,40$); mais la basse mer a marqué $1^m,70$, au lieu de $1^m,45$ en 1872.

La crue de 1879 a occasionné une brèche dans la levée de Savennières, non par déversement, mais à la suite de l'ouverture d'un renard. Aucun autre accident pendant les quatre grandes crues de 1872, 1876, 1879 et 1882.

. Il n'est pas possible de surélever les murs de quai à Nantes comme on l'a fait à Paris, où l'on trouve souvent des trottoirs de rive bien plus hauts que la voie charretière. La voie ferrée de Paris à Saint-Nazaire et à Landerneau suit des quais sur quatre kilomètres, et on la franchit de tous côtés à niveau pour communiquer avec le port. D'autres quais sont étroits et ne pourraient être exhaussés qu'en causant d'immenses dommages aux propriétés riveraines.

§ VII

MESURES PROPOSÉES

176. Projets de l'inspecteur général des turcies et levées. — Dans un rapport que nous avons déjà cité, l'inspecteur des turcies a fait en 1790 des propositions que nous allons résumer.

Après avoir dit qu'il y a deux intérêts, celui de la navigation et celui des riverains, et avoir parlé du premier, l'auteur ajoute : « Quant au deuxième, on ne croit pas qu'on puisse y satisfaire avec plus d'économie et avec une plus grande espérance de succès, qu'en cessant d'opposer aux grandes crues de ces rivières des obstacles qu'elles franchissent avec autant de violence. On propose donc, pour cela, des levées telles que celles dont on a déjà donné le projet pour la conservation du territoire de Lamnay et des vallées, en disposant ces levées de manière qu'elles présentent des passes de distance en distance, pour laisser refluer les eaux des crues sur les plaines qui se trouvent au derrière, lorsqu'elles excéderont la hauteur des chantiers... Ces levées, d'ailleurs, n'ont besoin d'être ni aussi hautes, ni aussi larges que les autres, puisqu'étant entou-

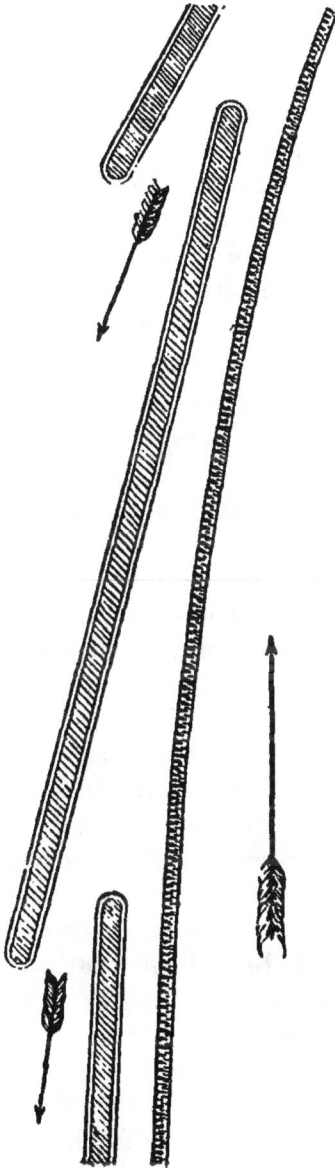

Projet de l'Inspecteur général des Turcies et levées.

« Apperçu d'une construction de Turcies par passes de Regonfle »

rées d'eau, celle qui est au derrière fait équilibre avec la pous
sée de celle qui exerce un effort en avant. Elles doivent donc
être morcelées pour cela, et dirigées dans la forme du plan
qu'on en joint ici par aperçu[1]. Il est question maintenant de
faire voir que les distances intermédiaires des passes qui les
divisent ne doivent pas être arbitraires. J'ai déjà indiqué que
ces distances devraient être de 500 toises, pour celles que j'ai
proposées à Lamnay et aux vallées; et, s'il est nécessaire de
laisser des brèches semblablement disposées aux levées
actuelles qui ont éprouvé des ruptures, telles par exemple que
celles de Saint-Hilaire, où il s'est fait une brèche de 200 toises,
on doit régler ces distances d'après cette indication. »

177. Proposition de M. Comoy. — M. Comoy n'est pas
parvenu à faire adopter ses conclusions, et l'on n'a même pas
donné grande suite à ses propositions très judicieuses concernant la fixation des rives.

Réservoirs. — « Il n'est pas possible, dit-il, d'améliorer le
régime de la Loire entre le Bec-d'Allier et Nantes en exhaus-
sant les digues, tant que les crues conserveront leurs débits
actuels; on ne peut pas davantage élargir le lit endigué. Si
l'on veut soustraire les vals aux effets désastreux des inondations violentes, il est nécessaires d'atténuer les crues au
moyen de retenues d'eau dans les parties supérieures des
bassins de la Loire et de l'Allier. »

Exhaussement des levées en aval du Cher. — « Mais, continue
M. Comoy, l'atténuation qu'il est possible de réaliser, suffisante jusqu'au confluent du Cher, moyennant de légères modifications aux digues actuelles, serait impuissante en aval.
On ne peut pas ramener les débits de cette partie de la Loire
aux valeurs que le lit endigué peut admettre, en faisant de
nouvelles retenues dans les bassins du Cher et de la Vienne;
il faut exhausser les digues situées au-dessous du Cher pour
mettre le lit en rapport avec les nouveaux débits, plus augmentés par la résistance supposée des digues et les petits
exhaussements en amont que diminués par les réservoirs.
L'exhaussement de la digue de l'Authion serait assez faible,
variant de 0^m,80 à 1 mètre au-dessus de la crue de 1856,

---

1. Voir l'extrait ci-joint de la planche de l'auteur.

y compris une revanche de 0ᵐ,50 ; mais en aval des Ponts-de-
Cé, les digues de Savennières, de Montjean et de la Divatte
devraient être exhaussées de 1ᵐ,50, pour être mises à 0ᵐ,50
au-dessus de la hauteur que prendrait une crue semblable à
celle de 1711 [1].

Reconstruction de ponts. — Les ponts de Beaugency et
d'Amboise seraient à reconstruire.

Dépenses. — Les trois groupes de travaux dont il vient
d'être parlé donneraient lieu à une dépense de soixante-seize
millions et demi. En ajoutant les dépenses nécessaires pour
la défense des rives et autres travaux à entreprendre dans l'intérêt des affluents et du fleuve en amont du Bec-d'Allier, on
arriverait à cent millions.

Ces propositions de M. Comoy n'ont pas été admises par
l'administration supérieure. Nous les discuterons dans l'article
Observations.

178. Décisions ministérielles. *Déversoirs.* — Une commission d'inspecteurs généraux des ponts et chaussées a été
envoyée sur les lieux, après les nouveaux désastres de 1866,
avec mission « d'étudier une combinaison consistant à pré-
parer à l'avance et à régulariser l'introduction des eaux dans
les vals endigués, de manière à la rendre inoffensive, ou du
moins à en atténuer autant que possible les effets. »

Cette commission proposa l'emploi de déversoirs ouverts
dans la partie amont des digues, à une hauteur suffisante pour
garantir les vals contre toutes les grandes crues ordinaires,
et ayant la longueur nécessaire pour que, pendant la croissance de la crue et jusqu'à l'instant du maximum, les vals
pussent recevoir une quantité d'eau suffisante pour produire,
dans le débit maximum de la crue, l'atténuation qui s'est
réalisée lors des grandes inondations par l'ouverture des
brèches.

On considérait le niveau des crêtes des déversoirs comme
devant correspondre à peu près aux quinze pieds des levées

1. Cette idée de M. Comoy, d'exhausser encore les digues, est inadmis-
sible. Il faut en finir avec cette désastreuse pratique : on est parti de
15 pieds et l'on voit où l'on arriverait... jusqu'à exhaussement nouveau.
N'oublions pas, d'ailleurs, que M. Comoy ne propose l'exhaussement que
comme mesure complémentaire, après atténuation des débits maxima par
des réservoirs.

primitives, et l'on ne pensait pas qu'en aucun point il fallût
leur donner plus de 600 mètres de longueur. Pour les vals
situés derrière des levées ne se rattachant pas au coteau par
l'aval, tout était dit; pour les autres, on devait construire des
réversoirs, destinés à restituer au fleuve, vers l'extrémité de
la levée, les eaux prises à son origine.

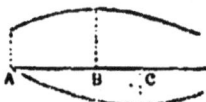

La théorie des déversoirs est bien simple : la courbe supérieure de la figure se rapporte aux débits dans le lit endigué,
immédiatement avant le reversoir, à partir du moment A où
celui-ci commence à fonctionner; le maximum est atteint à
un certain instant B. La courbe inférieure représente les
débits par le reversoir; le maximum a lieu au moment C,
plus tard que dans le lit. Le débit total dans le lit après le reversoir correspond à un moment compris entre B et C; il est
inférieur à la somme des maxima. La figure pourrait être disposée comme la figure 2 de la note I, note que le lecteur fera
bien de lire avant d'aller plus loin; mais il importe de remarquer qu'ici l'affluent se trouve dans des conditions toutes
spéciales, qui expliquent l'arrivée tardive de son maximum.

Plusieurs décisions ministérielles ont été prises pour l'application du programme reproduit au commencement du
présent article. Deux déversoirs sont terminés et un troisième
est en construction (voir la petite planche ci-jointe). Une levée
supplémentaire en terre, dite bourrelet, dépasse de 1 mètre
le sommet de l'ouvrage principal et retarde le déversement;
elle est arasée à 1ᵐ,25 au-dessous de la crue de 1856. Aussitôt qu'il y aura déversement par-dessus, ce bourrelet sera
balayé par les eaux, car on ne le perraye que sur la face regardant la rivière. Le déversoir se prolonge avec une pente
de 4 1/2 sur la gauche de la figure, puis horizontalement,
et est encastré dans le sol; un tapis d'enrochements défend
son extrémité. On a calculé que l'effet des déversoirs projetés
n'atténuerait pas une crue semblable à celle de 1856 autant

13

Les déversoirs et leurs bourrelets.

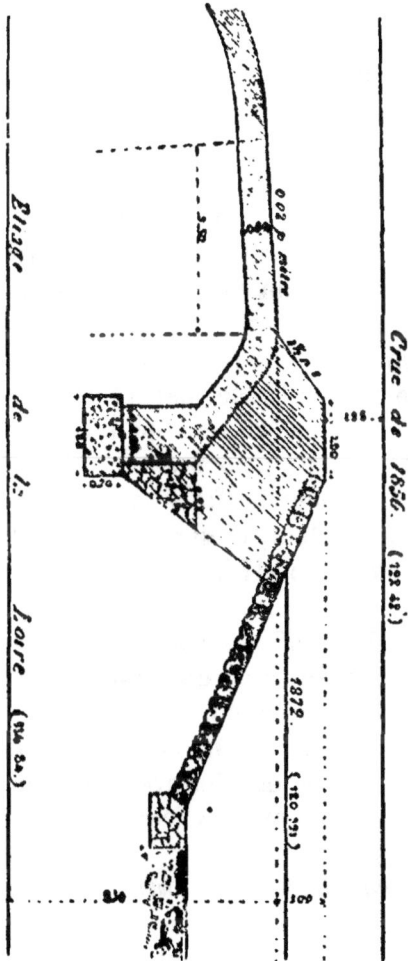

Crue de 1856. (122 4')

Étiage de la Loire (116 5.)

Profil du déversoir d'Ouzouer-sur-Loire (Loiret).

que les brèches qui se sont formées à cette époque; il s'en faudrait de 350 mètres cubes au moment du maximum.

179. Cours de M. Guillemain. — Dans son cours à l'École des ponts et chaussées, M. Guillemain expose d'une manière très lucide la question des inondations de la Loire. Il fait connaître qu'aux enquêtes les déversoirs ont provoqué de grandes répugnances. Or, il importe d'arriver au but par des moyens choisis par les propriétaires[1], à la seule condition que ces moyens soient propres à sauvegarder les intérêts généraux.

Système de l'inspecteur de 1790. — Quelques personnes ont fait revivre, dans les enquêtes, l'idée de l'inspecteur des turcies et levées (voir la petite planche, article 176). Ce système, repoussé à la fin du siècle dernier, le serait encore probablement aujourd'hui « presque partout », parce qu'il heurte de front les habitudes consacrées, et que tout changement brusque en semblable matière est irréalisable. Cependant il ne faudrait par affirmer qu'il est sans avenir. Si les endiguements actuels, *pour beaucoup de vals trop étroits et trop longs*, nécessitent des frais hors de proportion avec l'intérêt qu'ils représentent, est-il possible de condamner *a priori* un retour à l'état naturel? Tandis que les ruptures amènent des ensablements très nuisibles, les passes proposées, convenablement situées, suffisamment larges et orientées dans un sens autre que la direction du courant, seraient de nature à éviter ce grave inconvénient.

Le nombre des habitations submergées maintenant, lorsqu'il y a des ruptures, est plus grand qu'il ne serait après la transformation; mais avec celle-ci les submersions seraient plus fréquentes.

Digues en plan incliné vers l'aval. — D'autres personnes, préoccupées d'assurer la submersion presque complète par remous, ont proposé de diminuer progressivement la hauteur des digues, en allant de l'amont à l'aval, de façon que l'introduction des eaux par la partie inférieure des vals trouve, à mesure que la crue monte, un effacement progressif de

---

1. On dit qu'il y a un retour d'opinion; qu'on se résigne. Les déversoirs n'ont pas encore subi l'épreuve d'une grande inondation.

l'endiguement. Le val se remplirait alors jusqu'au pied de la digue de tête, et le déversoir, s'il était nécessaire d'en construire un, verserait ses eaux, lorsqu'il commencerait à fonctionner, dans une nappe dormante qui en amortirait le choc. Dans ce système, qui serait de nature à sauvegarder l'intérêt de l'écoulement, il semble y avoir deux inconvénients graves Le premier, c'est que tous les points de la digue doivent être appelés successivement à jouer le rôle de déversoir, ce qui peut entraîner à faire une dépense considérable à la partie supérieure des ouvrages. Le second, c'est que la levée ne fait plus obstacle à l'invasion des courants violents, et c'est là un danger très sérieux.

Abaissement général des digues. — Une troisième opinion s'est encore produite et a d'autant plus d'autorité qu'elle est d'accord, en principe, avec des dispositions qui ont été adoptées pour plusieurs points de la vallée du Rhône. On a demandé que les levées fussent arasées partout à $3^m,80$ au-dessus de l'étiage; au-dessous de cette élévation les vals seraient fermés, tandis qu'au-dessus de ce niveau les grandes crues trouveraient la vallée libre. Pour cette éventualité, des vannages permettraient, au moment où la crue arriverait à des proportions menaçantes, d'introduire les eaux dans les périmètres protégés; la crue n'aurait pas de déversement à produire par-dessus les digues noyées, quand elle en dépasserait le niveau.

En agissant ainsi, on passerait, on le voit, brusquement de l'emploi des digues insubmersibles à l'emploi des digues submersibles, ce qui serait une véritable révolution. Le système des digues submersibles, applicable dans une vallée presque horizontale comme une partie de celle de la Saône, paraît à M. Guillemain difficilement réalisable avec une pente comme celle de la Loire. D'abord le dérasement général des levées permettrait aux courants de se faire sentir sur les terres cultivées; puis les vals devraient nécessairement se subdiviser beaucoup par un nouveau système de digues transversales, si l'on voulait assurer leur remplissage à peu près complet avant la période haute des crues, sur un terrain dont la pente est de $0^m,40$ par kilomètre. Chaque case ainsi formée devrait d'ailleurs être munie de ses appareils spéciaux d'introduction et d'évacuation des eaux, en sorte qu'on se trouverait en face de toute une organisation nouvelle heurtant la tradition, exigeant une initiative en contradiction avec l'attitude passée et qui, par suite, aurait peu de chances d'être accueillie sur la Loire.

Déversoirs étagés de l'aval à l'amont. — Enfin il est un dernier système, intermédiaire entre ceux dont on vient de parler, qui serait de nature à rallier un certain nombre de suffrages, parmi les personnes qu'effraient les déversoirs tels qu'ils ont été projetés. On disposerait des passes au travers des digues, mais ces passes auraient leurs seuils à des hauteurs variables depuis le niveau de la rive à l'aval jusqu'à la hauteur de 5 mètres au-dessus de l'étiage à l'amont, en tête du val. En d'autres termes, la levée serait percée d'une série de déversoirs étagés à des hauteurs différentes et remplissant cette condition que chacun d'eux ne commencerait à fonctionner que quand celui qui le suit aurait amené, par remous, une lame d'eau à son pied. Il arriverait alors que le val se remplirait par d'autant plus de déversoirs que la crue deviendrait plus forte, et qu'il serait forcément garni d'eau lorsque le grand déversoir de tête commencerait à fonctionner. La digue tronçonnée continuerait d'ailleurs à couvrir les terres contre l'action des courants. Si, au lieu d'un seul ouvrage, on est forcé d'en construire plusieurs, il faut observer que ces derniers, ne desservant chacun qu'un écoulement beaucoup moins prolongé et beaucoup moins rapide, n'ont pas besoin de dimensions aussi considérables qu'un déversoir unique chargé d'assurer à lui seul tout l'écoulement supplémentaire.

Ajoutons que le périmètre protégé diminuerait à mesure que la crue prendrait plus d'intensité, mais que l'inondation s'arrêterait d'elle-même à sa limite lorsque cette crue n'atteindrait pas le seuil du déversoir de tête. Une partie plus ou moins grande du val demeurerait alors respectée, suivant que la submersion par l'aval monterait plus ou moins haut, et cette servitude aléatoire, passive, analogue à celle qui se supporte aujourd'hui dans la partie inférieure de tous les vals ouverts de ce côté, serait probablement mieux acceptée qu'une autre parce qu'elle changerait moins la tradition.

Opinion de M. Guillemain. — « Entre les divers modes d'introduction des eaux que nous venons de passer en revue, ce n'est pas à l'administration, dans l'opinion de M. Guillemain, qu'il appartient de faire un choix. Son but sera atteint lorsqu'elle aura obtenu pour les crues un passage suffisant au travers des digues, et elle n'a pas à se prononcer sur les raisons qui peuvent faire attribuer la préférence à tel ou tel système par les riverains, dans chaque cas particulier. Elle ne doit épargner en rien ses conseils par l'intermédiaire de ses ingénieurs ; mais il doit être entendu que ses préférences n'ont rien d'absolu et que, l'intérêt général une fois sauf, elle sera prête à entrer dans les vues des riverains autant que faire se pourra, en leur laissant la responsabilité du choix qu'ils auront fait.

« Il y a lieu de revenir sur ce qui a été fait dans le passé. Au lieu d'exhausser et de consolider les digues, il faut ouvrir aux grandes crues la vallée dans toute sa largeur à partir de 5 mètres au-dessus de l'étiage.... Exception serait faite pour les centres habités que leur importance, ou des précédents anciens et authentiques, commandent de mettre à l'abri des inondations. Ces périmètres exceptionnels, qu'on réduirait autant que possible en nombre et en étendue, seraient soustraits à la submersion soit par la restauration des anciennes digues, soit par la création de nouveaux ouvrages d'art, dans les conditions prévues par la loi du 28 mai 1858.

« Le reste des digues serait entretenu sur les anciens errements, là où elles se maintiendraient en bon état, tant que les propriétaires des terrains qu'elles couvrent ne demanderaient aucune transformation.

« En cas d'avarie et surtout de destruction par les crues, l'État subordonnerait son concours, pour la restauration des ouvrages, à l'adoption par les intéressés d'un système assurant l'introduction des hautes eaux dans les conditions indiquées plus haut, et garantissant en outre l'avenir par une association syndicale, légale et durable, aux termes de la loi du 21 juin 1865.

« Si cette double condition était remplie, l'administration s'efforcerait d'aider les syndicats de ses subventions et de ses conseils, dans la proportion des intérêts respectifs mis en jeu. Elle les laisserait libres notamment, sous leur responsabilité, de choisir le système qui leur conviendrait le mieux pour l'introduction des eaux, du moment qu'une entrée suffisante serait assurée, au niveau convenu.

« Dans le cas où ces conditions ne seraient pas remplies, l'administration serait réduite à décliner toute responsabilité... »

§ VIII

OBSERVATIONS

180. Les réservoirs. — Pour un même volume total, les pluies qui se répartissent entre toutes les parties d'un bassin sont moins dangereuses que les autres. Les crues des affluents inférieurs sont en partie écoulées quand arrive le grand flot des hautes vallées; il n'y a pas contact des maximums. Toute autre est la situation quand le volume supposé tombe seulement sur la partie supérieure du bassin; toute la vallée se trouve alors dans de mauvaises conditions, surtout l'amont, car la crue s'étale en descendant. On s'est demandé si l'on ne pourrait pas, à l'aide de réservoirs artificiels, augmenter la durée de l'écoulement et par suite diminuer la hauteur maxima des crues. Ce que fait déjà la digue de Pinay, a-t-on dit, nous le ferons ailleurs et le problème sera résolu.

Rareté des emplacements favorables pour des réservoirs. — « Il n'est guère besoin, ce me semble, dit M. Dausse dans son Mémoire du 5 juillet 1858, d'expliquer l'efficacité des lacs et des réservoirs pour diminuer les crues des rivières... Mais les lacs sont rares, du moins en France. Quant aux réservoirs un peu vastes, ils ne sont guère possibles qu'en certains lieux pour ainsi dire faits exprès, et assez ordinairement que là où il y a eu d'anciens lacs. Il s'agit en général, pour former des réservoirs, de trouver dans les vallées des plaines terminées par des défilés, et encore faut-il que ces plaines n'aient pas une très grande valeur, cas assez peu fréquent... Les barrages qu'on a à construire en travers des défilés dont il vient d'être question exigent, à proportion qu'ils sont plus élevés, de plus

grands soins de construction et de plus grandes dépenses.
Leur rupture, quand par malheur elle a lieu, est désastreuse,
et il faut dire qu'elle devient à redouter dès que la surveillance
et l'entretien les plus assidus font défaut. » Finalement, l'auteur dit que les réservoirs peuvent être exécutés en peu de
temps « à force d'argent, de bon vouloir et de puissance »;
mais que les localités qui se prêtent à leur formation ne sont
pas communes.

Ruptures de digues de réservoirs. — Dans une autre note
présentée à l'Académie des sciences le 30 décembre 1861, et
intitulée : *Sur ce qu'on propose pour la Loire*, le même auteur
dit que les réservoirs lui paraissent être « une formidable me-
nace pour toutes les propriétés inférieures. » Il rappelle la
catastrophe de Bordeaux, récente alors, « où il ne s'agissait
pourtant que d'un réservoir de fontaines. Faut-il rappeler
celle bien plus mémorable et néfaste de la nuit du 14 au 15
septembre 1219, où le lac Saint-Laurent, ayant rompu sa digue
naturelle, tout autrement solide en apparence qu'aucun ouvrage de main d'homme, engloutit Grenoble, balaya les ponts
et fit périr plusieurs milliers d'habitants. » Enfin M. Dausse
répète que les réservoirs ne conviennent guère que dans de
rares localités où, avec un ouvrage borné, on peut faire ou refaire un lac. Parlant des quatre-vingt-cinq réservoirs projetés
par M. Comoy dans le bassin de la Loire, il demande qui ose-
rait répondre que tous les vingt ou trente ans l'un d'eux ne
rompra pas sa digue. Prodiguer l'emploi des réservoirs serait
« un périlleux et ruineux abus. »

Nous reproduisons à l'Annexe les renseignements donnés
dans le dernier ouvrage de M. Duponchel sur les réservoirs
exécutés dans divers pays. On y trouvera aussi les propositions
de cet éminent ingénieur au sujet de l'utilisation comme réservoirs de ses grandes fouilles, destinées à donner la matière
du colmatage des Landes. On pourrait y emmagasiner d'immenses volumes d'eau, sans avoir à craindre les désastres
auxquels donnent souvent lieu les réservoirs ordinaires. Le
réservoir précieux que forment le lac du Bourget et la plaine
de Chautagne, pendant les débordements du Rhône, est un
exemple de réservoir latéral ne pouvant pas amener d'accidents analogues à ceux dont il s'agit.

Une retenue précieuse. — En définitive, il suffit de se rappeler le fonctionnement de la gorge de Pinay, dans la vallée de la Loire, et le supplément utile d'emmagasinement qu'on obtient à l'aide d'une digue de resserrement additionnel, pour admettre qu'il n'y a ici qu'une question d'espèces. Il ne faut pas proscrire les réservoirs, mais se rappeler qu'il est difficile de trouver des conditions favorables à leur établissement.

Conclusion sur les réservoirs. — Il en est de ce procédé comme de bien d'autres : après avoir cru trouver une panacée, on s'aperçoit qu'il ne s'agit que d'un remède utile dans certains cas, lorsqu'on l'applique avec discernement. Les réservoirs fonctionnent sûrement, ruptures à part, en ce qui concerne la protection des localités voisines; pour un grand bassin, il peut arriver que leur rôle devienne douteux. Cependant il y a des cas qui méritent une étude approfondie, et nous citerons le bassin de la Loire supérieure : puisque les crues de l'Allier arrivent les premières au Bec, il est difficile de concevoir les circonstances dans lesquelles un plus grand retard de la crue du fleuve ne serait pas avantageux. Nous proposons donc de reprendre l'étude de la combinaison de M. Comoy, en en retranchant les réservoirs du bassin de l'Allier, et en portant une attention particulière sur les moyens de prévenir la rupture des barrages.

181. Les défenses de rives. — Quand on parcourt la vallée de la Loire pendant l'été, il semble qu'on se trouve en présence d'un volume incalculable de sables mobiles. Comme on s'exagère aisément la vitesse de leur marche pendant les crues, et qu'on a l'esprit imbu des idées répandues par M. Surell sur la démolition des montagnes, on arrive tout naturellement à conclure que « la destruction des montagnes du bassin de la Loire marche rapidement, la prodigieuse alimentation des sables du fleuve ne pouvant avoir une autre provenance. »

Les berges de la Loire et de l'Allier. — Fort heureusement il n'en est rien, car il n'y a pas de grandes démolitions dans le haut du bassin. Les ingénieurs ont reconnu que les sables charriés proviennent principalement des berges de l'Allier et de celles de la Loire au-dessus du Bec. Il faut donc : ou simplement fixer les berges pour remédier sous ce rapport à la situation actuelle, ou les rectifier et conquérir des terrains qui payeraient les frais. Ce serait le cas d'organiser, pour l'Allier particulièrement, quelques grands syndicats forcés, englobant les petits syndicats insuffisants qui existent aujourd'hui. Nous ne discuterons pas ici les questions de détail qui se rattachent à ce sujet, mais nous rappellerons que l'État a réuni les intéressés à une défense de rivage maritime en un syndicat forcé, à défaut d'organisation d'un syndicat libre ou autorisé[1] (lois de 1865 et de 1807); or, je le demande, y a-t-il des travaux plus nécessaires, plus urgents, que ceux qui tariraient la principale source des sables de la Loire?

Conséquences de la fixation des berges. — D'abord une utilité immédiate, puisqu'on préviendrait des destructions de valeurs qui se produisent continuellement et que ne remplacent qu'incomplètement les atterrissements qui se forment sur d'autres points.

En second lieu, la fixation des berges mettrait fin aux changements de lit (voir ci-dessus l'article sur les dommages en amont du Bec-d'Allier).

L'inspecteur Derrien, alors ingénieur en chef de Maine-et-Loire, a dit avec raison dans un rapport de 1833 qu'il faut s'attacher à défendre les rives du fleuve. En 1837, l'un de ses successeurs à Angers, M. Prus, a proposé de contraindre les propriétaires à se syndiquer et à défendre leurs rives. Chose remarquable, le Conseil général du département a appuyé cette demande auprès du gouvernement, mais sans succès. M. Prus estimait que la fixation des rives devait se combiner avec leur régularisation : « Les terrains conquis, disait-il, auront une valeur supérieure à celle des ouvrages dont ils auront nécessité l'exécution. »

L'opération de la fixation des rives aurait une utilité graduellement croissante, par la transformation du régime du fleuve. Le remblaiement du lit prenant fin, il y aurait chaque année diminution du volume de sable emmagasiné dans le lit de la Loire.

Au bout d'un certain temps on s'apercevrait que ce lit se vide. On s'en apercevrait d'autant plus vite que, pour les besoins

1. On aurait pu également appliquer la loi de 1807 sans l'intermédiaire d'un syndicat.

des populations, 600.000 mètres cubes de sable et de graviers sont enlevés par an. Cela passe inaperçu aujourd'hui, mais joue cependant un rôle immense dans l'équilibre mobile des choses.

L'inspecteur général des turcies et levées (rapport de 1790) prétendait que le lit de la Loire s'exhaussait de son temps; mais il n'en est rien, car les bois des fondations des ponts du moyen âge sont bien en rapport avec l'étiage actuel.

Il ne faut pas se représenter le lit de la Loire comme formé partout de sable sur une grande profondeur. Nous avons sous les yeux un *Tableau indiquant la nature du fond*, où se trouvent des mentions comme celles-ci : « Le rocher traverse la Loire; arête barrant le faux bras, dérasée à $0^m,50$ sous l'étiage, se continue sous l'île; rocher plat s'étendant en éventail; rocher à 2 mètres sous l'étiage environ, » etc. Nous n'insistons pas sur ces détails, parce que nous ignorons si les indications de cette pièce ont été contrôlées. Mais on comprend que ce n'est qu'une question de plus ou de moins; il est clair que le rocher et certains ouvrages d'art arrêteront les déblais du fond, quand il n'y aura plus d'éboulements de rives remblayant le lit. Si on laisse de côté la question de la navigation, on arrivera à la longue à avoir une série de cuvettes séparées par des rapides sur les fonds de rocher ou sur les enrochements à l'aide desquels des fondations de ponts sont défendues. Ceci soit dit sous la réserve des travaux à faire pour remanier les défenses, à mesure que le déblai du lit progressera.

182. Barrages. — Le nouvel état de choses pourrait être régularisé à l'aide de barrages dont la crête serait réglée au niveau de la ligne passant par les sommets du thalweg, ou plus bas. Ces barrages sous-marins seraient accompagnés d'écluses à sas, si l'on voulait les utiliser pour la navigation, et l'on pourrait même les surmonter d'appareils mobiles; mais nous ne nous occuperons pour le moment que des barrages fixes. L'effet de désencombrement se poursuivrait, après la fixation des rives, jusqu'à l'établissement d'un état d'équilibre nouveau correspondant à une certaine réduction de la pente kilométrique[1] ; les déblais annuels seraient de volumes décroissants, puisque l'action des eaux diminuerait en même temps que la pente[2].

Le croquis ci-dessous fera mieux comprendre cette explication :

A B C D représentent la ligne passant par les sommets de l'ancien thalweg de la Loire. Des barrages étant construits aux points D, C, B, A, etc., l'action des courants et les enlèvements de sable faits par les habitants amèneront l'abaissement du lit (les berges étant fixées), sans que la hauteur d'excavation s'augmente indéfiniment vers l'amont. Le profil longitudinal nouveau sera la ligne brisée E B F C G D.... La navigation deviendra meilleure, même sans endiguement ; mais il faudra établir des écluses pour franchir les chutes AE, BF, CG, DH. — En aucun point le lit ne sera exhaussé ; presque partout il sera abaissé, et l'on peut dire que l'opération, supposée faite sans aucune réduction de la largeur du lit, amènera forcément l'abaissement des crues, toutes choses égales d'ailleurs.

Les barrages seront placés, autant que possible, vers l'extrémité aval des bancs de rocher traversant le lit, pour que rien ne gêne la diminution de la pente.

Mais chaque bief verserait des sables dans le suivant, en sorte que l'évolution serait longue pour les biefs d'aval, malgré l'importance du volume enlevé chaque année par les riverains et par les eaux.

1. Le déblai continuera même toujours, s'il est vrai que le volume de sable enlevé par les habitants dépasse ce qui arrive des montagnes, les berges étant supposées partout défendues. Mais les nouveaux départs de sable ne correspondraient pour ainsi dire qu'à des cuvettes locales, les rives étant supposées bien défendues et les vitesses diminuant d'ailleurs de plus en plus pour un débit donné.

2. La pente par mètre courant de bief diminuerait, et la somme des diminutions dans chaque bief serait égale à la chute du barrage supérieur.

La partie maritime du fleuve n'aurait pas à souffrir[1], car le volume solide que lui verserait la partie fluviale ne serait, à l'origine, que ce qu'il est aujourd'hui, et s'amoindrirait à mesure que la pente en route diminuerait.

183. Digression justificative. — Le lecteur n'étant peut-être pas familiarisé avec l'ordre d'idées dans lequel nous venons de nous placer, il peut être utile de faire quelques citations pour montrer que nous n'avons rien inventé : ces idées sont dans le domaine public, et des faits positifs en démontrent l'exactitude.

1° Les affluents encaissés du Pô. — « Qu'on remonte, en partant du Pô, la Dora-Susina, la Stura et les autres affluents ; l'on verra toutes ces rivières s'encaisser de plus en plus dans les anciens cônes de déjection qui forment le fond de la vallée du fleuve... Toutefois, l'encaissement de la Dora-Susina, de la Stura, etc., a une cause purement naturelle. Ces cours d'eau se sont encaissés *parce qu'ils sont devenus moins chargés de matières solides* (comme serait la Loire, dirons-nous entre parenthèses, après la fixation des berges), c'est-à-dire plus fluides que ceux qui avaient formé ces anciens cônes ; car une plus grande fluidité produit naturellement le même effet qu'un certain resserrement ou qu'un certain redressement. Ce sont trois circonstances qui accroissent également la vitesse d'un courant, et *la réduction de la pente* s'ensuit, en sorte qu'elle est simple, double ou triple, suivant qu'une, deux, ou trois de ces causes agissent. L'encaissement actuel des torrents et rivières de deux versants des Alpes a pris du temps et il est arrivé à son terme. Il s'est propagé en remontant, tout comme un ravin quelconque s'allonge à reculons par rapport à l'eau qui y court après une ondée. C'est même ainsi très probablement que les rebords de la plupart des lacs de la Suisse et de l'Italie ont été sapés, que ces lacs se sont abaissés.... » (Dausse, 13 juin 1864.)

---

1. Il en serait autrement dans le cas où, ne se bornant pas à défendre les rives dans leurs emplacements, on procéderait à un endiguement général de la rivière ; il y aurait dans les premiers temps une augmentation de la puissance de déblai du courant. (Voir plus loin ce qu'ont amené les travaux de M. Fargue dans la Garonne, au-dessous de Castets.) Ce cas sera discuté plus loin.

184. 2° L'écluse de Castets. — L'endiguement de la Garonne ayant été perfectionné par M. Fargue au-dessous de Castets, embouchure du canal latéral, une diminution de la pente du fleuve s'est produite. Il est impossible de méconnaître le fait, attendu qu'il n'y a rien de changé à Bordeaux ni même à 20 kilomètres au-dessus, dans le niveau de l'étiage, et que *le busc de l'écluse d'embouchure du canal n'est plus qu'à 1ᵐ,25 au-dessous de l'étiage, au lieu de 2 mètres.*

185. 3° L'Arve. *Barrages de soutènement proposés.* — Parlant des travaux de l'Arve, M. Dausse dit qu'il faut « établir quelques barrages très solides au fond du lit, pour que la réduction de la pente ne risque en aucun cas de rendre peut-être impossible le maintien des digues... La pente d'équilibre une fois établie, *le fond du lit ferait un saut* de un mètre au plus à chaque barrage. »

186. Sinuosités ou creusement. — « Quand un cours d'eau n'est pas arrivé à la pente d'équilibre, il opère toujours la réduction de sa trop grande pente en déployant la moindre action : si le sol sur lequel il coule lui offre moins de résistance dessus que dessous, ce qui est fréquent, il opère la réduction de sa pente en allongeant son lit par des sinuosités, sans le creuser beaucoup; dans le cas contraire, et *en supposant que les berges ne s'écroulent pas sans cesse,* c'est en creusant profondément son lit sans l'allonger. » (Dausse.) On peut donc rectifier le lit sans inconvénient si les nouvelles berges sont solides, et si l'on établit de distance en distance des barrages de soutènement. Ceux-ci limitent la hauteur maxima des déblais, et par suite rendent plus facile la conservation des berges; ils empêchent l'appel des matières d'amont par éboulement du lit dans la fosse d'aval, comme la consolidation des berges empêche l'éboulement latéral.

187. Les digues submersibles. — Ne pourrait-on pas se borner à défendre les plaines de la Loire au moyen de digues submersibles, établies par exemple à 4 mètres au-dessus de l'étiage? Le plus souvent on échapperait aux crues d'été, et l'on profiterait du limonage pendant les crues d'hiver.

Motifs favorables. — Nous avons sous les yeux le tableau des observations faites à Saumur de 1823 à 1841; il montre que, dans une *année moyenne,* les eaux se sont tenues :

A 0^m,50 et au-dessous. . . . .   29 jours
de 0^m,50 à 1^m. . . . .   96 —
de 1^m   à 2^m. . . . .   136 —
de 2^m   à 3^m. . . . .   70 —
de 3^m   à 4^m. . . . .   26 —
de 4^m   à 5^m. . . . .   7 —
au-dessus de 5 mètres. . . . .   1 —

A Nantes, l'année moyenne, de 1826 à 1843, ne comporte que seize à dix-sept jours au-dessus de quatre mètres.

Tout cela paraît encourageant.

Motifs contraires. — Mais les objections ne manquent pas : Les dépenses seront plus fortes qu'on ne serait disposé à le croire au premier abord. Il faudra diviser la surface de chaque val par des digues transversales, afin que chaque compartiment puisse être facilement noyé en ouvrant des appareils mobiles lorsqu'on prévoira que la crue va dépasser quatre mètres.

M. Guillemain fait remarquer que le nombre des digues transversales devra être énorme ; si on le réduit, « les digues à l'amont subiront tour à tour un déversement d'autant plus dangereux que la pente du cours d'eau sera plus considérable. Il est évident, en effet, que l'eau qui pénétrera par remous dans chaque case de ce vaste damier, par l'aval, montera tout au plus à la hauteur de la digue vers l'aval, tandis que l'eau qui franchira la digue à l'amont y arrivera avec le niveau d'amont. »

Conclusion sur les digues basses. — Nous concluons sur ce point de la manière suivante :

1° Il faut en général réduire les digues submersibles aux fermetures des dépressions qui existent dans les rives, afin d'éviter qu'il ne s'établisse avant le débordement des courants dangereux à travers la plaine. Des barrages au niveau de celle-ci devront être établis en outre de distance en distance dans les plis du terrain ;

2° Si l'on basait un système de défense sur des digues submersibles rarement surmontées, comme seraient des digues arasées à 4 mètres, les populations pourraient être tentées de les surélever, et l'on reviendrait au système désastreux que l'on connaît ;

3° Les digues basses ne suffiraient pas toujours à défendre complètement la plaine contre des courants dangereux, au moment du maximum des grandes crues.

188. Digues insubmersibles. — On sait qu'elles ne le sont que de nom. Plus on les exhausse, plus les crues montent, et en définitive c'est plutôt la bonne tenue d'une digue qui est l'exception que sa rupture, quand arrivent les grands débits d'eau, tels que ceux de 1846, 1856 et 1866 sur la Loire. Si l'on arrive cependant à faire tenir un grand nombre de digues, comme les circonstances de la crue de 1872 pourraient le faire supposer, les crues s'exhausseront et les dangers courus par les villes s'aggraveront, ainsi que les désastres dans la plaine lorsqu'une digue s'effondrera, les autres tenant.

Les villes. — Il faut bien établir des digues insubmersibles autour des villes. C'est une nécessité[1]. On peut d'ailleurs accumuler les défenses, parce qu'il ne s'agit pas d'immenses longueurs, eu égard à la masse des intérêts à préserver. De plus on a toujours des travailleurs sous la main et les ruptures sont bien moins à craindre qu'en rase campagne, où parfois une digue s'effondre parce qu'un renard s'est déclaré sur un point, réputé solide, où l'on n'avait rassemblé ni hommes ni matériaux.

Les campagnes. — Il n'est pas prouvé qu'il y ait intérêt à soustraire le sol à l'inondation, puisque ce sont les limons déposés par les crues qui font la fertilité des terrains en vallée. Une circonstance justifierait, dit-on, la tentative de mettre ces terrains hors de l'atteinte des eaux, c'est la grande largeur du val, empêchant de desservir le domaine agricole avec des bâtiments établis sur la pente des coteaux. Mais cette justification est-elle bien réelle? Non, car on peut asseoir les fermes, et même les villages sur des îlots artificiels. D'ailleurs la largeur de la vallée de la Loire n'est pas en général considérable.

Nécessité de prendre un parti. — Il faut arriver à une conclusion, car après la prochaine inondation nous verrons une

---

1. Cela n'est pas partout possible. Ainsi, par exemple, une ville traversée par un grand nombre de bras, ayant des quais étroits, ne pourrait être défendue qu'au prix de sacrifices énormes.

recrudescence de plaintes, de projets et de grandes résolutions. Ces résolutions, il faut assurer leur sérieux par des études préalables, qu'on ferait mal au moment de la crise. Après 1856, lettre de l'Empereur; après 1866, décisions administratives tendant à l'établissement de quelques déversoirs à l'origine amont des digues. On n'a pas fait encore grand'-chose, et tout le monde sent bien que ce n'est pas là une solution définitive. Des déversoirs, avec des bourrelets en terre à un mètre plus haut, ne devant fonctionner que si la crue surmonte les bourrelets et les emporte, est-ce suffisant ? Que restera-t-il à vingt kilomètres plus loin de l'atténuation modeste obtenue à l'extrémité inférieure du Val, surtout s'il se trouve un affluent dans l'intervalle ?

Les ardoisières d'Angers (val de l'Authion) ayant beaucoup souffert à la suite de la rupture de la digue (1856), ont pris le parti de se défendre par un endiguement spécial; il y a là une grande masse d'intérêts sur un petit espace, le cas était donc analogue à celui des villes. On pourrait faire de même pour les bourgs et villages. De courtes digues locales ne manqueraient jamais de défenseurs, tandis qu'une longue digue de dix kilomètres se laisse parfois éventrer faute de bras en nombre suffisant.

Tout le monde reconnaît que l'endiguement général actuel est néfaste; que s'il n'existait pas il ne faudrait pas le créer. L'État a le devoir de n'en pas favoriser le maintien, car il sort de son rôle quand il aide des citoyens dans une œuvre notoirement contraire aux intérêts publics.

Conclusion sur les digues insubmersibles. — Comme l'a dit M. Guillemain, l'État ne doit pas prendre parti entre les systèmes. Nous ajouterons : il faut que la loi définisse les obligations de chacun, pour couper court aux sollicitations confuses, déblayer le terrain de la discussion, et arriver avec le temps à une amélioration sérieuse.

Quelles sont les obligations des propriétaires d'un Val ? Elles se résument en un mot : Ne pas nuire à autrui. — Or, on nuit à autrui lorsqu'on ferme aux eaux de la crue un espace que la nature leur a destiné. Il résulte de cette fermeture un accroissement du débit maximum à la seconde, et par suite une cause de dommage qui s'étend au loin. En consé-

14

quence, les hautes digues doivent être ouvertes dans un délai
à fixer par la loi, conformément aux idées de notre devancier
l'inspecteur des turcies et levées de 1790, ou suivant toute
autre combinaison équivalente. Les centres de population
seront défendus dans les Vals. Si, par exception admise par la
loi, l'un de ceux-ci doit rester en dehors de la règle, il sera
tenu de concourir aux frais supplémentaires qui en résulteront pour les autres syndicats et pour les villes. Les formes à
suivre pour la détermination de ce concours financier seront
réglées législativement.

Les obligations de l'administration peuvent être formulées
de la manière suivante : 1° Exiger que les intérêts généraux
de chaque Val soient administrés par un syndicat; 2° Distribuer, conformément à un tableau joint aux développements
du budget, le fonds de concours que les Chambres pourront
accorder aux syndicats; 3° Tenir la main à ce que le concours
des départements et des communes soit effectif, dans les conditions qu'aura réglées la nouvelle loi; 4° Enfin, défendre aux
ingénieurs de l'État de se charger de la rédaction des projets
et de la direction des travaux incombant aux syndicats, cette
mission étant en contradiction avec leurs fonctions de contrôleurs [1].

Est-il besoin de répéter que l'État ne doit jamais contribuer
à la construction ou à la consolidation d'une digue insubmersible [2], puisque c'est un ouvrage reconnu nuisible aux intérêts
généraux? Quant à la contribution à l'exhaussement d'une
pareille digue, nous ne voulons même pas supposer qu'on y
pense jamais.

1. A titre transitoire, on pourrait autoriser les ingénieurs des services
voisins à accepter la mission interdite à ceux de la navigation, quand il y
aurait impossibilité de trouver d'autres concours compétents dans la
contrée.

2. Sauf le cas de défense d'une ville, prévu par la loi de 1858.

§ IX

RÉSUMÉ SUR LES INONDATIONS

189. Reboisement[1]**. Réservoirs.** — Les montagnes du bassin de la Loire ne sont guère démolies par les agents atmosphériques; par conséquent il ne peut y avoir qu'exceptionnellement à faire intervenir la question du reboisement dans les mesures à prendre contre les inondations.

Il est possible qu'on puisse établir utilement des réservoirs dans le haut de la vallée de la Loire, *à l'exclusion de celle de l'Allier*. Mais les emplacements nécessaires seront difficiles à trouver, et les dangers que présentent ces sortes d'ouvrages obligeront en outre à construire chèrement les barrages de retenue. Il n'est donc pas possible de conclure autrement, sur ce point, que par une demande d'études détaillées; il est probable que celles-ci ne seraient plus à faire si la question des inondations était restée dans une seule main, comme au temps de M. Comoy, pour tout le bassin de la Loire.

190. Défense des rives. — La plus grande partie des sables et des graviers du lit de la Loire provenant des éboulements qui se produisent sur une grande échelle, le long du fleuve et de certains affluents, il est essentiel de s'occuper de la défense des rives. Les propriétaires peuvent être contraints à s'organiser dans ce but en syndicats. Les rives fixées, le lit du fleuve se désencombrerait graduellement.

191. Digues submersibles. — Il y a lieu de les réduire en général à la fermeture des dépressions qu'on rencontre dans les berges, en complétant toujours ce travail par l'établissement de petits barrages dans les plis de terrain que pourraient suivre des courants rapides au moment du débordement.

192. Digues insubmersibles. — Elles sont souvent nuisibles à ceux qu'elles sont censées défendre, par suite des rap-

1. Voir chap. II, § 1.

tures qui se produisent, et elles sont nuisibles aux autres parce qu'elles amènent l'augmentation du débit maximum à la seconde pendant les crues. Les déversoirs de superficie qu'on établit sur quelques points ne résoudront pas la difficulté. Pour des crues de 5 mètres et plus, ces déversoirs ne fonctionnent pas, et les levées auront toute leur action de digues fermées ; elles continueront à provoquer l'augmentation du débit maximum et par conséquent à nuire à d'autres parties de la vallée. Pendant les crues faisant fonctionner les déversoirs, les débits au delà du premier affluent d'aval pourront n'éprouver aucune atténuation, parce que le maximum combiné se compose en général du maximum de l'affluent augmenté du débit fluvial en un moment antérieur à son maximum d'amont.

193. Conclusions. — Le législateur et l'administration peuvent améliorer sérieusement la situation de la vallée de la Loire. Il faut principalement pour cela :

1° Exiger que les riverains se réunissent en syndicats pour la défense des rives, partout où les eaux amènent des éboulements[1], ou opérer à leurs frais après l'accomplissement des formalités nécessaires (lois de 1865 et de 1807) ;

2° Obliger par une loi les propriétaires des vals à ouvrir les digues dans un délai déterminé pour recevoir les eaux des crues. Inscrire dans la loi même les exceptions qui pourraient être admises, avec règlement des sommes à verser par les syndicats des Vals exemptés, à titre de fonds des concours (à distribuer par le Ministre) aux dépenses des autres associations[2] ;

3° Admettre le concours de l'État dans les travaux de défense des villes et même des bourgs, partout où l'on rétablirait des communications suffisantes entre les vals et le fleuve ;

---

1. « La loi qui organisa les travaux obligea les riverains des affluents de la Linth à *garder sur leur territoire les déjections de leurs torrents ;* » chacun s'ingénia, et le canton de Glaris est cité comme un modèle d'ordre et d'aménagement. (Cézanne, p. 27.) Dans le bassin de la Loire, les déjections proviennent de l'éboulement des rives, et il serait encore beaucoup plus admissible d'obliger les propriétaires à les empêcher de tomber dans la rivière.

2. Ces versements auraient pour contre-partie un service actuel rendu par l'ouverture des autres vals, puisque la hauteur des crues diminuerait, et par suite les chances de rupture des digues.

4° Au cas où la conclusion (2°) ne serait pas admise, interdire législativement toute subvention dans le cas de consolidation ou d'exhaussement des digues dites insubmersibles.

« De 1755 à 1872, ce que les Italiens appellent la *massima piena*, au-dessus de laquelle ils élèvent leurs digues (du Pô) d'un certain *franco*, porté d'ordinaire pour les digues neuves ou refaites à 0ᵐ,70 ou 0ᵐ,80. Eh bien! cette prétendue *massima piena* n'a pas cessé de s'élever de plus en plus, constamment et avec une sorte de régularité qui épouvante. Le surcroît total dépasse aujourd'hui 2ᵐ (à Ostiglia), et où s'arrêtera-t-il?

« Quel argument dans ce seul fait contre le système des digues dites insubmersibles!... quelle éloquence il y a en lui, en effet, et quelle prophétie!... »

(Dausse, *Réponse à Lombardini*, page 6.)

§ X

NAVIGATION

104. État ancien (*vers 1800.*) — Nous avons trouvé des détails très intéressants sur la Loire dans les *Recherches sur la formation et l'existence des ruisseaux, rivières et torrents qui circulent sur le globe terrestre*, par le citoyen Lecreulx, inspecteur général des ponts et chaussées (an XII, chez Bernard, libraire de l'École polytechnique et de celle des ponts et chaussées, quai des Augustins, 31). Quelques passages, abrégés, seront lus avec intérêt; nous leur consacrerons le présent article.

Les bateaux de la Loire montent à la voile et descendent au bâton ferré. Les plus grands ont quinze à seize toises de longueur sur onze pieds de plus grande largeur dans le fond et quatorze par le haut. Le fond est plat.

Il ne se trouve à l'étiage « que vingt pouces d'eau de profondeur, depuis Nantes en remontant jusqu'au lieu dit la Pointe; » ensuite jusqu'à Saumur il n'y a que dix-sept pouces.

Cela dure un à deux mois; on est forcé de chevaler dans quatre ou cinq endroits; l'opération est faite par un atelier de quelques hommes : « Les uns traînent des planches et les conduisent à la main, tandis que les autres les tirent avec des cordages. » On arrive, en six heures à un jour et demi, à l'approfondissement que comporte ce système; mais le chenal se comble en quelques jours. De Saumur à Orléans, la profondeur à l'étiage n'est plus que de treize à quatorze pouces, puis jusqu'au Bec-d'Allier dix pouces. « Une grande masse d'eau coule alors sous les sables. »

« La Loire est marchande avec deux pieds de crue sur l'étiage, de Nantes à Saumur. » Les grands bateaux complètement chargés prennent quarante pouces d'eau. Ils portent deux cents pièces de vin, ou soixante-cinq tonnes de 1,000 kilogrammes de marchandises diverses.

Il y a des trains de cinq à sept grands bateaux à la file; quelquefois neuf. « Les trois ou quatre premiers portent des voiles dont le grand mât a jusqu'à soixante-dix à quatre-vingts pieds de hauteur. Le bateau chef de file porte la plus forte voile, le second une moins élevée et ainsi de suite en diminuant. Lorsqu'il s'agit de faire passer un pont à un train de bateaux montant à la voile, on envoie à l'avance un petit bateau qui est chargé de jeter l'ancre cinq cents à six cents mètres au-dessus du pont; ensuite le batelier chargé de cette opération laisse filer, en descendant, un câble dont un bout est fixé à cette ancre. Pendant cette opération, les trains de bateaux qui remontent avec le vent ont soin de baisser les voiles et les mâts, au moment où ils arrivent en aval du pont.

« Les mariniers du pays ont coutume de manœuvrer en ce cas avec une telle précision qu'au moment où ils baissent les voiles, en se tenant fixes ou *étau* sur leurs bâtons ferrés, le grand mât du premier bateau, en s'abaissant, est souvent près de toucher, avec la différence de quelques pieds, la clef de la voûte de l'arche marinière par laquelle le train doit passer.

« Ensuite, un bout du câble qui tient à l'ancre s'attache à un treuil, qui se trouve établi à l'arrière du premier bateau; alors quatre hommes, fixés aux leviers de ce treuil, en enveloppant le câble autour, font remonter le train de bateaux jusqu'à l'ancre. » Dans un temps où les routes n'étaient pas en bon état, et où les chemins de fer étaient à naître, on comprend quelle importance devait avoir la navigation de la Loire, malgré toutes ses difficultés.

195. État actuel. — « Si la Loire est le plus beau fleuve de France, c'est aussi celui dont la navigation est la plus irrégulière et la plus difficile. » (Stéphane Flachat.) — Entre Combleux, embouchure du canal d'Orléans, et Tours, on trouve dans la Loire pendant deux mois par an . . $1^m,00$ au moins.

Pendant trois mois. . . . . $0^m,75$ —
Pendant trois mois. . . . . $0^m,60$ —
Pendant deux mois. . . . . $0^m,40$ —
Pendant deux mois. . . . . Plus de navigation.

De Tours à la Pointe :

Pendant deux mois . . . . $1^m,00$ au moins.
Pendant quatre mois. . . . . $0^m,75$ —
Pendant trois mois. . . . . $0^m,60$ —
Pendant trois mois (avec l'aide de cheva-
lages) . . . . $0^m,40$ —

De la Pointe à Nantes :

Pendant trois mois . . . . $1^m,50$ —
Pendant quatre mois. . . . . $0^m,85$ —
Pendant trois mois (au moyen de cheva-
lages) . . . . $0^m,75$ —
Pendant deux mois (au moyen de cheva-
lages. . . . . $0^m,65$ —

Tonnage. — En 1861 : 78.000 tonnes en moyenne d'Orléans à La Pointe ; 219.000 de La Pointe à Nantes.

En 1879 : 23.400 et 104.100.

En 1880 : 25.800 et 106.100.

En 1881 : 47.000 de la Vienne à la Maine ; 103.000 de la Maine (La Pointe) à Nantes.

En 1879, il ne reste, d'Orléans à la Maine, que les trente centièmes du tonnage de 1861 ; de la Maine à Nantes, les quarante-huit centièmes. Il y a dans ce dernier chiffre, qui ne varie guère les années suivantes, quelque indice de vitalité. Cela tient au meilleur état de la rivière à partir de la Maine et aux communications de la Mayenne et de la Sarthe canalisées avec le port de Nantes.

196. Avenir possible. — C'est à Decize, sur la haute Loire, que M. Poirée a fait l'une des premières applications du système qui a rendu son nom célèbre. Il serait difficile d'expliquer pourquoi l'on n'a pas essayé d'utiliser ce système plus en aval, si l'introduction des chemins de fer n'était venue bouleverser les anciennes idées.

On verra, dans les troisième et quatrième parties, à quelles conditions la Loire peut devenir un grand instrument de transport; les barrages mobiles de Decize et de Roanne ayant réussi, il n'y a pas lieu de douter qu'on puisse canaliser ce fleuve.

CHAPITRE VII

LE RHÔNE

SOMMAIRE :

LE RHÔNE

. . . .

§ 1er

LES EAUX, LES GRAVIERS ET LES LIMONS

197. Les graviers. — « Chaque rivière a une tendance à corroder ses rives et son fond ; son lit s'approfondirait ou s'élargirait indéfiniment, si des dépôts provenant des régions supérieures ne venaient remplacer à mesure les matières minérales enlevées. » (Duponchel, *Hydraulique agricole*, p. 111.)

Pour le Rhône français, il n'y a pas d'apports des montagnes voisines des sources du fleuve, puisque le lac de Genève les intercepte au passage. Nous avons vu que pour la Loire il n'y en a pas non plus, ou qu'il n'y en a du moins que fort peu. Mais en outre, pour ce dernier fleuve, les affluents n'apportent à peu près, comme la section supérieure du fleuve lui-même, que des produits de la démolition des berges dans la plaine. Le Rhône reçoit au contraire un certain volume de matières solides amenées des montagnes par ses affluents de la rive gauche ; mais ce volume n'est pas très considérable. En effet, on est particulièrement frappé de ce que semble apporter la Durance, et quand on descend le fleuve il se trouve qu'il n'y a plus de galets à quelques kilomètres au-dessous de Beaucaire. Un homme qui connaît bien le Rhône, et l'a pratiqué longtemps, n'a pu méconnaître la force de cette simple remarque. On pourrait concilier la petitesse du volume apporté au fleuve, nous a-t-il dit ensuite, avec les signes certains de grands mouvements de graviers, en remarquant que ceux-ci correspondent surtout à des déplacements transversaux, diagonaux.

« Si la masse des eaux, le volume et la nature des alluvions, pouvaient rester constants et uniformes sur une certaine étendue de la vallée, on conçoit qu'entre ces quantités il s'établirait un équilibre parfait, les alluvions se déposant ou se déplaçant, jusqu'à ce que le lit ait acquis une section telle que la vitesse du courant soit précisément suffisante pour maintenir en état de suspension ou de transport les limons et les sables enlevés à la zone d'érosion.

« Il va sans dire que cette hypothèse d'une permanence constante de débit et de régime ne se réalise jamais; mais, suivant les circonstances, on s'en rapproche plus ou moins. C'est à ce point de vue, d'une moyenne seulement, qu'on peut dire qu'il y a équilibre dans le régime d'un cours d'eau. En même temps qu'il dépose sur certains points une partie des matières provenant des régions supérieures, il entraîne des dépôts précédemment fixés sur un point voisin, détruisant les anciennes formations pour en constituer de nouvelles. Incessamment remaniés, de plus en plus broyés, les matériaux des rives atteignent ainsi l'embouchure de station en station, se rapprochant de plus en plus de l'état final : les limons argileux ou calcaires et les sables quartzeux. » L'auteur (M. Duponchel, page 112) appelle zone de compensation la région comprise entre celle des sources, ou d'érosion, et celle des embouchures, ou zone de dépôt. Mais il arrive souvent que la zone d'érosion est bien plus étendue.

L'Arve charrie beaucoup. Les affluents entre l'Arve et l'Ain sont des torrents à fortes déclivités, charriant énormément Dans le bassin de l'Isère, par suite des travaux des forestiers, la partie supérieure fournit moins qu'autrefois; la Drôme, l'Ardèche, la Durance apportent leur contingent,

Dans leur important mémoire du 8 février 1843, MM. Bouvier et Surell font remarquer que le lit du Rhône est bordé de rives s'élevant à un mètre au moins au-dessus des eaux moyennes, qu'il est formé de sable, de limon, de gravier mal

agglutiné; mais que le pied est plus solide, parce que les plus
gros graviers s'y accumulent à la suite des corrosions. Les
eaux venant à monter, elles taillent dans ce sol friable; la
terre et le sable fin sont emportés. Quand les eaux montent
davantage, il y a des changements dans la direction des courants, et des pans de terrain peuvent être séparés du conti-
nent. C'est surtout entre Pont-Saint-Esprit et Arles qu'il existe
un grand nombre d'îles ayant cette origine. Il y a aussi des
îlots plus bas, qui semblent avoir été formés dans le lit même
du fleuve; les plantations qui s'y développent ou qu'on y fait
provoquent des dépôts de limons. Les îlots qui n'apparaissent
guère qu'à l'étiage sont stériles[1]. Les auteurs signalent avant
tout la nécessité de fixer les berges, ensuite de barrer les bras
secondaires.

Les derniers affluents de la Durance, d'après M. Bouvier
(1856), ne donnent pas beaucoup de galets; sur la grande
longueur qui existe jusqu'à l'embouchure en aval de ceux
qui en donnent beaucoup, la grosseur est réduite de telle manière que le Rhône puisse les rouler, quoique sa pente ne soit
que le quart de celle de la Durance.

A l'embouchure de celle-ci, il n'y a pas de rehaussement
du lit du fleuve; pas de seuil, pas d'amoncellement de galets
faisant barrage. En aval il y a encore des apports, mais en
petite quantité, par le Gardon.

A vingt-quatre kilomètres de la Durance, plus de galets.
Vers la fin, on trouve surtout des galets plats, de l'épaisseur
d'une pièce d'un franc.

198. Les limons. — L'Arly, l'Arc, la Romanche et le
Drac entraînent dans l'Isère des masses considérables de matières terreuses et calcaires. La même chose a lieu dans le
bassin de la Durance, où tous les cours d'eau sont torrentiels.

Dans l'Isère, les petites crues ne contiennent qu'un limon
maigre, sablonneux, plus nuisible que profitable aux terres.
Les grandes crues laissent des dépôts fécondants. On explique
cette différence de la manière suivante: Les petites crues

---

1. Dans son Mémoire de 1856, M. Bouvier signale aussi l'infertilité des
bancs de gravier qui se sont élevés au-dessus d'un certain niveau sans
plantations. Pas de limons. On ne réussit plus quand on veut les planter.

proviennent généralement des parties hautes du bassin, où elles ne sont guère en contact qu'avec des roches dénudées; les autres, inondant les parties submersibles du fond des vallées, s'y chargent de matières terreuses.

Les vases sont entraînées par le Rhône jusqu'à la mer, où elles allongent le delta. D'après M. Surell (mémoire du 30 mai 1847) les eaux du fleuve, quand elles sont troubles, forment à la surface de la mer une couche grise, sous laquelle il suffit du sillage d'un navire pour faire apparaître la profondeur verte de la mer. Un flotteur est entraîné vers l'ouest, les débris de navires sont toujours rejetés de ce côté, jamais dans le golfe de Fos. Au contraire, le delta du Nil est balayé par un courant de l'ouest à l'est : Pour le navigateur, les courants côtiers sont toujours dirigés, dans la Méditerranée, dans le sens inverse des aiguilles d'une montre.

« Ce n'est pas des atterrissements que le Rhône forme en Languedoc qu'on doit être surpris; mais de ce qu'il n'en forme que dans le Languedoc, et que la Provence, qui en est à la même distance, en soit entièrement exempte. Une différence si marquée, entre deux provinces également contiguës au Rhône, ne peut venir que du courant qui règne sur les côtes de Provence et du Languedoc, et qui va du levant au couchant. » (Élie de Beaumont, *Géologie pratique*, p. 402.)

Les expériences de Remillat et de M. Surell constatent, en face du delta, des vitesses de 0m,50 à 0m,75. Le courant cesse quelquefois, et parfois même se renverse en chassant vers l'est; mais cela n'arrive qu'accidentellement, et la chasse vers l'ouest est dominante. A dix kilomètres du rivage la profondeur est d'environ 100 mètres; les troubles ne s'enfoncent que lentement. D'après les calculs de M. Surell, ils peuvent être portés avant d'atteindre ces fonds jusqu'à trente-six lieues par des courants de 0m,30, huit lieues par des courants de 0m,07. Les sables roulent le long des côtes, où ils occupent une lisière de deux à trois kilomètres de largeur.

Si l'on place dans un flacon de l'eau trouble du Rhône, elle ne sera bien clarifiée qu'au bout de quarante-huit heures d'un repos absolu. D'après cela, on ne peut être surpris que la vase de ce fleuve soit transportée facilement au loin par les courants.

190. Les eaux. — *Pentes :* La pente est[1] d'abord de 0ᵐ,45
par kilomètre au-dessous de la Saône, mais elle atteint *en
moyenne* 0ᵐ,475 par kilomètre entre Lyon et Saint-Vallier. Elle
est de 0ᵐ,56 entre Saint-Vallier et l'Isère; de 0ᵐ,788 de ce
point à l'embouchure de l'Ardèche; de là à Soujean (limite
inférieure des graviers), de 0ᵐ,50 à 0ᵐ,25; de 0ᵐ,06 entre
Soujean et Arles. Enfin, dans le Rhône maritime, la pente
kilométrique n'est plus que de 0ᵐ,02 à 0ᵐ,04, suivant l'état de
la mer et la direction du vent.

Vitesses. — On rencontre souvent dans le Rhône des vitesses de 1ᵐ,50 à 2ᵐ,50; beaucoup plus dans les crues, surtout
dant les passages rétrécis. Il résulte de quatre observations,
faites dans des circonstances ordinaires, qu'un bateau descend
de Lyon à Beaucaire en faisant 10 kilom. 32 à l'heure, soit 4ᵐ,87
par seconde. « Mais il faut remarquer qu'un bateau forme
souvent remous, et ne peut pas être assimilé exactement à
un flotteur. » On le maintient dans le thalweg, et il est poussé
par des filets un peu plus bas que la surface. « Il résulte de
toutes ces causes que le bateau doit descendre plus vite que
le fleuve lui-même. » (Rapport de MM. Bouvier et Surell.) Sa
vitesse dépasse la vitesse moyenne.

Tenues. — A Arles, pendant une période de douze années,
on a constaté les durées suivantes des diverses hauteurs du
fleuve :

Zéro ou au-dessous . . .	135 jours.
De 0ᵐ à 0ᵐ,50.	659 —
De 0ᵐ,50 à 1ᵐ	1.089 —
De 1ᵐ à 1ᵐ,50	1.007 —
De 1ᵐ,50 à 2ᵐ	652 —
De 2ᵐ à 2ᵐ,50.	360 —
De 2ᵐ,50 à 3ᵐ	456 —
De 3ᵐ à 3ᵐ,50.	125 —
De 3ᵐ,50 à 4ᵐ, ...	61 —
De 4ᵐ à 4ᵐ,50.	21 —
De 4ᵐ,50 à 5ᵐ	6 —
Au-dessus de 5ᵐ.	3 —

Débits. — A l'étiage, entre la Saône et Saint-Vallier,

_____

1. Ou mieux *était,* comme nous le verrons.

210 mètres cubes; de Saint-Vallier à l'Isère, 235; de l'Isère à l'Ardèche, 330; de là à la Durance, 360; en aval de la Durance, 400 mètres cubes.

Aux moments des maxima de la crue extraordinaire de 1856, on a eu : sortie du lac de Genève, 325 mètres cubes; confluent (amont) de l'Arve, 325; aval, 1.020; de l'Ain, 2.800 et 5.600; à Lyon, au confluent de la Saône : amont, 5.400; aval, 7.000; Tournon, 7.300; confluent de l'Isère : amont, 7.350; aval 9.625; Valence, 9.625; confluent aval de la Drôme, 10.300; Ardèche, amont, 11.150; aval, 11.900; Avignon, 11.100; confluent aval de la Durance, 13.900; Beaucaire, 13.900.

De 5.600 après l'Ain, on arrive à 14.000 environ par les apports combinés. Le volume maximum à la seconde s'atténuerait aux approches de l'embouchure, si le fleuve n'avait pas de grands affluents; l'énormité de l'effet contraire montre quel rôle prépondérant jouent l'Ain, la Saône, la Durance, etc., dans l'ensemble du phénomène : nous sommes loin du régime des inondations de la Loire, pendant lesquelles on ne trouve qu'exceptionnellement le maximum dans la région inférieure.

Les débits maxima des affluents ont partout dépassé les différences entre les volumes constatés à l'aval et à l'amont des confluents, parce qu'ils n'ont pas eu lieu simultanément avec les maxima du fleuve. Ils ont été pendant l'inondation de 1856, savoir :

Arve.	700 mètres cubes.
Ain	2.950 —
Saône	2.230 —
Isère	2.575 —
Drôme	1.050 —
Ardèche.	1.500 —
Durance	3.000 —

Ces volumes ont été fort heureusement très inférieurs à ceux qu'on a constatés à d'autres époques. On a eu, en effet :

Arve, en 1859.	1.000 mètres cubes
Ain, en 1861	3.200 —
Saône, en nov. 1840. . . .	3.700 —

Par exception le maximum de l'Isère, à l'embouchure, a
été supérieur en 1856 à ceux des crues antérieures; mais à
Grenoble le volume débité à la seconde a atteint en 1859 un
chiffre beaucoup plus élevé qu'en 1856 :

Drôme, 1842	1.750 mètres cubes.	
Ardèche, 1827	7.000	—
Durance, nov. 1843	6.000	—

200. Grandes crues antérieures à celle de 1856. —
On a gardé le souvenir d'un certain nombre de crues désastreuses : celle de 1548 paraît avoir été la plus haute de toutes.
Dans le xvie siècle, on cite celles de 1711 et de 1756 ; puis celles
de 1802, 1811, 1812 et 1827 au commencement du xixe. La crue
de 1711 eut lieu en février, celle 1756 en janvier, celle de
1811 en mai, 1812 en février, 1827 en octobre.

Nous arrivons à la grande inondation de 1840, « dont
furent victimes neuf de nos départements les plus riches : la
Côte-d'Or, Saône-et-Loire, l'Ain, l'Isère, la Drôme, l'Ardèche,
le Gard, les Bouches-du-Rhône et particulièrement le Rhône,
qui eut à supporter des pertes incalculables. Des pluies torrentielles tombèrent sans interruption, du 27 octobre au
2 novembre, dans les bassins du Rhône et de ses affluents. Le
Rhône rompit partout ses digues; il monta à Lyon à 5m,57 au-
dessus de l'étiage [1] et se répandit dans tous les pays avoisinants avec une rapidité sans exemple, à ce point que, dans
l'arrondissement d'Arles, l'eau couvrit 30.000 hectares de
terres à plusieurs mètres d'élévation, et que la petite ville
de Martigues, située à huit lieues des rives du fleuve, vit ses
murs battus par les flots écumeux, entraînant tout sur leur
passage. La Saône se joignit au Rhône, et les quartiers les
plus populeux de Lyon furent engloutis. Quatre ponts furent
emportés, et le nombre des habitations anéanties à la Guillot-
tière et à Vaise fut alors évalué à plus de cinq cents. Mâcon et
Châlons, arrosés par la Saône, ne furent pas à l'abri de ces
désastres. D'après les relevés administratifs, dans le seul dé-

---

1. La crue de 1840 a marqué 5m,63 à l'échelle du pont Morand, 5m,48 au
pont de la Guillotière. D'après M. Belin, on avait reconnu avant 1856 que
l'étiage réel était à 0m,38 au-dessous de zéro au pont Morand. Depuis, on
est descendu à 0m,61 (1872).

partement du Rhône, les pertes s'élevèrent à environ quinze millions. » (Champion.)

Le Rhône déborda encore en 1842, 1844, 1846, 1849 et 1851 ; mais il n'y eut pas de grands dommages généraux.

Les plus grandes hauteurs atteintes par les crues du XIXᵉ siècle, avant 1856, ont été de :

5ᵐ,48 à Lyon, pont de la Guillotière, en octobre 1840.
6   25 à Givors, même crue.
7   19 à Vienne,   —
6   70 à Tournon,   —
6   70 à Valence,   —
8   65 à Avignon,   —
6   87 à Beaucaire,   —
5   38 à Arles, crue de mai 1841.

La crue de 1840 n'a marqué que 5ᵐ,05 à Arles.

§ II

INONDATION DE MAI ET JUIN 1856

201. Les Hauteurs. — Nous avons à mentionner d'assez fortes crues en 1852, 1854 et 1855.

On arrive ensuite à la désastreuse inondation de 1856, qui a atteint les hauteurs suivantes :

Lyon (la Guillotière).	5ᵐ,72 [1]
Givors.	6 81
Vienne	7 15
Tournon.	6 55
Valence.	7 00
Avignon	8 45
Beaucaire.	7 95
Arles.	5 88
Embouchure	0 40

En amont de Vienne et en aval de Valence (sauf une petite

1. D'après le profil longitudinal de M. Belin, on aurait eu 6ᵐ,00 en amont du pont Morand, avec une chute de 0ᵐ,40 de l'amont à l'aval.

anomalie à Avignon), l'inondation de 1856 a été la plus forte du siècle.

Nous avons donné au paragraphe précédent les débits de cette crue, pour les rapprocher des débits d'étiage; nos chiffres ont été empruntés au rapport général dressé par M. l'inspecteur Belin, sous la date du 30 novembre 1862. Ce document va nous fournir d'importants renseignements sur les études faites à la suite de l'inondation de 1856.

202. Défense des villes. — On s'est d'abord occupé de la protection des villes. Cette partie du programme conçu après les désastres de 1856 est aujourd'hui réalisée et toutes les villes de la vallée du Rhône sont bordées de quais solides et élevés. La dépense a été partagée entre l'État, les départements, les communes et les particuliers, conformément aux prescriptions de la loi du 28 mai 1858.

203. Bassin du Rhône. — L'ensemble du bassin du Rhône a une superficie de 95.000 kilomètres carrés; sur ce chiffre total, 7.000 appartiennent à la Suisse et 88.000 au territoire français.

Ce bassin comprend, indépendamment de la vallée particulière du Rhône, les grandes vallées de l'Arve, de l'Ain, de la Saône, de l'Isère, de la Drôme, de l'Ardèche, de la Durance et du Gardon.

Les affluents appartenant à la région des Alpes exercent une action prédominante sur le régime du fleuve; aussi les basses eaux correspondent-elles à la saison d'hiver et les grandes crues ont-elles généralement lieu au printemps et en automne, c'est-à-dire lorsque des pluies intenses ou prolongées peuvent coïncider avec la fonte des neiges accumulées sur le massif des Alpes.

Le cours du Rhône sur le territoire français a une étendue de 523 kilom. qui se divise, au point de vue des inondations, en trois sections distinctes : le haut Rhône, de la frontière suisse à Lyon, 193 kilom.; le Rhône intermédiaire, de Lyon à Beaucaire, 268 kilom.; enfin le bas Rhône, de Beaucaire à la mer, 62 kilomètres[1].

---

1. On ne compte ici que la partie du cours du Rhône appartenant à la France : en ajoutant la portion qui coule sur le territoire suisse, on trouve pour le cours entier du fleuve un développement total de 750 kilomètres.

En amont de Lyon (haut Rhône) les parties submersibles de la vallée sont sans défense contre les grandes crues. Sauf sur quelques points assez rares, la hauteur de la submersion n'y dépasse guère 1^m,50 à 2^m,00.

Dans le Rhône intermédiaire (de Lyon à Beaucaire), où la hauteur des grandes crues dépasse 8 mètres en certains points de la vallée, le plan d'eau atteint 3 mètres et 4 mètres au-dessus du niveau des plaines. Lorsqu'il existe des défenses, elles consistent en travaux sans liaison entre eux. On paraît s'être attaché surtout à arrêter les courants par des digues en tête des plaines ; mais il y a des interruptions dans presque toutes ces digues, et d'ailleurs elles ne sont pas assez solides pour résister aux fortes crues ; des ruptures se produisent, bien que ce ne soient pas des digues insubmersibles. En réalité, toute la vallée, sur les 268 kilom. qui s'étendent de Lyon à Beaucaire, est aujourd'hui envahie par les grandes inondations, qui peuvent couvrir 41,000 hectares.

Quant à la dernière section, de Beaucaire à la mer, elle est protégée[1] par un endiguement continu qu'on a voulu rendre insubmersible, mais qui s'est toujours trouvé insuffisant en présence d'une crue exceptionnelle. Lorsque les digues sont rompues, tout le pays jusqu'à la mer, y compris la grande île de la Camargue, est livré à l'inondation sur une superficie de 159,000 hectares.

En définitive, une grande inondation peut, dans l'état actuel de la vallée du Rhône, envahir en dehors du lit du fleuve une surface de 220,000 hectares[2]. L'inondation ne se produit dans de telles proportions que par une crue générale tout à fait exceptionnelle. La génération présente n'a vu que deux crues qui soient dans ce cas, celles de 1840 et de 1856 ; le siècle précédent en compte également deux, en 1711 et 1755. La grande crue du Rhône en 1856 est la seule qui ait été

1. Si elle n'avait pas été *protégée*, la Camargue aurait bénéficié d'un colmatage naturel.

2. Les chiffres exacts, abstraction faite du lit du fleuve, seraient, savoir :

Haut Rhône, en amont de Lyon.	10,821 hectares.
De Lyon à Beaucaire	41,004 —
De Beaucaire à la mer. . . .	158,923 —
Total . . .	210,748 hectares.

étudiée complètement, et comme c'est en même temps celle qui a généralement atteint la plus grande hauteur, on a dû la prendre pour type des crues exceptionnelles.

204. Crue de 1856. — On estime à environ 1.200 m. cubes par seconde le débit maximum de la partie supérieure du bassin du Rhône qui aboutit au Léman ; mais l'immense réservoir naturel que forme le lac réduit le fleuve aux proportions d'un affluent tout à fait secondaire. C'est en réalité l'Arve, dont le débit peut aller jusqu'à 1.000 mètres cubes par seconde, qui détermine les crues du Rhône à son entrée en France.

Au moment de la crue de 1856, le volume du Rhône à sa sortie du lac de Genève ne dépassait pas 325 mètres cubes. L'Arve l'a porté à 1,020 mètres cubes.

Sur les 175 kilom. qui séparent l'embouchure de l'Arve du confluent de l'Ain, le Rhône ne reçoit que des cours d'eau secondaires, dont les crues s'écoulent très rapidement et dont les maxima sont de beaucoup en avance sur celui du fleuve. En 1856 ils n'ont, malgré leur grand nombre, élevé son débit qu'à 2.800 mètres ; mais à partir de l'Ain, dont le volume est comparable à celui du Rhône lui-même au point où les deux cours d'eau se réunissent, l'intervention des grands affluents, échelonnés dans le reste du bassin, exerce sur la progression de la crue, comme sur sa propagation, une action tout à fait dominante. On peut en juger par le tableau des débits, que nous avons donné au paragraphe précédent.

Malgré l'immense emmagasinement réalisé par la submersion générale de la vallée, et bien qu'à l'exception de l'Ain les principaux affluents soient restés en 1856 fort au-dessous des chiffres de débit qu'ils ont atteint à d'autres époques, les apports combinés ont porté la crue du Rhône de 5.600 mètres cubes par seconde, débit constaté après l'addition de l'Ain, au volume énorme de 13.900 mètres cubes à Beaucaire.

Le maximum de la crue, qui a mis trente-six heures à se propager de l'Arve aux abords de l'Ain sur un parcours de 175 kilom., s'est manifesté dans une même journée (le 31 mai) sur les 316 kilom. qui s'étendent du confluent de l'Ain à

Arles. Entre l'Ardèche et la Durance, il y a même eu, sur certains points, avance de quelques heures sur la date du 31.

On a observé que les forts débits du Rhône se transmettent ordinairement à l'aval de Lyon avec une vitesse moyenne de 4 kilom. à l'heure. A ce compte, le débit maximum aurait dû se produire à Arles soixante-dix-neuf heures (soit plus de trois jours) plus tard qu'au confluent de l'Ain, tandis que sur les 316 kilom. qui séparent ces deux points le maximum s'est manifesté dans la même journée.

Ces deux faits, le débit presque triplé et la production pour ainsi dire simultanée du maximum de la crue sur tout le cours du Rhône, de l'Ain à la mer, c'est-à-dire dans la partie de la vallée où se trouvent toutes les grandes plaines submersibles, donnent la mesure de l'action des grands affluents.

A partir de Beaucaire, sur les 62 kilom. que parcourt encore le Rhône jusqu'à la mer, il ne reçoit plus d'affluent. On a trouvé qu'en 1856 le débit total du fleuve, calculé seulement pour la période de débordement, a dû s'élever à seize milliards de mètres cubes. Ce chiffre, quelque considérable qu'il soit, n'est pourtant pas une limite supérieure. Il a été dépassé dans la crue de 1840. En effet, si cette dernière crue n'a pas atteint partout la hauteur de celle de 1856, en revanche elle a été très notablement plus longue, de sorte qu'en définitive son débit total a été bien supérieur et a provoqué une submersion plus prolongée.

205. Dommages. — Les appréciations auxquelles on s'est livré portent l'évaluation des dommages, pour l'ensemble de la vallée du Rhône, au chiffre de 30 millions.

Voici comment se décompose ce chiffre :

Pertes de récoltes, fumier, bestiaux, bâtiments et mobilier agricoles. 25.656.000 fr.
Réparation des digues 2.498.000
Excavations, ensablements, résultant de la rupture des digues. 938.000

Total. . . . 29.092.000 fr.
Soit en nombre rond 30,000,000 fr.

206. Lac de Genève. Bassin de l'Arve. — Dans son état naturel, le lac réduit le Rhône à 300 ou 400 mètres cubes par seconde ; on ne peut donc plus agir que sur ce débit restreint.

C'est ce qu'on ferait en construisant, à la sortie du lac, comme l'a proposé M. Vallée, un barrage qui permettrait d'arrêter au besoin toutes les eaux qui s'en échappent aujourd'hui en temps de crue. Ce barrage n'ayant que quelques mètres de hauteur totale, rien n'empêcherait d'y adapter des pertuis ordinaires. L'action de cette retenue se serait bornée en 1840 et 1856 à produire sur le maximum du Rhône à Lyon un abaissement d'environ 0^m,20. La dépense serait de cinq millions [1].

Immédiatement au-dessous de Genève, le Rhône reçoit l'Arve. C'est le plus grand affluent du Rhône supérieur. Par suite de l'action modératrice du lac de Genève, ce sont les crues de l'Arve, dont le débit peut aller jusqu'à 1,000 m. cubes, qui déterminent les crues du Haut-Rhône à son entrée sur le territoire français.

207. Bassins du lac du Bourget et de l'Ain. — La vallée du haut Rhône, entre Genève et le confluent de l'Ain, ne se prêterait à l'établissement d'une retenue qu'au droit du lac du Bourget.

Ce lac, situé près de la ville d'Aix, a une superficie de 38 kilom. carrés. Il fait partie de la vallée du Rhône, dont il n'est séparé que par la plaine submersible et marécageuse de la Chantagne ; en temps ordinaire il n'est que faiblement alimenté, et verse ses eaux dans le Rhône par le cours d'eau improprement appelé canal de Savière. Mais dans ses grandes crues le Rhône submerge la plaine de Chantagne et se déverse dans le lac, dont il exhausse considérablement le niveau. En 1856, le débordement du Rhône a élevé les eaux du lac jusqu'à 2^m,89 au-dessus de son étiage ; le volume d'eau emmagasiné dans son bassin et dans la plaine attenante a été de 95 millions de mètres cubes. Le lac du Bourget fait donc dès aujourd'hui pour les crues du Rhône l'office d'un véritable

1. Ces chiffres diffèrent un peu de ceux que donne M. Vallée. Mais cet ingénieur avait été inexactement renseigné sur le débit et la hauteur de la crue de 1856 à Lyon, et dans l'appréciation des dépenses il ne paraît pas avoir tenu compte des travaux aux quais de Genève.

réservoir. C'est une retenue naturelle qu'il est utile de conserver dans l'intérêt de la vallée du fleuve [1].

On peut encore augmenter très notablement cette retenue en barrant le fleuve, afin d'élever son niveau au droit du bassin du lac. On a trouvé que la position la plus commode pour le barrage serait vis-à-vis Landaise. Il soulèverait les eaux de 6 mètres, ce qui augmenterait de 3 mètres la hauteur de l'eau dans la plaine submersible et dans le lac au moment d'une crue pareille à celle de 1856, et ajouterait un cube de 165 millions à la réserve qui s'est naturellement produite à cette époque. L'effet de cette retenue combinée avec le barrage du lac de Genève serait, toujours dans l'hypothèse de la crue de 1856, de réduire de 1.000 mètres cubes environ le débit du Rhône et d'abaisser de $0^m,70$ sa hauteur à Lyon. Malheureusement ce résultat ne pourrait être acquis qu'avec une dépense très considérable [2].

La crue de l'Ain est en avance sur celle du Rhône. En 1856, son maximum a précédé celui du fleuve d'environ quatorze heures; si donc le régime du Rhône en amont n'était pas modifié, des retenues dans l'Ain, à l'aide de réservoirs à pertuis libres devant retarder sa crue, risqueraient d'être nuisibles au confluent. Mais les barrages étudiés pour les lacs de Genève et du Bourget pouvant être établis avec des pertuis qu'on ouvrirait ou qu'on fermerait à volonté, on suppose que leur manœuvre serait réglée de manière à arrêter à peu près le débit entier du Rhône à un moment donné et bien avant le maximum, de sorte que le plein de la crue serait en réalité non seulement diminué, mais avancé. Les retenues de l'Ain, bien que retardant le maximum de ce cours d'eau, agiraient donc dans un sens favorable sur les crues du Rhône

1. Si un endiguement mettait le lac du Bourget à l'abri des crues du Rhône, une inondation comme celle de 1856 serait exhaussée à Lyon de $0^m,50$.

2. L'établissement du réservoir du Bourget nécessiterait un grand barrage mobile dans le Rhône et d'autres travaux d'une importance exceptionnelle. Il en résulterait une dépense totale de 20 millions.

On s'est demandé si, au lieu de barrer le Rhône, on ne pourrait pas augmenter l'action du lac sur les crues en facilitant l'introduction des grandes eaux par un large canal de dérivation entre le fleuve et le lac? L'étude de cette question a montré qu'il faudrait faire une dépense de 14 millions et que l'abaissement des grandes crues produit par le lac dans son état actuel ne serait augmenté à Lyon que de 11 centimètres.

en cas de construction des deux barrages ; l'atténuation en
1856 aurait atteint 1 mètre à Lyon.

208. Bassin de la Saône. — Les parties de la vallée de
la Saône soumises aux inondations fonctionnent comme de
véritables réservoirs, et offrent un nouvel exemple à citer
de l'action des retenues naturelles. Non seulement ce puissant emmagasinement amoindrit très notablement le débit
maximum de la Saône à Lyon, c'est-à-dire au confluent,
mais il allonge la crue et la ralentit à tel point que, contrairement à la règle générale, c'est ici l'affluent qui est
en retard. Il est en effet bien constaté par des observations
suivies pendant trente années consécutives, que la Saône
monte et descend avec une extrême lenteur comparativement
au Rhône, et que dans une crue générale son maximum ne se
produit vers le confluent que quatre ou cinq jours après celui
du fleuve.

En retardant encore la crue de la Saône par des retenues
artificielles, il est clair qu'on agirait dans le sens d'une atténuation des crues du Rhône, et on a dû examiner si une
pareille opération était praticable.

On ne saurait songer à créer des réservoirs supplémentaires
en augmentant le grand réservoir naturel que forme déjà la
submersion des plaines entre Lyon et Verdun ; les localités ne
le comportent pas. Des réserves nouvelles ne pourraient être
tentées qu'au-dessus de Verdun, c'est-à-dire dans les bassins
du Doubs et de la Saône supérieure.

Le Doubs est le plus grand affluent de la Saône, son débit
dépasse même celui de la Saône supérieure, à raison de la
configuration particulière de la vallée principale et de l'ensemble du bassin. Sauf dans sa partie inférieure, à partir de
Dôle, la vallée du Doubs se présente sous l'aspect d'une gorge
profonde et étroite, où les élargissements sont rares et fort
limités ; pas d'emplacements disponibles assez spacieux pour
établir des réservoirs. D'ailleurs les crues du Doubs arrivant
bien avant celles de la Saône supérieure ; les retards que causeraient des retenues tendraient à accroître le débit à l'aval du
confluent.

Le bassin du Doubs étant écarté, reste le bassin de la
haute Saône. Un certain nombre de réservoirs pourraient

à la rigueur y être établis; mais ils seraient en général de capacités restreintes, et sans parler des dommages qu'ils causeraient en aggravant ou provoquant la submersion de terrains précieux, on va voir que l'opération ne serait pas justifiable.

On s'est rendu compte qu'un emmagasinement supplémentaire de 300 millions de mètres cubes dans la Haute-Saône, qui ne coûterait pas moins de 30 millions, n'aurait produit dans le Rhône, pendant la grande crue de 1840, que des abaissements ne dépassent pas $0^m,13$ entre Lyon et Valence, et s'atténuant bien vite au delà, au point de devenir tout à fait nuls. On a également reconnu que, dans la crue de 1856, ces mêmes retenues n'auraient abouti pour le Rhône qu'à des relèvements. Ce résultat négatif est dû à ce que, en 1856, le Rhône et la Saône ont subi plusieurs crues successives et rapprochées, de sorte que les réservoirs de la Saône s'étant remplis pendant la première crue de cette rivière et ne se trouvant pas encore vidés au moment de la seconde, auraient en définitive augmenté le débit qui a contribué à l'inondation de la vallée du Rhône.

Ainsi, un emmagasinement supplémentaire de 300 millions de mètres cubes dans la Saône, pour lequel du reste on ne trouverait pas d'emplacements dans des conditions admissibles, n'aurait pour les grandes crues du Rhône que des effets insignifiants ou nuisibles.

Il convient en outre de faire remarquer que, dans toutes les grandes crues de la Saône, des retenues pratiquées en amont des plaines submersibles n'y réduiraient la hauteur de l'eau que dans une proportion trop faible pour diminuer sensiblement le champ de l'inondation, mais en revanche prolongeraient notablement la durée de la submersion. Or, pour ces plaines, c'est surtout cette durée qui est dommageable en été et au printemps.

209. Vallée de l'Isère. — Tous les points où la disposition générale du terrain paraissait favorable à la formation de grands réservoirs ont été explorés, tant sur les affluents que sur le cours de l'Isère. Mais partout on a dû reculer devant des conditions inacceptables. D'abord les crues des affluents ont sur celles de l'Isère une avance très notable, ensuite les réservoirs qu'on y créerait noieraient les plaines si rares et

par conséquent si précieuses de ces contrées montagneuses.
Ce dernier inconvénient se retrouve également dans la vallée
de l'Isère où des réservoirs nécessiteraient le sacrifice des
territoires les plus riches du pays. Partout d'ailleurs les barrages provoqueraient de rapides et abondants dépôts, et devraient être fondés sur des terrains d'alluvion et des fonds
affouillables qui n'offriraient pas de garanties de solidité;
enfin tous les réservoirs artificiels, sauf un seul, ne pouvant
être placés qu'en amont de Grenoble, leur rupture exposerait
cette grande ville à un désastre semblable à celui qu'elle a
déjà subi en 1219.

Cette situation des réservoirs au-dessus de Grenoble, et la
submersion qu'ils imposeraient aux plaines cultivées, soulè-
veraient certainement dans le pays la plus énergique opposition.

En somme le bassin de l'Isère ne se prête pas à l'établissement des retenues artificielles.

210. Bassin de la Drôme. — Le bassin de l'Isère est con-
tigu à celui de la Drôme et les deux confluents ne sont éloignés
que de 27 kilom. Ce dernier bassin, bien moins étendu que le
premier, n'a qu'une superficie de 4.736 kilom. carrés. Pendant l'inondation de 1856, la Drôme a débité seulement
1.056 mètres cubes au moment du maximum; sa plus grande
crue, qui date de 1842, a atteint vers l'embouchure le chiffre
de 1.900 mètres cubes par seconde.

Un éboulement considérable, sur — au dans la partie supérieure de la vallée de la Drôme, forma autrefois un barrage
de 75 mètres de hauteur et détermina la création du lac de
Luc. Mais, bien que sur ce point la rivière ne débitât dans ses
plus fortes crues que 200 mètres cubes tout au plus, ce lac
s'est comblé et il est aujourd'hui converti en une plaine marécageuse. Ce fait peut donner une idée de l'abondance des
matières que charrient les cours d'eau qui descendent des
Alpes.

Le bassin de la Drôme a beaucoup d'analogie avec ceux de
l'Arve et de l'Isère. Sur les 20 kilom. qui s'étendent de Crest
à l'embouchure dans le Rhône, la vallée principale présenterait toutefois de vastes emplacements pour des réservoirs;
mais ceux-ci causeraient la submersion de plaines cultivées

et de nombreuses habitations, et d'un autre côté le sol d'alluvion sur lequel il faudrait asseoir les barrages n'offrirait pas de garanties.

Les crues de la Drôme étant fort en avance sur celles du fleuve, des réservoirs établis dans le haut du bassin, à moins d'avoir des capacités que ne comportent pas la disposition des lieux, tendraient à aggraver la hauteur du Rhône au confluent.

211. Bassin de l'Ardèche. — Le bassin de l'Ardèche n'a qu'une superficie de 2.429 kilom. carrés, bien inférieure à celles des bassins de la Saône, de l'Isère, de la Durance ou de l'Ain. Cependant la crue de l'Ardèche dépasse quelquefois de beaucoup le débit de tous les autres affluents du Rhône. C'est ainsi qu'en 1827 le débit s'est élevé à 7.000 mètres cubes par seconde. L'énorme volume des crues de l'Ardèche tient à l'abondance toute particulière des pluies d'orage dans cette région, au relief de l'ensemble du bassin, aux pentes excessives des vallées et à l'absence de tout emmagasinement naturel. L'eau se précipite sur des pentes très déclives et arrive sans aucun arrêt au fond de vallées encaissées et très inclinées; les crues se produisent très rapidement, prennent des proportions énormes et passent vite [1].

212. Météorologie de l'ensemble du bassin du Rhône. — En jetant les yeux sur une carte générale du bassin du Rhône, on s'aperçoit que la vallée du fleuve, les bassins de ses affluents sur les deux rives jusqu'à la Saône inclusivement, et enfin tous les affluents sur la rive gauche en aval de Lyon, ont une orientation commune et par conséquent peuvent être en crue en même temps sous l'influence d'une même cause météorologique. On voit au contraire que tous les affluents de la rive droite situés à l'aval de la Saône, et en particulier le bassin de l'Ardèche, sont orientés dans un sens tout différent. Les grandes crues de l'Ardèche et des cours d'eau voisins ne doivent donc pas se produire dans les mêmes circonstances que celles du Rhône. C'est en effet ce que cons-

1. Il est impossible de trouver deux exemples plus frappants que ceux de la Saône et de l'Ardèche des différences que provoquent, sur le régime des crues, la présence ou l'absence d'emmagasinements naturels dans le bassin d'un cours d'eau.

late l'observation. Tandis que des pluies persistantes, favorisant les fontes de neige sous l'influence des vents d'ouest et de sud-ouest, causent les grandes crues du Rhône, elles n'amènent comme en 1856 et 1840 qu'une crue très ordinaire dans l'Ardèche. Quant aux crues extraordinaires de ce dernier cours d'eau, elles sont toujours provoquées par les pluies d'orages survenant en automne, sous l'influence des vents chauds du sud-est. Ces vents s'engouffrent dans le bassin, amoncellent et élèvent les nuages orageux sur le flanc des Cévennes.

Il est fort heureux que les crues exceptionnelles de l'Ardèche ne puissent se combiner avec les grandes crues du Rhône, car le bassin de cet affluent ne se prête nullement à l'application du système des réservoirs artificiels[1]. Ici ce ne sont pas les conditions de solidité qui manquent, ce sont les emplacements ; d'ailleurs un retardement du volume de l'Ardèche aggraverait la crue du Rhône au confluent.

213. Les crues du Rhône et les réservoirs. — Considérons d'abord le premier groupe, c'est-à-dire les retenues du lac de Genève, du lac du Bourget et du bassin de l'Ain. Leur emmagasinement total, correspondant à 285 millions de mètres cubes, produirait sur une crue semblable à celle de 1856 les effets suivants :

1° L'abaissement de la crue serait insignifiant et en tous cas sans aucun intérêt en amont du lac du Bourget, le Rhône dans cette partie de son cours étant profondément encaissé à peu près partout ;

2° Entre le bassin du lac du Bourget et Lyon il existe 40.000 hectares de plaines inondables ; l'atténuation due aux retenues serait à peine de 0m,70 à 1 mètre en moyenne dans les grandes crues. Ce serait sans doute un avantage, mais on n'y attacherait qu'un très faible prix, attendu que la submersion ne serait pas complètement empêchée, que *l'inondation est bien moins dommageable dans le haut Rhône que la corrosion des rives, la divagation du fleuve et la multiplicité de ses bras,*

1. De grandes crues de l'Ardèche, comme celle de 1827, peuvent produire une crue très marquée dans le Rhône en aval ; mais il n'y a pas à s'en préoccuper, puisqu'elles trouvent toujours le Rhône dans un état très ordinaire.

et que ce qui intéresse surtout les plaines basses de cette région, ce sont des travaux de fixation du lit et de défense des rives; or, un certain abaissement des grandes crues ne changerait rien à la nécessité, ni à la dépense de ces travaux;

3° Dans la traversée de Lyon, l'abaissement serait d'un mètre environ;

4° Quant aux abaissements qu'on réaliserait au-dessous de Lyon, toujours dans l'hypothèse d'une crue égale à celle de 1856, voici en quoi ils consisteraient :

A l'aval du confluent de la Saône, $0^m,41$.

A Tournon (90 kil. à l'aval de Lyon), $0^m,25$.

A Valence (110 kil. à l'aval de Lyon), $0^m,21$.

Au delà de Valence les abaissements deviennent tout à fait insignifiants.

Entre Lyon et Valence, où les plaines accessibles aux crues sont peu nombreuses et peu étendues, et où d'ailleurs la submersion peut atteindre $2^m,50$ à $3^m,00$, les atténuations n'auraient en réalité aucun intérêt, et elles seraient tout à fait inappréciables au delà de Valence, c'est-à-dire dans la région des grandes plaines submersibles.

Avec leur capacité totale de 322 millions de mètres cubes, les retenues étudiées dans le bassin de la Durance n'atténueraient une crue semblable à celle de 1856 que des quantités suivantes :

A Beaucaire (24 kil. en aval du confluent de la Durance), $0^m,41$.

A Arles (40 kil. en aval du même confluent) $0^m,14$.

En somme, on arrive à conclure : que les grandes dépenses auxquelles la construction des réservoirs donnerait lieu ne produiraient pas d'effets suffisants pour les justifier. L'importance et le grand nombre des affluents d'aval constituent d'ailleurs une situation spéciale.

En présence de cette conclusion on se demande si, à défaut des retenues, on ne pourrait pas recourir à d'autres moyens pour atténuer les dommages causés par les crues du Rhône?

214. Fixation des rives. — En fixant les rives du Rhône, en rendant tout à fait insubmersibles les digues continues qui existent à partir de Beaucaire, en protégeant certaines parties précieuses du reste de la vallée contre les courants et les débordements ordinaires par des digues submersibles, on arriverait à une solution satisfaisante.

Les dépenses s'élèveraient aux chiffres suivants :

1° Partie comprise contre la frontière suisse et Beaucaire :

Défense des rives . . . .   7.300.000 fr.

Travaux d'endiguement 12.700.000

2° Partie comprise entre Beaucaire et la mer :

Défense des rives . . . .   2.000.000 fr.

Travaux d'endiguement 9.300.000

Total pour l'ensemble de la vallée du Rhône . 31.300.000 fr.

215. Vallée de la Durance. — Des sources de la Durance jusqu'au confluent de Bléone, en aval de Sisteron, c'est-à-dire sur un développement de 170 kil., la vallée est étroite ; la rivière est souvent contenue entre des escarpements rocheux ; la pente, d'abord de 9 mètres par kilomètre, ne s'abaisse pas au-dessous de $3^m,50$; les terrains cultivés que les eaux peuvent attaquer ou submerger ne se rencontrent que de loin en loin et n'ont en largeur et longueur que des proportions fort restreintes.

Du confluent de la Bléone à son embouchure dans le Rhône près d'Avignon, la Durance a un parcours de 134 kilom. Cette partie de la vallée n'a plus le même aspect que la précédente. Les coteaux s'écartent, la rivière, dont la pente est encore de 2 à 3 mètres par kilomètre, s'est créé, par suite de ses corrosions continues, un lit de 1,000 mètres à 1.600 mètres de largeur, à travers lequel le courant divague à toute hauteur d'eau sans cesser d'attaquer les rives. En dehors de ce lit, dont les proportions exagérées ont été acquises aux dépens de terres productives aujourd'hui remplacées par des bancs de gravier stérile, des surfaces considérables, surtout dans la section tout à fait inférieure de la vallée, sont en outre submergées par les grandes crues.

On s'est naturellement demandé quel parti on pourrait tirer de l'emploi des retenues artificielles dans l'intérêt de la vallée de la Durance. Les réservoirs étudiés dans cette vallée pour atténuer les crues du Rhône amèneraient certainement un abaissement des grandes crues de la Durance. La dénivellation, qui serait d'environ 1 mètre dans l'hypothèse la plus

favorable à l'application des réservoirs, diminuerait dans une
notable proportion la submersion des terres cultivées. Mais
la submersion, comme cause de dommage, ne vient qu'en
seconde ligne; ce sont surtout les corrosions, les destructions
de terrains par les courants qui donnent lieu aux plus grandes
pertes. Or, les corrosions se produisant avec tout autant
d'énergie par les crues qui ne débordent pas que par celles
qui se répandent en dehors du lit, leurs effets destructeurs
subsisteraient nonobstant un certain abaissement des grandes
crues de débordement. L'établissement des réservoirs, évalué à plus de 30 millions, ne dispenserait nullement de la
nécessité de fixer et de défendre les rives, opération de beaucoup la plus utile.

On a calculé que, dans la crue de juin 1856, survenue
lorsque les récoltes étaient sur pied, les pertes de l'agriculture en récoltes et mobilier dans la vallée de la Durance
n'ont été que de 400.000 fr., tandis que le dommage causé
par les destructions de terrains, ravinements et corrosions
s'est élevé à 1.700.000 fr. Les réservoirs, loin d'atténuer
les effets des corrosions, tendraient plutôt à les aggraver en
augmentant la durée des crues.

Sans recourir à l'abaissement des grandes crues, on
peut, à l'aide de quelques petites digues, diminuer très sensiblement les effets exclusivement propres à l'inondation.
La création de retenues artificielles dans le bassin de la Durance, qui ne serait pas justifiée par leur action modératrice
sur les crues du Rhône, ne le serait donc pas davantage par
des résultats utiles à l'égard de la vallée de la Durance.

Dans la partie supérieure du cours de la Durance, en
amont du confluent de la Bléone, les travaux de défense
directe seraient appliqués à un développement de rivière de
170 kilom.; ils ne comporteraient que des digues longitudinales rattachées en tête à des points insubmersibles. Ces
ouvrages, qui ne s'élèveraient au-dessus des grandes crues
que vers leur origine amont, fixeraient le lit et arrêteraient
les effets destructeurs des corrosions et des courants, sur les
points de la vallée où des terrains cultivés se trouvent exposés
aux attaques des eaux. Ils sont évalués à 3.000.000 fr. et
n'intéressent néanmoins que des territoires formant ensemble

une superficie de 1.363 hectares, soit 2.200 fr. pour chaque hectare protégé.

Ce dernier chiffre dépasse de beaucoup la somme qu'on consacre ordinairement à la défense de territoires agricoles. Il faut d'ailleurs remarquer qu'il ne s'agit ici ni de grandes plaines, ni de travaux d'un grand développement qu'on ne saurait morceler. Chaque partie du territoire à protéger est au contraire de peu d'étendue, parfaitement indépendante, et n'exige que des ouvrages d'une faible longueur qu'on peut sans inconvénient entreprendre isolément. Sur certains points la dépense ne serait pas en rapport avec la valeur du terrain et dans de pareilles conditions les travaux de défense ne doivent être l'objet d'aucune mesure d'ensemble. Il suffit d'en laisser, comme par le passé, l'initiative aux propriétaires, aux communes, aux syndicats, en les aidant au besoin par des subventions.

Dans la dernière section du cours de la Durance, sur le trajet de 134 kilom. qui s'étend de la Bléone au Rhône, la largeur de la vallée permet d'appliquer les défenses à de plus vastes territoires.

Le système indiqué par l'expérience des travaux déjà pratiqués avec succès dans cette partie de la vallée consisterait en épis insubmersibles se rattachant à un terrain peu ou point submergé, terminés par des portions de digues longitudinales. Ces épis, convenablement espacés, se raccordant naturellement aux ouvrages de défense exécutés antérieurement sur divers points, fixeraient le lit et éloigneraient le courant des rives qu'il attaque aujourd'hui.

216. Évaluations. — Les travaux défensifs, destinés à protéger les plaines d'une grande étendue exposées aux ravages des crues dans le bassin du Rhône, s'élèveraient au chiffre total de 63.500.000 fr., en y comprenant les 31.300.000 dont on a donné le détail à l'article 214, savoir:

Vallée du Rhône jusqu'à Beaucaire.....	20.000.000 fr.
De Beaucaire à la mer.............	11.300.000
De l'Arve.................	2.800.000
De la Saône...............	4.000.000
Du Doubs................	2.000.000
A reporter....	40.100.000

	Report. . .	40.100.000
De la Loue.		1.400.000
De l'Isère.		9.000.000
De la Romanche.		1.000.000
De la Durance.		12.000.000
Total pour le Rhône et ses affluents. . .		63.500.000 fr.

217. Résumé. — Les inondations du Rhône ne peuvent être atténuées dans une mesure suffisamment utile, eu égard au montant des dépenses, par la création de réservoirs artificiels ; mais on peut, à l'aide de défenses directes et locales, mettre les grands territoires submersibles, tant dans la vallée du Rhône que dans les vallées des principaux affluents, à l'abri d'une grande partie des ravages qu'ils subissent pendant les crues exceptionnelles.

L'ensemble des travaux qu'il y aurait à faire intéresse une superficie de 229.200 hectares. La somme totale de 63.500.000 fr. correspond à une dépense moyenne de 277 fr. 05 par hectare protégé.

§ III

CRUES POSTÉRIEURES

218. Crue de septembre 1863. — En 1857 et 1858, pas de crue atteignant 3^m,50 au pont Morand ; en novembre 1859, crue de 4^m,80. Pas de crue en 1860 ; en 1861, 3^m,60 ; en 1862, 4^m,20.

En septembre 1863, crue de 5^m,18. M. l'ingénieur Gobin en a rendu compte dans une note lue à l'Académie de Lyon le 26 février 1864. Nous lui empruntons les détails suivants :

La crue a été produite exclusivement par la pluie torrentielle qui est tombée dans le bassin du Haut-Rhône, pendant toute la journée du 25 septembre et toute la nuit suivante, sans interruption ; le vent du sud soufflait avec intensité, et l'orage a été tellement violent à Seyssel, que les communications électriques ont été interrompues pendant plusieurs heures entre cette ville et Lyon.

L'Arve et le Fier, affluents du Rhône, ont été moins forts qu'en mai 1856; mais la rivière des Usses, qui se jette dans le fleuve au-dessus de Seyssel, n'a jamais atteint un niveau aussi élevé; l'Ain a dépassé la crue de 1856 de 0^m,33, au pont de Chazey.

Au-dessous de Seyssel, la pluie a été moins intense, et, à Lyon, il n'est tombé qu'une quantité d'eau insignifiante, bien que le ciel ait été constamment chargé de gros nuages noirs; la violence du vent a retardé la transformation de ces nuages en pluie et les a accumulés sur les montagnes du haut Bugey. Sans cette circonstance, qui a empêché les affluents inférieurs d'apporter leur contingent à la crue, l'inondation eut été au moins aussi désastreuse qu'en 1856. La comparaison des hauteurs montre que la crue de 1863 a été supérieure à celle de 1866 de 0^m,33 au pont de Chazey sur l'Ain, égale à Seyssel, inférieure de 0^m,98 au Sault, de 0^m,21 à Miribel et de 1^m,04 à Lyon.

Les eaux ont envahi la plaine de la Chantagne (Savoie), en passant par les intervalles et les parties basses des digues; elles se sont accumulées contre le remblai transversal du chemin de fer Victor-Emmanuel, où elles ont atteint le niveau des rails; elles se précipitaient ensuite dans le lac du Bourget, en passant sous les deux ponts de 80 mètres de débouché total, établis dans la plaine sous le chemin de fer; la différence de niveau des eaux, à l'amont et à l'aval du remblai, était de 1^m,02, au moment du maximum. Il en est résulté que la crue observée au hameau de Montersent, contre le Mollard de Vions, a dépassé de 0^m,40 celle de 1856 et de 0^m,15 celle de 1859.

Le niveau du lac du Bourget s'est élevé de 1^m,42 pendant la crue, et il a atteint son maximum à Aix, le 27 septembre, entre dix et onze heures du matin, soit trente-six heures après le maximum observé à Chanaz, à l'embouchure du canal de Savières qui met en communication le lac avec le Rhône.

Le lac du Bourget ayant une surface de 38.660.000 mètres carrés, il en résulte qu'il a retenu, pour une ascension de 1^m,42 pendant la crue, un volume d'eau de 54.897.200 mètres cubes; on voit qu'en retranchant de ce chiffre la part des affluents directs du lac, il reste encore un emmagasinement considérable dû au déversement des eaux du Rhône dans le lac et dont l'effet atténue sensiblement la crue en aval.

Cette crue a permis de constater l'efficacité des travaux exécutés pour défendre Lyon contre les inondations du Rhône, et, bien qu'elle soit notablement inférieure à celle de 1856. elle eût cependant submergé complètement les anciens quais de Retz et de l'Hôpital, ainsi qu'une partie du quai Saint-Clair. L'ancienne digue en terre, qui constituait autrefois la seule défense des Brotteaux et de la Guillotière, eût probablement été coupée; car la partie restante, qui protège encore quelques terrains en avant de la digue actuelle, a été affleurée, et ce n'est qu'avec beaucoup de peine que les propriétaires riverains ont évité la submersion de leurs terres.

L'influence de la crue s'est fait sentir par infiltration, dans le lac du parc de la Tête-d'Or; à l'origine de la crue, le niveau de ce lac marquait 2 mètres à l'échelle; il s'est élevé de 1 mètre et a atteint son maximum le 28 septembre, à six heures du matin; une heure après, on faisait déverser le trop-plein dans l'égout collecteur des quais d'Albret et Castellane, dont la vanne d'aval avait été ouverte à la fin de la crue pour rétablir les communications avec le fleuve.

M. Gobin a trouvé, à l'aide de flotteurs, que la vitesse superficielle du fleuve était de 3 mètres au moment du maximum, entre le pont Saint-Clair et le pont Morand.

210. Crue de décembre 1882. — Des crues de plus de $3^m,50$ à l'échelle du pont Morand ont été constatées en juin 1864 ($4^m,36$); octobre 1865 ($3^m,93$); avril 1867 ($3^m,57$); novembre 1870 ($3^m,97$); mai 1872 ($3^m,67$); octobre 1872 ($3^m,60$); novembre 1874 ($4^m,67$); janvier, août et novembre 1875 ($4^m,79$, $4^m,89$, $3^m,58$); mars 1876 ($4^m,24$); février, mai et juin 1877 ($4^m,84$, $4^m,06$, $4^m,25$); mai et décembre 1878 ($3^m,75$ et $3^m,59$); juillet 1879 ($3^m,53$); octobre 1880 ($3^m,70$); 28 novembre et 5 décembre 1882 ($4^m,05$ et $3^m,60$). Enfin, nous arrivons à la grande crue du 28 décembre 1882, qui a marqué $5^m,77$ à l'échelle du pont Morand. En ajoutant les $0^m,38$ de différence accusés par M. Belin, cela fait $6^m,15$ au-dessus du plus bas étiage connu en 1856. Par rapport à l'étiage de 1872 ($-0^m,61$), $6^m,38$. Ce sont les cotes $6^m,60$, de 1856, et $6^m,15$ qu'il faut comparer, puisqu'elles partent du même repère. La crue de 1882 a eu à peu près le même débit que celle de 1856, et l'on explique la différence des hauteurs par un « changement dans la pente superficielle de la crue »; ce changement se rattache sans doute à l'abaissement du lit, qui s'est produit sur quelques kilomètres au-dessous de Lyon par suite des travaux d'endiguement.

§ IV

OBSERVATIONS

220. Le passage de Lyon. — Le croquis ci-joint se rapporte à la crue de 1856; on voit quelle a été l'influence du massif de Lyon sur sa hauteur. Cette influence est aggravée par la multiplicité des ponts et par la diminution de leurs débouchés (d'après Dausse, celui du pont de la Guillotière a été réduit de 367 mètres linéaires à 255.)

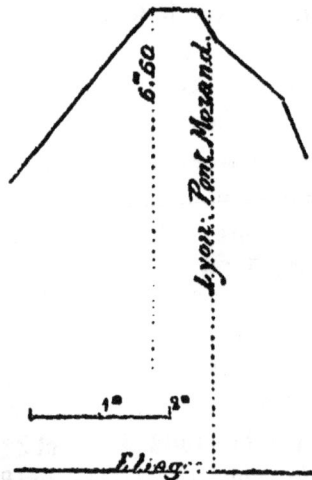

La crue de 1856 au passage de Lyon.
Echelles : longueurs, 0m.009 pour 5 kilom. ; hauteurs : 0.009 pour 1 mètre.

La ligne des étiages de notre petit extrait du *Profil en long* de M. Belin passe par les niveaux les plus bas obser-

vés jusqu'en 1856, et non par les zéros des échelles, qui en
diffèrent notablement. La courbe des hauteurs ne représente
pas d'une manière heureuse la crue à son maximum, car il
n'y a pas eu de contre-pente. Il eut été préférable de donner
la ligne des étiages et celle des maxima sur un véritable profil longitudinal, rapporté au niveau de la mer. On aurait vu
alors la crue au passage de Lyon dessiner une bosse au-dessus
de la direction générale des lignes de pente, mais non au-dessus d'une ligne d'apparence horizontale. Ajoutons que le
débit maximum n'a pas lieu partout au même moment, observation qui d'ailleurs n'a pas pour le Rhône la même importance que pour d'autres fleuves; il faut la faire, cependant,
pour qu'on ne donne pas un sens trop absolu à l'expression
de « véritable profil longitudinal. »

221. Les débits maxima et les hauteurs. — Il est curieux de comparer, dans les annexes au rapport de M. Belin,
la courbe des hauteurs au-dessus de l'étiage à celle des débits
maxima : Au lac du Bourget, diminution du débit et augmentation de la hauteur (voir la figure ci-jointe); à l'embouchure
de l'Ain, énorme augmentation du débit, diminution des hau-

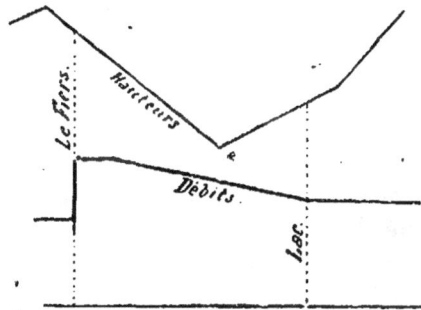

teurs au-dessus de l'étiage pendant près de 10 kilomètres. Au
confluent de l'Isère, même effet pour les débits, faible exhaussement par rapport à la ligne des étiages. Après la Drôme,
abaissement de la ligne des hauteurs. En aval de l'Ardèche,
court abaissement suivi d'un relèvement modéré. Enfin, bien
que la Durance jette un gros volume dans le fleuve, les hauteurs au-dessus de l'étiage, qui se sont augmentées en amont,
diminuent en aval.

Cela montre que les changements dans les dimensions, les formes et les pentes du lit et de la vallée submersible, quand ils agissent en sens inverse de l'augmentation du débit, peuvent dominer l'influence de celle-ci.

222. Conclusion. Lyon serait exposé à des désastres dans le cas de rupture de la digue qui règne sur la rive gauche du fleuve, en amont des quais; mais cependant la situation serait beaucoup moins mauvaise qu'à Toulouse en 1875, parce que l'inondation n'atteindrait pas de quartiers construits comme l'était à cette époque le faubourg Saint-Cyprien.

Des ponts nouveaux, s'ils étaient mal conçus, pourraient diminuer la sécurité relative de la situation; mais l'administration supérieure ne manquera pas d'y veiller.

Toutes les villes de la vallée sont défendues comme Lyon; mais il reste beaucoup à faire dans l'intérêt des campagnes. Nous avons indiqué le résultat des études entreprises après la crue de 1856; c'est un bon programme, dont une grande partie reste à exécuter.

§ V

NAVIGATION

223. Travaux exécutés de 1860 à 1878. — Cinq ans après l'ouverture du chemin de fer de Lyon à Avignon, en 1860, un programme pour l'amélioration de tout le Rhône navigable a été présenté. Il s'agissait de continuer le système des digues longitudinales, déjà employé, et, en ce qui concerne la partie s'étendant de Lyon à Arles, d'obtenir un mouillage de 1m,50.

La correction des mauvais passages devait coûter 16 millions; les défenses de rives, pour prévenir de nouvelles perturbations, 21.300.000 francs. Total 37.300.000 fr.

De 1860 à 1865, on a consacré 800.000 fr. par an à l'exécution de ce programme, qui n'avait toutefois été accueilli par l'administration supérieure qu'à titre de renseignement.

En 1865 un nouveau programme a été rédigé sur la base d'un

mouillage de $1^m,60$ en amont d'Arles et de 2^m en aval. On évaluait les travaux à 9 millions et demi pour le Rhône supérieur, 27 et demi de Lyon à Arles, 2 et demi d'Arles à la mer. Total, 39 millions et demi.

Les travaux exécutés de 1865 à 1878 ont absorbé une somme de 13 millions environ.

224. Travaux postérieurs à la loi du 13 mai 1878. — La loi du 13 mai 1878 affecte une somme de 45 millions à l'amélioration du Rhône entre Lyon et la mer.

Cette loi a été rendue sur le vu d'un avant-projet comportant l'exécution de digues longitudinales, de défenses de rives et de dragages. On espérait arriver, par l'emploi de ces procédés, à avoir $1^m,60$ sous l'étiage entre Lyon et Arles, pour ne parler que de cette partie.

On ne peut espérer un grand développement de la navigation du Rhône qu'à la condition d'un minime prix de revient de la tonne kilométrique. Par conséquent, avant de dépenser les 45 millions de la loi de 1878, il aurait fallu résoudre cette question : que deviendront les vitesses, quel sera le prix de revient des transports?

Il ne manquait pas de passages améliorés par les travaux antérieurs, ou naturellement conformes à ce que l'on espérait obtenir, et par suite on pouvait apprécier la situation qu'amèneraient les ouvrages projetés en cas de succès. On savait d'ailleurs que le premier système adopté pour la Saône, en aval de l'embouchure du Doubs, consistait aussi dans l'endiguement, et la notice publiée par M. Laval en 1845 dans les *Annales* donne des renseignements sérieux sur ses conséquences. On voit à la page 46 de cette notice qu'au passage de Trévoux la vitesse n'a été réduite que de $1^m,94$ à $1^m,80$ et au passage de Collonges de $2^m,56$ à $1^m,85$; la profondeur dépassait $1^m,20$ (page 38). Pouvait-on supposer qu'on arriverait à diminuer suffisamment les vitesses dans le Rhône sans le diviser en biefs par des barrages éclusés, sachant qu'on avait été obligé de faire cette division dans la Saône? En tous cas, il fallait prouver qu'une navigation très économique est possible sur le Rhône libre, en faisant alors sur les bons passages les essais qu'on fait aujourd'hui. Il n'y avait qu'à opérer sur les huit kilomètres compris entre Tain et Châteaubourg, où l'amélioration est absolument complète et définitive, disait-on avant d'avoir entamé les 45 millions.

Mais nous avons à remplir un devoir d'impartialité, c'est de faire connaître au lecteur, en résumé du moins, les arguments invoqués à l'appui des systèmes successivement adoptés, dans les travaux qui ont suivi la loi de 1878.

L'endiguement (1878). — Le système consiste à tracer dans le lit naturel du fleuve un lit mineur, bordé de digues submersibles discontinues, pour jeter successivement le courant dans les concavités offertes alternativement par les deux rives. Les digues concaves à grand rayon fixent en général le courant à leur pied, et l'on ne pense pas que la rive opposée ait besoin d'être endiguée, si ce n'est pour barrer les bras parasites et empêcher l'ouverture de nouveaux bras. Autant que possible, il faut éviter les rayons de moins de 1,000 mètres, ou de plus de 3,000 mètres.

Les points de passage d'une rive à l'autre présentent toujours un haut-fond; mais on estime que ce haut-fond n'a aucun inconvénient si le tirant d'eau est suffisant.

La fixation des largeurs a eu lieu par l'observation de celles que prend le lit naturel en basses eaux, et par l'expérience des endiguements antérieurs. On en a déduit des moyennes qu'on a adoptées, respectivement, dans des sections assez étendues. Cependant il n'y a pas d'uniformité absolue; on s'attache surtout à bien fixer la largeur normale dans les inflexions, qui correspondent aux traversées du fleuve par le thalweg.

L'étiage au confluent du Rhône et de la Saône s'étant abaissé de 1ᵐ,42 de 1858 à 1874, on a admis que l'endiguement ne devait pas s'appliquer aux rapides seulement, mais encore aux mouilles voisines, pour compenser l'abaissement du plan d'eau résultant de l'amélioration du maigre, soit par l'accroissement de la pente dans les mouilles, soit par l'allongement du rapide. On avait confiance dans le succès, parce que certains passages étaient partout suffisamment profonds, avec des pentes moyennes supérieures à celles des grandes sections dont ils faisaient partie [1].

1. Quelles sont les vitesses sur ces passages à bonnes profondeurs ? Dans une note autographiée du 3 juillet 1880, M. Pasqueau rapporte que, d'après

Les deux objectifs des travaux prescrits par la loi du 13 mai 1878 sont : régularisation de la pente, concentration des basses eaux dans un chenal unique. On pense qu'ils seront atteints en créant un lit mineur disposé de manière à donner le tirant d'eau demandé en évitant les approfondissements exagérés. On croit qu'il faut pour cela régler à 1^m,50 au-dessus de l'étiage la hauteur maxima des endiguements, et dans les inflexions diminuer cette hauteur et la réduire à un minimum qui pourrait correspondre à l'étiage lui-même.

Un tableau donne les vitesses *moyennes* pour les diverses pentes, selon la profondeur de l'eau et la hauteur des digues. Nous y voyons qu'on aurait des vitesses de 2 mètres environ entre l'Isère et l'Ardèche, où la pente moyenne est de 0^m,79, si l'on parvenait à régulariser les déclivités plus qu'on ne le fera assurément. Ce tableau est un document peu compatible, si nous ne nous trompons, avec l'espoir qu'on avait conçu d'amener la navigation du Rhône à un grand développement.

Les Épis-noyés (1880). — Malgré les espérances qu'on avait conçues, on propose en 1880 de substituer au système précédemment adopté celui des épis-noyés.

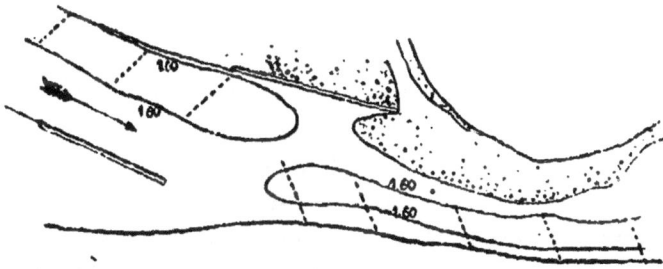

Les ingénieurs allemands, dit-on, au lieu de masquer les mouilles profondes par des endiguements qui les retranchent du chenal navigable, en relèvent le fond au moyen de barrages ou épis-noyés dont on règle le profil longitudinal suivant

l'ingénieur allemand Hagen, il est impossible d'espérer plus de 1 mètre dans le Rhône, à cause de sa pente de 0^m,50 par kilomètre et de sa vitesse, qui atteint souvent 3 mètres par seconde. « Il nous a fait remarquer que l'Elbe avait une pente de 0^m,25 au plus, que la faible hauteur de ses berges ne laissait pas la liberté de choisir entre les digues et les barrages. »

les circonstances. On trouve à ce système de grands avantages pour le Rhône, et l'on se propose de réduire la hauteur dans les fosses à 2ᵐ50, par une série de seuils artificiels. Ce procédé permettrait d'écarter le courant de la rive, de guider rigoureusement les inflexions vicieuses pour éviter les directions obliques sur l'axe du lit. On arriverait à économiser plusieurs millions sur l'ensemble des travaux, tout en perfectionnant la voie navigable sur des points où aucun autre procédé n'est applicable, à conserver les rives actuelles (et par conséquent la possibilité du halage) partout où elles n'ont pas besoin d'être rectifiées. Enfin, l'on pourrait exécuter les travaux sans gêner la navigation, et assurer une meilleure répartition des pentes et des vitesses. La régularisation des inflexions serait certaine.

La petite planche ci-après donne un profil en travers-type dans une courbe du Rhône, avec l'indication d'un épi-noyé. Ce profil se rapproche beaucoup de la réalité moyenne, dans une partie à forte concavité entre Valence et le Pont-Saint-Esprit. On a fait des calculs tendant à démontrer que la présence des épis ferait passer la pente par mètre, au moment de l'étiage, de 0ᵐ,0000685 à 0ᵐ,0005379 ; mais on reconnaît que cela suppose le non-élargissement du lit d'étiage et que cette hypothèse est improbable. Par conséquent l'emploi des épis conduit à une série de tâtonnements et les calculs dont il s'agit perdent de l'importance qu'ils pouvaient avoir.

Ayant constaté que l'endiguement des maigres amène la diminution de la pente superficielle, on compense cet effet par une série de barrages sous-marins dans les mouilles. Mais que résulte-t-il de tout cela pour les vitesses ? Des diminutions plus ou moins sérieuses sur les maigres, des augmentations dans les mouilles ; pas de réforme radicale transformant les conditions de la navigation.

Arrivera-t-on à faire rentrer le Rhône, sans barrages et écluses, dans le réseau des voies navigables de l'intérieur, et doit-on compter qu'un jour on verra circuler dans son lit les bateaux qui fréquentent nos canaux ? Ces bateaux, d'une construction plus que légère, pourront-ils jamais, avec l'aide d'un toueur, l'abri d'un sas flottant, ou par tout autre procédé se risquer sur le Rhône ? On s'est posé ces questions et quel-

Travaux du Rhône.

Profil-type d'une mouille et d'un épi-noyé.

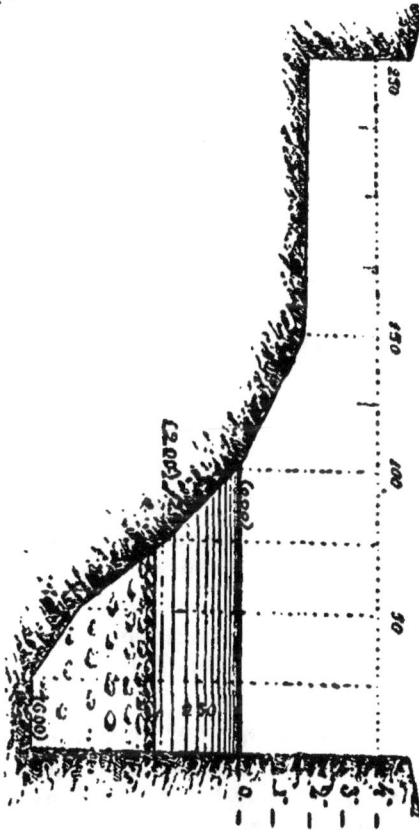

ques personnes y répondent affirmativement ; nous ne sommes pas du nombre.

225. Rapport de M. de la Rochette à la Chambre de commerce de Lyon (21 juin 1883). — Nous croyons devoir reproduire en partie ce document. Il est juste qu'on trouve ici, à côté de nos doutes, l'expression de la reconnaissance locale pour des ingénieurs qui ont pu se tromper ; mais qui, le système admis, ont fait preuve dans l'exécution d'autant d'intelligence que d'énergie :

Les travaux exécutés jusqu'à ce jour ont notablement amélioré le tirant d'eau du Rhône, cela est incontestable et incontesté par tous ceux qui pratiquent le fleuve ; un chenal de 0^m,90 à 1 m. à l'étiage paraît déjà réalisé avec les plus sérieuses espérances d'arriver à 1^m,60 de profondeur minima lorsque tous les travaux seront terminés ; mais le Rhône n'en garde pas moins son courant rapide, avec toutes les difficultés que ce courant présente pour la navigation, surtout à la remonte.

La propulsion, déjà et depuis longtemps remarquablement organisée et outillée sur de nombreux et puissants bateaux à vapeur, ne trouve dans son courant rapide qu'un point d'appui qui se dérobe sous la puissance qui doit le surmonter ; de là une infériorité de rendement mécanique qui a imposé l'emploi de bateaux porteurs munis d'une puissance motrice énorme et dont l'application sur des coques nécessairement légères et de très grandes dimensions a été un chef-d'œuvre de constructions dû au célèbre ingénieur Bourdon, qui a permis de réaliser ainsi les conceptions industrielles et commerciales de M. Bonnardel.

La difficulté du point d'appui sur un courant fuyant, pour en opérer la remonte, a suscité chez un autre ingénieur, M. Verpillieux, l'idée de s'appuyer sur le fond du fleuve ; de là l'invention des grapins qui ont rendu autrefois de très grands services, surtout pour la remonte des bateaux vides, en se substituant au halage par chevaux.

Ce système d'une construction mécanique difficile, parce qu'il vient se heurter à toutes les inégalités du fond, n'a jamais pris jusqu'ici un grand développement ; mais il y a lieu d'espérer qu'avec les progrès généraux de la mécanique, on parviendra à diminuer sensiblement les dépenses qu'entraîne son emploi.

On est également fondé à espérer de nombreuses et importantes améliorations dans l'outillage et le mode d'emploi de la

vapeur sur les bateaux porteurs actuels. L'infériorité du rendement mécanique des bateaux qui prennent leur point d'appui
sur un courant rapide, les difficultés que certains esprits pré-
voient pour la bonne et économique application du système des
grapins ont conduit à chercher le moyen de s'appuyer sur des
points fixes pour opérer la remonte du Rhône.

L'éminent ingénieur, à la sagacité et à l'énergique persistance
duquel nous devons les travaux du Rhône et leur succès, s'est
occupé de cette question et de l'emploi des remorqueurs à point
fixe pour la remonte du Rhône, regardant cet emploi comme
un complément indispensable du grand travail dont il devait
doter son pays. Quelques crédits ayant été obtenus dans ce
but, ils furent employés à faire sur une section, malheureusement trop restreinte, les plus utiles et les plus judicieuses expériences. Mais au moment où des essais concluants allaient être
entrepris, d'autres projets se sont fait jour et, en présence de
l'initiative privée, l'État semble avoir renoncé à ses premières
intentions.

La première idée du touage a pris naissance sur le Rhône, il
y a près d'un demi-siècle, et son premier auteur a été M. Tou-
rasse, ancien ingénieur du matériel de la Compagnie du chemin
de fer de Saint-Étienne à Lyon. Le touage que l'on peut voir
aujourd'hui pratiqué journellement sur la Saône, dans la traversée de Lyon, employé en grand sur la Seine, sur le Rhin,
sur le Danube, consiste en un halage ou traction de bateaux
qui s'opère au moyen d'une chaine ou d'un câble métallique
qui reposent sur le fond de l'eau. Le convoi de bateaux qu'il
s'agit de faire mouvoir est précédé d'un appareil mécanique,
dit bateau-toueur, qui porte un tambour, mu par une machine
à vapeur. C'est sur ce tambour ou treuil que s'enroule la chaine,
relevée momentanément du fond de l'eau et qui sert ainsi au
halage du bateau. Ordinairement le bateau-toueur soulève la
chaine à son avant, et la rend au fleuve à son arrière. Le treuil,
en tournant et en enroulant une partie de la chaine soulevée,
progresse sur celle-ci en entraînant le bateau qui le porte et
le convoi attaché à sa suite.

Ce système, qui ne prend plus son point d'appui pour la remonte sur un courant fuyant, mais bien sur une amarre résistante, offre sur les remorqueurs à roues ou à hélice beaucoup
d'avantages; mais sur le Rhône il a toujours présenté les plus
grandes difficultés.

Les crues fréquentes du Rhône et la rapidité de son courant

occasionnent des déplacements et des amoncellements incessants de gravier qui ne manquent pas d'enterrer profondément la chaine et rendent sa manœuvre très difficile. Les grands efforts auxquels cette chaine peut être soumise, soit pour l'arracher du gravier, soit par suite des courants en certains passages, peuvent en déterminer la rupture et causer de graves accidents.

L'établissement d'une chaine non interrompue d'Arles à Lyon nécessiterait une mise de fonds immédiate très considérable, plus considérable que sur tout autre fleuve, à cause de la force et du poids imposés à cette chaine par la rapidité du courant. Une pareille mise de fonds n'est point à la portée des transporteurs et elle ne pourrait être tentée que par une entreprise qui aurait un monopole exclusif.

Après quelques indications sur des essais de touage, sans résultat définitif, M. de la Rochette parle de « bateaux à hélice capables de circuler sur les canaux, les fleuves et la mer. Ces bateaux sont d'une faible portée, il est vrai, mais ils peuvent aller sans rompre charge de Lille à Marseille. On fait en ce moment à Lyon d'intéressantes constructions pour diminuer sur le Rhône le tirant de ces bateaux qui, sans cela, ne pourraient y naviguer qu'en allégeant beaucoup leur chargement. »

« Il n'y a qu'une voix, dit-il ensuite, parmi les patrons et les gens d'équipages, pour reconnaître les améliorations obtenues; le lit, le courant sont réguliers, et l'on ne recourt plus aux pilotes que par une vieille habitude, et pour assurer en quelque sorte une retraite à un personnel dévoué qui a rendu les plus grands services. On traverse aujourd'hui couramment et sans encombre des passages où, autrefois, il fallait faire les manœuvres les plus compliquées et les plus périlleuses. »

Cependant le trafic ne se développe pas.

226. Le canal Saint-Louis. — Dans une notice comprise dans un volume distribué en 1876, à l'occasion de l'Exposition de Philadelphie, nous lisons ce qui suit : « On a pensé qu'*une fois l'entrée du Rhône rendue possible, la navigation fluviale prendrait immédiatement de tels développements*, etc. »

Cette entrée du Rhône est réalisée. Constate-t-on les développements extraordinaires qu'on prévoyait, sans même les subordonner à aucun progrès de la navigabilité du fleuve?

287. Les porteurs; les toueurs; les remorqueurs; le bateau-écluse. — Le *Sémaphore* de Marseille publiait dernièrement un article très sympathique aux efforts tentés pour améliorer la navigation du Rhône, où, dit-il, *le tirant d'eau de un mètre a été obtenu*, grâce aux travaux entrepris.

On a employé jusqu'ici, pour la navigation fluviale, des moyens de locomotion assez divers. La traction, à la montée, s'opère sur le Rhône par des *porteurs à vapeur*, grandes et longues coques mises en mouvement par de puissantes machines, dont l'appareil moteur est la roue à aubes de très grand diamètre, ce qui suppose des tambours très hauts sur l'eau, d'où cette conséquence que, lorsque surviennent des crues, les bateaux ne peuvent plus passer sous certains ponts et la navigation est interrompue.

On connaît également le principe sur lequel repose le halage par les grapins, lesquels, prenant leur point d'appui dans le lit du fleuve, remontent à chaque mise en marche de leur machine d'une distance ou d'une quantité déterminée.

Le touage sur chaîne noyée, pratiqué sur d'autres cours d'eau, sur la Seine notamment, n'a jamais été sérieusement entrepris sur le Rhône, soit à cause des difficultés de son établissement et de son fonctionnement régulier sur un fleuve capricieux à l'excès, soit parce qu'il exige la dépense d'un capital très considérable comme frais de premier établissement.

Nous n'avons pas à parler de l'essai d'un *navire spécial mu par une hélice*, lequel a été abandonné. Nous n'avons même plus à nous arrêter au système du *bateau-écluse*, auquel la Compagnie d'Alais au Rhône avait accordé, il n'y a pas un an, une confiance que l'expérience n'a pas sanctionnée.

Les *grapins* sont des *bateaux à vapeur remorqueurs*; ils tiennent leur nom de grandes roues armées de crocs pouvant mordre sur le fond. « Quand le bateau traverse une mouille, dit M. Pasqueau, le grapin reste suspendu à 5 mètres environ sous le bateau sans atteindre le fond (il faudra modifier cela maintenant, avec les épis noyés); mais alors le courant est faible et les aubes suffisent pour remonter le bateau. Quand il rencontre au contraire un courant rapide, il trouve en même temps un haut fond sur lequel son grapin peut mordre, et ce surcroît d'adhérence lui permet de remonter le courant. » Nous voyons dans une brochure de M. Marchegay, ingénieur civil des mines[1], qu'au besoin les bateaux à grapins se portent en avant, s'y fixent et tirent les convois restés en arrière. La vitesse de ces remorqueurs ne doit guère dépasser 5 à 6 kilomètres à l'heure pour donner de bons résultats; le plus souvent, les bateaux ordinaires remontent à vide avec leur aide.

Les bateaux de la Compagnie générale de navigation à vapeur, qui font presque tous les transports de marchandises à la remonte, portent de 200 à 600 tonnes, suivant le mouillage; ces bateaux ont de 130 à 140 mètres de longueur, 6 à 7 de largeur. Le travail sur le piston peut s'élever de 300 à 700 chevaux. L'expérience a montré qu'il faut les charger davantage sur l'avant, contrairement à ce qui se fait pour les bateaux de mer; le rapport de la longueur à la largeur, qui n'est que de dix pour ceux-ci, s'élève à vingt. La faible largeur facilite les manœuvres, surtout à la descente.

Le *touage* ne réussit pas partout aussi complètement qu'on l'espérait : sur le canal Erié[2], on trouve les courbes gênantes; sur la Seine, les autres procédés arrivent à reprendre le dessus. Ce système pourrait bien réserver à M. Marchegay de désagréables surprises; nous doutons fort qu'il parvienne,

1. M. Marchegay s'effraie des barrages. Cependant il admet qu'on puisse en établir quelques-unes aux points où l'abaissement du plan d'eau deviendrait excessif.

2. Ce qui réussit le mieux sur le canal Erié, ce sont les bateaux couplés, dits *Steamers-and-Consorts*. Ils sont connus en France sous le nom de système Jacquel. Autorisés en 1879 sur les canaux du Nord, ils ont été exploités par une société ayant son siège à Paris. Après avoir fait un service entre la Villette et Lille, ils ont abandonné les canaux depuis plusieurs années, et l'on essaye de les acclimater sur la Seine, entre Paris et Rouen. Le matériel se composait, dans le Nord, de porteurs un peu moins longs que les bateaux ordinaires des canaux, à arrière concave, où s'emboîtait un petit vapeur de même largeur. Ce propulseur, de 6 à 7 mètres de longueur seulement, portait les chaudières, la machine et l'hélice. La liaison s'opérait à l'aide de grands boulons verticaux, permettant de marcher avec des enfoncements très différents du steamer et de son consort. On conçoit facilement l'avantage essentiel de ce système, dans lequel la partie chère du porteur est rendue *indépendante* et peut s'adapter à un nouveau *consort*, pendant que le précédent est à l'arrêt. De plus, l'hélice est toujours immergée d'une quantité convenable, puisque le tirant d'eau du steamer ne varie pas. Mais, d'un autre côté, que le consort soit vide ou plein, il faut toujours faire une grande dépense de force, parce que la section mouillée du steamer est constante. On doit reconnaître cependant que l'encombrement des canaux du Nord explique pour une bonne part l'insuccès du système Jacquel dans cette région. Nous souhaitons qu'il réussisse mieux ailleurs; mais ce ne sera pas sur le Rhône.

Bateau-Écluse du Rhône.

Coupe longitudinale.

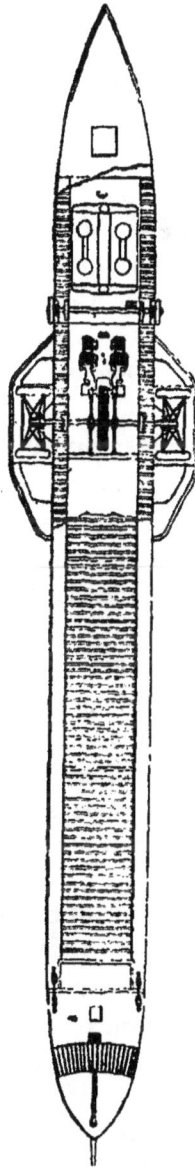

Plan.

comme on le suppose, à amener les bateaux de canal entre
Lyon et Arles. Des essais de *touage sur chaîne sans fin* ont été
faits récemment, et l'auteur en a donné un compte rendu en-
thousiaste à l'Académie des sciences; mais il paraît avéré
qu'on a échoué sur le Rhône.

Le bateau-écluse, essayé par la compagnie d'Alais au Rhône
fonctionne encore, contrairement à ce que pourrait faire croire
le passage cité du *Sémaphore*. Mais il est malheureusement
vrai que ce système a échoué au point de vue économique·

Le bateau-écluse est un vapeur destiné à porter des
barques tirant trop pour flotter directement sur le fleuve, par
exemple des chalands construits pour naviguer entre Marseille
et Arles.

En jetant les yeux sur les dessins ci-joints, on remarque :

A. Poupe mobile;

B. Chambre du moteur;

C. Chambre du générateur;

D. Compartiments étanches;

E. Écluse;

H. Addition au besoin du mouvement de touage.

Les essais auxquels on a procédé à Arles, le 8 février 1882,
ont donné lieu aux constatations suivantes :

Le bateau-écluse était amarré dans le Rhône, le long du
quai, portant dans son dock un des chalands en bois que la
compagnie a fait construire pour les transports par mer entre
Marseille et Arles. Ce chaland était chargé de briquettes : son
tirant d'eau pouvait être de 1^m,80 à 2^m.

On a détaché l'arrière du bateau et l'on a introduit de l'eau :

1° Dans la caisse de l'avant et dans les flancs de l'écluse, de
façon à enfoncer le bateau d'une quantité telle que le chaland
une fois à flot dans l'écluse pût en sortir lorsqu'on ouvrirait
la porte ;

2° Dans l'écluse jusqu'au niveau de l'eau extérieure.

On a ouvert la porte et on a fait sortir le chaland.

On a procédé immédiatement à l'opération inverse. Le chaland à peine dégagé a été ramené dans le dock et on a fermé
la porte. On a épuisé, et une fois le bateau-écluse relevé au
tirant d'eau normal, on a remis l'arrière en place.

Bateau-Écluse du Rhône.

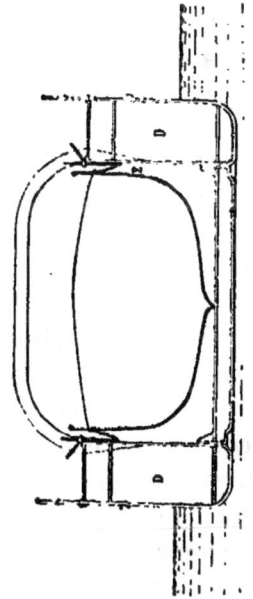

Bateau en marche.

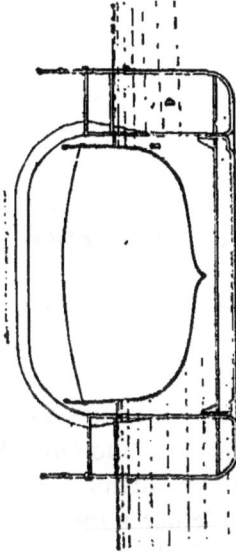

Bateau immergé pour recevoir le chaland.

L'ensemble de ces opérations a duré deux heures quarante minutes.

Puis le bateau-écluse a remonté le Rhône, sur deux ou trois kilomètres, traînant à la remorque une penelle chargée de briquettes et il est revenu se placer au quai d'où il était parti.

Ces essais ont bien réussi. Les circonstances étaient particulièrement favorables : Rhône bas et temps absolument calme.

Le bateau-écluse mesure 83 mètres de longueur, 8^m,50 de largeur et 3^m,50 de creux : *le tirant d'eau en charge est de* 1^m,70, le déplacement de 635 tonneaux.

Sur l'avant, dont les formes sont les mêmes que celles des bateaux à vapeur ordinaires du Rhône, se trouvent le logement de l'équipage et un compartiment étanche pour « water ballast » ; puis viennent les soutes à charbon, les générateurs, les machines et les appareils moteurs et enfin l'écluse.

La seconde moitié du bateau comprend le dock ou écluse et l'arrière mobile. L'écluse a intérieurement environ 36 mètres de longueur sur 7^m,15 de largeur. Le long de l'écluse, les parois du bateau sont constituées par deux bordés solidement entretoisés et l'espace compris entre eux est fractionné par des cloisons étanches. L'écluse se ferme au moyen d'une porte qui tourne autour d'une charnière horizontale inférieure.

L'arrière mobile a 12 mètres environ de longueur.

Malheureusement, la masse du bateau-écluse est énorme eu égard à celle du chaland.

Les chalands de la compagnie devant porter des charbons de Port-l'Ardoise à Marseille, le bateau-écluse qui les amène à Arles a l'avantage de rendre inutile un transbordement. Mais l'expérience semble démontrer qu'on fait trop de dépense pour éviter la perte, considérable cependant, qui résulte du remaniement des charbons friables.

En somme, on en est toujours au même point sur le Rhône ; le grand mouvement d'idées qui s'est produit depuis qu'on espère avoir de la profondeur n'a pas abouti.

On continuera probablement à n'user, à peu de chose près, que de grands vapeurs analogues à ceux de la Compagnie générale, tant qu'on ne se sera pas résigné aux dépenses nécessaires pour réaliser une canalisation en rivière.

228. Trafic. — Nous trouvons quelques renseignements sur le trafic entre Lyon et Arles dans le mémoire déjà cité de M. Marchegay, présenté en 1877 à la Société d'économie politique de Lyon.

Avant l'ouverture du chemin de fer :

Bateaux ordinaires, 207.700 tonn. à la descente ; 10.000 à la remonte.

Vapeurs : 58.100 à la descente, 226.000 à la remonte.

En 1873 : 112.600 à la descente, dont 38 pour cent par les vapeurs ; 87.180 à la remonte, entièrement par les vapeurs.

Le flottage s'est développé ; il a passé de 53.800 tonn. à 106.560.

En moyenne, le tarif est de 0,031 à la descente et de 0,037 à la remonte ; sur le chemin de fer, près de deux centimes de plus. Mais les irrégularités et les chômages de la voie d'eau, etc, assurent à son concurrent la préférence que lui donne le public.

M. Marchegay estime qu'après les travaux on pourra abaisser le fret à 0,02 et transporter un million de tonnes à la distance entière. D'où il conclut que le commerce bénéficiera de 30 à 40,000 fr. par kilomètre et par an, soit de 10 millions de Lyon à la mer.

Nous craignons bien que le million de tonnes ne soit qu'une illusion de plus. Puisqu'on transportait, avant les travaux, à environ deux centimes de moins que par la voie ferrée, il n'est pas certain qu'une plus grande réduction puisse détourner une masse de transports.

D'ailleurs, sera-t-il possible d'abaisser le fret à deux centimes d'une manière permanente ? C'est plus que douteux.

On a pu lire récemment, dans les *Annales des ponts et chaussées*, une intéressante note de M. Baum sur la concurrence entre la navigation fluviale et les chemins de fer en Allemagne. « Le trafic de l'Elbe, en particulier, a pris dans ces derniers temps un grand développement. » Deux causes sont signalées : « D'abord les prix très faibles perçus par la navigation, et qui sont notablement inférieurs à ceux que fait payer le chemin de fer ; ensuite la création de sociétés de touage à vapeur. C'est surtout à cette deuxième cause qu'il convient d'attribuer les récentes augmentations du trafic fluvial, car le bas prix du transport par bateaux a existé de tout temps. *Ces prix, quelque faibles qu'ils fussent, ne suffisaient pas pour amener à la navigation les transports de certaines catégories de marchandises,* dont l'expédition, le transport et la livraison devaient être effectués avec célérité, à jour et à heure fixes. La navigation à vapeur, et surtout le touage à vapeur, ont permis de donner aux transports par eau toute la régularité et la célérité désirable. » Pourquoi l'ont-ils pu, et comment la vapeur sans touage y a-t-elle contribué dans une certaine mesure ? Parce que l'Elbe, d'après un ingénieur allemand, a « des crues très faibles *et une vitesse très modérée,* permettant à un remorqueur de 150 chevaux indiqués de remorquer plus de 1,000 tonnes. » (M. Hagen, cité par M. Pasqueau.) Il faut ajouter que la navigation de l'Elbe aboutit au grand port de Hambourg, tandis que celle du Rhône n'aboutit pas à Marseille. Le tonnage total des entrées à Hambourg se décompose en 32,6 pour cent par le fleuve et 67,4 par le chemin de fer.

Peut-être le chemin de fer adoucira-t-il ses tarifs ? Ce serait le plus clair des bénéfices obtenus par le commerce, à la suite des travaux du Rhône. Mais ce ne serait pas un bénéfice pour la Société, ou du moins il ne faudrait compter comme tel, dans une certaine mesure, que la part correspondant au développement de la production. Pour tout ce qui ne serait qu'un déplacement de la bourse de l'actionnaire à celle de l'industriel ou du commerçant, l'intérêt public n'aurait pas grand'chose à y voir. Cette observation est importante, parce qu'on s'habitue trop à mettre à l'actif des travaux publics, sous la rubrique de bénéfices sociaux, des faits qui ne méritent pas cette qualification. Les seuls bénéfices sociaux incontestables se rapportent aux diminutions du prix de revient : si telle besogne nécessaire peut être faite par deux hommes au lieu de trois, un homme se trouve disponible pour d'autres productions.

On voit sur la planche n° 6 de la statistique graphique, volume de 1881, que le tonnage de tout le Rhône navigable était de près de 400.000 tonn. en 1855 ; de 200.000 en 1861, après avoir été plus bas en 1858 : de 200.000 en 1865 et 1868.

avec des oscillations en moins dans les intervalles ; enfin de 140.000 environ en 1879 [1].

Tonnage du chemin de fer et du Rhône, de Lyon à Arles :

1861	1.335.000 tonnes	277.000 tonnes
1879	2.614.000 —	185.000 —
1881	—	183,000 —

229. Les grands courants de circulation. — Il y a un courant énorme de transports par la vallée du Rhône au-dessous de Lyon, et de cette ville à Paris, comme de Paris vers le Havre et vers le Nord. Ce fait indique les directions sur lesquelles de grands efforts pour développer la navigation sont ou seraient justifiés. Mais il ne faut appliquer l'argent des contribuables qu'à des solutions très perfectionnées ; on a déjà fait quelque chose de Lyon à Arles quant à la profondeur, sans que cela ait rien produit, parce qu'il faut aussi réformer les vitesses. On n'arrivera à créer une navigation très sérieuse dans la vallée du Rhône qu'à l'aide d'une canalisation en rivière. Un canal serait insuffisant, parce qu'il faut desservir les deux rives, et vivifier leurs rapports mutuels.

Un projet de barrage mobile a été dressé il y a plusieurs années ; mais il faut quelque chose de plus pour permettre à l'administration de se faire une opinion définitive : une étude d'ensemble, poursuivie dans tous ses détails avec le concours de nos meilleurs ingénieurs de rivières. Si l'on ne s'en occupe pas maintenant, c'est-à-dire bien avant qu'il puisse être question d'arrêter un nouveau programme, on le regrettera plus tard, et de nouvelles saignées seront faites au Trésor sans réalisation d'une utilité correspondante.

230. La commission de l'Assemblée nationale. — La commission des moyens de transport proposait un canal latéral, dans son rapport à l'Assemblée nationale ; c'était une solution boiteuse, comme nous venons de le dire.

Voici quelle était l'appréciation de cette commission sur les résultats possibles des travaux dans le lit du Rhône : « Ils

---

1. Les chiffres précédents devraient être augmentés dans le rapport de 185 à 110, si l'on voulait les comparer aux 185.000 tonnes de 1879, entre Lyon et Arles. Ils sont amoindris par la faiblesse du tonnage sur le haut Rhône.

ne pourront donner au fleuve qu'un mouillage de $1^m,60$ correspondant à un tirant d'eau de $1^m,20$... Les travaux d'amélioration du Rhône, même terminés complètement et avec
une pleine réussite, ne donneront donc à la batellerie qu'une
satisfaction absolument insuffisante. » (*Journal officiel* du
13 juillet 1874.) Il s'agissait de travaux d'endiguement, sans
canalisation.

L'insuffisance annoncée ne réside pas seulement dans le
tirant d'eau supposé de $1^m,20$, mais surtout dans l'énormité
persistante des vitesses en beaucoup d'endroits du fleuve.
Avec des vitesses faibles, la profondeur fût-elle médiocre,
le matériel se transformerait et les prix de revient tombe-
raient fort bas ; la cherté du matériel actuellement nécessaire
est une des principales causes du recul de la navigation.

CHAPITRE VIII

LA SEINE

SOMMAIRE :

Figures :

Petites planches :

LA SEINE

§ 1er

LE SOL. — LES AFFLUENTS

231. Terrains. — La Seine sort du calcaire jurassique, et en parcourt les div. rs étages qui s'enfoncent sous la craie. Sur certains points le sol est éminemment perméable; le cours d'eau disparaît pendant les sécheresses à Chanceaux, à Châtillon. Un peu en aval de Bar, la Seine traverse les grès verts; avant d'arriver à Troyes elle atteint la formation crayeuse, qu'elle quitte en amont de Montereau pour couler sur le terrain tertiaire. Celui-ci est abandonné un instant au-dessous de Sèvres, où le fleuve traverse un lambeau de craie [1].

La Seine reçoit quatre affluents principaux : l'Aube, l'Yonne, la Marne et l'Oise. Il faut citer aussi le Loing, à raison de l'étendue de son bassin, et la Barse qui a de l'importance malgré le peu de longueur de son cours; son bassin étant tout entier dans les argiles du Gault, elle éprouve des crues subites, qui se font sentir à Troyes, bien que cette ville soit située un peu en amont de son embouchure.

Nous avons déjà enregistré les nombres représentant les

1. Voir le rapport de M. Mary sur les inondations de la Seine, pages 11 et suivantes.

surfaces perméables et celles qui ne le sont pas, pour l'ensemble du bassin de la Seine, d'après Belgrand :

Terrains perméables. . . . . 59.210 kil. carrés.
Terrains imperméables accidentés . . 9.705 —   —
Terrains imperméables plats . . . . . . 9.735 —   —

Les terrains de la dernière catégorie sont qualifiés par Belgrand de neutres, au point de vue des crues, parce que les eaux de pluie ne s'écoulent pas rapidement à leur surface.

232. L'Aube. — L'Aube sort des terrains jurassiques de la Haute-Marne, au pied du mont Sauté, dont l'altitude est de 520 mètres. Mais elle en sort sur un point où ces terrains sont moins perméables que ceux qui avoisinent les sources de la Seine.

Comme celle-ci, elle traverse les grès verts qu'elle atteint au delà de Bar-sur-Aube, pour en sortir à Lesmont et entrer dans la formation crayeuse sur laquelle elle se maintient, jusqu'à son confluent dans la Seine à Marcilly. Ces deux cours d'eau se trouvent donc à peu près dans les mêmes conditions et ont sensiblement le même volume d'eau, au point où ils se réunissent; on estime que, dans les crues extraordinaires, ils débitent à Montereau 1,200 mètres cubes par seconde.

233. L'Yonne. — L'Yonne se trouve dans une situation géologique toute différente. Elle prend sa source près de Château-Chinon, à l'altitude 726 mètres, dans les montagnes granitiques du Morvan. Elle sort de cette formation à quelques kilomètres en amont de Clamecy où elle atteint le terrain jurassique, qu'elle parcourt en entier pour entrer, près d'Auxerre, dans les grès verts qu'elle quitte en amont de Joigny. Elle trouve alors la craie, et s'y maintient jusqu'à sa jonction avec la Seine à Montereau.

L'Yonne a plusieurs affluents, dont quelques-uns ont isolément une importance à peu près égale à la sienne propre à Clamecy. Ce sont l'Anguison, en amont de cette ville, et le Beuvron dans la ville même; la Cure, qui aboutit à Cravant; le Serain et l'Armançon, dont les embouchures se trouvent à quelques kilomètres l'une de l'autre en amont de Joigny.

Les sources de tous ces affluents se trouvent ou dans le

granit ou dans les argiles du lias, c'est-à-dire dans des terrains imperméables, de sorte que ces rivières, comme l'Yonne elle-même, ont un cours torrentiel dans leur partie supérieure.

Le Serain et l'Armançon, les plus importants de ces affluents à leur sortie des montagnes de Bourgogne, coulent dans des plaines fertiles dont ils détruisent les récoltes en été ; en hiver, ils les dévastent par les ravines qu'ils y creusent et par les dépôts de gravier dont ils recouvrent le sol.

234. La Marne. — La Marne, comme la Seine et l'Aube, prend sa source dans la formation jurassique inférieure, dont elle franchit tous les étages au fur et à mesure qu'ils s'enfoncent. Un peu en amont de Saint-Dizier elle entre dans les grès verts d'où elle sort à quelques kilomètres en amont de Vitry-le-Français, pour couler sur la formation crayeuse, qu'elle ne quitte qu'à Épernay, où elle trouve le calcaire grossier dans lequel elle se maintient, jusqu'à son confluent dans la Seine.

235. L'Oise. — L'Oise prend sa source au delà de la frontière du Nord, près de Chimay, dans les terrains de transition. A peu de distance en aval d'Hirson, où son altitude est de 190 mètres, elle passe à l'extrémité apparente de la formation crétacée inférieure, et se maintient ensuite jusqu'à son embouchure à Conflans dans les terrains tertiaires.

Elle reçoit l'*Aisne* un peu en amont de Compiègne. Celle-ci prend naissance au midi de Sainte-Menehould dans les grès verts, entre ensuite dans la craie sur laquelle elle se maintient jusqu'à Neufchâtel, où elle atteint les terrains tertiaires qu'elle ne quitte plus jusqu'à son confluent dans l'Oise.

§ II

LES PLUIES. LES CRUES

236. La pluie. — Nous avons donné avec quelque détail ce qu'on pourrait appeler « les lois de la pluie en France » ;

mais il ne sera pas inutile de résumer ici ce qui se rapporte
au bassin de la Seine, et nous le ferons d'après le dernier
rapport de M. de Préaudeau.

La quantité annuelle de pluie, dans le bassin de la Seine,
dépend avant tout de l'altitude et de la distance à la mer.

De 1861 à 1880, elle a été en moyenne, pour l'ensemble du
bassin, de 0ᵐ,683.

Dans le Morvan, à des altitudes de 600 à 900 mètres, une
zone étroite reçoit des pluies exceptionnellement fortes, qui
varient de 2ᵐ,109 au Haut-Folin (902 mètres) à 1ᵐ,740 aux
Settons (596 mètres.)

Les pluies diminuent en s'éloignant des lignes de faîte, jusqu'à une zone minima voisine de Paris, qui comprend la plus
grande partie de la Champagne sèche, de la Beauce et de la
vallée de l'Oise. Les moyennes locales descendent au-dessous
de 0ᵐ.600 à Paris, Beauvais, Reims, Rambouillet. La quantité
de pluie augmente en se rapprochant de la mer, même pour
les basses altitudes, et s'élève de 0ᵐ,800 à 1 mètre.

Les influences topographiques résultent spécialement de
la manière dont les localités sont disposées par rapport aux
vents pluvieux; elles s'observent dans le Morvan entre les
Settons et Saulieu, dans la Champagne humide entre Bar-sur-
Seine et Bar-sur-Aube (dépression correspondant à la bande
des terrains crétacés inférieurs).

Dans le voisinage de la mer, l'altitude a une influence secondaire par rapport à l'orientation.

Répartition suivant les saisons. — A Paris, et dans la région
centrale du bassin de la Seine, la saison froide, du 1ᵉʳ novembre
au 30 avril, reçoit moins de pluie que la saison chaude, du
1ᵉʳ mai au 31 octobre. (Dausse.) En moyenne, la quantité de
pluie qui tombe dans le semestre chaud dépasse de moitié
celle que reçoit le semestre froid. Cependant, dans les parties
hautes du bassin, la saison froide donne plus de hauteur de
pluie que la saison chaude.

En 1880-1881, du 1ᵉʳ mai au 30 avril, la répartition a été
normale à Paris. En 1881-1882, au contraire, le semestre froid
a été beaucoup plus sec que la moyenne, et le semestre chaud
plus humide.

237. Les crues torrentielles et les crues tranquilles.
— Les rivières sortant des régions imperméables sont torrentielles. Telles sont : l'Yonne, à Clamecy ; la Cure, à Saint-Père
près Vezelay ; le Cousin, à Avallon ; l'Armançon, à Aisy ; la
Marne, à Chaumont et à Saint-Dizier ; l'Aisne, à Sainte-Menehould ; l'Aire, près Clermont en Argonne ; l'Oise supérieure,
à Hirson ; le Grand-Morin, à Coulommiers.

Les rivières sortant des terrains perméables sont tranquilles.
Telles sont : la Seine, l'Ource et l'Aube, dans les départe-
ments de la Côte-d'Or et même de l'Aube ; la Saulx et l'Or-
nain ; les petites rivières de la Champagne sèche, comme la
Sommesoude, le Vesle, la Vanne ; l'Eure à Louviers ; la
Nouette à Senlis ; la Rille ; l'Essonne près Corbeil.

La Seine a un caractère mixte : elle est tranquille jusqu'à
Montereau ; en aval, l'Yonne apporte des crues torrentielles
qui passent les premières.

238. Annonces des crues. — Nous nous bornons à ren-
voyer pour ce sujet à la première partie, où l'on a parlé de
l'annonce des crues à Paris.

239. Sources. — Le régime des sources du bassin de la
Seine, pendant deux années à partir du mois de novembre
1880, accuse l'influence presque exclusive des pluies de la
saison froide.

Le débit des sources de la Vanne est régulièrement croissant de novembre 1880 à mars 1881, période humide ; le maximum se produit en mars (1,783 litres) ; ces sources décrois-
sent ensuite d'une manière continue pendant la saison chaude ;
mais, comme elles étaient très bien alimentées au début, leur
débit ne s'abaisse pas notablement ; elles donnent 1,117 litres
en novembre, chiffre supérieur à la moyenne des dix années
antérieures. Elles continuent à décroître en décembre, à cause
de la sécheresse anormale de cette période et ne gagnent presque rien jusqu'à la fin de l'hiver. Elles se relèvent un peu au
début de la saison chaude 1881-1882, mais se mettent en baisse
à partir du mois de juillet et atteignent en août leur débit minimum, 945 litres, inférieur à celui des cinq années précédentes.
Dans l'hiver 1880-1881, les sources ont gagné 519 litres, et en
1881-82, 89 litres seulement ; pendant l'été elles ont baissé de
709 litres en 1881 et de 272 litres en 1882. (De Préaudeau.

16

§ III

LES INONDATIONS

240. Crues extraordinaires antérieures au XIX **siècle.** — Nous trouvons, dans les publications de MM. Belgrand et de Lagrené. les indications suivantes, sur les crues à Paris. Les cotes sont rapportées au zéro du pont de la Tournelle, qui correspond aux basses eaux de 1719 (altitude $26^m,285$) :

Février 1649. . . . . $7^m,66$
25 janvier 1651 . . . . $7^m,83$
27 février 1658 . . . . $8^m,81$
Février 1679. . . . . $6^m,82$
Avril 1690. . . . . $7^m,55$
Juillet 1697. . . . . $7^m,35$
Mars 1711. . . . . $7^m,62$
26 décembre 1740. . . . . $7^m,90$
Janvier 1751. . . . . $6^m,70$
Février 1764. . . . . $7^m,33$
Février 1799 . . . . $6^m,97$

M. Dausse, dans une note lue à l'académie des sciences le 30 juin 1856, mentionne en outre une crue de 1615, qui se serait élevée à $9^m,04$. « Une telle crue, dit-il, donne $1^m,50$ d'eau sur la place de l'Hôtel-de-Ville, $1^m,05$ sur la place du Palais-Royal, $1^m,33$ sur la place de la Concorde à l'entrée de la rue Royale, $3^m,25$ près de la petite entrée du Corps législatif par la rue de Bourgogne. »

241. Effets de la crue de 1658. — M. l'inspecteur général Mary s'est demandé ce qui résulterait maintenant de circonstances semblables à celles de 1658.

Suivant l'historien Courtalon, cette crue se serait produite dans les conditions suivantes :

« La gelée qui avait commencé dans la nuit du 25 décembre 1657 continua pendant deux mois, avec une grande abondance de neige ; le dégel fut considérable, quoique sans pluie. »

Les dommages causés par la crue de 1658 se sont étendus sur tout le cours de la Seine et particulièrement à Troyes, à Melun, à Paris, à Poissy, Vernon et Rouen; mais particulièrement à Troyes et à Paris.

La première de ces villes, étant couverte par des digues, souffrit d'autant plus; l'invasion des eaux fut subite au moment de leur rupture, et les dommages furent ainsi beaucoup plus considérables que si l'inondation s'était élevée progressivement et qu'on se fût préparé à la subir.

Les chroniques ne mentionnent aucun fait important, au sujet des pertes éprouvées par les villes, en dehors de Troyes et de Paris. Dans celle-ci les eaux, pénétrant soit par-dessus les berges basses, soit par les fossés de l'arsenal et les marais du Temple, soit enfin par les embouchures des égouts, sont arrivées jusqu'au centre de la cité, dans les rues Saint-Denis Saint-Martin, etc. Il en est résulté pour les particuliers des pertes énormes produites par l'invasion subite des eaux dans les caves et les rez-de-chaussée, et pour l'État des charges considérables (destruction du pont Marie, etc.).

Belgrand a indiqué sur une carte la partie de la ville qui, malgré les exhaussements successifs du sol depuis 1658, serait atteinte par les eaux s'il survenait une crue aussi élevée. La superficie couverte serait de 1.166 hectares [1].

242. Les ponts de Paris. — D'après M. Mary, les mêmes circonstances météorologiques amèneraient une crue sensiblement plus forte, parce qu'il a été construit sur la Seine, entre Bercy et Auteuil, dix nouveaux ponts et que, pour diminuer les rampes d'accès, on en a établi les voûtes plus bas que celles des anciens ponts, dont quelques-unes même ont été abaissées.

« Il est évident, dit-il, que ces constructions et ces modifications pourraient avoir dans l'avenir une influence désastreuse, si on ne prenait aucune mesure pour prévenir une surélévation des crues dans Paris et en amont.

« J'ai donc cru devoir examiner cette question avec une attention particulière, et pour cela j'ai cherché à me renseigner sur les remous produits par les ponts de Paris, dans les

1. Voir le rapport de M. Mary, pages 4 et suivantes.

divers états de hauteur des eaux. Malheureusement, il n'existe, dans les bureaux du service de la navigation, aucun renseignement à ce sujet. Et cela se comprend jusqu'à un certain point, quand on considère toutes les préoccupations des ingénieurs pendant la durée d'une crue exceptionnelle. On est alors plus occupé à parer aux dangers que courent les hommes et les propriétés publiques et particulières, qu'à constater des hauteurs d'eau et à faire des jaugeages.

« J'ai pu toutefois apprécier assez exactement l'effet des obstacles qui gènent l'écoulement de la Seine, entre le pont de la Tournelle et le pont Royal, en me reportant à une note que M. Poirée, inspecteur général en retraite, a eu l'obligeance de me communiquer vers 1845, lorsque je m'occupais du projet d'un établissement hydraulique au Pont-Neuf.

« Il résulte de cette note que la pente de la Seine, dans l'intervalle que je viens d'indiquer, variait alors de la manière suivante avec la hauteur des eaux.

« Lorsqu'elles étaient à l'étiage du pont Royal la pente était de $1^m,27$; quand elles étaient à $0^m,20$ au-dessus de l'étiage, $1^m,32$; à $0^m,90$, $1^m,27$; à $1^m,08$. $1^m,19$; à $1^m,65$, $1^m,12$; à $2^m,23$, $1^m,04$; à $2^m,82$. $0^m,95$; à $3^m,40$, $0^m,87$; à $4^m,10$, $0^m,85$; à $4^m,70$, $0^m,83$; à $5^m,70$, $0^m,87$; à $6^m,08$, $0^m,91$; à $6^m,24$. $0^m,98$; à $6^m,50$. $1^m,06$.

« A cette époque, dit M. Mary, la pompe Notre-Dame existait encore et faisait obstacle à l'écoulement. D'un autre côté les ponts au Change et Notre-Dame avaient les larges empatements de leurs fondations élevés au-dessus de l'étiage, et une des arches du pont Notre-Dame était masquée à plus d'un mètre par un déversoir en maçonnerie, de sorte que la pente s'accroissait jusqu'au moment où ces obstacles étaient couverts d'une certaine tranche d'eau. Mais une fois cette hauteur atteinte, la pente diminuait au fur et à mesure que leur influence sur la section croissante de l'écoulement devenait moins sensible, et cette diminution continuait jusqu'à ce que l'influence des reins des voûtes vînt se faire sentir.

« J'avais espéré, dit M. Mary, que l'enlèvement de la pompe Notre-Dame, et la suppression des empatements des piles des ponts au Change et Notre-Dame auraient diminué la pente de la Seine, entre le pont de la Tournelle et le pont Royal. Il n'en a rien été. Un profil fourni par M. l'Ingénieur en chef Vaudrey, le 29 novembre 1866, indique 1ᵐ,20 pour la pente à l'étiage entre ces ponts, et 0ᵐ,80 pendant la crue de septembre 1866. M. Poirée avait trouvé 1ᵐ,27 et 0ᵐ,85 dans les mêmes circonstances de hauteurs d'eau.

« On voit donc, d'une manière incontestable, l'influence qu'exercent les reins des voûtes lorsqu'ils sont atteints par les eaux d'une crue.

« Lorsque l'on a construit les nouveaux ponts, on ne s'est préoccupé que des moyens de concilier, aussi bien que possible, deux intérêts opposés : d'un côté la navigation réclamant une hauteur sous clef suffisante pour assurer, en grandes eaux navigables, le passage sous les ponts des bateaux chargés de charbon de bois, de foin, etc.; de l'autre, la circulation sur les ponts exigeant des rampes d'accès d'une inclinaison modérée sans enterrer les maisons voisines. On a pris un moyen terme et on a adopté généralement une hauteur de 8ᵐ,59 au-dessus de l'étiage au pont de la Tournelle et 8ᵐ,80 ou 8ᵐ,90 pour ceux d'aval, et on ne s'est même pas conformé à ces dispositions, puisque le pont de l'Alma ne s'élève qu'à 8ᵐ,49. »

243. Conditions dangereuses de la traversée de Paris — « D'après ces considérations, il y a lieu de craindre que la ville de Paris ne soit sérieusement compromise, s'il survient un jour une crue comparable à celle de 1658, parce qu'elle s'élèverait certainement à un niveau supérieur à celui que cette dernière a atteint, et que, malgré l'exécution de quais neufs à la place des bas ports, malgré l'exhaussement des anc.   quais et des quartiers bas, la Seine couvrirait plus de 1166 hectares du sol de la ville de Paris, si elle parvenait à surmonter ou à renverser quelques portions de parapets.

« Il y a donc intérêt, et même un intérêt très puissant, à rechercher les moyens de prévenir un tel désastre; car dans l'état actuel, avec de doubles caves servant de magasins, une inondation qui envahirait les quartiers bas causerait des dommages immenses. »

244. Inondations de 1802 et de 1809. — La crue de 1802 est la plus grande à Paris depuis qu'on note chaque jour la hauteur de la Seine, c'est-à-dire depuis 1777. Elle s'est élevée à 7m,45 au pont de la Tournelle[1], le 3 janvier. De 1777 à 1802, M. Dausse a calculé la moyenne des maxima annuels : c'est seulement 4m,56.

Le 3 mars 1807, la Seine s'est élevé à 6m,70 au pont de la Tournelle.

245. Crues postérieures jusqu'en 1872. — En janvier 1812, la Seine est montée à 7m,40 à Paris ; les 16 et 17 décembre 1836, à 6m,40 ; le 29 septembre 1866 à 5m,21 ; le 7 décembre 1872 à 5m,85. La crue de 1866 est extraordinaire, non par sa hauteur, mais par l'époque où elle s'est produite ; on remarque, en effet, que presque toutes les autres crues citées ont eu lieu en décembre, janvier, février ou mars. La crue de 1866 est « le type, dit M. de Préaudeau, d'une crue torrentielle due à une grande perturbation atmosphérique unique et très générale : elle exprime à peu près la limite des effets produits par une seule et même pluie. »

Il ne faut pas être surpris de ne point trouver 1856 dans notre dénombrement, puisque c'est une crue de juin. La Seine a monté en même temps que les autres fleuves ; mais on n'a eu qu'une crue ordinaire.

« Les crues exceptionnelles ne peuvent se produire dans la Seine, dit M. Mary, que dans deux cas : lorsque les fissures du sol étant remplies d'eau, à la suite d'une saison très humide, il survient des pluies d'une abondance et d'une durée extraordinaires, ou quand, à la suite d'une gelée très intense qui a durci la surface de la terre, il survient une neige abondante, puis un dégel rapide accompagné d'une pluie chaude[2]. »

D'un autre côté, dit le même auteur, les vallées du bassin de la Seine, où l'on a eu la prudence de ne pas élever de digues[3], souffrent peu des inondations, parce que le limon

---

1. Nous ferons remarquer, cependant, que la cote donnée par le registre de la préfecture de police n'est que de 7m,32. Si cette indication était exacte, la crue de 1802 aurait été dépassée par la crue de 1812 ; mais la cote de 7m,45, qu'on trouve dans le récit de l'ingénieur Dralle, mérite plus de confiance.

2. Voir plus loin les explications de M. Belgrand ; elles diffèrent de celles de M. Mary, et sont généralement considérées comme définitives.

3. Il y a quelques exceptions, que nous ferons connaître.

déposé sur les terres les fertilise, ce qui fait plus que compenser les pertes qu'on éprouve de temps en temps.

246. Inondation de mars 1876. — Cette crue, la quatrième du siècle, a marqué 6^m,50 le 17 mars au pont de la Tournelle de 3 heures à 6 heures du soir. A Poissy, 6^m.55 le 18 mars ; à Mantes, 7^m.69 le 19 mars, à 3 heures du soir.

La crue de 1876, dit Belgrand, fournit un des meilleurs exemples de la manière dont se produisent les crues extraordinaires de la Seine à Paris. (Notice sur les crues des principales rivières de France en mars 1876, en collaboration avec M. Lemoine.) Elles sont toujours le résultat d'une série de crues successives des affluents torrentiels. Les eaux pluviales ruissellent à la surface des terrains imperméables, et produisent le maximum. Les eaux absorbées par les terrains perméables alimentent de très nombreuses sources, qui éprouvent aussi des crues considérables; mais elles n'arrivent à Paris que quelques jours après le maximum produit par les crues de superficie.

« Lorsqu'il y a des pluies persistantes, la crue du fleuve est donc soutenue à un niveau élevé pendant plusieurs jours par celle des sources, et si dans cet intervalle de temps les affluents éprouvent une seconde croissance, elle produit à Paris un nouveau maximum plus élevé que le premier. Une troisième crue, survenue quelques jours après, produit un effet analogue, de sorte que le fleuve peut s'élever pendant des mois entiers sous l'action de plusieurs montées successives de ses affluents, sans qu'on puisse jamais prévoir le moment où cette croissance s'arrêtera. Une très grande crue de la Seine à Paris se trouve ainsi souvent produite par la succession de phénomènes qui, dans la partie supérieure du bassin, ne donnent lieu qu'à des crues successives d'une intensité médiocre.

« Il en est tout autrement dans les bassins où le sol est en grande partie imperméable, comme ceux de la Loire et de la Garonne. Les crues y étant très violentes, mais de très courte durée, la crue du fleuve cesse de s'accroître à partir d'un certain point, parce que la crue de l'affluent est toujours passée lorsque la crue du fleuve arrive au confluent. Les grandes inondations sont donc alors très habituellement le résultat

d'un seul phénomène météorologique, et elles sont beaucoup
plus désastreuses que celles de la Seine parce que, leur durée
étant très courte, leur débit par seconde est énorme. » Oui;
mais il résulte du mécanisme des crues de la Seine qu'on ne
doit pas être surpris de trouver dans l'histoire le récit de
crues beaucoup plus fortes que celles du XIX° siècle ; il suffit
pour les expliquer d'admettre une succession plus prolongée
de pluies. On peut donc dire que, sous ce rapport, les conditions sont plus mauvaises que dans nos autres bassins où, le
grand flot passé, tout est à refaire.

« En 1876 — nous revenons au texte de MM. Belgrand et
Lemoine — en 1876, il n'y a pas eu moins de *sept crues* successives des affluents torrentiels, produites par des pluies qui se
sont continuées presque sans interruption du 11 février au
15 mars. »

La première de ces crues a eu lieu les 15 et 16 février; elle a
été produite par le dégel, aidé par de petites pluies fines. Une
seconde crue des affluents torrentiels a eu lieu les 20 et 21
février, par suite de pluies générales tombées les 19 et 20.
Une troisième, du 27 février au 1ᵉʳ mars, est résultée de pluies
tombées sans interruption sur le haut Morvan du 25 au soir
au 28 au matin. Une quatrième crue a eu lieu du 2 au 4 mars ;
une cinquième le 6; une sixième, du 9 au 11 mars, a donné
surtout dans la Marne et dans l'Aisne. Enfin la septième crue
a eu lieu le 13 mars, surtout dans le bassin de l'Yonne.

M. l'ingénieur Remise a fait remarquer que si les pluies du
11 au 13, qui ont produit la septième crue, avaient été générales, on aurait vu se reproduire les désastres que la crue de
1866 a causés dans le bassin de l'Yonne.

La quantité totale de pluie n'a pas été considérable. Du
13 février au 15 mars, on ne trouve que 0ᵐ,166 en rapportant
le volume tombé à l'ensemble du bassin en amont de Paris.
Une très grande partie, qui correspond à février, ne serait pas
comptée s'il s'agissait de tout autre de nos grands bassins.

Tandis que pour l'Yonne, l'Armançon, la Marne, l'Aisne, il
y a eu une succession de crues distinctes, il n'y a eu qu'une
seule et même crue pour la Haute-Seine, pour l'Ornain et
surtout pour les petites rivières de la Champagne sèche.
« L'eau, au lieu de ruisseler sur le sol, passe par les sources. »

Les cours d'eau tranquilles, soutenant les crues du fleuve, donnant un point de départ plus élevé aux nouvelles montées provoquées par les rivières à bassins imperméables, contribuent à leur manière aux désastres qui atteignent de temps en temps Paris.

Dans cette ville, le niveau de la Seine s'est élevé presque constamment du 15 février au 17 mars ; quelques décimètres de baisse ont seulement eu lieu du 2 au 5 mars.

Les crues deviennent dommageables à partir de la cote 5 mètres. Celle de 1876, avec son niveau de 6^m,50 à la Tournelle, a été désastreuse ; la hauteur d'eau sur le quai de Bercy, non défendu alors, a atteint 2 mètres. M. Belgrand estime que Paris se trouve préservé des inondations dans toute la partie où sont construits les égouts collecteurs, « puisque la différence de niveau de l'eau dans le fleuve au Pont-Royal et dans les égouts est de 2^m,40 ». Cela se rapporte à une crue comme celle de 1876 ; mais ne nous apprend pas ce qui pourrait résulter d'une inondation s'élevant à 2^m,30 plus haut, comme celle de 1658.

Nous devons à l'obligeance de M. l'ingénieur en chef des ponts de Paris des renseignements sur les déclivités de la crue de 1876.

En amont du pont de la Tournelle, l'altitude [1] a été de   32^m,75
En aval du pont Royal. 31 81

Soit une élévation, du second point au premier, de. .0^m,94

La distance étant de 2,240 mètres, la pente kilométrique moyenne est de 0^m,42.

Pour des crues plus hautes, amenant la fermeture complète d'un grand nombre d'arches, la pente arriverait forcément à des valeurs excessives, malgré les grands dragages qui ont abaissé le lit de la Seine à Paris depuis quelques années.

247. Crues de 1882-1883. — Les crues de décembre 1882 et de janvier 1883 ont été à peu près égales : 5^m,84 et

1. Rappelons qu'on donne tantôt les hauteurs au-dessus de l'étiage du lieu, tantôt au-dessus du niveau moyen de la mer. (Les cotes ci-dessus — altitudes — se rapportent à ce dernier cas.)

$6^m,00$ à la Tournelle. A Poissy, $6^m,41$ et $6^m,46$; à Mantes, $7^m,54$ et $7^m,60$. Pour 1876, on avait eu : $6^m,50$, $6^m,55$ et $7^m,69$.

Les crues de 1882 et 1883 appartiennent au même type que la crue de 1876, et diffèrent essentiellement du type de 1866. En 1879, on avait déjà eu deux crues successives presque égales, les 8 janvier et 24 février : mais avec une élévation notablement moindre ($5^m,64$ et $5^m,62$ au pont d'Austerlitz, contre $6^m,12$ et $6^m,24$ en 1882 et 1883).

« Les groupes de pluie qui ont produit les deux crues successives de décembre 1882 et de janvier 1883 se sont étendus sur tout le bassin. Pour la première crue, du 19 au 30 novembre inclusivement ; pour la seconde, du 21 au 23 décembre inclusivement et du 30 décembre 1882 au 3 janvier 1883. Dans la seconde quinzaine de novembre, la neige a accompagné la pluie dans la partie supérieure du bassin, mais la couche restée sur le sol n'a jamais été que de quelques centimètres d'épaisseur »[1].

Pour la basse Seine, l'élévation de l'Oise a rendu la crue relativement plus forte qu'à Paris.

A partir de Saint-Pierre du Vauvray, sauf à Pont-de-l'Arche, la crue a dépassé les cotes de 1876 :

Saint-Pierre du Vauvray : $12^m,02$ le 10 décembre 1882, au lieu de $11^m,94$ en mars 1876 ;

Ecluse de Poses (amont) : $10^m,02$ au lieu de $9^m,82$;

Pont de Pont-de-l'Arche : $8^m,74$ au lieu de $8^m,78$;

Pont métallique d'Elbeuf : $7^m,45$ au lieu de $7^m,37$;

Pont d'Oissel ; $6^m,31$ au lieu de $6^m,04$;

On explique ce fait par l'influence de la marée, la vive-eau ayant coïncidé avec le maximum, ce qui n'avait pas eu lieu en 1876. Cette explication, qu'on a donnée à tort pour la Loire, est vraie pour la Seine : nous l'avons vérifiée en examinant la courbe des hauteurs à Rouen le 11 décembre ; cette courbe accuse un reste d'oscillation de marée, tandis que toute trace de ce phénomène disparaît à Nantes pendant les grands débordements du fleuve.

Propagation du maximum. — Le maximum s'est propagé

---

1. M. de Préaudeau, *Annales des ponts et chaussées*, septembre 1883.

en quatre jours et demi à cinq jours de Clamecy à Mantes, avec une vitesse de 8 kilomètres environ à l'heure.

« Les variations dans la vitesse de propagation du maximum, aux abords des confluents, correspondent à des différences très sensibles dans la pente du maximum, suivant que l'intensité relative de la crue est prédominante sur l'un des affluents. M. Lavollée a mis très nettement ce fait en évidence, pour la Seine en amont de la Marne; il a montré, par la comparaison des crues de 1866 et de 1883, que le remous de la Marne peut s'étendre à peu de distance de Corbeil, lorsque la crue de la Marne est beaucoup plus forte que celle de la Seine. » (De Préaudeau.)

Dans la basse Seine, entre Villez et Poses, la propagation du maximum a eu lieu avec une vitesse de 3 kilomètres environ, en 1882 comme en 1876.

Formule des débits. — M. de Lagrené a fait connaître trois formules empiriques donnant le débit à Mantes, en fonction de la hauteur à l'échelle, lue en rivière libre [1]. La plus simple de ces formules est la suivante : $Q = 74 + 110\,h + 25\,h^2$.

La cote maxima de la dernière crue ayant été de 7,60 à Mantes, en janvier 1883, on trouve pour le débit maximum 2,351 mètres cubes. Il n'a pas été fait à Mantes de mesurage direct.

Débits maximum. — A Paris, au pont des Invalides, par seconde. . . . . 1.054 mètres cubes.

A Bezons. 1.445
A Meulan. 2.228
A Port-Villez. 2.149
Entre Elbeuf et Orival. 2.183

Ces chiffres résultent d'observations de vitesses, faites en ces divers points aux moments des maxima, en décembre 1882-janvier 1883.

---

1. Cette restriction est sans intérêt en ce qui concerne les grandes crues; pour les temps de fonctionnement des appareils mobiles, elle revient à dire qu'il n'y a pas d'application à faire de la formule en pareil cas.

§ IV

MESURES A PRENDRE DANS L'INTÉRÊT DE PARIS

248. Avis de Belgrand. — C'est à Paris que la crue de la Seine prend sa forme définitive. Une crue torrentielle, partie des points les plus éloignés du bassin, arrive à Paris en trois ou quatre jours ; la crue correspondante des cours d'eau tranquilles est au moins de quatre à cinq jours en retard. Si les affluents éprouvent, dans l'intervalle d'un mois, sept ou huit crues successives, le fleuve à Paris peut monter d'une manière presque continue, comme s'il éprouvait une crue unique. Un grand débordement est possible, sans qu'il arrive aucun phénomène météorologique d'apparence extraordinaire.

Sous le rapport des conditions naturelles générales, rien n'indique que nous ne puissions pas revoir les désastres des siècles précédents.

Mais M. Belgrand fait remarquer qu'on avait alors beaucoup plus à craindre les crues de débâcles. « Les arches des anciens ponts de la Seine étaient très petites, et, dans les fortes gelées, les glaces s'accumulaient facilement en amont, et y formaient de véritables barrages ».

Chacun de ces barrages déterminait une retenue d'eau, et, au moment de la débâcle, cette retenue brusquement lâchée augmentait la crue d'aval, qui croissait ainsi de pont en pont d'une manière extra naturelle.

D'un niveau très voisin du zéro au pont de la Tournelle, en décembre 1794, le dégel et la débâcle firent monter la Seine en deux jours à la cote de 5^m,36. Deux jours après, le niveau tombait à 3^m,75. Cela ne peut s'expliquer que par la lâchure brusque des retenues produites par les glaces.

« Au fur et à mesure qu'on a agrandi les arches des ponts, pour les besoins de la navigation, la hauteur des montées dues aux grandes débâcles a été en diminuant. Ainsi, depuis 1830, aucune débâcle n'a donné lieu à une crue qui ait attiré l'attention, et cependant il y a eu des froids très extraordi-

naires, par exemple ceux de l'hiver de 1871-1872, qui ont
déterminé la prise complète du fleuve. » (*La Seine*, p. 318.)

En 1872, M. Belgrand était plein de confiance, et la crue de
1876 n'a pas suffi pour exciter ses craintes. Il n'était plus là,
malheureusement, pendant celle de 1882-1883.

La vérité est que M. Belgrand se contentait de moyens
insuffisants : relèvement des quais ; fermetures des déversoirs
des égouts ; prolongement des égouts collecteurs jusqu'aux
fortifications, à l'amont et à l'aval de Paris. — Le relèvement
des quais est à peu près arrivé à la limite possible, tandis
qu'on ne sait pas à quel niveau s'élèverait une crue du volume
de 1658, ou seulement de 1740, à l'amont de la ville. Vers la
fin de la montée, cette crue ne trouverait plus guère de section supplémentaire, au passage d'un certain nombre de ponts
trop bas ; il se produirait des tourbillons qui bouleverseraient
l'écoulement et provoqueraient une accumulation d'énormes
remous. En l'état de nos connaissances, je ne crois pas que
personne puisse dire ce qui arriverait ; mais nous constatons
que, pendant la crue de 1882-1883, il y avait 36 centimètres de
pente kilométrique entre le pont de la Tournelle et le pont
Royal, et nous avons vu qu'en 1876 cette pente s'était élevée
à 0^m,42 ; c'est l'indice d'une situation très tendue, et un
avertissement des dangers à courir dans le cas d'une augmentation du débit maximum.

249. Diminution des débits maxima. — *Premier
moyen.* Dans une pareille situation, on se demande s'il ne
serait pas possible d'amener une réduction des débits maxima
des grandes crues dans la traversée de Paris. Le premier
procédé qui se présente à l'esprit, c'est l'établissement de
réservoirs d'emmagasinement.

Ce moyen serait fort utile aux localités voisines des retenues, mais à Paris, point nécessairement fort éloigné des
réservoirs ? On a calculé que, dans la période de croissance de
la crue de 1740, il a passé par cette ville 2.681.186.000 mètres
cubes d'eau ; pour abaisser le niveau maximum de 40 à 50
centimètres, il aurait fallu emmagasiner 216 millions de
mètres cubes dans les journées qui ont précédé ce maximum.

Il n'y a point à formuler de conclusion absolue contre les

réservoirs [1] ; mais la possibilité d'augmenter sérieusement la sécurité de Paris par ce moyen reste à démontrer.

Second moyen. — Si l'on ne diminue pas à l'aide de réservoirs le volume maximum à la seconde, on peut y arriver en déversant une partie des eaux dans la Seine d'aval, par un canal la recevant en amont de Paris.

Le moyen proposé au XVIIe siècle, qui consistait à creuser un grand canal de décharge au nord de Paris, exigerait aujourd'hui des dépenses énormes [2]. M. Mary a étudié le tracé partant de la Marne à Neuilly et aboutissant en Seine à Saint-Denis : il trouve 60 millions. Voici les indications qu'il donne sur ce projet de dérivation :

Appelé à indiquer et à évaluer les travaux les plus propres à mettre à l'abri des inondations la vallée de la Seine, et surtout la ville de Paris, qui en est le point le plus vulnérable, j'ai cru qu'il était nécessaire de me rendre compte des difficultés que présenterait la dérivation des grandes eaux de la Marne, de la dépense qu'elle entraînerait et des résultats à en attendre.

On reconnaît de suite que l'éxécution de ce travail ne présenterait aucune difficulté matérielle d'une nature exceptionnelle, car il existe entre Gagny et Villemomble, sur le faîte séparatif des bassins de la Marne et de la Seine, un col qui ne s'élève qu'à 26 mètres environ au-dessus des basses eaux de la Marne, en amont du village de Neuilly-sur-Marne, de sorte que la dérivation à creuser pour ouvrir un lit artificiel à la Marne ne différerait des grandes tranchées de chemins de fer que par sa largeur, qui devrait être plus considérable, et par sa longueur de 18.520 mètres. Mais ces dimensions n'ont d'influence que sur la dépense et non sur la difficulté du travail.

La dépense est en effet l'objection capitale à faire contre cette dérivation, et on ne peut s'empêcher d'éprouver les plus vifs regrets quand, se reportant en arrière, on songe que ce travail aurait pu être fait, peut-être avec économie et certainement avec avantage pour l'État, si, en 1840, au lieu de protéger la partie septentrionale de Paris au moyen de bastions

---

1. Voir, à la fin du volume, l'étude générale sur les réservoirs d'emmagasinement des crues, extraite du remarquable Mémoire de M. Kleitz. Il faut reconnaître que tout n'est pas dit quant à la Seine ; les conclusions auxquelles on arrive pour le Rhône ne prouvent rien pour un autre fleuve, surtout s'il existe des différences essentielles (comme c'est le cas) entre les régimes des deux cours d'eau et de leurs affluents.

2. Plus de 50 millions (Belgrand : *La Seine*, p. 320.)

et de forts détachés, on avait ouvert entre la Marne et la Seine une profonde dérivation dans laquelle on aurait pu jeter une partie des eaux de la Marne. L'idée en avait été émise par un ancien membre du Conseil municipal de Paris, M. Galis, mais elle n'avait pas été goûtée. Elle ne le sera probablement pas davantage en 1867 ; mais du moins, quand une étude très sommaire en aura été faite, on jugera cette idée avec un peu plus de connaissance des conditions d'exécution de ce travail qu'aux époques antérieures.

Je vais chercher à établir ces conditions sommairement.

Si les choses étaient entières, la dérivation prendrait son origine en amont du village de Neuilly-sur-Marne, pour s'engager directement dans la gorge de Gagny. Malheureusement, on vient de construire la dérivation de Chelles qui ne permet plus d'ouvrir une tranchée dans cette direction. Il faut donc en reporter l'origine en aval de Neuilly ; mais alors il est nécessaire de contourner le village au nord-ouest pour arriver à la gorge de Gagny en formant une courbe très prononcée.

A partir de Gagny, où l'on passe sous le chemin de Mulhouse, on suit jusqu'aux environs de Saint-Denis la partie la plus déprimée de la vallée. Aux abords de cette ville, les constructions industrielles de Maisons-de-Seine, sur le canal Saint-Denis, forcent à remonter en amont et à couper, à l'ordonnée 36 mètres, la croupe inférieure du contrefort descendant de Montmartre.

M. Mary explique ensuite comment il calcule la section du canal pour arriver à un abaissement de 1 mètre du niveau de la crue, dans le cas où Paris serait abordé dans les conditions de 1658. Sa méthode consiste simplement : à déterminer la différence des débits de la Seine à Paris, pour la hauteur de 1658 et pour une hauteur moindre d'un mètre, puis à calculer les dimensions à donner au canal de dérivation pour qu'il puisse écouler cette différence. Mais on n'a pas remarqué que le niveau de la Seine, après la rentrée, ne serait pas le même que si le débit était réellement moindre de la quantité écoulée par le canal.

Le niveau n'étant pas changé après le point de réunion[1], il y avait à chercher quel effet résulterait du moindre débit entre l'embouchure de la Marne et ce point ; le problème était

[1]. C'est l'hypothèse la plus favorable, car un raccordement mal tracé en amènerait l'exhaussement.

d'autant plus ardu que la mauvaise disposition forcée de l'entrée du canal, par rapport à la Seine, amènerait un grand désordre dans l'écoulement à l'entrée de Paris. Il pourrait en résulter un exhaussement local, malgré la dérivation (Dupuit, édition de 1863, page 129); tout l'espoir se réduirait à une répartition meilleure d'une pente à peu près égale entre la Marne et Saint-Denis. Ce n'est pas assez pour qu'on se décide à dépenser 60 millions.

250. La crue de 1740. — Cette crue mérite qu'on s'y arrête, car c'est la plus forte des crues connues, après celle de 1658; elle ne doit pas être qualifiée de *crue de débâcle*, car le maximum a été atteint le 26 décembre, tandis qu'il n'y a eu de débâcle que le 11 janvier suivant.

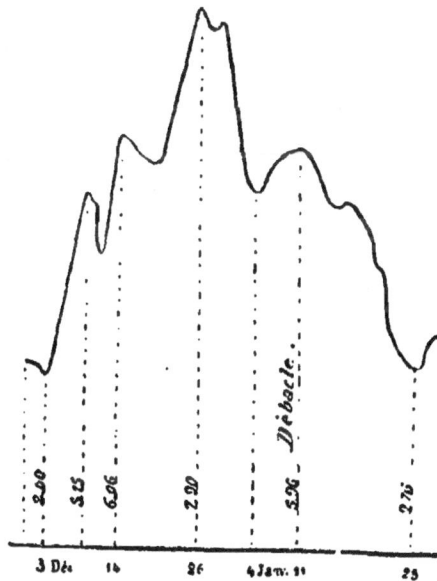

La crue de décembre 1740.

La crue de 1740 a marqué 7^m,90 au pont de la Tournelle; mais il serait tout à fait inexact d'admettre qu'aujourd'hui elle ne marquerait pas davantage. Lorsqu'une crue descend vers Paris, c'est l'amont qui règle le volume; mais les circonstances de l'écoulement à l'intérieur dépendent du niveau des eaux à la sortie de la ville et des conditions que la crue rencontre dans la traversée. Admettons qu'il n'y ait aucun

changement dans le niveau à Asnières, et cherchons à nous
rendre compte du phénomène : partant du niveau de la crue
débordée dans la plaine d'aval, on trouve en remontant, de
pont en pont, des niveaux exhaussés d'une manière anormale
par l'addition des remous, en même temps que par le resserrement entre les quais. Il peut y avoir des passages où la
rampe vers l'amont augmente suivant une progression rapide,
car avec l'accroissement des débits les tympans obstruent de
plus en plus la section. Quelques-unes des anciennes entraves
à l'écoulement ont disparu, mais plusieurs ont été ajoutées.
C'est pourquoi l'on arrive à se poser sérieusement cette question : les phénomènes météorologiques de la crue de 1740 ne
donneraient-ils pas lieu à de grands désastres? que serait la
pente dans Paris, alors qu'on a eu 0^m,42 par kilomètre pendant la crue de 1876, entre l'amont du pont de la Tournelle et
l'aval du Pont-Royal? M. Belgrand nous apprend que les
hauteurs des quais correspondent seulement aux niveaux de
la crue de 1802, inférieurs de 0^m,45 à ceux de la crue de
1740[1]. On pourrait être sauvé par la résistance des parapets,
dont on se hâterait de combler les lacunes, en cas de retour
des hauteurs de 1740; les eaux, si elles ne s'introduisaient
qu'en petites quantités, seraient absorbées par les égouts, et
rien ne serait désespéré. *Mais la situation serait compromise
en cas d'indécision dans le commandement, ou de désordre dans
l'exécution;* il faut donc assigner à l'avance à chacun son
poste et s'assurer le concours de l'artillerie avec ses sacs à
sable. Ce concours nous rendrait ici les mêmes services que
dans la vallée du Pô.

Mais en cas de retour des niveaux de 1658...? Il est impossible de se faire illusion; en l'état, le désastre serait immense.
La prudence exige donc qu'on reprenne l'étude de la question
dans son ensemble.

L'accumulation des exhaussements. — Les conditions dans

---

1. Il est bon de rappeler ici quelques chiffres. Hauteurs au pont de la
Tournelle :

Crue de 1658.	8^m,81	
— 1740.	7	00
— 1802.	7	45
— 1876.	6	50
— 1883.	6	00

lesquelles le débit peut se faire en aval d'une ville sont l'un des facteurs de la hauteur des crues dans celle-ci. A plus forte raison ce qui se passe dans le dernier dixième de la traverse a de l'influence sur le neuvième, et ainsi de suite en remontant; d'où une série d'échelons analogue[1] à ce qu'on trouve pendant les basses eaux dans une rivière.

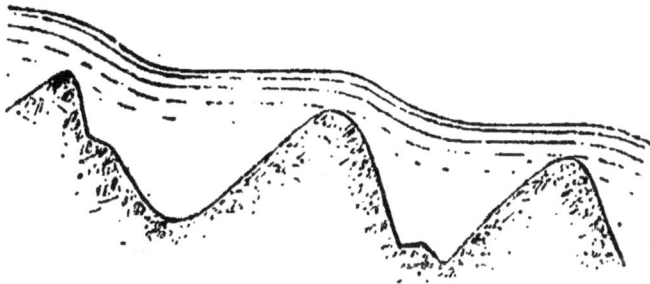

Enlevez par la pensée l'une des bosses que présente le lit; aussitôt la surface de l'eau s'abaisse jusqu'à la bosse immédiatement au-dessus, et même plus loin vers l'amont, parce que le rapide ayant plus de pente au-dessus de cette dernière n'a plus besoin d'autant de section transversale. L'enlèvement d'un pont mal planté réagirait en bien sur toute la partie amont d'une traverse au moment des crues; les abaissements de la surface liquide seraient d'autant plus grands que les naissances des ouvrages supérieurs auraient été plus dépassées. Inversement, une aggravation modérée en elle-même, comme deux ou trois cents mètres cubes de débit supplémentaire, aurait des conséquences proportionnées aux élévations antérieures contre les tympans : une pente de 0m,60 par kilomètre dans une partie de la traverse de Paris n'aurait rien de surprenant si le débit de 1740 se reproduisait[2].

1. Nous ne disons pas *identique* ; les exhaussements dans Paris finissent par augmenter notablement la section, vers l'amont de la ville ; c'est une cause d'atténuation de la pente.

2. Pendant la crue de 1807, l'ingénieur Egault a constaté, sur 132 mètres de longueur, au Pont-Royal (*Mémoire sur les inondations de Paris*, imprimé en 1811), des pentes de 0m,025 à 0m,09, l'échelle marquant de 4m,78 à 7m,18. — De 4m,78 à 6m,85, augmentation de 0m,052; de 6m,85 à 7m,18 (c'est-à-dire pour 0m,33 d'exhaussement), passage de 0m,077 à 0m,000 de pente sur les 132 mètres. Au dernier moment, c'est une pente de 0m,00068 par mètre, soit à raison de 0m,68 par kilomètre dans ces 132 mètres.

Ajouté à une élévation plus grande qu'en 1876 en aval de la ville, ce fait aurait de sérieuses conséquences.

Nous reviendrons, dans la quatrième partie, sur la question des crues à Paris.

§ V

NAVIGATION

251. Coup d'œil général. — La Seine est une rivière canalisée, au moyen de barrages et d'écluses à sas : 1° de Marcilly à Montereau, embouchure de l'Yonne, sur 88 kilomètres de longueur; 2° de Montereau à Paris, sur 101 kilomètres; 3° de Paris à la mer sur 241 kilomètres, comptés jusqu'au pont de Brouilly à Rouen.

Sur la première section, en moyenne, la largeur est de 70 mètres et la pente kilométrique de 0^m,23, chutes aux barrages comprises.

Sur la seconde, la largeur varie de 100 à 150 mètres et la pente kilométrique de 0^m,22 à 0^m,15.

252. Paris à Rouen [1]. Sur la troisième section, le fleuve, très sinueux, est souvent divisé en plusieurs bras présentant des largeurs irrégulières. La somme des largeurs de ces bras varie entre 120 et 180 mètres de Paris à Épinay, 150 à 230 d'Épinay à Meulan, 170 à 350 de Meulan à Rouen.

Les pentes. — La pente naturelle varie, de Paris à Rouen, de 0^m,08 à 0^m,17 par kilomètre. C'est entre Poses et Martot (près d'Elbeuf) que le maximum 0^m,17 est atteint [2]. La moyenne générale est de 0^m,116. C'est à peu près aussi la pente moyenne

---

1. Nous empruntons une grande partie des détails compris dans cet article à un rapport de M. de Lagrené, distribué en 1882 aux membres des conseils généraux des départements de Seine-et-Oise, de l'Eure et de la Seine-Inférieure.

2. De même, sur la basse Saône, la pente maxima se trouve au voisinage de Lyon.

de la rivière au moment des grandes crues[1]. Les pentes sont plus fortes pendant la période ascendante de celles-ci que pendant la période de décroissance.

Lorsque les appareils mobiles des barrages fonctionnent, les pentes sont très variables, suivant le débit de la rivière. On ne trouve que $0^m,004$ à $0^m,04$ par kilomètre, quand la Seine marque $1^m,18$ à Mantes. Pour éviter tout mécompte, on table sur l'horizontalité à l'étiage, dans les biefs relevés.

Le lit. — Le lit est généralement formé de sable, pur ou vaseux, et de gravier. En certains endroits le banc de craie se montre à découvert. Les bancs de Juziers, Rangiport, Fourneaux et Tosny, et ceux que l'on trouve en aval des écluses de Bougival, de Meulan et de la Garenne, se reforment périodiquement à la suite des crues, par suite des petits déplacements qui ont lieu dans la masse de sable existant dans le lit.

Berges. — Sont généralement élevées de $4^m,50$ à 5^m au-dessus de l'étiage naturel. Elles ont été exhaussées et redressées en beaucoup d'endroits, lorsqu'il importait d'avoir un bon chemin de halage, c'est-à-dire avant le touage et les vapeurs remorqueurs et porteurs. De nature principalement terreuse, les berges ne donnent guère que de la vase au fleuve, quand il se produit des éboulements.

Parties endiguées. — En général, les crues de la Seine s'étendent librement sur les terrains bas de la vallée. On rencontre cependant quatre endiguements partiels entre Paris et Rouen :

1° L'endiguement de Gennevilliers, dans le département de la Seine ;

2° L'endiguement d'Achères (Seine-et-Oise) ;

3° L'endiguement de Vénables (Eure) ; a été coupé par la crue de 1876, mais a résisté à celle de 1882-1883 ;

4° L'endiguement de Saint-Pierre-de-Vauvray, de Portejoie et de Poses (Eure). N'a résisté en 1876 que grâce à l'exécution de bourrelets ; en 1882-1883 a été un peu surmonté, mais les eaux se sont déversées lentement sur le talus sans

---

1. Que l'on compare cette pente avec celle des grandes crues dans le centre de Paris, et l'on pourra se faire une idée de l'influence des travaux des hommes.

causer de dégâts notables. Cet endiguement n'est pas fermé par l'aval.

Affluents. — Les versants, de Paris à Rouen, sont presque entièrement composés de terrains perméables ; aussi ne compte-t-on qu'un petit nombre d'affluents : l'Oise, l'Epte, l'Andelle et l'Eure.

Il y a des sources considérables dans le lit du fleuve.

Plus hautes eaux de navigation. — Les bateaux halés s'arrêtent les premiers, par suite de la submersion des chemins de halage. Les toueurs, qui passent forcément à la remonte par les écluses, s'arrêtent lorsque les bajoyers sont submergés. Les porteurs libres sont arrêtés les derniers, par la violence du courant et le défaut de hauteur sous les ponts.

Entre Paris et Poissy, les plus hautes eaux navigables correspondent moyennement à $1^m,85$ sous la crue de 1876 ;

Entre Poissy et Courcelles, $1^m,47$;

Entre Courcelles et Martot, 0,91 ;

Entre Martot et Rouen, le niveau maximum de la navigation diffère très peu du maximum de la crue de 1876.

L'abaissement de l'étiage. — On a saisi toutes les occasions qui se sont présentées de constater le niveau de l'étiage non influencé par les barrages. On a trouvé qu'à l'époque actuelle il est à environ 1 mètre au-dessous des plus basses eaux connues en 1840.

Ponts. — Une décision ministérielle du 1er juin 1876 fixe à $5^m,25$ la hauteur à réserver, aux arches marinières, entre les plus hautes eaux navigables et le dessous des poutres. (Pour les ponts à voûtes, une corde de 12 mètres inscrite horizontalement à l'intrados.)

Les ponts de Billancourt, de Sèvres, de Saint-Cloud, de Suresnes, de Neuilly, de Saint-Ouen, de Saint-Denis, de la route à Argenteuil, du chemin de fer à Bezons, de la route au Pecq, de la route à Conflans, de Poissy à Triel, de Meulan, de Mantes, de la Roche-Guyon, de la route à Vernon, de Courcelles, des Andelys, de Saint-Pierre-d'Andé, de Pont-de-l'Arche, d'Elbeuf (fixe et suspendu) et d'Oissel n'ont pas la hauteur prescrite. Trois de ces ponts ont moins de $3^m,50$ de hauteur libre au moment des plus hautes eaux navigables ;

ce sont ceux de Sèvres, de Meulan et de Saint-Pierre-d'Andé. Il est urgent d'aviser pour ce qui concerne le second.

253. L'ancienne navigation de Paris à Rouen. — Jusqu'à la fin du XVIIIe siècle, cette partie de la Seine a été à peu près abandonnée à elle-même. On se bornait à entretenir d'anciens rétrécissements connus sous le nom de pertuis, à l'aide desquels on maintenait un peu d'eau sur les écueils situés à de petites distances en amont. Il fallait quarante chevaux pour remonter un bateau à l'ancien pertuis de la Morue, près de Bezons ; le pertuis de Poses, près de Pont-de-l'Arche, occupait une population de quatre cent cinquante hommes, dont il fallait subir les exigences.

Jusqu'en 1835, on ne s'occupa que du chemin de halage et de quelques écrètements au moyen de dragages. On n'avait que 0.80 à l'étiage.

254. La navigation nouvelle. — En 1838, M. Poirée fut autorisé à construire un barrage mobile à Bezons. C'est le point de départ de tout ce qu'on a fait depuis. La loi du 31 mai 1846 ordonna la canalisation de la basse Seine avec un mouillage de 1m,60. (M. Poirée avait demandé 2 mètres.)

Après le traité de 1860, on décida que le mouillage serait porté à 2 mètres. Mais les ingénieurs, MM. Belgrand et Krantz, demandèrent qu'on allât jusqu'à 3m,20. L'avant-projet, présenté en 1875 par M. de Lagrené, servit de base à la loi du 6 avril 1878.

Une seconde loi, du 21 juillet 1880, a ordonné de comprendre la traversée de Paris dans la partie du fleuve à doter de ce beau mouillage.

Les neuf barrages éclusés existants ou en construction, de Paris à Rouen, sont les suivants :

Retenues de Suresnes-Levallois.
— Bezons-Bougival.
— Andrézy-Bougival-Carrières-sous-Poissy.
— Meulan-Mézy.
— Méricourt.
— Port-Villez.
— N.-D. de l'Isle — N.-D. de la Garenne.
— Anet-Poses.
— Marlot-Saint-Aubin.

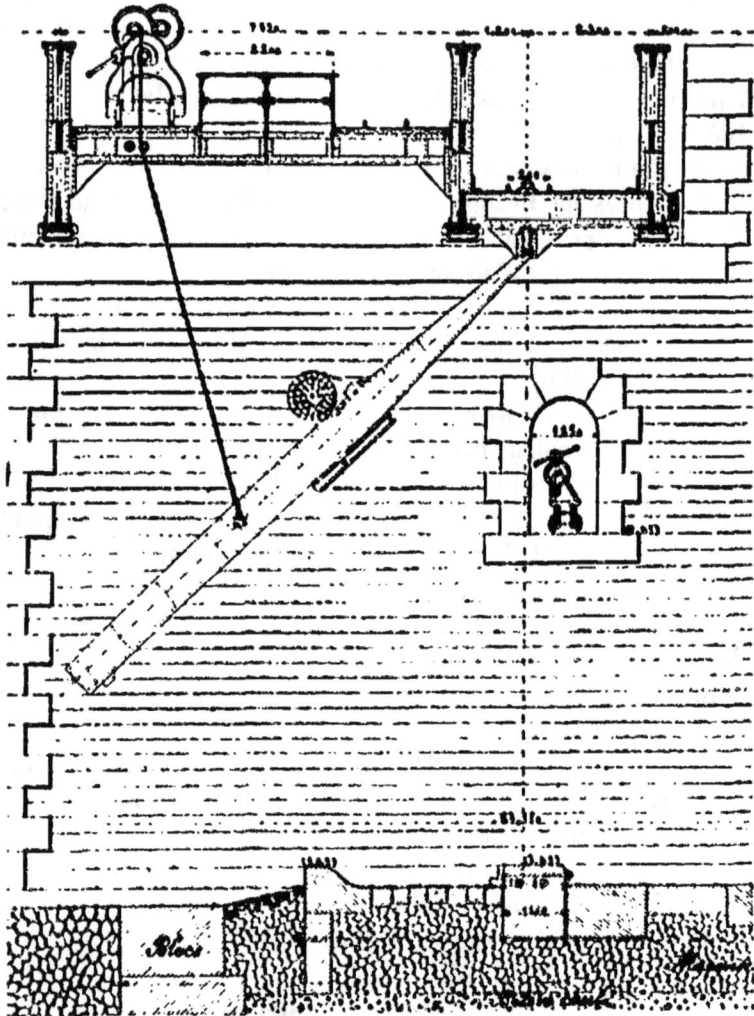

Le barrage de Poses.

Profil en travers.

255. Dernières dispositions adoptées. — Bien que le présent ouvrage traite du régime fluvial et non des dispositions spéciales concernant les écluses et les barrages, nous ne pouvons nous dispenser de dire quelques mots des barrages mobiles de la Seine, tels qu'on les exécute maintenant. Leur base en maçonnerie se divise en déversoirs et passes navigables ; celles-ci, arasées à peu près au niveau du lit naturel, sont fréquentées par les bateaux quand l'augmentation du débit amène à relever les appareils mobiles.

Nous disons *relever*, parce qu'en effet ces appareils sont, dans le dernier type, manœuvrés d'une passerelle supérieure, et qu'au moment voulu tout ce qui ferait obstacle à la navigation est enlevé.

La petite planche[1] ci-jointe se rapporte au barrage de Poses, dont le projet a été conçu et dressé par M. Caméré et présenté par M. de Lagrené. A la partie inférieure du pont s'articulent des cadres en tôle venant buter sur les heurtoirs du radier; les montants de ces cadres servent d'appui à des rideaux articulés (invention de M. Caméré) qui forment la retenue.

Pour maintenir le niveau règlementaire, on enroule plus ou moins ces rideaux suivant l'importance de la crue; enfin, quand la hauteur des eaux l'exige, on rend la rivière à elle-même en relevant sous le pont, au moyen de treuils de levage, les cadres supportant les rideaux enroulés.

Nous indiquons, sur une autre planche, l'application faite à Villez des rideaux de M. Caméré avec des fermettes se couchant sur le radier. Lorsque l'on a eu l'idée des ponts supérieurs, les travaux étaient trop avancés pour que le système définitif pût être adopté dans son ensemble.

Disons à cette occasion qu'il serait utile de perfectionner la publicité, en ce qui concerne les inventions relatives aux travaux publics; il a fallu, en effet, que l'emploi d'un pont supérieur dans l'établissement des barrages mobiles fût pour ainsi dire inventé plusieurs fois avant d'entrer dans la pratique. Non seulement M. l'ingénieur en chef Tavernier (Rhône) en

1. Nous ne donnons ici que des croquis partiels de barrages. Le lecteur trouvera plus de détails dans *Rivières et Canaux*.

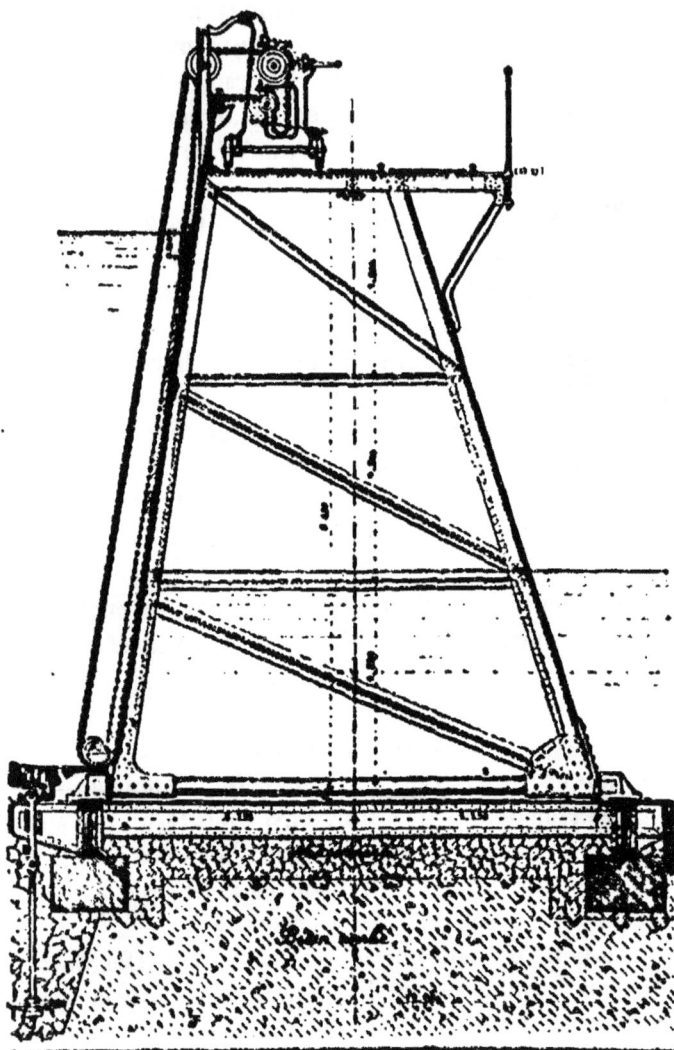

Le barrage de Villez.

Profil en travers.

avait eu l'idée il y a longtemps déjà; mais on pourrait citer en France plusieurs barrages établis ou projetés, tant par le génie civil que par le génie militaire, où ce principe a trouvé son application.

256. Régime de la basse-Seine. L'échelonnement du lit. — A Paris, le débit de la Seine est de 48 mètres cubes à l'étiage. C'est une rivière tranquille, comparativement aux trois autres grands fleuves de notre pays[1]. Ses irrégularités en plan sont considérables, et de graves encombrements ne tarderaient pas à se produire si le débit solide du cours d'eau était important. A la suite de la crue de 1882-1883, pour la seule partie comprise entre Poissy et Rouen, on a reconnu que l'enlèvement du dépôt formé dans le chenal exigeait une dépense de 100,000 francs. Cela n'aurait pas eu lieu si le lit avait été fixé par la méthode Forgue; la haute Seine n'envoyant que très peu de gravier et les berges ne fournissant que de la terre, les encombrements du chenal s'expliquent principalement par des déplacements diagonaux. Quand on aura terminé les déblais qui doivent échelonner le lit de bief à bief (voir la figure ci-dessous), les dragages d'entretien pourront prendre une certaine importance; mais nous ne croyons pas que ce soit jamais une source d'embarras sérieux.

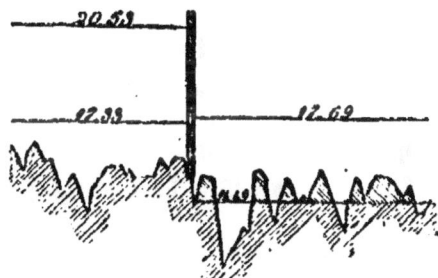

Les abords du barrage d'Andrézy.

Le croquis donne l'indication du profil ancien et de celui qu'affectera prochainement le lit dans le chenal, en amont

---

1. Cependant, du confluent du Cher à Nantes, les pentes kilométriques de la Loire ne sont pas beaucoup plus fortes que celles de la Seine navigable (les barrages ouverts) : 0m,28, 0m,20, 0m.16, pour les trois grandes sections se terminant à la Vienne, à la Maine et à Nantes, au lieu de 0m,23, 0m,185 et 0m,110 pour les trois sections canalisées de la Seine.

et en aval de l'une des retenues (celle d'Andrézy, que les nouveaux travaux de la basse Seine transforment). Les plans d'eau sont relevés dans les deux biefs, et en même temps on drague tout ce qui dépasse, dans le chenal, les cotes 3m,20 comptées au-dessous des nouvelles retenues ; tout naturellement, les déblais portent surtout vers l'extrémité amont de chaque bief. Les plans horizontaux de recepage ont été fixés aux altitudes 17m,33 et 14m,49 ; la retenue d'aval ne dépassera que de 0,36 le niveau de règlement du lit supérieur. Il y aura un échelon de fond de 2m,84 d'un côté à l'autre des ouvrages de la retenue, échelon en partie théorique, en ce sens qu'au voisinage d'Andrézy le thalweg, dans le bief de ce nom, est inférieur au niveau fixé ; mais l'échelon de fond réel, brusque, sera encore de 1m,50.

A Bougival le fond d'amont sera réglé à l'altitude 20m,53, exactement au niveau de la retenue d'Andrézy. D'un côté à l'autre des ouvrages de Bougival, le plan d'eau et le plan de recepage du chenal descendront, également, de 3m,20.

257. Distance de Paris à Rouen par la Seine. — Les 241 kilom. compris entre le pont de Tournelle et l'entrée de Rouen (pont de Brouilly) présentent, comparativement au chemin de fer de l'Ouest, un excédent de parcours de 105 kilomètres. Malgré cela le trafic est considérable sur la basse Seine, comme on va le voir.

258. Trafic. — En 1861, le tonnage total entre Paris et Rouen, ramené à la distance totale, était de 431.000 tonnes ; en 1879, 676.000 tonnes. Dans le même temps, le chemin de fer passait de 899.000 à 1.690.000.

Traversée de Paris : 954.000 à la descente ; 458.000 à la remonte.

De Paris à la Briche : 471.000 à la descente et 770.000 à la remonte.

De la Briche à l'Oise : 303.000 et 1.711.000.

De l'Oise à Rouen : 242.000 et 436.000.

Tout compris, 980.603 tonnes au parcours total entre Paris et Rouen, remonte et descente cumulées.

Nous ne nous chargeons pas d'évaluer ce que deviendra le tonnage, quand les 3m20 promis seront devenus une réalité. L'attente ne sera pas longue désormais.

259. Mode de traction des bateaux[1]. — La traction
des bateaux se partage entre le touage, le remorquage et le
halage. Il est intéressant d'examiner comment se fait la
répartition entre ces trois modes de locomotion, et cet examen
doit se faire séparément pour la partie comprise entre Paris
et l'Oise et pour la partie comprise entre l'Oise et Rouen,
puisque chacune d'elles correspond à une compagnie particulière de touage.

Pour la première de ces deux sections, nous prendrons
pour mesure ce qui se passe à l'écluse de Bougival où, sur
1.000 bateaux :

540 sont toués,

260 sont mus par la vapeur sans touage,

200 sont halés ou descendent à vide sur nage.

Si, au lieu du nombre des bateaux, on étudie le tonnage, on
trouve qu'à la même écluse, sur 1,000 tonnes :

755 sont mues par le touage,

229 sont mues par la vapeur sans touage,

6 sont halées ou sur nage.

La proportion que nous trouvons être de 75,5 pour cent
en 1880 était de 85,6 de 1865 à 1874; elle a atteint un maximum de 93.92 en 1873. Il en résulte que le coefficient du
touage paraît s'abaisser sensiblement entre Paris et l'Oise.

Pour la seconde section, comprise entre l'Oise et Rouen,
nous prendrons pour mesure ce qui se passe à l'écluse de
Meulan.

En 1880, sur 1.000 bateaux passés dans cette écluse :

366 ont été toués,

562 ont été mus par la vapeur, sans touage,

72 ont été halés ou sur nage.

Au lieu du nombre des bateaux, si on cherche la proportion pour 1.000 tonnes, à la même écluse, en 1880, on trouve
que :

541 ont été mues par le touage,

438 ont été mues par la vapeur sans touage,

21 ont été halées ou sur nage.

---

1 Nous empruntons les chiffres suivants à un rapport imprimé de M. de
Lagrené.

La proportion de 54,1 pour cent est inférieure à celle des années précédentes. On trouve, en effet, à l'écluse de Meulan :

En 1879. . . . .   59 0/0
En 1878. . . . .   67 0/0
En 1877. . . . .   56 0/0
En 1876. . . . .   59 0/0

En résumé, le touage prend aujourd'hui à peu près les 0^m,75 du tonnage entre l'Oise et Paris, et les 0^m,54 entre Rouen et l'Oise ; il paraît diminuer d'importance relative sur ces deux sections, tandis que les porteurs et les remorqueurs étendent leur clientèle. On a mis récemment en service quelques bateaux du système Jacquel (steamers-and-consorts).

260. Prix du fret. — Des renseignements sur les prix de transport par eau entre Paris et Rouen ont été donnés par M. Duchemin, président du syndicat de la marine fluviale à Rouen ; il en résulte que la tonne kilométrique varie de 0 fr. 024 à 0 fr. 048 à la remonte et de 0 fr. 019 à 0 fr. 034 à la descente. Chacun de ces chiffres est une moyenne, car les prix varient suivant la nature des marchandises.

Il faudrait augmenter les prix pour les comparer à ceux du chemin de fer, dans le rapport des distances, et tenir compte des frais de camionnage et autres, qui peuvent être différents.

261. Fréquentation des écluses. — L'écluse de Bougival a atteint, dans l'année 1880, son maximum en mai ; pendant ce mois, elle a donné passage à 1.776 bateaux portant 212.685 tonnes et se partageant entre 822 bateaux à la remonte et 954 à la descente. Pour l'année entière, le tonnage total à cette écluse a été de 1.232.865 tonnes.

Au-dessus de Paris, le tonnage aux écluses s'est élevé, dans les sept années comprises entre 1874 et 1881 :

Pour l'écluse de Port-à-l'Anglais, de 1.143.000 tonnes à 1.905.000.

Pour l'écluse d'Ablon, de 1.114.000 à 1.816.000.

Pour l'écluse d'Ivry, de 919.000 à 1.392.000.

Cette progression s'est encore continuée depuis 1881, car on a relevé :

1882 : 2.015.572 — 1.835.635 — 1.407.131.
1883 : 2.280.952 — 2.139.339 — 1.536.030.

TROISIÈME PARTIE

CONDITIONS TECHNIQUES

D'UN GRAND DÉVELOPPEMENT

DE LA NAVIGATION FLUVIALE

SOMMAIRE :

INTRODUCTION

262. La Seine et nos autres fleuves. — La navigation
en rivière ne peut devenir importante que si l'on réalise ce
programme : grandes profondeurs *et surtout petites vitesses.*
Une rivière qui ne donne pas cela reste forcément une voie
secondaire, lorsqu'elle est longée par un chemin de fer. La
seconde condition est certainement plus indispensable que la
première. Les chemins de fer ne laissent aux voies navigables,
sauf quelques circonstances spéciales et les cas d'encombrement, que les transports qu'on y peut faire à très bas prix ; on
a vu qu'une différence d'un tiers peut ne pas suffire, mais il n'y
a point de règle générale à poser à ce sujet.

La Seine est très fréquentée et bientôt le sera plus encore.
Mais nos autres grands fleuves ne concourent pour ainsi dire
pas au mouvement des marchandises dans l'intérieur du pays ;
les difficultés que présentent ces voies naturelles, toutes plus
ou moins torrentielles et encombrées de sables et de graviers,
sont grandes, et nous n'avons encore abordé la réforme de
leur régime que d'une manière incomplète ou même illu-
soire (Loire au-dessus de Nantes).

263. Programme d'expériences. L'une des causes de
nos incertitudes, en matière de rivières à fond mobile, est
l'absence d'un ensemble d'expériences sur des canaux artificiels de ce genre. Il y aurait, assurément, plus de difficultés
à vaincre que dans les expériences précédemment faites sur
des canaux réguliers à fond fixe ; mais elles ne seraient pas
insurmontables. On pourrait isoler chaque élément de complication, ce qui serait un grand point, car dans les phénomènes naturels des causes diverses se combinent, de manière

20

à rendre douteuses certaines interprétations. Pour commencer on procéderait sur des canaux rectilignes de diverses
largeurs, recevant des volumes déterminés d'eau et de sable
par unité de temps, les mêmes pour tous ces canaux, par
conséquent variables par unité de largeur. On constaterait la
pente stable qui s'établirait dans le lit après un temps plus
ou moins long, et en même temps la profondeur et la vitesse
de l'eau. La diversité des résultats serait bien imputable à la
largeur seule, puisqu'il n'y aurait de différence dans les causes
que sous ce rapport.

Choisissant l'un des canaux rectilignes, parmi ceux qu'on
aurait expérimentés, on comparerait les résultats le concernant à ce qui se passerait dans des canaux à tracés divers,
ayant la même largeur et recevant les mêmes volumes d'eau
et de sable ; de cette façon, on constaterait successivement
l'influence des courbures et de leurs combinaisons, et celle de
la longueur des courbes.

Ensuite de nouvelles comparaisons s'établiraient sur plusieurs canaux curvilignes, ne différant entre eux que par des
rétrécissements plus ou moins accentués, aux points d'inflexions des tracés.

Opérant sur un canal présentant des irrégularités analogues à celles des rivières naturelles, on chercherait dans
une nouvelle série d'expériences pour quelles largeurs un
canal rectiligne et un canal à tracé sinusoïde comporteraient
la même pente totale, à longueur égale et pour les mêmes
apports d'eau et de sable.

Enfin, prenant le projet des travaux de défense d'une ville
contre les inondations, on opérerait sur des canaux artificiels semblables à une certaine longueur de la vallée : 1° telle
quelle ; 2° après les travaux de défense projetés. — Les résultats ne donneraient en aucun cas la grandeur des différences
à attendre dans la hauteur des inondations ; mais ils feraient
parfois connaître qu'aucun changement sérieux n'est à prévoir dans le régime des crues, alors qu'on se promet merveille
de travaux énormes (Toulouse).

On pourrait, au moins pour commencer, faire ces dernières
expériences sur des canaux à fonds fixes. Il serait d'ailleurs
utile de développer la série des essais sur des canaux irrégu

liers de ce genre, et notamment sur des canaux à bras multiples : on représenterait en petit la traversée et les abords de Paris, l'extrémité de la Marne, le canal étudié par M. Mary, de Neuilly-sur-Marne à saint Denis-sur-Seine. « Toute l'école italienne regarde les dérivations comme un moyen trompeur d'abaisser les crues. » (Baccarini.) On contrôlerait cette opinion et l'on constaterait, en faisant varier les circonstances, dans quels cas elle peut se trouver en défaut. Il est peut-être possible d'indiquer ces cas à l'avance; mais la pratique gagnerait à ce qu'on arrivât à les délimiter exactement.

Dans nos observations autographiées à l'appui d'un projet de transformation de la basse Loire, distribuées en 1874, nous avons émis un vœu en faveur d'expériences sur des canaux à fond mobile. Cet appel n'a pas été entendu. Il n'est pas indispensable d'ailleurs que le ministère des Travaux Publics intervienne, car il s'agit de dépenses modérées ; l'initiative de quelques particuliers pourrait suffire, avec le concours d'une grande société, telle que l'*Association française pour l'avancement des sciences*.

Ne pouvant nous baser sur les résultats d'un ensemble d'expériences, nous reprendrons les idées de la *note sur les rivières à fond de sable*, qui a paru dans les *Annales des ponts et chaussées* de 1871, et qui a reçu de nos collègues un accueil favorable[1]. Les faits qui se sont produits dans la Garonne et dans le Rhône, ceux que rapporte M. Dausse et que nous avons déjà cités, semblent justifier les prévisions émises à cette époque.

204. Les formules. — Si l'on recule devant la dépense des expériences proposées, est-ce donc qu'on possède déjà des moyens de recherche présentant des garanties, des formules conduisant à établir des prévisions sérieuses?

Les premières formules. — On donne quelquefois trop d'importance aux résultats que l'on obtient en appliquant les formules du mouvement uniforme des eaux, dans des circonstances où l'on est fort loin des conditions des expériences qui ont permis de les établir.

---

1. *Annales des ponts et chaussées* : 1871, 1er semestre, pages 381 à 431 ; 1873, 2e semestre, page 0.

Il arrive même souvent qu'on applique l'équation $\text{HI} = bU^2$ [1], dans laquelle on donne à b une valeur constante (0,0004), alors qu'il faudrait tout au moins employer la formule Darcy et Bazin :

$$\frac{\text{HI}}{U^2} = 0.00028 + \frac{0.00035}{\text{H}}.$$

En écrivant $\text{HI} = 0,0004\ U'$, on suppose implicitement que $\text{H} = 3$ mètres (exactement, $2^m,91$), car on ne conteste pas que la formule Darcy soit préférable, et il faut que H ait cette valeur pour que le second membre égale 0,0004.

Si l'on donne successivement plusieurs valeurs à H, on trouve que le coefficient b devient, pour que les deux formules soient équivalentes :

VALEURS DE b

$\text{H} = 1$	$\text{H} = 2$	$\text{H} = 3$	$\text{H} = 4$	$\text{H} = 5$	$\text{H} = 6$	$\text{H} = 7$	$\text{H} = 12$
0.00063	0.00046	0.00040	0.00037	0.00035	0.00034	0.00033	0.00031

Il résulte de ce tableau qu'il n'y a une quasi-équivalence entre les deux formules, si l'on ne veut pas avoir diverses valeurs de b suivant les hauteurs, qu'en adoptant $\text{HI} = 0,00034\ U'$ pour la formule des ingénieurs italiens, et en ne l'appliquant que pour les valeurs de H dépassant quatre mètres.

Le débit de la rivière $\text{D} = \text{section} \times U = \text{L.H.U}$, en appelant L la largeur du cours d'eau.

Dans une rivière très régulière, où la formule du mouvement uniforme serait applicable, la largeur et le débit étant donnés ainsi que la pente I, on aurait deux équations pour calculer H et U.

Les formules et les crues. — Pour une rivière comprise entre des digues insubmersibles parallèles aux berges du lit mineur,

---

1. H est la profondeur moyenne, I la pente superficielle, U la vitesse moyenne.

tracées de manière que les variations des largeurs soient modérées et bien ménagées, on pourrait appliquer aux grandes crues la formule : $III = 0.00034\ U^2$. Quand on passerait de la largeur L à la largeur L' on aurait, en remplaçant U et U' par $\frac{D}{LH}$ et $\frac{D}{L'H'}$, pour le rapport des profondeurs correspondantes *en supposant I constant* :

$$\frac{H}{H'} = \frac{L'^2H'^2}{L^2H^2}, \text{ d'où } H' = H\sqrt[3]{\frac{L^2}{L'^2}}$$

Cette formule est couramment adoptée pour comparer les hauteurs maxima d'une crue en divers points; mais on omet d'indiquer les conditions nécessaires pour que son emploi conduise à des résultats à peu près exacts. A celles que nous avons énoncées ci-dessus, il faut ajouter la condition de l'égalité des débits aux profils de largeurs L et L', aux moments respectifs des maxima.

Une ou plusieurs de ces conditions manquant toujours, on peut dire que l'emploi de la formule expose à commettre de graves erreurs, par exemple si on l'applique aux prévisions relatives à ce que seront les crues en un point donné, après des travaux portant la largeur de L à L'.

Pour les comparaisons des hauteurs d'une crue entre deux points, il faut se souvenir que le débit maximum varie souvent d'une manière notable d'un profil transversal à un autre, même s'il s'agit de deux endroits entre lesquels n'arrive aucun affluent. S'il s'agit de comparaisons pour un profil unique au point de vue de deux états successifs, cette observation est encore à faire; on sait en effet que le débit maximum ne sera plus le même si l'on exécute un endiguement, et c'est précisément le cas où l'on peut se laisser entraîner à appliquer la dangereuse formule dont il s'agit.

Les variations de la pente. — Il faut appliquer l'équation $H' = H\sqrt[3]{\frac{L^2}{L'^2}}$ avec d'autant plus de réserve que la pente, supposée constante d'un point à un autre pour établir cette formule, est en réalité un élément très variable. Nous avons dit que, pendant les basses eaux, on trouve des pentes de $0^m,01$ à $0^m,44$ par kilomètre dans la section de la Loire comprise entre la Maine et la partie maritime de ce fleuve ; les variations seraient encore bien plus énormes si l'on considérait les pentes hectométriques. Pour le profil longitudinal des crues, les renseignements manquent généralement de précision ; on relève bien les cotes maxima atteintes aux échelles des ponts et en quelques points intermédiaires ; mais cela ne permet pas d'établir la courbe superficielle à un moment donné [1] : la crue n'est pas encore au maximum à Ancenis, quand elle atteint son point culminant à Saint-Florent ; par conséquent la déclivité qu'on déduirait de l'observation des cotes extrêmes en ces deux points serait au-dessous de la réalité.

Cependant les variations de la pente sont ordinairement moindres, sauf dans les passages étranglés, pendant les crues qu'à l'étiage ; la chute, énorme sur certains rapides pendant les basses eaux, est presque nulle sur des mouilles qui ont parfois plusieurs kilomètres de longueur. On ne devra donc attacher aucune importance aux résultats donnés par la formule $H' = H \sqrt[3]{\dfrac{l'}{l''}}$ quand il s'agira de prévoir les conséquences d'un rétrécissement sur une rivière.

265. Citations de Dupuit, de Bresse et de M. Graeff. — « Rien n'est plus faux et plus dangereux, a écrit l'illustre ingénieur et économiste Dupuit, que la méthode qui consiste à résoudre tous les problèmes que présentent les travaux publics au moyen de l'application exclusive de certaines formules algébriques... Les mathématiques sont tout à fait insuffisantes pour combiner certaines données, fournies par l'analyse, avec d'autres qui ne se prêtent pas à des calculs de même nature, et pour en faire sortir la meilleure solution. Les formules ne sont que des outils que doit diriger l'intelligence, et qui ne peuvent jamais la remplacer. — Dans certaines questions, c'est l'invention, appliquée à chaque cas, qui doit dominer, diriger, et enfin résoudre. Les mathématiques sont à l'ingénieur ce que la grammaire est à l'écrivain ; *elles dirigent les idées, mais elles n'en donnent pas.* »

1. Il serait très important de pouvoir le faire ; nous insistons ailleurs sur la nécessité de procéder d'une manière beaucoup plus sérieuse aux observations pendant les crues, en multipliant les échelles, en faisant appel à des auxiliaires de bonne volonté, etc.

« Les changements brusques de section dans les cours d'eau, dit M. Bresse, donnent lieu à divers problèmes d'un grand intérêt pour les ingénieurs. Malheureusement il n'est pas encore possible, dans l'état actuel de la science, d'en indiquer une solution bien satisfaisante. »

Dans son *Traité d'hydraulique* (tome II, page 142), M. Graëff s'exprime ainsi, à propos du jaugeage des rivières à l'aide de la formule du mouvement permanent : « C'est là un moyen de jaugeage pendant les étales qui est indiqué dans la plupart des traités d'hydraulique pour les rivières. J'en ai essayé quelquefois, mais je n'ai *jamais* vu cadrer ses résultats avec ceux des jaugeages directs que j'avais faits pour les contrôler. »

LES BARRAGES DE SOUTÈNEMENT

SOMMAIRE :

Figures :

Petite planche :

LES BARRAGES DE SOUTÈNEMENT

§ Ier

ENTRAINEMENT DU SABLE

266. Le travail moteur. Les variations de la pente.
— Considérons le système matériel composé des masses d'eau
et de sable accumulées dans la Loire à un moment donné,
entre la Pointe (embouchure du dernier grand affluent, la
Maine), et Mauves limite supérieure de la partie maritime.

Comme il n'y a pas d'affluent entre ces deux points, et que
les conditions de l'écoulement sont les mêmes à l'origine et à
la fin de la section considérée, la somme des travaux de toutes
les forces pendant l'unité de temps est nulle. Le travail posi-
tif se compose: du produit du poids d'eau débité par la chute
entre la Pointe et Mauves[1], et du produit analogue concernant
le débit de sable (ce second négligeable par rapport au premier); le travail négatif correspond aux frottements de toutes

---

1. Le travail moteur élémentaire est égal au poids du volume d'eau D, débité
par seconde, multiplié par la chute 75.000. i, soit à 1.000. D. 75.000. i, en
désignant par i la pente moyenne par mètre (Voir la note de 1871, p. 385;
voir aussi le Mémoire de M. du Boys dans les *Annales* de 1879). Ce produit égale la force motrice × 75.000, et, par conséquent, cette force a pour
expression 1.000. D. i.
La pente moyenne correspondant à 0m,16 par kilomètre, 75.000 i =
12 mètres, et le travail moteur = 12.000. D kilogrammètres, soit 1.200.000
kilogrammètres au moment de l'étiage. (Nous comptons un débit de
100 mètres cubes en nombre rond; le minimum trouvé à Mauves est de
98 mètres cubes.) Pour une grande crue, donnant 6.000 mètres cubes au
maximum à la seconde, le travail élémentaire est à ce moment de 72.000.000
de kilogrammètres.

espèces. Le travail des forces intérieures n'est pas nul, puisque la somme des travaux des forces qui se développent entre deux molécules n'est égale à zéro que si leur distance ne varie pas ; or, il suffit de considérer les molécules sur une même verticale pour se convaincre qu'il n'en est pas ainsi, car il n'y en a pas une seule qui soit animée de la même vitesse que l'une ou l'autre de ses voisines.

Supposons qu'on établisse des digues de régularisation sur les 75 kilomètres considérés[1], et qu'en même temps on règle le lit au moyen de dragages, en disposant les choses de manière que le phénomène de l'écoulement soit aux deux extrémités le même qu'auparavant. Le travail absorbé par les actions moléculaires à l'intérieur du liquide se trouvera amoindri, puisque les entraves à l'écoulement seront diminuées ; l'absence d'accroissement de la force vive, de l'origine à l'extrémité, ne peut donc s'expliquer sans une augmentation des éléments de résistance où les matières du lit interviennent. En autres termes, il y aura un plus grand transport de sable vers l'aval. L'ancien équilibre des arrivages et des départs de matières solides, dans la section La Pointe-Mauves, sera rompu. En supposant un seuil fixe à La Pointe, empêchant l'appel qui autrement en résulterait sur les matières du lit d'amont, la pente diminuera entre la Maine et la partie maritime, comme cela s'est produit dans une partie du Rhône ; le rétablissement d'un nouvel équilibre mobile, analogue à l'ancien, n'aura lieu qu'après la réalisation d'une certaine déclivité moindre, dont on s'approchera de plus en plus lentement, l'excédent de déblai ne pouvant que diminuer à mesure qu'augmentera la perte de travail au pied de la chute de plus en plus forte de La Pointe.

Remarquons que la force motrice est variable d'un point à un autre, à un moment donné. Si toute la section est à l'étiage en même temps, il passe 100 mètres cubes d'eau par seconde dans chaque profil transversal ; mais il y a tel point où la force correspondante, mesurée par le produit du poids de

---

1. Inutile de faire remarquer qu'il s'agit ici de digues longeant le lit, et non des digues (submersibles ou insubmersibles) assises sur les prairies à une certaine distance du fleuve.

l'eau par la pente[1], n'est que le quarante-quatrième de ce qu'elle est ailleurs, puisque les pentes varient de 0,00044 à 0,00001[2]. Rien ne peut donner une idée plus forte du désordre qui règne dans la rivière. Ces grandes inégalités sont la conséquence des variations brusques des largeurs et des courbures du tracé : plus les anses sont accentuées, plus la Loire y est profonde; mais plus aussi les seuils qui barrent la rivière en aval sont élevés. Quand il y a inégalité dans le débit de sable par deux profils en travers, la différence des volumes solides se dépose dans l'intervalle; les rapides qui existent au moment des eaux basses ou moyennes correspondent aux points où la puissance de transport est minima à l'époque des crues. Les dépôts sont entraînés peu à peu pendant les débits moindres, ce qui rétablit l'équilibre annuel.

La pente superficielle de 0,00044 ne se produirait pas au moment de l'étiage, si de grandes inégalités n'avaient pas eu lieu antérieurement dans les transports de sable. Ajoutons, pour être tout à fait exact, que pendant les basses eaux il y a même des pentes beaucoup plus fortes que 0,00044 par mètre; ce qu'on a constaté, c'est la pente *kilométrique* 0,44, et les inégalités sont grandes dans le kilomètre. De même la pente minima kilométrique 0,01 comporte des pentes par mètre beaucoup plus faibles que 0,00001.

§ II

NÉCESSITÉ DES BARRAGES DE SOUTÈNEMENT

287. Déblai du lit[3]. — En expliquant l'ensemble du phénomène sur toute notre section de fleuve, nous avons été amené à supposer un seuil fixe à La Pointe. Ce seuil fixe n'existant pas, il faudra l'établir artificiellement, en le fon-

1. Voir la note de la page 323.
2. En temps de grande crue, la force est énorme dans les passages rétrécis (la traverse d'une ville par exemple); mais en rase campagne ses variations ont lieu, en général, suivant des *proportions* moindres qu'à l'étiage. Cela n'empêche pas les *différences* d'être beaucoup plus fortes.
3. Au sujet du régime initial d'un fleuve, Dubuat parle « des chutes, des

dant assez bas pour que sa solidité ne soit pas compromise par l'abaissement du lit en aval.

Si l'on considère le transport du sable comme un travail utile, on peut dire que la régularisation, diminuant les frottements improductifs, augmente le rendement. A mesure que, la section La Pointe-Mauves se vidant de plus en plus de sable, la pente diminue, le travail en route devient moindre, et le travail à la chute de La Pointe s'accroît. Lorsque la pente nouvelle est formée, ce dernier travail donne la mesure du changement de régime.

Une partie des sables déblayés se logera dans les cases latérales de l'endiguement, formées par des traverses reliant les nouvelles rives aux anciennes; le reste sera reçu par la Loire maritime ou enlevé après dragage.

Supposons que la pente moyenne puisse être ramenée de 0,16 à 0,12 par kilomètre, la dénivellation sera de $75 \times 0,04 = 3^m,00$ de l'amont à l'aval du seuil, en supposant le niveau constant au point inférieur de la section. Cela correspondra à un fort abaissement de l'étiage dans la partie supérieure, abaissement admissible à la condition de bien entretenir les défenses de rives. On ne pourrait pas en dire autant de la dénivellation de $7^m,50$ correspondant au cas où la pente nouvelle ne serait que de 0,06, comme cela arriverait si les berges de l'Allier et du fleuve étaient bien défendues. Pour prévenir l'éboulement des rives, en même temps que pour hâter l'établissement du nouveau régime, il faudrait donc diviser la section en plusieurs sous-sections, en établissant sur quelques points des seuils ou barrages analogues à celui de La Pointe.

cataractes, ou du moins des cascades qui se forment d'elles-mêmes *dans tout lit qui a trop de pente.* » C'est le cas d'une section de cours d'eau régularisée en plan, puisque son débit liquide est capable de plus de transports solides qu'auparavant.

« Le fond se creuse et s'abaisse, tandis que les bords restent à pic, jusqu'à ce qu'il se fasse des éboulements qui précipitent les rives dans le courant. » (Dubuat, art. 79.) C'est ainsi que le travail sur le lit est toujours à refaire et que, si l'on ne comprend rien aux rivières, on les déclare incorrigibles.

Les cataractes se forment dans le lit quand, les berges ne s'éboulant pas, il se trouve des endroits inaffouillables où le lit ne peut suivre le mouvement de déblai, résultant de ce que la capacité de transport du courant est supérieure aux arrivages solides.

268. L'échelonnement. — Le croquis ci-dessous donne une idée de cette combinaison. Nous indiquons la pente de 0,06 par kilomètre, vers laquelle on tendrait avec l'endiguement en cas de fixation des berges de la Loire supérieure et de l'Allier, d'où viennent la plus grande partie des sables[1].

La ligne *ad* passe par les sommets du profil longitudinal du thalweg, tels qu'ils se présentent après les dragages accompagnant la régularisation du lit :

Le barrage *a* correspond à La Pointe ; il a pour but d'empêcher le lit de la partie supérieure de s'ébouler dans la section soumise à l'endiguement. Le barrage *d* limite la partie maritime, où nous supposons que les travaux de régularisation et de dragage ont amené l'abaissement du lit en *d'd*.

Entre La Pointe et Mauves, l'établissement du nouveau régime exige l'évacuation de *aa'd* si l'on ne divise pas cette section. En construisant deux nouveaux barrages de soutènement, *b* et *c*, le déblai nécessaire se trouve réduit à *aa'b+bb'c + cc'd*.

Le profil longitudinal du thalweg de la Loire, entre La Pointe et Mauves, comporte des points à très petite profondeur d'eau ; mais il y a aussi de grandes profondeurs. La moyenne générale est entre 1^m,60 et 1^m,70 ; le passage d'un profil longitudinal à l'autre ne comporte donc pas autant de déblais qu'on pourrait le supposer au premier abord.

Rien n'empêche de surmonter les barrages *a,b,c,d* d'appareils mobiles, pour augmenter le mouillage pendant les basses eaux. Mais une grande amélioration serait réalisée sans cette addition, car non seulement on aurait beaucoup plus de profondeur qu'aujourd'hui, mais encore on n'aurait plus à lutter en temps ordinaire contre les mêmes vitesses.

1. On pourrait obtenir sans cette fixation des résultats importants. On en jugera par la lecture du § 5 ci-après, où il s'agit d'une section du Rhône qui reçoit à peu près autant de gravier qu'autrefois. C'est d'ailleurs, à ce point de vue que nous nous sommes placés au § 1er du présent chapitre.

§ III

LES HAUSSES MOBILES.

269. Endiguement et canalisation. — Les conditions de l'écoulement des crues doivent être étudiées avec le plus grand soin, avant l'exécution d'un travail quelconque. Plus on descendra les crêtes des barrages *b,c,d*, plus on pourra obtenir de profondeur à l'aide d'appareils mobiles, puisqu'on est limité par la hauteur de la plaine, qui n'est que de 3 mètres à $3^m,30$ au-dessus de l'étiage actuel. L'exhaussement possible en été sera augmenté en raison de l'abaissement de l'étiage en *b,c,d* ; mais nous calculerons sur un relèvement de 3 mètres seulement au-dessus de l'étiage nouveau, ce qui laissera une revanche entre les eaux relevées et le lit majeur.

La nouvelle pente kilométrique du lit étant réduite à 0,06, au lieu de 0,16, *b'* par exemple sera au-dessous de *b* de : $0,10 \times \frac{15}{3} = 2^m,50$. Pour la largeur 200^m et la pente 0,00006, la profondeur au-dessous de l'étiage sera de $1^m,30$ après la fixation des rives de l'Allier et de la Loire supérieure, le dragage et l'action de l'endiguement, comme on le verra au § 2 du chapitre suivant.

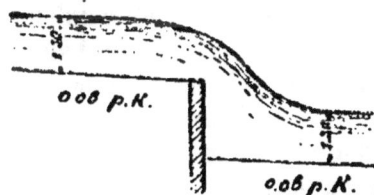

Si l'on admet, comme on peut le faire sans trop d'erreur sur la Seine, que les eaux, tendues par des hausses mobiles, se nivellent sensiblement, on voit que le mouillage minimum sera augmenté de la hauteur supplémentaire donnée par ces hausses dans l'emplacement du barrage, diminuée de la pente du lit dans le bief amont : 25 kil. $\times 0,06 = 1^m,50$. Cette hauteur supplémentaire étant supposée de 3 mètres, on aura pour

la profondeur minima : $3^m + 1^m,30 — 1^m,50 = 2,80$. En réalité
ce sera davantage, car le nivellement supposé sera loin
d'être absolu dans la Loire, sans compter qu'on pourra placer
chaque barrage en aval d'un maigre, de manière à n'avoir pas
de sommet de thalweg dans le commencement du bief suivant.

270. Canalisation sans endiguement. — Il ne serait pas impossible de canaliser la Loire sans l'endiguer et
sans attendre qu'on fixât ses berges et celles de l'Allier. Les
seuils en maçonnerie seraient établis un peu au-dessous du
niveau du lit actuel. Calculons la longueur qu'il serait possible de donner à chaque bief, entre La Pointe et Mauves, la
profondeur minima étant aujourd'hui de $0^m,40$ sans cheva-
lages, et la profondeur demandée de $2^m,80$ comme précédemment. L'équation ci-dessus deviendrait :

$$3^m + 0^m,40 — x \times 0,16 = 2^m,80.\ \text{On trouve} : x = 3,750^m.$$

Dans tous les cas il conviendrait d'employer un système
de fermeture mobile à passerelle supérieure, comme on le
fait sur les barrages de la Seine exécutés en dernier lieu, et
comme M. Pasqueau l'a projeté pour le Rhône.

La profondeur de $2^m,80$ serait un peu forte pour la section
de Loire considérée, si l'on n'avait pas à craindre des désordres pendant les crues, désordres auxquels il faut avoir le
temps de remédier. Ces désordres seraient très à redouter si
l'on se bornait à pourvoir la Loire, telle qu'elle est, de barrages mobiles, tandis qu'ils seraient probablement rares si
l'on avait d'abord procédé à la fixation des rives de l'Allier
et de la Loire au-dessus du Bec-d'Allier et à l'endiguement
au-dessous de la Pointe, comme on l'a indiqué au commencement du présent paragraphe. La comparaison des longueurs des biefs ne suffit donc nullement pour caractériser
la différence des deux solutions.

Au-dessus de la Maine, la pente est plus forte et les biefs
seraient plus courts. On comprend que la Maine, apportant
de l'eau et pas de sable, puisse correspondre à l'origine d'une
meilleure section du fleuve. Mais, lorsqu'on aura tari la principale source des sables, il deviendra possible de créer une
bonne navigation beaucoup plus loin de l'embouchure.

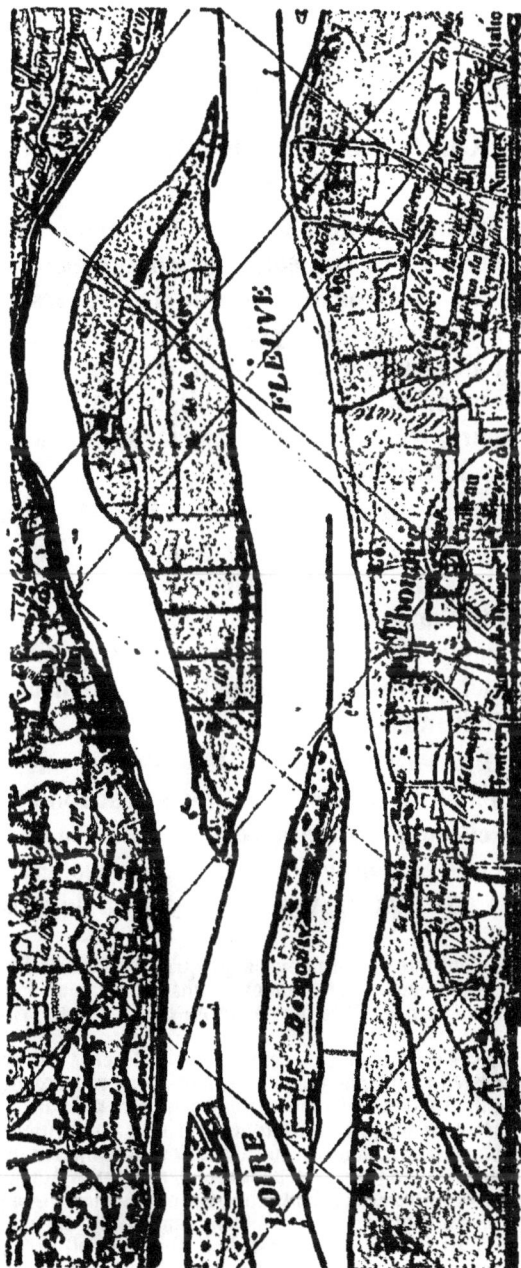

L'endiguement en amont de Nantes.

§ IV

LES DIGUES EXÉCUTÉES DANS LA LOIRE.

Quelques lecteurs douteront peut-être qu'un fleuve endigué, si bien endigué que ce soit, devienne capable d'entraîner un plus grand volume de sables ou de graviers.

Avant de leur donner une preuve palpable du fait, commençons par débarrasser leur esprit d'un préjugé très répandu. La preuve, dit-on, que l'endiguement du lit ne vaut rien sur la Loire, c'est qu'on y a fait sans succès de grands endiguements. Examinons :

271. Les digues d'aval. — Les digues longitudinales exécutées vers 1860 au-dessous de Nantes ont réussi, car la profondeur dans le chenal dépasse aujourd'hui d'environ un mètre celle qu'on avait autrefois. Le résultat est insuffisant, notamment parce que l'endiguement est imparfait et incomplet [1] ; mais, tel qu'il est, il ne permet guère de médire de l'endiguement en lui-même.

272. Les digues d'amont. — Des digues ont aussi été établies en amont de Nantes, mais il y a beaucoup plus longtemps. Nous citerons particulièrement celles de la Loire-Inférieure ; les autres, tracées avec la même incohérence, donneraient lieu aux mêmes remarques. Qu'on juge de ce que

[1]. Les digues n'ont pas été prolongées jusqu'à la baie de Paimbœuf, et par suite des encombrements de sable et de vase se forment dans le dédale d'îles qui précède cette baie (îles provenant en partie d'entreprises des riverains).

Tant que les rives du lit mineur, régulièrement tracées et progressivement écartées, ne règneront pas jusqu'à la baie en se raccordant bien avec celle-ci, la navigation fluvio-maritime ne pourra qu'être précaire.

Les digues exécutées jusqu'à la Martinière ne sont malheureusement pas assez écartées, en ce point, pour qu'on puisse les prolonger sans être conduit à mal aborder la baie ; il y a donc à rectifier ce qui a été fait avant de poursuivre l'œuvre. Autrement il faut, chaque année, faire de grands dragages, sous peine de voir s'aggraver l'encombrement du chenal et avec le temps se perdre la partie endiguée elle-même. On construit un canal latéral partiel, de la Martinière à un bras aboutissant à Paimbœuf; mais il faudra le prolonger jusqu'à Nantes si on laisse la rivière se perdre, ou reconnaître son inutilité si l'on améliore la Loire. Or, il n'est pas admissible qu'on laisse peuvent valoir celles de Thouaré par l'examen de l'extrait de carte ci-joint, ou simplement par la lecture de ce petit tableau :

Largeur du bras principal à l'origine de la carte. . . 250ᵐ
800 mètres en aval. 140
400 mètres plus bas. 220
1,800 mètres au-dessous de ce dernier point. 350
Enfin, 1,200 mètres plus loin. 200

Si nous ajoutons que ces énormes variations (140 à 350!) se combinent avec un mauvais tracé, et qu'elles sont parfois *à contre-sens des différences moindres qu'on pourrait admettre*, on comprendra que l'inutilité des travaux faits dans la Loire fluviale ne prouve rien, absolument rien, contre le système de l'endiguement.

§ V

DIMINUTION LOCALE DE LA PENTE DU RHONE

Les digues exécutées dans le bas de la Seine maritime, il y a trente ans, ont rapidement amené l'approfondissement du fleuve au droit de Quillebœuf, et il en est résulté un abaissement de l'étiage de deux mètres cinquante centimètres en cet endroit.

273. Le barrage de la Mulatière. — Mais nous connaissons déjà un autre fait plus décisif encore, parce qu'il est plus comparable au sujet que nous traitons et concerne le plus difficile de nos fleuves. Des travaux d'endiguement ayant été exécutés dans le Rhône sur 6 kilomètres, à l'aval de l'embouchure de la Saône, l'étiage du fleuve s'est graduellement abaissé.

Le dernier bief de la Saône ne s'est plus trouvé en état de satisfaire aux besoins de la navigation. Les choses en sont

ce fleuve s'encombrer, car on arriverait un jour à une situation véritablement impossible au point de vue de l'écoulement des grandes crues.

Nous avons dit comment on peut tarir la source des sables qui encombrent le lit de la Loire ; il est profondément regrettable que cela n'ait pas été fait depuis longtemps.

venues à ce point qu'on a construit un nouveau barrage dans cette rivière, près de son embouchure, à la Mulatière.

Qu'était-il arrivé ? La pente du Rhône, de 0ᵐ,45 en moyenne par kilomètre dans la longueur endiguée, était descendue à 0ᵐ,25, en sorte que la réduction de l'altitude du fleuve au droit de la Saône avait atteint : $6 \times 0^m,20 = 1^m,20$[1].

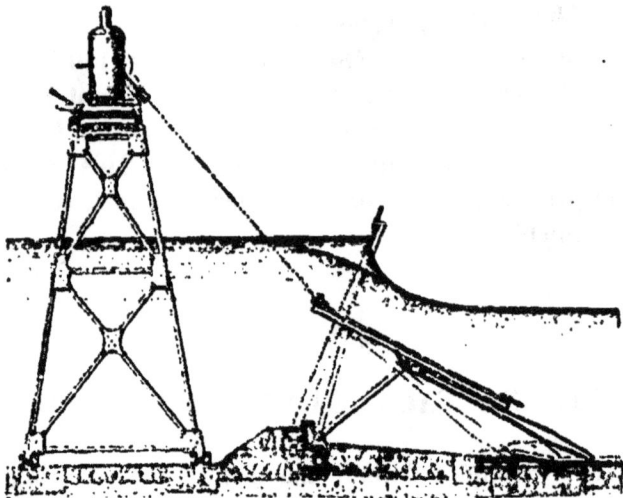

Le barrage de la Mulatière. Abatage ou relèvement des hausses.

Pourquoi cet effet de l'endiguement est-il devenu si marqué en un temps relativement court ? Parce qu'il y a dans la traverse de Lyon, tant sur le Rhône que sur la Saône, des ponts à radiers inaffouillables et des murs de quais préservant les bords. Dès lors, le nouveau régime qui tendait à s'établir n'a pas été retardé par des arrivages supplémentaires de matières solides, comme cela aurait eu lieu sans ces circonstances.

Il eût été préférable de construire le barrage dans le fleuve[2],

1. Les 1ᵐ,42 d'abaissement d'étiage qu'on mentionne quelquefois se rapportent à l'ancien confluent. Celui-ci a été porté plus en aval qu'autrefois par des travaux exécutés le long du Rhône.
2. Cette idée d'établir des barrages dans le Rhône, pour y améliorer la navigation, n'est pas nouvelle. Elle a été étudiée par un ingénieur en chef du service, M. Tavernier ; plus tard, M. Pasqueau a dressé l'avant-projet complet d'un barrage à construire à quelques kilomètres au-dessous de Lyon. Nous donnons, au chapitre XII, un profil en travers qui permet de se rendre compte du système proposé.

immédiatement après le confluent, au lieu de le placer à la
Mulatière dans la Saône; de cette façon l'on aurait, du même
coup, amélioré le Rhône dans Lyon et aux abords de cette
ville. Comme il faut bien aviser en ce qui concerne le fleuve,
et qu'on hésite à y tenter le grand essai d'un barrage mobile,
on a récemment imaginé d'appliquer dans ces parages le système des *épis-noyés*, comme on le fait ailleurs, *afin d'accroître
la pente*.

Dans cet exemple, les radiers de Lyon ont joué plus ou
moins complètement le rôle de nos *barrages de soutènement*.
Ils ont empêché le lit supérieur de fournir des quantités supplémentaires de matériaux.

« Si l'on accroît les vitesses du courant, dit M. Dausse (académie des sciences, 13 février 1858), comme il arrive lorsqu'on le resserre au moyen de digues, il réduit nécessairement
sa pente »; il aurait fallu ajouter: si les digues sont bien
tracées et convenablement espacées. A défaut de fonds solides arrêtant de distance en distance l'affouillement, le
déblai se propage au loin[1]. « Nous serons obligés de diviser en biefs pour limiter l'abaissement de l'étiage. De la sorte
nous restreindrons les déblais nécessaires de fonds inaffouillables, et nous abrégerons l'évolution. » (Note sur les rivières
à fond de sable; *Annales*, 1er semestre de 1871, page 394.)

---

1. Ou amène l'effondrement des rives.

CHAPITRE X

LES DÉBITS DE SABLE

SOMMAIRE :

Figure :

LES DÉBITS DE SABLE

§ 1er

CALCULS RELATIFS AUX EFFETS DE L'ENDIGUEMENT

274. Formules des débits de sable. — Les grèves en marche sur le lit de la Loire sont limitées à l'aval par un talus raide, qui correspond à celui que prend le sable jeté dans l'eau. Les grains franchissent successivement la crète et tombent sur ce talus, dont la surface s'avance peu à peu. D'après les observations de M. Sainjon, le déplacement des grèves mobiles de la Loire est, par seconde, de :

$$0,00013. (V^2 — 0,11)$$

en désignant par V la vitesse de l'eau à la surface du fleuve. Cependant cette formule n'est pas applicable quand V dépasse $1^m,016$ à la seconde, parce qu'alors une partie des grains est entraînée au-delà du talus terminal. La grève n'avance plus alors qu'avec une vitesse de la moitié, du tiers, du quart de ce qui correspondrait à la formule. Celle-ci se vérifie bien pour les vitesses superficielles comprise entre 0.33 (ou $\sqrt{0.11}$) et 1.016. Les faibles vitesses durent plus longtemps que les fortes; c'est pourquoi le mouvement de translation n'est pas très rapide.

La *Note* de 1871 donne l'indication de la marche suivie pour transformer la formule du déplacement des grèves, par la substitution de W, vitesse au fond, à V, et pour calculer le W qui correspond à $1^m,016$ (on trouve $0^m,55$). Il est évidem-

ment préférable de calculer la marche des sables en fonction de celle des deux vitesses qui détermine leur mouvement.
Si l'on désigne par d le débit de sable par mètre de largeur
de rivière, on arrive en multipliant l'avancement de la grève
par la hauteur moyenne du talus terminal, à la formule :

$$d = 0,00037. (W^2 — 0,06)\ldots. (1)$$

pour les valeurs de W ne dépassant pas 0ᵐ,55. Quand W devient plus grand, on applique la formule :

$$d = 0,00037. W^2\ldots. (2)$$

On remarquera que la première formule donne $d = 0$ pour
W = 0ᵐ,25. Inutile de dire qu'il n'y a pas à tenir compte des
valeurs négatives que donnerait le second membre pour de
moindres vitesses de fond.

Ainsi : les sables de la Loire restent immobiles tant que la
vitesse de l'eau, au fond de la rivière, ne dépasse pas 0ᵐ,25.
Ils cheminent en roulant sur le fond quand cette vitesse est
de 0,25 à 0,55; ensuite ils échappent à tout calcul précis,
parce que beaucoup ne tombent plus sur le talus terminal de
la grève. Ce qu'on dit pour le sable formant celle-ci, quant
à l'action de l'eau suivant sa vitesse, est applicable à tout autre
sable semblable, lorsqu'il y a similitude dans l'arrangement
des grains. Il faut toutefois reconnaître que l'action latérale
complique beaucoup le phénomène général des déplacements
du sable.

275. Les crues. — Quand une crue déborde, les conditions de l'écoulement des sables sont complètement boulever-
sées; les débits d'eau par les diverses sections transversales
du lit mineur varient parfois beaucoup pour de faibles distances, et, par suite, des dépôts irréguliers de sable se forment.
Lorsqu'on considère deux profils en travers A et B, si le débit
de sable est de 20.000 mètres cubes par A, dans un temps
donné, et de 15.000 par B, un dépôt de 5.000 mètres cubes a
lieu dans l'intervalle. Si la moitié du débit d'eau échappe au
lit mineur un peu en aval de A, et ne rentre qu'au-dessous de
B, il peut arriver : ou qu'une partie du débit de sable soit
emportée avec l'eau extravasée, ou que celle-ci n'entraîne
que des vases flottantes. Dans ce dernier cas, l'encombrement
de la rivière entre A et B est inévitable. La première règle

doit donc consister à établir de petites digues dans les dépressions des rives de manière à amener *autant que possible* les sorties du lit à devenir simultanées dans toute la longueur. Il convient de barrer de distance en distance les dépressions longitudinales existant dans les prairies, quand les dépressions correspondantes des rives sont fermées; sans cela des courants longitudinaux pourraient devenir offensifs pour le sol de la plaine, pendant les crues à faibles élévations au-dessus du niveau général de celles-ci.

On ne pourra certainement pas éviter les différences de débits de sable d'un point à un autre du fleuve, pendant les grandes crues; mais il est possible de les réduire. En outre, par l'effet des petites digues de régularisation, les eaux se retrouveront plus tôt concentrées entièrement dans le lit, et le chenal ne pourra qu'y gagner.

276. Le passage du maigre. — Le rétrécissement au passage du maigre a donné lieu à des calculs un peu compliqués dans la *Note* de 1871; nous avons montré que, dans la partie de Loire considérée, un tracé faisant varier la largeur d'une manière bien ménagée, de 235 mètres au profil de la mouille à 160 mètres au profil du maigre, vaudrait mieux qu'une largeur uniforme de 180 mètres[1].

Un endiguement bien fait agit de manière à limiter les discordances entre les débits de sable par les divers profils en travers; mais en outre ces débits sont plus grands qu'auparavant, d'où tendance à la diminution de la pente générale du lit, en amont de tout point fixe du profil en long. A défaut de seuils limitant les effets de cette diminution, l'évolution traîne en longueur, parce que le lit d'amont s'éboule dans la section endiguée, qui reçoit aussi des apports latéraux si la défense des rives n'est pas parfaite.

1. Dans son Mémoire de 1882, M. Fargue fait connaître le grand succès des travaux exécutés dans la Garonne, avec des variations de largeur analogues à celle qu'on indique ci-dessus.

§ II

CONSÉQUENCES DE LA RÉDUCTION DES ARRIVAGES DE SABLE ET DE GRAVIER, ET DE LA CRÉATION DE SEUILS FIXES.

277. Le sous-sectionnement. — Lorsqu'on fait un bon endiguement du lit d'une rivière plus ou moins torrentielle entre deux affluents, la pente de ce lit et celle des basses eaux diminuent ; si l'on veut retrouver le niveau superficiel ancien en des points nombreux, peu distants, on encombre la rivière de barrages sous-marins partiels, dits épis-noyés ; si l'on veut seulement relever les eaux en quelques points largement espacés, on opère un sous-sectionnement au moyen de quelques barrages de soutènement du lit.

Entre les épis-noyés et les barrages de soutènement, il n'y a qu'une différence du moins au plus : les épis opèrent le rétablissement de la pente totale par petites fractions, les barrages par plusieurs mètres à la fois ; les seconds seuls sont accompagnés d'écluses et au besoin d'appareils mobiles relevant les eaux.

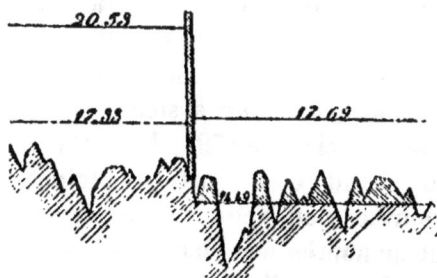

Seine. Echelonnement du lit.

Il faut traiter les rivières torrentielles, après l'endiguement, à la façon des rivières ordinaires, en ajoutant seulement à chaque barrage un échelon de fond.

Cet échelon de fond, on a reconnu qu'il est même quelquefois nécessaire dans les rivières non torrentielles : on en crée un à chaque barrage de la basse Seine (Paris à Rouen), pour arriver au mouillage de 3^m,20. Du premier coup l'on pousse les choses à l'extrême, car on recèpe dans le thalweg tout ce qui dépasse un plan horizontal à 3^m,20 sous le niveau de chaque retenue; c'est un procédé qu'on peut se permettre, à la rigueur, dans une partie de rivière où l'amont ne verse presque pas de sable et où les berges sont terreuses. Il y aura cependant une certaine augmentation des frais d'entretien du chenal.   .

278. La Loire. — Si l'on entreprenait de créer une grande navigation dans la Loire, il faudrait faire intervenir un nouveau facteur dans la question. Ce serait la suppression de presque tous les arrivages de sable par la fixation des berges, principalement sur le fleuve en amont du Bec-d'Allier et sur l'Allier. Cette opération, qui ne serait pas très coûteuse, rendrait avec le temps le problème assez facile à résoudre, au moins dans la partie basse, à partir de Tours par exemple. On se rapprocherait beaucoup des conditions où la nature a placé la Seine.

On aurait encore à compter, pendant assez longtemps, avec les sables emmagasinés dans le lit. Demandons-nous ce que deviendrait la Loire après un certain nombre d'années, au-dessous de la Maine, avec son débit de 100 mètres cubes d'eau par seconde au moment de l'étiage, sous l'influence de travaux appropriés à la situation?

Entre les digues hautes que nous voudrions ouvertes de distance en distance, dans un système équivalent à celui de l'inspecteur des turcies de 1790, le profil en travers de la vallée se composerait : d'une partie de plaine; d'un lit moyen formant une surface peu inclinée, défendue par des traverses ne présentant qu'auprès des chantiers régularisés de fortes pentes; du lit mineur endigué et de même de l'autre côté.

Les sables actuellement emmagasinés dans le fleuve et ses affluents continueraient leur marche, avec une intensité toujours décroissante puisqu'ils ne se renouvelleraient presque plus. Pour nous rendre compte des suites, nous poserons — faute d'expériences pouvant nous donner de meilleures bases d'appréciation [1] — les deux équations Darcy et Bazin [2] :

$$\frac{HI}{U^2} = 0,00028 + \frac{0,00035}{H} \dots\dots\dots (3)$$

$$W = U - 10\sqrt{HI} \dots\dots\dots (4)$$

On a d'ailleurs (définition de la vitesse moyenne) :

$$D = L \cdot H \cdot U \dots (5)$$

279. État initial. — Pour un endiguement à 200 mètres de largeur, la pente étant de $0^m,00016$, ces équations donneraient, pour le débit minimum 100 m. c. : $H = 1^m,00$, $U = 0^m,50$ et $W = 0^m,375$. Il n'y aurait que peu de dragage à faire pour que l'écoulement eût lieu régulièrement, puisque la profondeur moyenne actuelle est de plus de $1^m,60$ dans le chenal et que les sommets n'occupent que de faibles longueurs. Mais le moment critique, pour l'écoulement, n'est pas le moment de l'étiage ; c'est celui du débordement : il faut que les eaux ne sortent pas du nouveau lit mineur pour un débit plus faible que le débit correspondant, autrefois, à l'altitude de ses bords.

Si les bords sont réglés à 1^m au-dessus de l'ancien étiage, c'est 430 mètres cubes que le nouveau lit devra débiter, ce volume correspondant aujourd'hui à la crue de 1 mètre. Pour la largeur de 200^m et la pente de $0^m,16$ par kilomètre, les formules donnent : $H = 2^m,32$, $U = 0^m,93$, $W = 0^m,74$. La valeur de H n'est conciliable avec la précédente qu'à la condition d'abaisser les sommets du thalweg, par des dragages si l'on veut éviter les inconvénients de l'attente, à $1^m,32$ au-dessous de l'ancien niveau inférieur. Comme la profondeur s'établira

1. Ces réserves, cet appel à l'expérience, sont d'autant plus nécessaires qu'il y a des phénomènes assez mal connus dans les mouvements des sables et des graviers. Voir notamment l'*Hydraulique agricole* de Duponchel, pages 93, 98, etc. Voir aussi le *Manuel de géologie* de La Bèche, p. 132 : « Il ne paraît pas que nous connaissions les vitesses que doit avoir l'eau pour dégrader un fond de vase, de sable ou de gravier ; car nous voyons des courants extrêmement rapides à leur surface passer sur des bas-fonds de cette nature sans les altérer. » L'arrangement des particules explique certainement, au moins en partie, ce phénomène ; mais la connaissance des conditions qui le favorisent pourrait avoir une grande importance pratique.

2. La seconde équation résulte de la combinaison des équations : $V = U + 13\sqrt{HI}$ et $V = W + 24\sqrt{HI}$, dans lesquelles V est la vitesse à la surface.

dans le lit nouveau à un mètre au moment de l'étiage, celui-ci sera abaissé de 0ᵐ,32.

Les choses ne peuvent pas rester en cet état, du moment que la principale source des sables est supposée tarie; la section se déblayant, il est nécessaire, pour éviter que les nouvelles rives soient affouillées à de trop grandes profondeurs, d'opérer la division en sous-sections, comme nous l'avons expliqué. Voyons où cela peut conduire avec les largeurs de 200 mètres.

280. Régime nouveau. — A l'origine : le débit solide à l'extrémité inférieure de la section sera supérieur à ce qu'il est aujourd'hui, le bon endiguement supposé facilitant le mouvement du sable.

Mais l'amont n'étant plus alimenté comme autrefois, le versement solide finira par s'amoindrir. La pente du lit diminuera dans chaque sous-section, et après la période de crise la Loire maritime recevra moins de sable.

Enfin il s'établira un nouvel équilibre, caractérisé par des pentes beaucoup moins fortes des lignes passant par les sommets du thalweg, et un jour viendra où, comme dans la Seine, le recépage horizontal sera possible.

Mais à quelle pente réduite arriverait-on promptement, au prix des fixations de rives, de l'endiguement de la section, des barrages de sous-sectionnement et des dragages initiaux? Le déblai du sable est faible tant que la vitesse au fond ne peut que le rouler; il y a donc une pente nouvelle au-dessous de laquelle on ne descendrait que lentement, c'est celle qui correspond à la valeur 0ᵐ,55 de W, quand les eaux coulent à pleins bords.

Pour les valeurs moindres, on n'aura de mouvements un peu forts des matières du lit que pendant les crues débordées, amenant plus ou moins de désordre; après la rentrée dans le lit mineur, il se produira cependant de grandes vitesses au-dessus des amas locaux diminuant la section, et l'endiguement étant bien tracé le chenal tendra à se refaire.

Avec une pente de 0ᵐ,00016 par mètre, nous aurons une vitesse de fond de 0ᵐ,74 (art. précédent) et une diminution graduelle de cette pente se produira. Quand on arrivera à W = 0ᵐ,55, la profondeur sera de 3ᵐ,12 et la pente de 0,00006 [équations (3), (4), (5)]. Cela montre que le lit, tel que nous l'a-

vous supposé réglé, se trouverait trop haut de 3ᵐ,12 — 2ᵐ,32 =
0ᵐ,80. Au lieu d'adopter 2ᵐ,32 au-dessous des nouvelles
berges pour la crête des barrages, il faudrait descendre à 3ᵐ,12,
soit 2ᵐ,12 sous l'ancien étiage. On voit que, pour éviter
toute chance d'embarras pendant les crues, il faudrait donner
une grande extension aux dragages. Au moment de l'étiage
(D = 100), la pente étant de 0ᵐ,00006 par mètre, on aurait
d'après les formules H = 1ᵐ,30.

L'hypothèse d'un lit mineur de 200ᵐ, à berges s'élevant à
1ᵐ seulement au dessus de l'ancien étiage, conduit en définitive à de trop grands dragages si l'on s'impose la condition de
débiter 430 m. c. dès l'origine sans débordement sur le lit
moyen. Il faut donc adopter une largeur plus grande et au
besoin régler un peu plus haut l'endiguement mineur.

§ III

PROBLÈMES SUR L'ÉCOULEMENT DANS DES CANAUX
ARTIFICIELS A FOND DE SABLE

281. Règlement de la pente. — Étant donné un canal
rectiligne, à fond garni d'une épaisse couche de sable maintenue par un barrage à l'aval, ayant une largeur L, recevant
un volume D d'eau par seconde, et un volume dL de sable
dans le même temps (ou autrement dit le volume d par mètre
de largeur), suivant quelle pente la surface du sable se règle-
ra-t-elle, en supposant que le débit soit assez considérable,
eu égard à la largeur du canal, pour qu'il ne se forme pas de
méandres dans la masse sableuse? En second lieu, après quel
temps le nouveau régime se trouvera-t-il établi?

Voici notre solution provisoire, car il ne peut y en avoir
d'autre, à défaut des expériences méthodiques que nous
demandons :

La pente de la surface du lit de sable étant connue, on en
déduira les conditions initiales du mouvement, à l'aide des
formules (3) et (5), qui donneront H et U. La formule (4) donnera alors W. L'une des formules (2) ou (1), suivant que W

sera ou ne sera pas supérieur à $0^m,55$, permettra de calculer ensuite le débit d' de sable par mètre de largeur. S'il est plus petit que d, le talus primitif se rechargera par le sommet, jusqu'à ce qu'une pente nouvelle correspondant à un débit de sable dL, au lieu de $d'L$, se soit formée. Si, au contraire, le d' initial est plus grand que le versement d, le talus sera déblayé et la pente décroîtra jusqu'à ce que l'égalité de d et de d' soit établie, par la diminution graduelle de celui-ci.

On pourra, dans l'un comme dans l'autre cas, calculer la profondeur, la pente, la vitesse moyenne et la vitesse de fond vers lesquelles on tendra. Elles correspondront à la largeur connue L, au débit de sable dL, au débit D, et seront calculées par les formules qui ont permis de se rendre compte de l'état initial. La pente à venir I' étant alors connue, on en déduira le volume à remblayer ou à déblayer, et par suite le temps cherché. On sait, en effet, qu'à l'origine il y aura, en une seconde, augmentation de $(d\text{-}d')$. L, ou diminution de $(d'\text{-}d) L$; on divisera donc le volume calculé (la modification étant nulle à la fin) par $\dfrac{d-d'}{2}$ ou $\dfrac{d'-d}{2}$.

282. Influence de la largeur. — Les calculs précédents pourraient être très abrégés pour les problèmes ne comportant que des vitesses de fond supérieures à $0^m,55$, en admettant que W est proportionnel à U et en remplaçant la formule Bazin par celle des ingénieurs italiens. On aurait alors :

$$D = LHU\,;\; HI = bU^2\,;\; d = kU^4.$$

Cela posé, voici notre second problème : Supposons qu'on fasse des expériences comparatives, en opérant toujours sur le même canal artificiel, et en même temps sur un canal analogue ayant une largeur aL, au lieu de L. Quel sera le résultat de cette comparaison, après établissement de l'égalité des remblais et des déblais, les versements totaux d'eau et de sable par seconde étant les mêmes dans les deux cas?

Les trois équations que nous venons d'écrire permettront de calculer I, H et U pour notre premier canal. On aura pour le second :

$$D = aL.H'.U'\,;\; H'I' = b\,U'^2\,;\; \frac{d}{a} = kU'^4.$$

La dernière équation, combinée avec la correspondante du

premier cas, donne $U' = \dfrac{U}{\sqrt{a}}$, la première $H' = \dfrac{H}{\sqrt{a}}$; la seconde $I' = \dfrac{1}{\sqrt{a}}$.

Ce qui précède ne serait pas applicable à des largeurs disproportionnées, comparativement aux débits; tout calcul devient impossible quand il s'agit d'un filet d'eau, divaguant dans une mer de sable.

Nos calculs comparatifs tendraient à démontrer que le doublement de la largeur, qui dans un canal à fond fixe réduirait la profondeur des 60 centièmes, ne diminuerait plus celle-ci que des 30 centièmes dans un canal à fond de sable. En même temps la vitesse serait diminuée dans la même proportion, ainsi que la pente. La diminution de la profondeur est admissible avec le système des barrages de soutènement, puisqu'elle serait masquée par l'emploi d'appareils mobiles sur ces barrages ; la diminution de pente, dont elle serait accompagnée, la compenserait et au delà dans les biefs longs. — Un système qui permet d'adopter des largeurs endiguées plus grandes ne peut qu'être favorable au point de vue de l'écoulement des crues.

CHAPITRE XI

LES DRAGAGES

SOMMAIRE :

LES DRAGAGES

CIRCONSTANCES QUI MOTIVENT LES DRAGAGES

283. Importance de la question. — Souvent on décide qu'on n'entreprendra pas de dragages, dans la pensée qu'il en faudrait faire d'immenses pour obtenir un résultat. Cela peut être vrai dans la plupart des cas où on l'énonce ; mais il arrive parfois qu'on se trompe complètement. Ainsi, par exemple, il n'y a pas encore longtemps qu'on considérait des dragages sur les passes extérieures des ports du Pas-de-Calais et du Nord comme inexécutables, à cause des grands mouvements de sable qui ne manqueraient pas d'amener le remplissage des excavations. Cependant on obtient depuis quelques années des succès réels ; on a l'espoir de maintenir 1ᵐ,50 ou 2 mètres de profondeur supplémentaire à l'entrée de chacun de ces ports, au moyen de 100 à 150,000 francs de dépense annuelle.

La question des dragages prend donc chez nous une importance croissante.

Quelques pages consacrées à ce sujet provoqueront d'utiles réflexions, alors même que nous ne parviendrions pas à bien expliquer dans quelles conditions la drague doit intervenir, pour améliorer et entretenir le chenal des rivières navigables.

La première chose à faire, c'est de bannir de son esprit toute idée préconçue sur l'importance des volumes de matières solides débitées. On a vu que la Loire ne verse pas en réalité un demi-million de mètres cubes de sable par an à sa partie

maritime, au lieu des nombreux millions qu'un préjugé général lui attribuait.

284. Fonds résistants. — Quand on rencontre dans le
thalweg d'une rivière une partie haute, à résistance exceptionnelle, il faut évidemment recourir à des dragages. Nous
entendons ici par cette expression les déblais sous l'eau, quel
que soit le procédé mis en œuvre ; on a vu que M. Baumgarten
a fait dans la Garonne de véritables déblais de rocher, avec des
engins spéciaux. De pareilles opérations peuvent permettre de
diminuer le nombre des barrages, quand on canalise un cours
d'eau ; les roches situées vers l'aval d'un bief ne sont pas
attaquées, mais on déblaye celles d'amont.

285. Régularisations du lit. — Le tracé de l'ancien
thalweg n'est jamais approprié à la situation nouvelle, créée
par des travaux de régularisation. Tantôt la rivière pourra
faire seule les remaniements nécessaires, tantôt il faudra lui
venir en aide par des dragages. Ceux-ci auront au moins
l'avantage de hâter la jouissance des améliorations poursuivies
et de diminuer les encombrements en aval.

286. Apports extraordinaires des crues. — En général
les amas accidentels laissés par les crues dans le thalweg d'une
rivière bien réglée finiraient par disparaître ; cependant une
crue peut accidentellement décroître trop vite pour que la remise
en ordre ait lieu dans le temps ordinaire. Quand elle est très
forte, elle peut aussi laisser après elle des matières d'une
grosseur inusitée.

Il y a donc nécessité, immédiatement après la crue, de faire
une revue de la rivière, comme le cantonnier parcourt sa route
après l'orage, pour aviser sans délai aux réparations indis-
pensables, enlever les amas de graviers, faire des saignées dans
les bancs accidentels du chenal, afin de faciliter l'action latérale des courants sur le sable et entraver l'enchevêtrement
superficiel, etc.

M. Fargue, dans son mémoire de 1882 sur la Garonne,
parle des masses de gros matériaux que poussent en avant les
crues maxima. Les crues ordinaires ne pouvant les déplacer,
l'arrêt de ces amas devient définitif : des parties fixes se trouvent intercalées dans le fond mobile de la rivière, sans que
les courants puissent avoir d'action sur eux ; si le sol de la

vallée manque de solidité, c'est une cause de changement de lit par corrosion des berges. Dans tous les cas, il faut enlever artificiellement ces grèves dépaysées; « il faut les draguer toutes les fois qu'elles se reforment. Ce serait déplacer, ce serait même compliquer la difficulté, que de chercher à s'en débarrasser en les poussant en avant au moyen de modifications introduites dans les formes du lit de la rivière. »

287. Circonstances diverses. — Quand le marinier de la Loire, au temps où notre grand fleuve avait des mariniers, atteignait le fond avec sa perche à bout ferré, il trouvait : tantôt une surface se laissant pénétrer facilement ; tantôt une surface résistante.

Les grèves mobiles n'occupent pas toute la surface du lit; les grains de sable s'arriment dans la position de plus grande résistance quand ils sont soumis pendant longtemps à des courants de direction constante.

Outre les dragages à faire dans les endroits de nature plus résistante ou dans un chenal nouveau en cas de rectification, ou sur des graviers qu'une crue extraordinaire peut amener dans une section à fond de sable, il peut donc y avoir lieu de désagréger les parties en train de se durcir par l'arrimage des matériaux superficiels. Cette désagrégation sera d'autant plus facile qu'on y procédera plus souvent et à des instants mieux choisis. En cas de négligence un peu longue, un véritable dragage deviendra nécessaire.

288. Curieux passage du mémoire de Legrom et Chaperon. — Le célèbre mémoire de Legrom et Chaperon (*Annales* de 1838) renferme un passage intéressant sur l'arrangement « qui offre le plus de résistance à l'action du courant, tant que celui-ci conserve sa direction primitive. »

« ... Les bancs de gravier déposés pendant les basses eaux, de la manière la plus convenable au régime en ce moment, sont attaqués pendant les moyennes et les hautes eaux, et *vice versa*. Leur déplacement est probablement alors favorisé par la disposition que les graviers affectent sous l'influence du courant qui les charriait. Cette disposition est assez curieuse pour être mentionnée. Les cailloux roulés, dont la forme générale est à peu près celle d'un ellipsoïde à trois axes inégaux, se déposent par couches successives, dans chacune desquelles ils se recouvrent comme des écailles de poissons. Le grand axe de l'ellipsoïde est horizontal et perpendiculaire au courant, et l'axe moyen fait avec l'horizon un angle de 20 à 30 degrés. Nous avons constamment observé (dans le Rhin) cet arrangement, pour les plus gros galets comme pour les plus petits cailloux, et il est clair que *c'est celui qui offre le plus de résistance* à l'action du courant, *tant que celui-ci conserve sa direction primitive.* Cette position devient, au contraire, d'autant moins avantageuse que la direction du courant vient à se modifier davantage. » Cela n'empêche pas, si l'arrangement a eu le temps d'arriver à une quasi-perfection, que les galets ou cailloux ne forment un banc fixe, inattaquable aux courants ordinaires, tant que le départ des sables et graviers voisins n'en a pas rendu possible l'attaque latérale par dessous.

§ II

CE QU'IL FAUT DEMANDER AUX DRAGAGES.

289. Les rivières mal tracées. Dans ces rivières, il faut naturellement beaucoup demander aux dragages, à moins qu'il ne s'agisse d'une rivière tranquille comme la Seine ; a défaut de rives artificielles correctes, « les dragages, même pratiqués d'une manière continue et sur une très grande échelle, seront impuissants, et on finira nécessairement par y renoncer, car, à moins de circonstances très particulières, les dépenses seront hors de proportion avec les résultats obtenus [1]. » Ce passage de l'habile ingénieur de la basse Garonne ne doit cependant pas être pris au pied de la lettre : la Clyde est surtout l'œuvre de la drague. Il est bien vrai que la situation de Glascow permettait de tirer un parti extraordinaire des énormes dépenses faites dans cette rivière, et c'est peut-être le cas de dire que l'exception confirme la règle. Mais l'exception n'est pas unique, il y en a beaucoup d'autres ;

1. Fargue, 1882, page 320.

reste à savoir si l'on n'aurait pas ou avantage à adopter de bons
tracés, sans lacunes (on sait qu'il en existe une dans l'endiguement de la Clyde). On comprend sans peine qu'il doit en être
ainsi dans les rivières plus ou moins torrentielles.

290. Les rivières bien tracées. — Nous l'avons dit au
§ Ier, des dragages sont souvent nécessaires au moment
où l'on rectifie les rives, et en outre lorsque de grands mouvements de corps solides sont amenés par une crue exceptionnelle, alors même que les tracés seraient excellents.

Il faut bien agir, quand une partie du cours d'eau se trouve
plus ou moins encombrée de matériaux hors de proportion
avec son pouvoir ordinaire de transport ; le remaniement du
lit, que les débits moyens tendent à faire après les grandes
crues, n'est plus que partiellement possible sans l'intervention
de la drague.

Les phénomènes peuvent varier dans leurs détails ; mais,
comme ensemble, il ne paraît pas contestable qu'il y ait à
régler sa conduite sur les indications qui précèdent. Il en
résulte, pour dire un mot des misères de la pratique, que l'impossibilité d'obtenir des crédits, à un moment donné, peut
avoir de tristes conséquences ; une corporation locale échappe
plus aisément qu'une administration publique à ces graves
inconvénients. La présence de quelques grèves fixes, dans de
mauvaises positions, peut entraîner des bouleversements
dans une grande étendue de rivière.

Nous verrons au chapitre suivant qu'en traçant parfaitement les rives, même dans une rivière à lit très mobile, on
peut arriver à maintenir de grandes profondeurs sans intervention de la drague, pendant une longue série d'années.
Mais tous les ingénieurs ne sont pas capables de faire des
tracés parfaits et l'on doit en tous cas pourvoir aux circonstances accidentelles amenées par les grands débordements.

§ III

MODE D'EXÉCUTION

291. Travaux à l'entreprise. — En principe, le meilleur mode d'exécution des travaux publics est l'entreprise. Quand le stimulant de l'intérêt privé manque, les procédés s'immobilisent, ou du moins ne se perfectionnent pas aussi vite.

Cependant on ne fait pas à l'entreprise la main-d'œuvre journalière de l'entretien des routes, et malgré ses côtés faibles, l'organisation actuelle de ce service conduit en somme à de bons résultats.

C'est un exemple bon à citer; il peut servir de point de comparaison, quand on veut faire un partage de compétence entre l'entreprise et la régie.

Seront faits à l'entreprise, en ce qui concerne les dragages : les déblais faciles à définir à l'avance et à cuber, par exemple l'enlèvement des fonds résistants et l'ouverture de nouveaux chenaux en cas de rectification des rives.

292. Travaux en régie. — Seront exécutés sans l'intervention d'un entrepreneur les travaux dont il faut saisir le moment; ceux pour lesquels la mauvaise volonté ou la timidité d'un intermédiaire aurait de trop fâcheuses conséquences.

L'administration aura ses engins achetés à des constructeurs dans les formes réglementaires. Avec ces engins elle opérera immédiatement après les crues, et dans les circonstances diverses qui exigeront une action rapide, dans des conditions variables suivant les constatations successives.

293. Démolition d'une digue. — En 1860-1861, nous avons eu à faire démolir une ancienne digue dans la Loire maritime, aux environs de la Basse-Indre. Les dragues de la rivière étant toutes de très faible échantillon, on pouvait prévoir que leurs propriétaires, craignant les avaries, seraient peu empressés à concourir à cette besogne ingrate; nous avions, en conséquence, fait réparer à l'avance un vieil engin administratif, que la manie de recourir toujours aux entrepreneurs laissait souvent sans emploi. Bien nous en a pris, car il a fallu l'exemple du travail en régie pour amener les dragueurs de profession à nous offrir leurs services, en nous laissant toujours le poste le plus difficile, comme de juste. Quinze cents mètres de digue en moellons de gneiss cimentés par la vase ont disparu, de mai 1860 à mars 1861, malgré les fréquents arrêts causés par le mauvais temps et par les accidents.

Cet exemple montre qu'il ne faut pas être l'ennemi systématique du travail en régie.

Ce mode d'exécution n'est pas toujours aussi coûteux qu'on pourrait le croire, parce qu'il se rencontre beaucoup d'agents qui s'attachent à la chose publique comme à leur chose propre, et nous avons indiqué des circonstances dans lesquelles il est presque indispensable.

Voici le résumé du compte de la démolition de la digue de la Basse-Indre. On remarquera qu'il a fallu faire en même temps d'importants dragages ordinaires, cette digue étant ensablée sur une grande partie de sa longueur :

Dragage et remploi dans les digues nouvelles, par les entrepreneurs, de 15,762mc,09 de moellons . . . . . 63.048 fr. 36

Dragage et emploi dans le quai de la Basse-Indre, par les entrepreneurs, de 80.634mc,99 de sable . . . . 141.565 fr. 90

Dragage de 27,899mc de moellons et sable, par l'administration, transport et emploi compris . . . . 64.169 fr. 17

Démolition à la main, transport et emploi, de 6.308mc,47 de moellons . . . . 17.537 fr. 60

Dépense totale . . . . 286.324 fr. 03

Si l'on avait eu recours à une adjudication, au lieu de procéder par régie directe et par l'emploi de tâcherons, la dépense eût été double pour le moins.

CHAPITRE XII

LES DEUX BROCHURES DE M. JANICKI

ET

LES TRAVAUX DE M. FARGUE

SOMMAIRE :

Les deux brochures de M. Janicki.

Les travaux de M. Fargue.

Figures :

Petite planche :

LES DEUX BROCHURES DE M. JANICKI

§ 1er

RÉSUMÉ DE LA PREMIÈRE BROCHURE.

294. M. Janicki. — Ingénieur-directeur de la société de navigation à vapeur sur la Moskowa, M. Janicki a fait insérer en 1879 et 1880, dans le Journal du ministère des voies de communication (Saint-Pétersbourg) deux notes sur l'amélioration de la navigabilité des rivières. Ces notes ont été traduites en français, et publiées en 1880 à Paris ; nos lecteurs en liront un résumé avec plaisir et profit.

295. Épis et digues longitudinales. — En France, on s'est d'abord servi des épis pour rétrécir les rivières aux endroits jugés trop larges ; on est venu ensuite aux digues longitudinales. Les uns et les autres sont à peu près abandonnés aujourd'hui, du moins en tant que moyens exclusifs d'améliorer la navigation. Dans l'Allemagne du Nord, on en est encore aux épis ; dans l'Allemagne du Sud, ce sont les digues qu'on préfère. Quelques ingénieurs établissent des digues longitudinales le long des bords concaves et des épis sur les bords convexes.

Le dragage peut être employé, soit pour obtenir un résultat temporaire, soit comme auxiliaire des digues et des épis.

« Étant donnée la nature du terrain qui constitue le fond de la rivière, fond toujours mobile et attaquable par les eaux, il arrive tout naturellement que l'approfondissement obtenu en diminuant la largeur de la section, entraîne après lui l'abaissement du niveau primitif de la rivière en amont du point considéré ; les résultats de tous les travaux de *régularisation* de ce genre l'ont suffisamment prouvé. La pente d'une rivière, quelle qu'elle soit, n'est jamais la même sur tous les points de son parcours ; son niveau d'étiage, en particulier, forme une ligne brisée, à pente moindre aux biefs profonds, et à pente beaucoup plus accentuée aux endroits des hauts-fonds. En abaissant le niveau en amont des hauts-fonds, on peut provoquer l'apparition de nouveaux obstacles, de nouveaux bancs qui n'étaient point sensibles auparavant, cachés qu'ils étaient sous une nappe d'eau suffisante. Ce n'est point là, certes, le but cherché ; et pour obvier à cet inconvénient, il faut rétrécir la section vive de la rivière en amont du haut-fond, et s'opposer en même temps à ce que le courant ne se creuse son nouveau lit jusqu'à une profondeur trop grande. Dans ce dernier but, on est obligé de couvrir le fond de fascines, de pierres, etc...

« L'expérience de tous les jours démontre que les matériaux d'alluvion, que le courant emporte de l'endroit rétréci, vont former plus bas de nouveaux bancs ; et ainsi la régularisation d'une rivière, exécutée seulement aux endroits des hauts-fonds, ne donne pas d'ordinaire les résultats voulus. Au bout d'un certain temps, on arrive forcément à prolonger les digues rétrécissantes sur toute la longueur de la rivière : nous en avons de nombreux exemples dans les rivières de l'Europe occidentale que l'on a soumises aux travaux d'une régularisation systématique. Sur presque toutes, nous trouvons une fortification continue des bords dans toute leur longueur, et les ouvrages destinés à rétrécir le lit de la rivière se succèdent l'un à l'autre sans interruption. Il est à supposer qu'avant d'en être arrivées à l'état où nous les voyons aujourd'hui, ces rivières avaient des biefs profonds séparés seulement par des hauts-fonds, ainsi qu'on le peut observer sur toutes les rivières que la main des ingénieurs n'a point encore touchées : au début, les travaux n'ont dû être exécutés que sur quelques points ; mais on a ensuite été obligé de les poursuivre, en amont et en aval des points primitivement choisis.

296. Barrages mobiles. — « Les ingénieurs français, avec le sens pratique qui les caractérise, ont été les premiers à reconnaître les imperfections, les difficultés et souvent l'impossibilité du moyen qui consiste à rétrécir le lit d'une rivière pour l'améliorer ; les premiers, ils ont cherché et découvert le procédé de canalisation des rivières au moyen de barrages éclusés mobiles. Les Allemands, toujours méthodiques, continuent à chercher à régulariser systématiquement leurs rivières en en renforçant les bords, et en rétrécissant la section au moyen de digues longitudinales ou d'épis. Les résultats obtenus en Allemagne ne sont pas brillants ; jusqu'à présent, il n'existe pas encore dans tout ce pays une seule rivière complètement régularisée. L'inspecteur des constructions fluviales, Schlichting, en convient lui-même clairement, dans un des derniers ouvrages parus sur la matière. — Après avoir décrit les travaux de régularisation de l'Elbe, en Saxe, sur un parcours de 113 kilomètres, l'ingénieur Schlichting dit que les travaux, achevés déjà sur une longueur de 47 kilomètres et demi en 1871, ont donné au chenal navigable presque la profondeur cherchée de 94 centimètres ; mais il ajoute bientôt, assez naïvement, qu'en 1874 et 1875 sont survenus des *abaissements sans précédent du niveau d'étiage*, lequel est descendu de 20 centimètres, et a naturellement diminué d'autant la profondeur du chenal créé pour la navigation. L'honorable auteur me paraît ne pas se rendre compte que cet abaissement des eaux peut et, selon toute probabilité, doit être attribué aux travaux eux-mêmes. Sur la partie prussienne de l'Elbe, où les épis sont exclusivement employés, on s'est mis, dans ces dernières années, à fortifier partout le fond du lit au moyen de seuils en fascines placés entre les têtes de deux épis opposés. On voit donc par là que les constructions rétrécissantes ne peuvent donner une profondeur suffisante au chenal qu'à la condition, si le terrain manque de solidité, de consolider également le fond du lit. Mais alors, à quelles dépenses entraîne ce système si, non content de soutenir les bords et de construire les ouvrages de rétrécissement, il faut encore soutenir le fond même de la rivière ! »

D'après l'ingénieur allemand Hagen, les travaux de régularisation sont ordinairement impuissants à donner par eux-mêmes un approfondissement convenable, si l'on ne fait intervenir les barrages pour relever le plan d'eau.

297. Le Volga. — Sur le Volga, de 1838 à 1850, on a opéré à l'aide d'épis. La vitesse étant augmentée au droit de ces ouvrages, de nouveaux hauts-fonds se sont formés ailleurs, sans que les anciens fussent complètement aplanis. On a ensuite défendu les bords concaves minés, et endigué des deux côtés les principaux hauts-fonds. On a obtenu des succès partiels; mais le but poursuivi (faire naviguer les bateaux avec un tirant d'eau de trois pieds et demi) « n'a pas été du tout atteint. »

« La canalisation donne toujours et sûrement les résultats voulus. Les travaux peuvent en être conduits avec la plus grande rapidité : la canalisation de la Moskowa, sur une longueur de 176 kilomètres, a été exécutée en deux ans et demi... On a laissé de côté le déversoir et la passe navigable et remplacé les classiques aiguilles de Poirée par des vannes horizontales dérivées du système Boulé. Ces dernières permettent d'utiliser un barrage comme déversoir sur toute son étendue, et de plus elles permettent des barrages à chutes plus grandes que les aiguilles; enfin, elles permettent de fermer les barrages hermétiquement, et rendent ainsi possible l'éclusage des rivières dont le débit est des plus restreints, et l'application de la quantité d'eau conservée aux besoins de l'industrie et aux irrigations. »

298. Conclusion. — La conclusion de M. Janicki, c'est que la division en biefs doit être préférée à tout autre procédé pour les rivières à petit débit; que, pour les autres, ce n'est qu'au moyen de projets comparatifs qu'on arrivera à déterminer, dans chaque cas, « quelles sont les limites dans lesquelles l'éclusage peut être utilement employé. »

§ II

RÉSUMÉ DE LA SECONDE BROCHURE

299. La Moskowa. — Les travaux de canalisation en rivière ayant été accusés d'amener le relèvement du lit, M. Janicki cite les faits suivants : « Le lit de la Moskowa est, comme on sait, très mobile; il y a quarante-trois ans on a construit sur cette rivière, dans Moscou même, le barrage dit *Babyégorodskaïa*. Ce barrage se démonte une fois par an, au printemps, pour le passage de la débâcle printanière et de la crue qui vient après. On n'a jamais effectué de dragages dans le bief en amont, et nulle part, jusqu'à présent, on n'y a remarqué la moindre élévation du lit; au contraire, depuis la baisse des hautes eaux jusqu'au moment de l'étiage, sur une étendue de 24 verstes, ce bief est relativement plus profond que les portions contiguës de la rivière. Le radier du barrage en question n'est jamais ensablé, et même dans sa prochaine reconstruction, — reconstruction due à d'autres causes, — il sera vraisemblablement abaissé, et non exhaussé.

« Je ne citerai point ici comme exemple les barrages mobiles construits sur la Moskowa par la compagnie du touage; on pourrait m'objecter qu'ils existent depuis peu et que leur action sur l'exhaussement du fond n'a pas encore eu le temps de devenir appréciable; pourtant je dois dire que jusqu'ici rien de pareil n'a encore été observé. »

300. La Seine entre Montereau et Paris. — Depuis l'établissement des barrages entre Montereau et Paris, c'est-à-dire depuis 1864, on a fait quelques dragages pour élargir ou rectifier un chenal trop sinueux dans certains biefs, ou pour enlever les atterrissements en aval des écluses[1]; mais en amont, immédiatement au-dessus des ouvrages, jamais aucun dragage n'a été fait. En 1870, lors de la modification du bar-

---

1. M. Boulé, qui donne ces renseignements à M. Janicki, pense que des élargissements malencontreux, ou le mauvais choix de la position de l'écluse, sont les causes de ces atterrissements.

rage du Port-à-l'Anglais, on a abaissé le seuil de la nouvelle passe navigable de 0m,70 en contrebas de l'ancienne, et cela sans aucun dragage à l'amont. En aval, jusqu'à Paris, on a dragué l'*ancien fond* pour augmenter la profondeur sous la retenue suivante. Quelquefois, par économie ou par erreur, on a mis le seuil trop haut; le fond s'est-il exhaussé? non, et en reconstruisant le barrage de Suresnes, qui est dans ce cas, on compte abaisser le seuil de 0m,50. Il n'y a pas d'exhaussement du lit.

301. La Durance. — Un troisième exemple est donné par la Durance, rivière torrentielle sur laquelle on a construit un barrage mobile il y a trente ans, pour approvisionner d'eau la ville de Marseille. En vue de la quantité considérable de gravier et de sable traînés par la rivière, on y a construit une passe profonde au niveau même du fond du lit, pour laisser un passage libre aux alluvions. « Depuis que ce barrage existe, on n'a pas observé le moindre inconvénient provenant de l'arrêt des graviers dans cette rivière. »

302. Les rivières d'Allemagne. — Les travaux faits en Allemagne, pour la régularisation des cinq rivières la Vistule, l'Oder, l'Elbe, le Weser et le Rhin, s'élevaient en 1880 à 67.700.000 marcks; les travaux restant à exécuter étaient estimés 51.465.000 marcks. Les profondeurs à obtenir étaient de 1m,67, 1m,00 et 0m,93 pour les trois premières. Pour la quatrième, 0m,80, 1m,00 et 1m,25 suivant les sections; pour la cinquième, 2m,00, 2m,50 et 3m,00. Il paraît qu'on était loin de ces résultats, puisqu'on prévoyait presque autant de dépense dans l'avenir que dans le passé. « S'il reste un point dont on doive à bon droit s'étonner, n'est-ce pas la ténacité avec laquelle les ingénieurs de l'État continuent à promettre la profondeur nécessaire à la navigation, alors qu'en réalité ils ne sont encore arrivés à rien de pareil, malgré tant d'années écoulées depuis le commencement des travaux et des dépenses énormes? »

« Dans mon premier mémoire, dit M. Janicki, j'exposais d'après Schlichting les résultats de la régularisation de l'Elbe, en Saxe. On y avait presque atteint la profondeur cherchée, lorsque tout à coup le plan d'eau de l'extrême étiage descendit de 20 centimètres, et la profondeur cherchée diminua d'autant. Depuis cette époque, les choses ont encore empiré, à ce qu'il paraît ; j'ai pris connaissance du compte-rendu de la séance de la société des ingénieurs civils, tenue à Dresde le 31 mars 1879, dans laquelle on s'est occupé des moyens à employer pour donner à l'Elbe, en Saxe, une profondeur navigable de un mètre. Des débats de cette séance, il ressort que les travaux de régularisation rapportés dans l'ouvrage de Schlichting, à part l'abaissement du plan d'eau d'étiage, n'ont donné que des résultats peu considérables. Dans cette même séance on s'est occupé d'un projet de réservoirs à construire sur l'Elbe, en amont, réservoirs qui permettraient de maintenir, par des lâchures, le tirant d'eau nécessaire à la navigation pendant l'étiage, aux environs de Dresde. Les devis atteignent des chiffres énormes : ainsi, pour maintenir un tirant d'eau de 1 mètre, il faudrait dépenser 15.000.000 de marcks, et pour l'élever à $1^m,60$, 160.000.000 de marcks.

« L'opinion générale en Allemagne, ainsi qu'on le peut voir par les nombreux ouvrages publiés sur ce sujet, reconnaît hautement la nécessité d'améliorer la condition de la navigabilité des rivières. Sous ce rapport, à propos de l'Oder, il existe tout une littérature, et partout on dénonce l'insuccès complet (au point de vue de l'amélioration de la navigation) des travaux exécutés sur ce fleuve.

« Mais jusqu'au jour où, dans le ministère prussien des travaux publics, la canalisation, cet unique moyen, sûr et exempt d'erreur, pour améliorer les conditions de la navigabilité des rivières, ne sera pas estimée comme elle doit l'être, il n'y a pas à compter sur l'amélioration des rivières allemandes. Aussi est-ce avec un sincère plaisir que nous avons lu, dans la *Deutsche Bauzeitung* du 6 mars de cette année, que la polémique soulevée par le système de régularisation employé jusqu'à présent a donné déjà le résultat suivant : le Ministère des travaux publics envoie en France, pour y étudier sur place les améliorations récemment apportées aux constructions fluviales, M. Berring, directeur des travaux du Rhin, M. le conseiller intime Hagen et M. l'ingénieur Beng, tous hommes compétents et d'autorité reconnue.

« Si nous portons notre attention sur le tonnage des bateaux qui naviguent en Allemagne, nous trouvons que, malgré

la profondeur minima peu considérable qui existe actuellement sur les hauts fonds, d'après les données fournies par
Bellingrath[1], ce tonnage est cependant relativement fort. On
peut se l'expliquer si on réfléchit que toutes les rivières allemandes proviennent de plateaux montagneux, que les pluies
qui tombent vers leurs sources s'écoulent rapidement et forment ainsi de petites crues fréquentes qui aident la navigation.
La Vistule a le même caractère; sur cette rivière, pendant les
sécheresses, il n'y a pas plus de $0^m,35$ à $0^m,47$ de profondeur
sur les hauts fonds, et cependant il y navigue des barques
chargées calant jusqu'à $1^m,20$, et qui ne craignent point de
s'y engager, certaines qu'avec l'aide des petites crues susdites
elles réussiront à franchir les hauts fonds. Ces circonstances
expliquent également comment, malgré l'insuccès des travaux
de régularisation en Allemagne, la navigation s'y soutient
encore tant bien que mal et s'efforce de faire concurrence aux
chemins de fer; elles expliquent enfin pourquoi en Prusse, en
dépit des plaintes et des protestations des personnes intéres-
sées, les annonces officielles qui doivent guider les mariniers
et les comptes-rendus des travaux indiquent ordinairement
non pas la profondeur *minima* sur les hauts fonds d'une
rivière, mais les profondeurs moyennes pour chaque période
mensuelle écoulée. Et de cette manière la profondeur moyenne
des basses eaux pour un mois sert de mesure à la profondeur
qui, à les en croire, est mise à la disposition de la navigation.

« Mais la chose se présente à nous sous un tout autre
aspect, si, laissant de côté la profondeur moyenne par mois,
nous portons notre attention exclusive sur la profondeur
minima. En Allemagne, cette profondeur minima que les travaux de régularisation ne sont pas encore parvenus à corriger,
a une influence moins nuisible sur la navigation que dans les
pays où n'existent point ces oscillations fréquentes du niveau
du plan d'eau des rivières. En Russie, par exemple, la profondeur minima sur les hauts fonds se prolonge pendant

---

1. « Les rivières allemandes n'ont souvent, pendant les quelques mois
d'étiage, qu'une profondeur tout à fait insuffisante pour la navigation ; le
Rhin, par exemple, environ 100 centimètres ; le Necker, 51 centimètres ; le
Mein, 50 centimètres ; le Weser, 50 centimètres ; l'Elbe, 50 centimètres :
la Sprée, 70 centimètres ; l'Oder, 47 centimètres. » (Bellingrath.)

presque toute la durée de la période navigable, et partant,
dans ce pays, l'insuccès des travaux de régularisation sera
certainement plus sensible qu'en Allemagne.

303. Le Rhône. — M. Janicki s'occupe ensuite du Rhône.
« M. Pasqueau, chiffres et profils en main, démontre que l'a-
baissement du niveau d'étiage, à l'embouchure de la Saône, a
été provoqué par la disparition de trois hauts fonds situés plus
bas sur le Rhône : à Oullins, à Pierre-Bénite et à Ivour.
M. Pasqueau indique ensuite l'impossibilité de racheter les
abaissements résultant de l'affouillement du fond par le remous que donnent les digues resserrantes.[1] »

« La dernière objection faite par l'auteur aux resserrements
proposés pour le Rhône, c'est l'augmentation de la vitesse du
courant qui retentira fatalement de la façon la plus désastreuse sur les intérêts de la navigation. Au moyen de calculs
très détaillés basés sur les chiffres du combustible employé
et de la vitesse des bateaux à vapeur qui naviguent sur le
Rhône, il démontre que si les travaux proposés réussissaient
à donner la profondeur cherchée de $1^m,60$, l'augmentation de
la vitesse du courant aurait pour conséquence inévitable un
renchérissement du remorquage tel qu'il serait impossible de
diminuer les prix de transport à la remonte (sur le Rhône, la
navigation montante joue le rôle principal). Et ainsi, le but
capital des travaux proposés, — savoir l'amélioration des
conditions actuelles de la navigation sur le Rhône, ne serait
nullement atteint.

« Après avoir terminé l'analyse critique du projet qui sert
de base aux travaux déjà commencés, M. Pasqueau appelle
enfin l'attention sur les moyens par lesquels on pourra, d'a-
près lui, arriver à améliorer véritablement la navigation du
Rhône. Son projet repose sur un système mixte de canalisation au moyen de barrages mobiles éclusés et de constructions
rétrécissantes. Il promet aussi, non pas $1^m,60$, mais partout

---

1. Il y a ici deux remarques à faire : 1° La première : Que M. Janicki
n'avait pas connaissance en écrivant ces lignes de l'emploi des *épis-noyés*,
au moyen desquels les ingénieurs du Rhône relèvent le niveau du fleuve,
de manière à compenser les abaissements : 2° la seconde : Que l'effet produit, vers l'embouchure de la Saône, aurait été longtemps masqué sans la
présence des radiers inaffouillables des ponts de Lyon. — Nous expliquant
ailleurs, nous nous bornons ici à ces deux remarques sommaires.

2 mètres de profondeur au moins. En étudiant le fleuve sur toute la longueur de la section qui lui est confiée, il a remarqué que cette profondeur de 2 mètres existe et se conserve naturellement partout où la pente ne dépasse pas 0ᵐ,20 ou 0ᵐ,25. M. Pasqueau l'appelle la *pente-limite*, qui permet une profondeur de 2 mètres.

« Nous avons vu plus haut qu'un resserrement suffisant du lit pourra toujours réaliser sur les hauts-fonds la profondeur voulue ; mais tout resserrement provoque, en affouillant le fond, un abaissement de la pente superficielle. L'expérience démontre qu'un affouillement jusqu'à une profondeur de 2 mètres, sur la section du Rhône dont il s'agit, détermine une pente d'environ 0ᵐ,20 par kilomètre ; en d'autres termes, pour une nappe d'eau profonde de 2 mètres, le terrain de cette section résiste à la vitesse du courant correspondant à 0ᵐ,20 de pente. M. Pasqueau applique, comme il suit, cette observation qui lui est personnelle, à son projet d'amélioration du premier arrondissement de sa section :

A partir de Lyon, on propose de resserrer la section du fleuve sur les premiers hauts-fonds de manière à obtenir une profondeur de 2 mètres au-dessous de l'étiage ; « si le terrain n'est pas affouillable, on draguera pour obtenir ce résultat.

« La pente superficielle donnera alors 0ᵐ,20 de pente par kilomètre. Les resserrements sont calculés de façon que la pente commence à 2 mètres au-dessus du radier de l'écluse en construction à l'embouchure de la Saône. Ce radier est lui-même placé à 3 mètres au-dessous du niveau actuel d'étiage, en prévision d'un abaissement ultérieur de 1 mètre. En traçant, vers l'aval et à partir de ce point, le profil longitudinal de la nouvelle pente (pente-limite pour une profondeur de 2 mètres), M. Pasqueau fait remarquer qu'elle coupe le niveau actuel d'étiage au neuvième kilomètre, sur le haut-fond de Solaise. Si on resserrait et si on approfondissait ce dernier sans toutes les précautions voulues, la profondeur de 2 mètres donnée par les resserrements exécutés en amont diminuerait, et le niveau s'abaisserait exactement de la quantité dont on aurait approfondi le haut-fond. Aussi pour réaliser en ce point la profondeur voulue sans abaisser le niveau existant, M. Pasqueau propose de construire à quelques kilomètres en aval

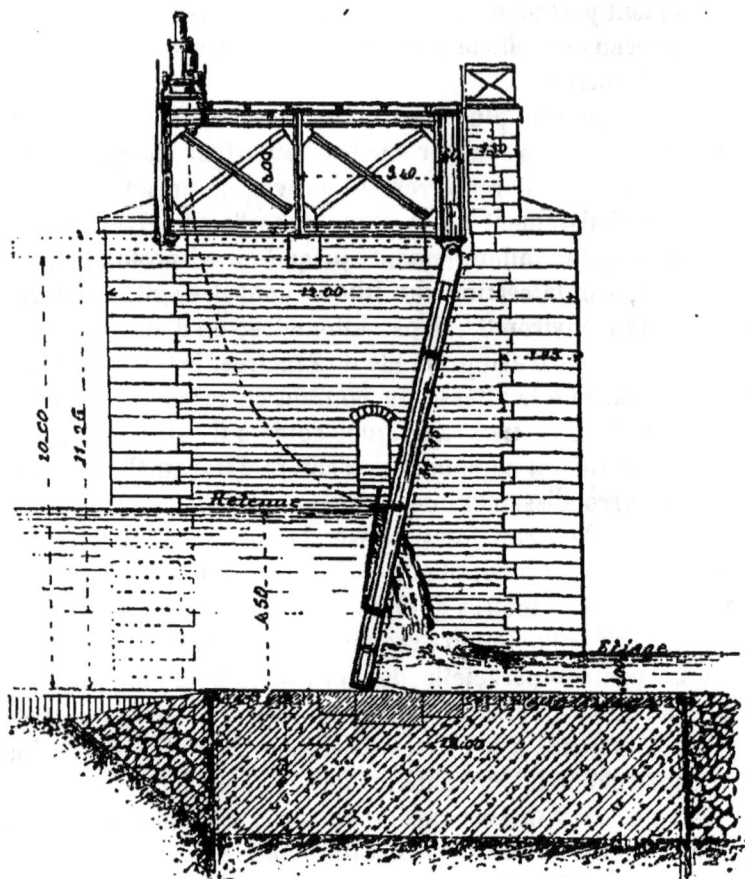

Barrage sur le Rhône, à Grigny, projeté par M. Pasqueau. (Non exécuté.)

un barrage mobile qui aura pour effet de maintenir le niveau
nécessaire sur le haut-fond sus-indiqué au neuvième kilomètre ; il couvrira en outre d'une nappe d'eau suffisante trois
ou quatre hauts-fonds situés en aval de ce point. M. Pasqueau
propose de construire ce barrage au 15° kilomètre, à Grigny.

« Il semble au premier abord que les travaux du Rhône
n'offrent point aux ingénieurs russes un intérêt direct et
immédiat. Il n'existe pas, en effet, dans toute la Russie, une
seule rivière qui possède le débit et la pente du Rhône ; mais
il ne faut pas oublier que les lois générales du mouvement
des eaux sont les mêmes pour les torrents montagneux et
pour les rivières à pente forte ou peu considérable. Certains
phénomènes, il est vrai, sont plus facilement observables
dans une rivière de tel ou tel caractère ; mais les lois du mouvement des eaux étant les mêmes pour toutes, les moyens à
employer pour détruire les obstacles à leur navigabilité le
sont aussi, quel que soit leur caractère. C'est pourquoi nous
pouvons appliquer aux rivières russes les conclusions auxquelles vient de nous amener l'étude comparative des différents moyens proposés pour améliorer les conditions de la
navigabilité du Rhône. Sur les rivières russes, aussi bien que
sur ce fleuve, c'est le manque de profondeur qui entrave la
navigation dans la majorité des cas, et nous sommes maintenant en droit de dire que les *barrages mobiles* seuls peuvent y
remédier. Déjà, dans mon premier mémoire, je n'avais point
hésité à conseiller la canalisation pour les rivières à faible
débit ; mais pour les grandes rivières dont le débit est considérable, et qui présentent cependant des endroits peu profonds,
la canalisation m'avait effrayé par le nombre et par les dimensions à donner aux ouvrages de retenue. Aujourd'hui que
la possibilité pratique d'écluser un grand fleuve comme le
Rhône m'est démontrée, il me semble que l'heureuse idée
trouvée et adaptée aux conditions locales par M. Pasqueau,
savoir : la diminution du nombre des barrages sur les rivières
à débit considérable, grâce à l'emploi simultané des resserrements, est appelée à donner des résultats féconds pour
l'amélioration de la navigation sur un grand nombre de rivières
en Russie. »

Signalons encore ce passage de la seconde brochure de

M. Janicki : « En 1879, on a transporté le blé par eau, de
Chicago à New-York, à raison de 0,005 par tonne et par
kilomètre. Il en est résulté que, pour maintenir la concurrence, les chemins de fer ont abaissé leur prix de transport
à 0,017 par tonne kilométrique. »

304. Remarques. — « Sur les rivières russes aussi bien
que sur le Rhône, dit M. Janicki, c'est le manque de profondeur
qui entrave la navigation *dans la majorité des cas.* » C'est
possible, pour la majorité des cas, mais l'exemple du Rhône
n'est pas heureux : avec une profondeur de $0^m,80$ en eau
morte, on aurait une navigation plus sérieuse sur ce fleuve
qu'avec $1^m,20$ ou même $1^m,60$ et les vitesses que l'on sait.

Les barrages mobiles peuvent procurer, à la fois, la profondeur et la modération de la vitesse, à la condition que
leurs remous s'étendent à toute la longueur des biefs. Si l'on
veut avoir des biefs longs sur des rivières à pentes naturelles
fortes, il faut endiguer d'un bout à l'autre de manière à réduire le plus possible la pente du lit, et racheter les diminutions de distance en distance par des barrages éclusés; ce
résultat peut être atteint en adoptant des largeurs suffisantes
et en traçant les rives comme on l'a fait dans certaines parties
de la Garonne au-dessous de Castets.

Le système mixte préconisé par M. Janicki doit être repoussé, au moins en ce qui concerne le Rhône ; la vitesse du
fleuve continuerait à faire obstacle au développement de la
navigation, au passage des maigres supérieurs non noyés par
le remous du barrage.

Il serait inutile de développer ici de nouveau ce qui concerne
les barrages de soutènement, dont nous dirons encore un
mot dans les conclusions.

LES TRAVAUX DE M. FARGUE

---

§ III

PREMIER MÉMOIRE (1868.)

305. Le tracé et la profondeur. — Tous les ingénieurs qui se sont occupés de rivières navigables, à fond de sable ou de gravier, connaissent les difficultés que présente leur amélioration par des travaux de fixation et de resserrement du lit. Chacun sait, suivant les localités, à quels matériaux, à quelles natures d'ouvrages il convient d'avoir recours, soit pour défendre les berges actuelles, soit pour en reconstituer de nouvelles. Ce que l'on sait peu, ou pas du tout, c'est dans quelle mesure les travaux qu'on se propose d'exécuter agiront utilement sur le chenal navigable, et comment devraient être configurées en plan les rives du nouveau lit.

C'est ainsi que M. Fargue pose la question de l'amélioration des rivières à fond mobile, et l'on voit qu'il laisse de côté tout ce qui n'est pas le tracé des rives ; mais il veut qu'on les établisse sans lacunes, et ne se demande point si l'on peut négliger les parties convexes, ce qu'on fait quelquefois sous prétexte que, se garnissant naturellement de gravier, elles n'ont pas besoin d'être fixées.

M. Fargue se cantonne dans son problème, et ne fait même pas intervenir la question des crues. Nous avons fait connaître que les succès obtenus par les travaux de M. Baumgarten, en rassurant les populations pour ce qui concerne les divagations de la Garonne, les ont amenées à construire des. digues hautes dans le lit majeur, ou à consolider et exhausser les anciens ouvrages de défense contre le fleuve débordé.

La profondeur est pour M. Fargue une conséquence du tracé, et l'auteur ne se demande pas si celui-ci ne pourrait point agir en même temps sur le profil longitudinal des eaux. Il restreint le problème, heureusement pour l'art de l'ingénieur, car on verra ce qu'a produit la tension d'un esprit puissant, appliquée à un problème débarrassé de toutes les complications. Les conséquences imprévues surviendront, mais le problème général n'aura pas moins fait un grand pas.

306. Méthode d'investigation. — « J'ai recueilli un certain nombre de faits, et j'ai tâché d'y démêler des éléments constants, c'est-à-dire des lois. Appliquant le raisonnement à ces lois, j'en ai tiré diverses conséquences, et j'ai formulé la solution d'un cas particulier (le cas de la Garonne) du vaste problème.

« Observation des faits et déductions logiques, telle est en deux mots ma méthode. »

307. Faits généraux. — Entre la limite du département de la Gironde et Bordeaux, la Garonne offre un développement de 70 kilomètres. Le lit moyen[1] n'est pas partout fixé sur ce parcours. A l'amont, jusqu'en face du bourg de Gironde, les travaux de fixation sont de date récente. Entre Barsac et Langoiran, les berges sont à l'état naturel sur de grandes longueurs. Au-dessus de Langoiran, les marées sont prédominantes.

C'est seulement entre les bourgs de Gironde et de Barsac que le lit moyen est fixé depuis longtemps par une suite non interrompue de travaux. C'est dans cette partie de la Garonne que M. Fargue s'est livré à des observations pour arriver à des lois.

La largeur est généralement de 170 à 190 mètres. On admet que cela revient au même qu'une largeur uniforme de 180 mètres.

Le fond est partout composé de sable et de gravier. La

---

1. M. Fargue appelle *lit moyen* l'intervalle des rives, réservant l'expression de *lit mineur* pour l'espace occupé par les eaux en temps d'étiage.

grosseur moyenne des graviers est de 5 à 6 centimètres. La proportion de sable dont ils sont mélangés varie entre 33 et 50 pour cent.

Des jaugeages ont été faits aux abords de Langon et repérés à l'échelle du pont. Ils sont reliés par l'équation suivante, dont les coefficients ont été calculés par la méthode des moindres carrés :

$$Q = 86,518 + 120,184\, h + 41,698\, h^2.$$

Cette équation représente très exactement les résultats des jaugeages jusqu'à une hauteur de $7^m,50$ au-dessus de l'étiage. Pour les hauteurs supérieures, il n'a pas été fait de jaugeages directs, et ce n'est que par extension de la formule qu'on apprécie les débits des grands débordements. Cette extension donne des résultats dont la discussion porte à penser qu'il faudrait adopter la forme $Q = M\, h^{\frac{3}{2}}$.

Le module ou débit moyen correspond, d'après des observations faites de 1839 à 1864, à $2^m.62$ à l'échelle ou à un débit de 687 mètres à Langon.

La même période de vingt-six années conduit au tableau suivant des tenues :

Les hauteurs de la Garonne à Langon

(année moyenne) :

Eaux basses, au-dessous de 1^m à l'échelle : jours . .	66,5
Eaux moyennes, de 1 à 3 mètres	195,0
Eaux de pleins bords, de 3 à 5 mètres	81,0
Débordements ordinaires, de 5 à 8 mètres	20,8
Débordements extraordinaires.	1,7
	365

309. Courbes et biefs. — Dans la partie de la Garonne étudiée, les tracés des nouvelles rives ont été faits de sentiment, comme les faisait M. Baumgarten dans Lot-et-Garonne. M. Fargue commence par marquer *sur l'axe* les points qui limitent les diverses *courbes*, nom donné à l'intervalle compris entre les milieux des alignements droits qu'on rencontrait partout au passage des maigres, avant les travaux de notre auteur.

Les *courbes* sont séparées les unes des autres par des points notables : quand les courbures sont alternes, c'est-à-dire à concavités dirigées en sens opposé, ces points sont nommés *points d'inflexion*. Ce sont des *points de surflexion* quand leurs concavités sont tournées vers la même rive.

Les 22 kilomètres de rivière étudiés présentent 17 courbes, 14 points d'inflexion et 3 points de surflexion. La longueur moyenne d'une courbe est de 1.330 mètres ; la plus longue a 2.031 mètres, la plus courte 502 mètres.

En prenant les principaux maigres pour points de division, on partage les 22 kilomètres en 17 *biefs*. On voit que M. Fargue donne à l'espace compris entre deux barres sous-marines, résultant du tracé des rives, le nom qu'on attribue dans le langage ordinaire à l'intervalle de deux barrages artificiels.

309. Relations constatées. — 1. *Loi de l'écart* : La mouille et le maigre ne se trouvent pas exactement au droit du sommet de la courbe et du point d'inflexion ; ils sont reportés à quelque distance en aval. « La loi de l'écart est générale dans la nature », dit M. Fargue ; le maximum de la température se fait sentir après midi, parce que la déperdition est encore moindre à une heure que l'addition, bien que l'afflux soit déjà diminué.

2. *Loi de la mouille* : La courbure du sommet détermine la profondeur de la mouille ;

3. Dans l'intérêt de la profondeur, tant maxima que moyenne, la courbe ne doit être ni trop courte ni trop développée ;

4. *Loi de l'angle* : L'angle extérieur des tangentes extrêmes de la courbe, divisé par la longueur, détermine la profondeur moyenne du bief ;

5. *Loi de la continuité* : Le profil en long du thalweg ne présente de régularité qu'autant que la courbure varie d'une manière graduelle et successive. Tout changement brusque de courbure occasionne une diminution brusque de profondeur.

6. *Loi de la pente du fond* : Si la courbure varie d'une manière continue, l'inclinaison de la tangente à la courbe des courbures détermine la pente du fond du thalweg.

« L'expression numérique ou graphique que je donne à chacune de ces lois ne s'applique qu'au cas particulier que j'ai considéré. Mais il est extrêmement probable que ces mêmes lois existent d'une manière générale pour toutes les rivières à fond mobile. Seulement les coefficients numériques des formules sont probablement différents suivant la pente, la largeur, le débit et la nature du fond. »

310. Conséquences. — Les réciproques des lois de la mouille, de l'angle et de la pente du fond sont évidemment vraies. On aperçoit de suite que ces relations font connaître le profil du thalweg, quand on connaît le tracé du lit moyen ; ou, réciproquement, le tracé quand on connaît le profil du thalweg.

Les résultats obtenus par M. Fargue, dans la partie où il a réformé le tracé des rives, permettent de dire que ses lois ont reçu la dernière consécration nécessaire, réserve faite des changements dans la pente superficielle des eaux et des conséquences qui en peuvent découler.

Nous ne pensons pas qu'il y ait beaucoup d'exemples d'un succès, à la fois théorique et pratique, aussi remarquable que celui de M. Fargue. Cet ingénieur n'a eu que le tort de venir trop tard, après les chemins de fer et après le canal latéral à la Garonne. Autrement, l'administration lui eût certainement confié la plus grande partie de la rivière ; l'expérience eût amené à combiner les nouvelles découvertes avec l'idée de Deschamps, et la vallée de la Garonne serait aujourd'hui le siège d'une grande prospérité industrielle.

Une bonne ligne navigable à grande largeur, à grandes profondeurs et à petites vitesses, en communication immédiate avec un grand port, peut développer le commerce et la production bien autrement qu'un chemin de fer de plus ou de moins dans une région.

311. Permanence du thalweg. — Pour les différents états des eaux, le thalweg qui tend à se former n'est pas le même ; mais si la divagation reste dans de faibles limites, il y a permanence au point de vue des besoins de la navigation. Cela a lieu quand il existe une certaine relation de grandeur entre le débit moyen, les dimensions du lit et la longueur des courbes.

L'écartement des rives ne doit pas être constant. C'est une question qui sera traitée dans le paragraphe qui suit.

§ IV

SECOND MÉMOIRE (1882)

312. Largeur du lit. — Il est évident qu'il ne faut avoir ni un lit très étroit, qui provoquerait trop vite le débordement quand les débits viennent à augmenter, ni un lit très large, où les eaux d'étiage se déplaceraient sous l'influence des moindres causes. Mais reste la question de l'égalité ou de la variation des largeurs.

313. Observation. — Dans une partie de la section de rivière dont il a été question au paragraphe précédent, entre Barie et Caudrot, on trouve un point où le passage du thalweg, d'une rive à l'autre, a lieu par des largeurs notablement moindres que celles de la rivière aux sommets voisins. Or, ce passage présente une profondeur de quatre mètres sous l'étiage.

Telle est l'observation qui sert de point de départ aux études et aux travaux de M. Fargue, pour ce qui se rapporte à la variation des largeurs dans la longueur de chaque courbe.

314. Travaux. — Il ne restait autrefois que 0ᵐ,75 sur la passe de Mondiet, aux environs de la borne 20 ; cela tenait à ce que, vers 1850, on avait réglé la largeur à : 170 mètres au sommet de la courbe d'amont, 204 mètres au droit du seuil, 176 mètres au sommet de la courbe d'aval. M. Fargue ayant, en 1866, fait avancer la rive gauche de manière à réduire la largeur à 165 mètres près de l'inflexion, puis dragué en 1867 sur une direction en harmonie avec le nouveau tracé, la passe s'est approfondie à 2ᵐ,20. *Cette profondeur s'est toujours maintenue depuis sans nouveaux dragages.*

Au passage de Cadroit, où la profondeur n'était que de 1 mètre, la rectification des largeurs était également nécessaire : on a donné 220 mètres au sommet de la courbe d'amont, 160 mètres au maigre. La profondeur en ce dernier point est devenue de près de 3 mètres (2ᵐ,90 sous l'étiage) ; aux dernières nouvelles, on n'avait pas dragué depuis huit ans, et cette belle profondeur se maintenait toujours.

On est donc en droit de conclure que : les méthodes suivies dans la partie supérieure du département de la Gironde, procurent, aux passages d'une rive à l'autre, un thalweg *profond et stable.*

315. Perfectionnement. — Pour obtenir le maximum d'amélioration, que faut-il faire ?

Pour répondre à cette question, remarquons que le fait connu : *les grandes profondeurs s'établissent au contact des courbes concaves,* peut s'énoncer de cette autre manière :

Les profondeurs s'éloignent des rives convexes. M. Fargue a eu l'idée, probablement féconde, que pour accroître le plus possible la profondeur au maigre, et en même temps obtenir une bonne position et une bonne orientation du thalweg en cet endroit, il faut tracer les rives de manière qu'elles soient *convexes sur les deux bords* vers l'inflexion.

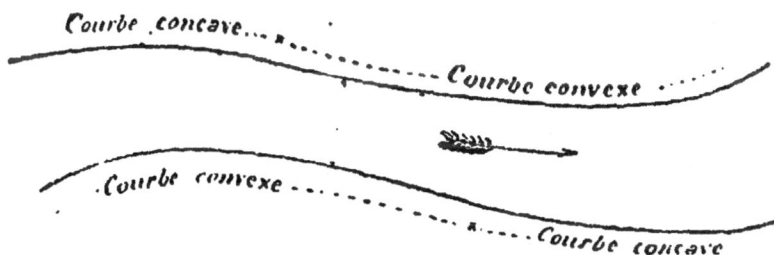

Tracé bi-convexe au passage du Maigre.

Cette heureuse conception appartenait de droit à l'ingénieur qui a si bien étudié le tracé des rives de fleuves, et auquel les combinaisons les plus délicates des courbures sont devenues si familières.

316. Les tracés. La bonne direction du thalweg. — La tendance à s'équarrir est ce qui caractérise le profil en travers au passage du maigre. Le manque ordinaire de profondeur en cet endroit tient à cela, et cela provient de ce qu'aucun point de la largeur n'est particulièrement bien placé, entre les éléments droits qu'on trouve sur les deux rives. N'obtenant de grandes profondeurs ni à droite ni à gauche, ne devant pas tendre à jeter le courant contre l'une des rives, puisque cela jetterait le désordre dans la marche du thalweg le long de la courbe suivante, on devait arriver un jour à comprendre que la solution parfaite[1] se trouve dans cette règle :

Amener l'établissement du thalweg, vers l'inflexion, au milieu de la largeur de la rivière, en provoquant un atterrissement le long de chacune des deux rives sous l'influence de courbures convexes..

Le rétrécissement conduit à une bonne profondeur moyenne : la convexité des deux rives assure le relèvement du lit vers les deux bords et par suite le creusement au milieu : la profondeur minima du thalweg se trouve donc doublement accrue, comparativement à ce que donnerait un autre tracé.

Il est nécessaire en outre que le thalweg traverse le maigre suivant une bonne direction, pour que les choses se passent bien en aval. Que faut-il pour cela ?

Premièrement : que *la courbe* (dans le sens donné à cette expression par M. Fargue, voir ci-dessus), que la courbe soit abordée par le milieu du lit et dans la direction de l'axe. On y arrive par le tracé qui vient d'être expliqué.

Secondement : que cette courbe soit de longueur convenable, pour que la fixation du chenal ait lieu régulièrement

contre la partie concave, un peu en aval du sommet. Il ne faut pas que la courbure maxima soit exagérée ; cela rendrait

1. Solution parfaite en ce qui concerne la courbe considérée ; solution partielle au point de vue de l'ensemble du problème à résoudre.

difficile, on le comprend aisément, l'abordage de la courbe
suivante dans les conditions que le tracé biconvexe tend à
produire. L'action de celui-ci est favorable à une bonne direction des courants; mais encore faut-il qu'elle n'ait pas à lutter
contre de trop fortes tendances contraires.

Quand le thalweg se présente bien à l'entrée dans une
courbe, le profil en travers affecte la forme ci-dessus, un peu
en aval du sommet.

317. Le plan et le profil longitudinal. — La pente a
diminué en aval de Castels et, par suite, a augmenté immédiatement en amont. C'est pour n'avoir pas compris la solida-
rité du plan et du profil qu'on a marché si lentement dans la
science des cours d'eau. Les rivières à bonne navigation ont
de faibles pentes. Il faut tendre à réduire celles du cours d'eau
qu'on entreprend de réformer; mais cela ne peut être fait sur
de grandes longueurs sans racheter de temps en temps les
différences, autrement dit sans établir des barrages soutenant
le lit aux anciennes hauteurs dans leurs emplacements respectifs, ou du moins l'empêchant de s'abaisser au-dessous de
certaines limites.

Le régime d'une rivière à fond mobile est la résultante d'un
grand nombre de faits, parmi lesquels le tracé des rives est
un des plus importants, notamment à cause de son influence
sur l'action des débits moyens. La modification de ce tracé
ne peut manquer d'agir, directement et indirectement, sur le
profil longitudinal des eaux d'étiage, concurremment avec les
largeurs.

Toutes choses égales d'ailleurs, une rivière à fond mobile a
d'autant moins de pente que ses largeurs sont plus grandes
jusqu'à une certaine limite de celles-ci; il importe peu qu'il
en résulte une petite diminution de profondeur dans la rivière
libre, quand on doit recourir à la canalisation et surmonter
les barrages d'appareils mobiles. Le point essentiel, c'est
d'avoir un lit à faible déclivité, pour que les biefs soient longs,
comme on le voit dans la Seine entre Paris et Rouen.

Les considérations qui précèdent conduisent pratiquement aux règles suivantes :

1° Tracer les rives du lit suivant la méthode de M. Fargue;

2° Adopter les plus grandes largeurs conciliables avec le maintien des phénomènes décrits par cet ingénieur;

3° Diviser la rivière en biefs au moyen de barrages de soutènement du lit, surmonter ces ouvrages d'appareils mobiles a passerelles supérieures et les accompagner d'écluses à sas.

QUATRIÈME PARTIE

———

CONCLUSIONS

———

SOMMAIRE :

Figure :

CONCLUSIONS

———

§ 1er

LÉGISLATION

318. Défense contre les fleuves et rivières. — Aux termes de l'article premier de la loi du 21 juin 1865, l'exécution et l'entretien des travaux « de défense contre la mer, les fleuves, les torrents et les rivières navigables ou non navigables » peuvent faire l'objet d'associations syndicales, entre les propriétaires intéressés.

Associations syndicales libres. En cas de consentement unanime, par écrit, l'association syndicale est qualifiée de *libre* par l'article 5 de la même loi. Elle peut ester en justice, acquérir, vendre, échanger, transiger, emprunter et hypothéquer comme les autres associations syndicales, à la condition de publier son acte constitutif dans le mois de sa date (articles 3, 6 et 7).

Les associations libres peuvent, à certaines conditions (article 8), se transformer en associations autorisées, pour jouir des avantages dont il sera parlé ci-après.

Associations syndicales autorisées. Les propriétaires intéressés peuvent être réunis en association autorisée par arrêté préfectoral, soit sur la demande d'un ou de plusieurs d'entre eux, soit sur l'initiative du préfet (art. 9). Les projets de travaux et le projet d'association sont soumis à une enquête (art. 10). Si la majorité des intéressés représentant les deux tiers des terrains (ou les deux tiers des intéressés représentant plus de la moitié de la superficie) donne son adhésion, « le préfet autorise, s'il y a lieu, l'association, » sauf recours au Ministre des travaux publics. Il est statué par décret sur ce recours (articles 12 et 13). Il est procédé aux expropriations conformément à l'article 16 de la loi du 21 mai 1836, après déclaration d'utilité publique par décret rendu en conseil d'État (art. 18). Les syndics seraient nommés par le préfet dans le cas où l'assemblée générale, après deux convocations, n'aurait pas procédé à l'élection des syndics (art. 22).

En cas d'interruption des travaux ou de défaut d'entretien pouvant avoir des conséquences nuisibles à l'intérêt public, le préfet a le droit, après mise en demeure, de faire procéder d'office à l'exécution des travaux nécessaires pour obvier à ces inconvénients (art. 25).

319. Loi de 1807. — A défaut de formation d'associations libres ou autorisées, la loi du 16 septembre 1807 reste applicable, notamment, aux travaux de défense contre les fleuves et rivières (art. 26 de la loi du 21 juin 1865).

320. Défenses de rives. — Il résulte de ce qui précède que l'administration est complètement armée pour faire procéder, par des syndicats de propriétaires, aux travaux de défense contre les rivières. Si l'on n'a pas donné à la préservation des rives de l'Allier l'impulsion que commandait l'intérêt public, il faut donc reconnaître que ce n'est pas faute d'avoir en mains les pouvoirs nécessaires. C'est tout simplement parce que l'administration hésite quand elle prévoit des résistances ; cependant elle agit quelquefois énergiquement : une grande entreprise de défense de côtes se poursuit en ce moment même par une association forcée, avec le concours de l'État. La loi de 1807 permet d'ailleurs d'opérer sans l'intermédiaire d'un syndicat, après décret fixant la répartition de la dépense.

321. Défense des villes contre les inondations. — *Loi du 28 mai 1858.* « Il sera procédé par l'État à l'exécution des travaux destinés à mettre les villes à l'abri des inondations. Les départements, les communes et les propriétaires concourront aux dépenses de ces travaux, dans la proportion de leur intérêt respectif » (article premier).

Les travaux seront autorisés par décrets rendus dans la forme des règlements d'administration publique. Ceux-ci détermineront la répartition des dépenses entre l'État, les départements, les communes et les propriétaires intéressés (article 2). La répartition entre les propriétaires de la part mise à leur charge sera faite conformément aux dispositions de la loi du 16 septembre 1807 (article 5).

322. Digues en dehors du lit ordinaire. — « Il ne pourra être établi, sans qu'une déclaration ait été préalablement faite à l'administration, qui aura le droit d'interdire ou de modifier le travail, aucune digue sur les parties submersibles des vallées de la Seine, de la Loire, du Rhône, de la Garonne et de leurs affluents ci-après désignés :

« Seine : Yonne, Aube, Marne et Oise ;

« Loire : Allier, Cher et Maine ;

« Rhône : Ain, Saône, Isère et Durance ;

« Garonne : Gers et Baïse.

« Dans les vallées protégées [1] par les digues, sont considérées comme submersibles les surfaces qui seraient atteintes par les eaux, si les levées venaient à être rompues ou supprimées (art. 6 de la loi du 28 mai 1858).

« Toute digue établie dans les vallées désignées à l'article précédent, et qui sera reconnue faire obstacle à l'écoulement des eaux *ou restreindre d'une manière nuisible le champ des inondations*, pourra être déplacée, modifiée ou supprimée par ordre de l'administration, sauf le payement, s'il y a lieu, d'une indemnité de dommage qui sera réglée conformément aux dispositions du titre XI de la loi du 16 septembre 1807 » (art. 7).

323. Digues dans les vallées non désignées par la loi de 1858. — Pourvu qu'il n'empiète pas sur le lit du cours d'eau, tout propriétaire peut établir sur son terrain, sans autorisation, des digues ou autres ouvrages dans les vallées non désignées par l'article 6 de la loi de 1858.

Les associations syndicales libres jouissent, dans les limites de leur objet, de tous les droits appartenant à leurs membres individuellement. Comme elles se forment en dehors de toute intervention administrative (article 5 de la loi de 1865), l'autorité publique ne peut faire obstacle aux travaux contre lesquels aucune loi n'édicte de disposition restrictive.

1. Protégées !

324. Terrains conquis. — En exécutant les travaux d'endiguement qui ont produit de si beaux résultats dans la Seine maritime, l'État a provoqué la formation de grandes surfaces de prairies, conquises sur l'ancien lit du fleuve. Ce n'étaient pas des alluvions proprement dites, appartenant aux riverains en vertu de l'article 556 du Code civil. Mais, dit Aucoc, la jurisprudence de la Cour de cassation ne distinguait pas à cette époque, comme elle le fait aujourd'hui [1], entre les alluvions artificielles et les alluvions naturelles. Au lieu de réserver à l'État le droit de vendre un jour aux enchères les terrains conquis, on s'est borné à exiger des riverains une indemnité de plus-value (décrets des 15 janvier 1853 et 15 juillet 1854).

L'État ne retire pas la plus grosse part des valeurs créées par ses travaux ; c'est un fait abusif, dont il importe de prévenir le retour : il est mauvais à plus d'un point de vue de laisser s'accroître dans de telles conditions des fortunes particulières, bien qu'il n'y ait aucun reproche à faire aux individus qui en profitent ; l'intervention législative est nécessaire pour tracer avec précision la marche que devront à l'avenir suivre les pouvoirs publics. C'est une matière à régler promptement.

§ II

NAVIGATION. — LES FAITS OBSERVÉS SUR LES RIVIÈRES ET LES CONSÉQUENCES QUI EN RÉSULTENT

325. Le lit des rivières s'exhausse-t-il ? — Dans certains cas, oui : cela est évident. Nous avons vu que les travaux exécutés dans la Garonne ont amené des dépôts considérables dans les 20 derniers kilomètres en amont de Bordeaux, et peut-être même plus bas : des exhaussements du lit en sont résultés ; mais, non continus, ils n'ont pas amené de changement appréciable dans le niveau de l'étiage. Des exhausse-

[1]. C. de cass., 7 avril 1868.

ments locaux, occupant une grande partie de la largeur de la rivière, se produisent continuellement dans la Loire aux points où arrivent les grèves en marche; mais la grève passe et l'ancien niveau se retrouve momentanément pour disparaître encore. Dans le Rhône, le déplacement des graviers donne lieu à des faits analogues. Quant à la Seine, c'est une rivière tranquille : ne recevant presque pas de gravier ou de sable de l'amont, ne démolissant guère ses rives, et celles-ci fournissant principalement des matières délayables, son lit ne s'exhausse certainement pas.

Lorsqu'on rencontre sur un cours d'eau des parties creusées dans le rocher, le tuf, l'argile compacte, et qu'aucun banc de gravier ne recouvre le fond, on peut affirmer que celui-ci ne s'exhausse pas. Cette circonstance se présente sur presque toutes les rivières[1]. Nous avons vu qu'il y a de nombreux affleurements de terrains inaffouillables dans le lit de la Garonne (département de Lot-et-Garonne). Il y en a aussi dans la Loire, où, de plus, les vieux ouvrages d'art présentent à fleur d'eau les parties de fondation qui ont dû être établies au niveau de l'étiage d'après les anciens procédés de construction[2]. Des observations sur un très ancien ouvrage ont démontré que l'étiage du Rhône, à Arles, n'a pas varié depuis un grand nombre de siècles. L'étiage du Rhin s'est abaissé (voir ci-après).

On peut dire, en définitive, qu'en général le lit des rivières ne s'exhausse pas; d'importants abaissements de l'étiage ont été la conséquence des travaux exécutés sur le Rhin, sur la Garonne et dans une section du Rhône.

326. Le lit du Rhin. — Quelques ingénieurs croient à l'amoncellement successif de graviers amenés par les eaux des régions supérieures; ils admettent sans hésiter, comme un fait général, l'exhaussement du lit des rivières. MM. Legrom et Chaperon contestent la réalité de ce phénomène (page 346). S'occupant de la partie du Rhin comprise entre la Suisse et la

1. Legrom et Chaperon, *Annales* de 1838, page 313.

2. Dans la traversée de Nantes, le lit de la Loire *a été exhaussé* par l'établissement de pêcheries dans lesquelles entraient des pieux et des pierres; des enrochements volumineux autour des piles des ponts ont contribué au même résultat. Ces ponts ont été renversés plusieurs fois, et reconstruits sur les mêmes emplacements.

Bavière rhénane, ils présentent les observations suivantes :

Les bancs de gravier que l'on voit se former journellement dans le lit du fleuve, sur toute cette étendue, ne peuvent provenir de matériaux charriés depuis la Suisse; le Rhin et son principal affluent, l'Aar, traversent de grands lacs très profonds qui ne peuvent être franchis que par les matières les plus ténues, telles que l'argile et le sable fin. Au-dessus de Bâle les eaux coulent dans un lit de rocher de forme invariable, où l'on ne remarque aucune grève; ce n'est qu'au-dessous de cette ville, lorsque les berges cessent d'être formées d'un poudingue résistant, que les îles et les bancs de gravier commencent à se montrer. Les cailloux ne peuvent pas non plus être amenés par les rivières qui descendent des Vosges et de la Forêt-Noire, puisqu'on voit des bancs de gravier tout aussi bien au-dessus qu'au-dessous de ces affluents. *C'est exclusivement dans la corrosion des berges qu'il faut chercher l'origine des bancs de gravier qui encombrent le lit du Rhin*, le long de l'Alsace : les cailloux dont ils se composent sont en effet de même nature que ceux de la vallée, et l'apparition d'une grève correspond toujours à la destruction d'une rive supérieure voisine.

Les travaux exécutés depuis la rédaction du mémoire de MM. Legrom et Chaperon ont singulièrement amélioré la situation.

327. Régime naturel d'une rivière torrentielle. — Quand on abandonne le Rhin à lui-même, il se divise en bras parsemés d'îles et de bancs de gravier, qui occupent souvent une largeur de plusieurs kilomètres. L'introduction du thalweg dans les bras secondaires amène des perturbations de tout genre, qui ont produit à diverses époques les résultats les plus désastreux. La rive gauche, généralement submersible sur une grande étendue, a été depuis les temps historiques détruite et reformée plusieurs fois.

Quand la masse des eaux augmente, le thalweg tend à se rapprocher de la ligne droite. Il n'est pas rare de voir se creuser, dans la grève située en face d'une mouille, un chenal qui donne naissance à un bras secondaire. Une partie des eaux du fleuve, et quelquefois même le courant principal, s'établit dans cette coupure naturelle; le banc de gravier se trouve remplacé par une île, que les alluvions successives ne tardent pas à élever à la hauteur des rives voisines [1].

328. Première condition de la réforme de ce régime. — Il résulte de ce qu'on vient de dire qu'il faut endiguer les rivières torrentielles. L'opération doit s'appliquer aux deux rives: la rive concave a besoin d'être défendue même contre les courants ordinaires; la rive convexe doit être fixée pour régler l'écoulement des débits moyens, et tirer de ceux-ci tout le parti possible pour le rétablissement de l'ordre troublé par les crues débordées.

Il y a des rivières où la défense et la régularisation des rives serait une opération fructueuse au point de vue de la production agricole, en même temps qu'à celui du régime général du fleuve. Les terrains à conquérir devant payer et au delà les dépenses, on n'est arrêté que par les discussions à craindre avec les riverains, bien que l'administration soit suffisamment armée, comme on l'a vu dans le paragraphe précédent.

Depuis longtemps on a exécuté sur le Rhin de grands travaux de régularisation. Aujourd'hui ce fleuve, qui coule dans un lit mineur de deux cents mètres à Bâle, s'élargit graduellement et a deux cent cinquante mètres à Lauterbourg. Au lieu de s'élever, comme certaines personnes l'avaient craint, l'étiage s'est abaissé en moyenne de 0ᵐ,52, *ce qui a facilité l'assèchement des terrains marécageux.* La vallée s'est assainie et une notable amélioration s'est produite dans la situation des populations [2].

329. La profondeur et la vitesse. — L'une des idées les plus malheureuses qu'on puisse avoir, c'est de dépenser de nombreux millions dans une rivière pour approfondir les mauvais passages, sans s'assurer auparavant que ce sera suffisant pour réduire à peu de chose les frais de transport.

Ainsi, par exemple, on signalait, avant d'entreprendre dans le Rhône les grands travaux qui touchent aujourd'hui à leur terme, des parties où ce fleuve présentait les conditions mêmes qu'on prétendait réaliser partout de Lyon à Arles.

1. Legrom et Chaperon, pages 350 et 351.
2. Mary, *Cours de navigation*, page 3 de l'Appendice.

Pourquoi n'a-t-on pas demandé à la chambre de commerce de Lyon, principal représentant des intéressés directs, de prouver l'utilité d'amener au même état toute cette section du fleuve, en faisant des essais de touage et autres sur les points réputés satisfaisants? Cette marche était d'autant plus admissible que le Trésor aurait pu donner son concours, pour les primes à accorder aux inventeurs. Tant qu'on ne serait pas parvenu à opérer la remonte et la descente dans les conditions d'économie et de sécurité voulues, l'abstention eût été commandée par l'intérêt du pays.

Il n'y a pas à justifier ce que nous disons ici, car c'est l'évidence même. Nous ne pourrions prendre au sérieux la réponse qui consisterait à dire que l'esprit d'invention n'est suffisamment excité que si le prix de ses efforts est immédiatement réalisable. Indépendamment des primes, les inventeurs, ou les auteurs de perfectionnements, auraient pu compter sur les bénéfices à provenir ultérieurement des constructions pour le commerce.

On connaît assez les avantages que présentent les chemins de fer, à prix de transport égal. Par conséquent la navigation ne peut, à côté d'eux, prendre une grande part de trafic si elle n'abaisse pas considérablement les prix. Autrement, il faudrait de deux choses l'une : ou que les voies ferrées fussent impuissantes à satisfaire aux demandes, ou que des situations spéciales missent certains articles plus à la portée des bateaux. Cette dernière circonstance se présenterait, par exemple, dans le cas d'exploitation de grandes carrières dans des terrains surplombant le fleuve, dans celui où d'importantes usines, installées sur ses bords, pourraient recevoir par la voie d'eau des minerais arrivant par mer.

C'est principalement sur les établissements nouveaux, sur le développement général de l'industrie dans la vallée, qu'on pourrait compter pour amener à la navigation de grandes augmentations de trafic; mais il faudrait pour cela des perfectionnements considérables.

La vérité est, pour en revenir au Rhône, qu'en général les transports s'y font à meilleur marché que sur la voie ferrée, et que cependant la navigation ne se développe pas. En cas de diminution modérée de ses prix de revient, elle augmenterait son matériel, mais pourrait bien ne point abaisser ses prix ; tout le bénéfice du commerce se bornerait alors à la jouissance des tarifs actuels pour deux ou trois cent mille tonnes de plus. Si la navigation cessait d'être dangereuse et devenait tout à fait économique, la situation changerait de face, parce qu'une grande concurrence s'établirait entre compagnies batelières.

Malheureusement, avec les grandes vitesses du Rhône, la traction ne peut être économique, malgré les illusions récentes d'un savant connu, qui croit avoir accompli sur ce fleuve des essais de touage décisifs. Par conséquent on a fait fausse route, au grand préjudice du Trésor. Tous les pouvoirs publics ont leur part de responsabilité dans cette malheureuse affaire, car il ne s'agissait point ici de questions techniques à la portée des seuls initiés. Personne n'a dit qu'on n'aurait plus à lutter contre de grandes vitesses et tout le monde pouvait réclamer des expériences préalables dans les meilleures parties du fleuve; si les départements directement intéressés avaient eu à verser quatre ou cinq millions chacun, les vœux des conseils électifs auraient été plus sérieusement rédigés.

Qui ne sait avec quel entrain ces assemblées votent le vœux qui ne coûtent rien, ou ne coûtent que peu de chose?

330. Les barrages. La longueur des biefs. — La Loire est un fleuve à fond de sable et de gravier; cependant on y a établi deux barrages, ceux de Decize et de Roanne, surmontés d'appareils mobiles en eaux basses, et ces ouvrages ont réussi. Le débit solide du Rhône est probablement moindre que celui de la Loire, et l'on sait construire aujourd'hui des barrages mobiles mieux appropriés aux diverses circonstances qu'au temps de l'inventeur, le célèbre ingénieur Poirée.

L'abstention d'un essai de barrage mobile sur le Rhône ne s'explique donc pas facilement. M. Pasqueau avait bien compris que la diminution de pente produite par les endiguements conduisait à la division en biefs. Mais son projet de barrage du fleuve n'a pas eu de suite. On a bien construit un barrage mobile à Lyon (la Mulatière), mais sur la Saône. Nous avons dit ailleurs en quoi les idées de l'auteur devraient être amendées, pour l'ensemble de la combinaison relative au Rhône.

25

Bornons-nous à rappeler ici :

1° Que la plus grande réduction possible des déclivités est en elle-même favorable et que, pour opérer les transports avec économie, il ne faut pas chercher une compensation des réductions obtenues en créant des pentes forcées dans les mouilles;

2° Qu'on ne peut assurer l'établissement du nouveau régime, sur de grandes longueurs, qu'à la condition de racheter par des échelons, tous les 10 kilomètres par exemple, les réductions de la pente.

L'endiguement[1] pouvant ramener à 0m,25 les pentes de 0m,45 par kilomètre qu'on trouve sur une certaine longueur du fleuve, la *marche* aurait 2 mètres de saillie sur le lit d'aval, ou pour mieux dire sur la ligne passant par les sommets du thalweg dans le bief inférieur. Au-dessus de cette marche, ou en autres termes de ce barrage de soutènement du lit supérieur, on disposerait des hausses mobiles de 1m,50, noyant la marche d'amont jusqu'à sa crête, indépendamment du supplément que donnerait la pente longitudinale, très réduite, mais notable encore, de la surface liquide.

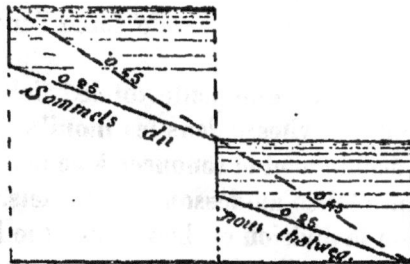

Les vitesses, sensiblement nulles immédiatement au-dessus de chaque écluse, seraient très modérées en remontant jusqu'au pied de celle d'amont, parce que chaque barrage serait placé à la suite d'un maigre ou autrement dit avec une mouille à son pied. Cette disposition conduirait en même temps à avoir une profondeur minima supérieure à 2 mètres.

1. Il ne semble pas que la largeur adoptée pour l'endiguement ait eu pour conséquence de hâter le débordement du Rhône. En pareil cas, il faudrait établir le sommet des marches plus bas.

C'est à dessein que, dans ce résumé, nous avons pris le Rhône pour exemple. On comprend combien le problème de la Loire doit être facile à résoudre[1], eu égard à la pente relativement modérée de ce fleuve, quand on voit (en se fondant sur les faits acquis dans les 6 premiers kilomètres au-dessous de l'embouchure de la Saône) à quels résultats peut conduire, dans un fleuve beaucoup plus torrentiel, un sous-sectionnement rationnel[2]. La réduction de la pente sur la Loire ramènerait la déclivité à des valeurs telles qu'on pourrait donner aux biefs une longueur beaucoup plus grande qu'à ceux du Rhône.

331. Correction du tracé et pente superficielle. — Quand on corrige une *courbe* (cette expression étant entendue comme dans les mémoires de M. Fargue; voir ci-dessus), les conditions de l'écoulement sont modifiées, et il est par suite évident que les travaux peuvent conduire à des changements dans la pente superficielle.

Il ne faut pas compter que la pente totale, de l'origine à la fin de la courbe, puisse en général se maintenir telle quelle, puisque cette pente est un effet dont on modifie les causes. Le cas ordinaire, c'est une diminution, à moins qu'en emploie le procédé des épis-noyés, inauguré sur le Rhône en ce qui concerne la France, pour conserver de force l'ancienne pente totale.

Mais pourquoi rétablir cette pente totale? Cela ne peut se faire sans augmenter la vitesse dans les mouilles, sans porter le trouble dans l'écoulement et renoncer à ce maniement précis des eaux qu'on réalise au-dessous de Castets. Reconnaissons au moins que la division en biefs constitue la meilleure solution théorique, et qu'il n'y faut renoncer qu'en cas de disproportion entre les avantages et les dépenses. Celles-ci ne peuvent manquer d'être considérables, car il faut endiguer solidement, faire des travaux supplémentaires de défense de rives au voisinage aval des barrages, et le plus souvent surmonter ceux-ci d'appareils mobiles.

1. Facile en ce qui concerne les bases du projet à rédiger, au moins pour la partie comprise entre Tours et Nantes. Mais un bon projet d'exécution est toujours difficile à bien faire, et la discussion économique souvent épineuse.

2. Rappelons que nous avons appelé *section* la distance entre deux grands affluents. Quand on divise cette distance, on fait du *sous-sectionnement*.

L'établissement de la nouvelle pente sera d'autant plus rapide que le bief sera plus court ; d'un autre côté, il ne faut pas trop multiplier les écluses. Il y a donc une question de mesure à résoudre dans chaque cas.

332. Preuve matérielle de l'augmentation de la capacité de transport. — « D'après certains calculs, cette partie de la Garonne (les 20 derniers kilomètres avant Bordeaux) recevrait, en moyenne, par an, 300.000 mètres cubes de matériaux de plus qu'elle n'en écoule par l'aval. » (Fargue, *Annales* de 1882, page 305). Les réserves s'appliquent à la valeur numérique de l'encombrement annuel, mais non au fait d'un arrivage de matières dépassant le volume qui sort par l'aval de ces 20 kilomètres. Ce fait s'explique, très naturellement, par l'augmentation de la capacité de transport des matières solides, dans les parties du fleuve où les travaux des ingénieurs ont réformé son cours.

Le fleuve a déblayé son lit en amont des 20 kilomètres, l'étiage s'est abaissé, et au-dessus de Castets la pente s'est accrue.

Interrogeons à ce sujet le mémoire de 1882.

333. Modifications constatées de la pente superficielle. — Les résultats obtenus, en ce qui concerne l'approfondissement, « ont été accompagnés d'un phénomène qui, sans avoir été absolument imprévu, a atteint des proportions auxquelles les ingénieurs étaient loin de s'attendre... Nous voulons parler de l'abaissement de l'étiage. »

Entre la limite de Lot-et-Garonne et Portets (à 20 kilomètres au-dessus de Bordeaux) « l'étiage s'est abaissé, en moins de quarante ans, de 1ᵐ,30 en moyenne. A Barie et à Caudrot, les eaux d'extrême étiage ont été, en 1870, à 1ᵐ,85 en contre-bas du niveau auquel elles coulaient en 1832.

« En aval de Castets, cet abaissement a été utile à la navigation, puisqu'il a permis à l'action de la marée de s'étendre beaucoup plus loin qu'auparavant ; les grandes marées sont sensibles aujourd'hui à 5 kilomètres, et les petites marées à plus de 10 kilomètres en amont des localités où elles s'arrêtaient autrefois. Mais *au-dessus de Castets la pente des eaux basses a été notablement augmentée* ; la navigation de la Garonne n'a pas eu à en souffrir[1], mais il ne faudroit pas que ce raidissement de la pente dépassât une certaine limite. » (Pages 304 et 305.)

334. Nos prévisions de 1871 justifiées. — La justification des vues énoncées dans notre mémoire de 1871 est complète.

Les travaux exécutés sur la Garonne en amont de Portets ayant diminué les pertes de force vive par les frottements du liquide sur lui-même, la puissance de transport des sables et graviers s'est accrue : l'aval a reçu un supplément de matières.

L'effet de cette augmentation du débit solide a été une diminution de la pente superficielle en aval de Castets[2], compensée par une augmentation en amont.

335. Conséquences : 1° Garonne et Loire. — Il est possible que l'effet de l'endiguement se continue encore, et qu'il y ait une certaine aggravation de l'encombrement des 20 derniers kilomètres de la Garonne au-dessus de Bordeaux ; on peut en prévenir une partie en établissant un barrage vers Castets. La continuation des diminutions de pente superficielle, au-dessous de ce point, ne sera plus entravée par les débits solides supplémentaires d'amont ; le phénomène arrivera à son terme et le progrès de l'encombrement vers Bordeaux prendra fin.

En parlant de l'exhaussement du fond en aval de Portets, M. Fargue dit que ce fait se produit « jusqu'à Bordeaux *au moins* » ; il n'est donc pas impossible que la Garonne maritime, elle-même, soit intéressée dans la question.

La navigation fluviale de Bordeaux à Castets ne représente malheureusement qu'un faible intérêt public, la Compagnie du Midi détenant le canal, et pour la navigation maritime on n'émet pas encore de craintes positives. Malgré les arrivages supplémentaires de matières solides vers Bordeaux, il est donc possible qu'on hésite à construire dans la Garonne le barrage dont nous signalons l'utilité ; mais il faudra alors abaisser

1. Parce qu'on rencontre des pentes plus fortes encore lorsqu'on remonte vers Agen.
2. « Avec le temps, la diminution de la pente résultera de l'endiguement. » *Annales* de 1871, 1er semestre, page 304.

le radier de l'écluse d'embouchure de Castets, où les bateaux ne trouvent plus assez d'eau.

En présence de la démonstration pratique donnée par M. Fargue de la diminution des pentes par suite de l'endiguement, on serait assuré par ce procédé, accompagné de la division en biefs par des barrages éclusés, d'arriver sur les rivières à pentes modérées, par exemple sur la Loire entre Tours et Nantes, à d'admirables résultats : une navigation à grand tirant d'eau, dans des biefs où la vitesse serait faible en temps ordinaire. On aurait malheureusement à subir, au moment des crues un peu fortes, une situation défavorable ; les appareils mobiles des barrages seraient abaissés (vieux style ; il faut dire relevés), et les vitesses devenant grandes la remonte cesserait de se faire économiquement.

336. 2° Seine et Rhône. — Sans avoir à craindre ni les très grandes vitesses, ni les grands transports de sable dans la Seine, on a dû en venir au système de l'échelonnement du lit, depuis que le mouillage a été fixé à 3^m,20 de Paris à Rouen. Auparavant on n'échelonnait que les eaux, en établissant des barrages fixes au niveau du lit, et en les surmontant d'appareils mobiles. Les barrages actuels sépareront des biefs où l'on recépera, respectivement, les hauts-fonds du thalweg jusqu'à deux plans horizontaux, espacés verticalement d'une quantité égale à la chute d'un plan d'eau à l'autre. Il y aura chute dans le lit, d'un côté à l'autre du barrage fixe qui sera comme une *marche*, un échelon dans le fond de la rivière. C'est exactement le système que nous préconisons pour nos autres fleuves, avec cette différence que les lignes de fond sont des plans horizontaux, à cause du régime tranquille de la Seine, tandis qu'il faudrait admettre des pentes de 0,06 à 0,25 pour les thalwegs des autres fleuves. Ces pentes réduites ne pourraient être maintenues qu'en ayant recours à des endiguements mineurs complets et parfaitement étudiés, tandis qu'on n'a besoin de rien de pareil pour la Seine. L'étendue des biefs serait moindre que dans celle-ci, puisque les appareils mobiles ne pourraient noyer l'amont que sur des longueurs en rapport inverse avec les pentes du lit.

En examinant un profil en long de la Seine on voit que, dans le bief amont de Villez, on n'a guère à déblayer, tandis qu'en aval il faudra draguer des hauts-fonds sur environ un mètre, pour abaisser le thalweg à la cote adoptée de $7^m,90$ au-dessus du niveau moyen de la mer. De l'amont à l'aval de ce barrage, la distance verticale entre les plans de recépage, ou l'échelon, sera de $2^m,33$.

A la suite du barrage de Villez vient celui de Notre-Dame de la Garenne. Dans son bief amont, nous venons de voir que le plan de dérasement du thalweg est à la cote $7^m,90$; pour l'aval, il est à $5^m.25$ jusqu'au pont d'Andé et à $4^m,25$ ensuite [1]. De l'amont à l'aval du barrage de Notre-Dame, il y a donc un échelon de fond de $7^m,90 - 5^m,25 = 2^m,65$; pour le barrage suivant (de Poses,) l'échelon égale $4^m,25 - 1^m,07$, ou $3^m,18$.

De l'amont à l'aval du barrage de Martot, le fond passe de la cote $1^m,07$ à la cote $- 1^m,76$, soit un échelon de $2^m,83$.

La Seine n'étant pas une rivière torrentielle, tout cela s'entretiendra à moins de frais que les biefs des autres fleuves, supposés canalisés; mais il ne faut pas s'exagérer l'importance des volumes de sable ou de gravier que débitent les rivières. *Ces volumes seront très diminués*, et les dragages ne prendront pas de grands développements, si l'on tarit la source des graviers et des sables en fixant les berges qui se démolissent. C'est la réponse aux craintes que l'on peut concevoir.

On pense toujours aux désordres qui se produisent pendant les crues dans un lit mal réglé; mais les résultats obtenus par M. Fargue dans la Garonne, au-dessous de Castets, démontrent que de bons tracés changent complètement la situation. Des tracés de ce genre, régnant sans interruption, amèneront une grande diminution des dragages à faire dans le Rhône, après l'établissement du nouveau régime. La transition d'un état à l'autre sera rendue possible par l'établissement de barrages de soutènement du lit. En l'absence de toute division artificielle, on n'aboutira pas.

La diminution de la pente d'un fleuve à lit mobile sur de grandes longueurs amènerait, à défaut de sous-sectionnement, des démolitions de berges qui prolongeraient indéfiniment

1. Cet échelon de fond (de 1 mètre) est un fait unique entre Paris et Rouen, en dehors de l'emplacement des barrages.

l'évolution. Dans le haut de la rivière, ces berges seraient affouillées trop profondément pour pouvoir être défendues ; l'opération serait manquée par suite des désordres sans cesse renaissants qui en résulteraient. Faute d'opérer d'après un programme complet, on condamnerait l'endiguement, qui fait cependant partie des opérations nécessaires.

337. Observation finale sur la navigation dans les fleuves. — Il est fort possible que le moment actuel ne soit pas opportun pour les grandes entreprises de navigation en rivière ; mais, s'il y a un temps d'arrêt, il faut en profiter pour se livrer à de sérieuses études.

Le point essentiel, c'est de ne pas perdre de vue cette vérité évidente, si méconnue pourtant: Dans le siècle des chemins de fer, une grande navigation fluviale n'est possible qu'à une double condition : « *grandes profondeurs, et surtout petites vitesses.* »

Un projet de transformation de fleuve ne s'élabore pas en un jour ; le moment est propice pour reprendre les études sur de nouvelles bases, après avoir procédé à des expériences sur des canaux à fond mobile.

Ayant eu une occasion de résumer mes idées sur les rivières à fond mobile devant un homme dont l'opinion compte en matière d'hydraulique pratique, et ayant pris la Garonne pour exemple, la réponse suivante m'a été faite :

« Je suis d'accord avec vous ; un barrage éclusé serait nécessaire en Garonne, à la limite de l'action de la marée. Il faudrait placer ce barrage un peu en aval de l'écluse d'embouchure du canal latéral, à Castets. Le seuil de cette écluse, où il n'y a plus que 1m,25 de profondeur à l'étiage, au lieu des 2 mètres qu'on avait autrefois, serait noyé. »

Le barrage fait, les apports supplémentaires d'amont cesseraient ; la section Castets-Bordeaux arriverait à son nivellement définitif et toute crainte de complication dans la Garonne maritime disparaîtrait.

Puisque j'ai repris la plume, pour écrire ce post-scriptum au résumé des faits intéressant la navigation sur nos fleuves.

je demande la permission d'en profiter pour une dernière remarque ; on a cité des rivières ayant repris leur longueur ancienne, après avoir été rectifiées ; la pente par mètre ayant été augmentée, la vitesse était devenue plus grande et avait corrodé les rives ; les méandres s'étaient reformés jusqu'à l'établissement de l'ancien équilibre entre l'attaque et la défense[1]. Cette manière de présenter les choses est fort incomplète, surtout s'il ne s'agit pas d'une rivière à débit quasi-constant, c'est-à-dire d'une rivière comme il n'y en a pas, au moins parmi celles dont nous nous occupons. Voyez si la Loire, au-dessus du Bec-d'Allier, où l'on n'a pas fait de rectifications, a pris cette *pente d'équilibre* dont on parle vraiment beaucoup trop ? M. Comoy nous a fait connaître combien il faudrait de temps au fleuve pour occuper successivement toute la largeur de la plaine, si ses rives n'étaient pas enfin défendues. Cela ne veut pas dire que la diminution de la longueur d'une rivière soit un élément dont il n'y ait point à tenir compte ; mais on voit qu'une rivière abandonnée à elle-même, si elle cherche son équilibre, n'arrive pas à le trouver dans les plaines à terrains sablonneux. Il ne peut s'établir une sorte d'équilibre que si les *berges sont défendues ;* c'est le point essentiel et il ne faudrait jamais le perdre de vue.

En raccourcissant une rivière on augmente sa pente moyenne, mais il faut remarquer que cette moyenne augmentée peut comporter des pentes en route diminuées, si l'on ménage des chutes de distance en distance. Dans ce cas, ces chutes étant rendues stables au moyen de solides défenses locales, la rectification accompagnée de régularisation donne à la fois la diminution de la longueur et celle de la pente.

La défense des berges atténue le caractère torrentiel d'une

---

1. Quand on défend les rives, l'augmentation de la vitesse a pour conséquence l'attaque du fond, et il peut se produire de grands changements au point de vue des inondations et du régime général des eaux dans la contrée : « Je rappellerai, dit M. Gauckler (*Annales*, 1868, page 532), l'effet remarquable produit par le raccourcissement du thalweg du Rhin, qui s'est traduit par la formation d'un lit mineur bien déterminé, qui diminue la hauteur des crues et les évacue plus rapidement. (Obtenir en même temps une évacuation plus rapide et un abaissement des crues suppose un changement de régime très considérable. On a déjà vu (Garonne) que régularisation vaut section.) L'assainissement de la contrée a été complet ; les risques d'inondation ont à peu près disparu, et 16,000 hectares d'excellentes terres ont été rendues à l'agriculture.

rivière, quand les matières qui encombrent son lit proviennent en partie de la démolition de ses rives; en ajoutant la division en biefs, on rend possible l'établissement du nouveau régime dans un temps d'autant plus court que les biefs sont moins longs.

On remarque quelquefois le long des routes des fossés, autrefois ravinés, dont l'entretien a été rendu facile par l'établissement de petits barrages suivis d'enrochements minuscules. De l'un à l'autre, on a réglé le fond suivant une pente moindre; l'eau des orages s'écoule en une couche plus épaisse animée de moindres vitesses. De même, il faut arriver à diminuer la *pente en route* sur les rivières torrentielles.

§ III

INONDATIONS.

338. Digues insubmersibles. — Chaque digue provoque l'exhaussement des crues, quand elle tient. Lorsqu'elle ne tient pas, sa rupture donne lieu à des désastres.

Les digues de la Loire sont le type des digues nuisibles. Plusieurs couvrent de petits *vals* sans largeur, dont l'exploitation pouvait se faire aisément sans cela. Il n'y avait donc pas lieu de les soustraire aux submersions, qui font plus de bien que de mal et augmentent la valeur des terrains.

D'autres digues couvrent de grands vals; on ne sait trop si, tout compte fait, ceux-ci y ont gagné ou perdu; mais il est certain que les intérêts généraux de la vallée en ont souffert.

La situation étant ce qu'elle est, que faut-il faire?

339. Reboisement. — Nous avons vu que le reboisement n'a pas d'importance dans la question, en ce qui concerne la vallée de la Loire. Pour la Garonne et pour le Rhône, il n'est nullement prouvé qu'il puisse conduire à changer beaucoup la situation; nous savons même que le bassin de l'Ardèche, l'un des affluents les plus redoutables du Rhône, n'est pas boisable. Quant à la vallée de la Seine, elle a eu le bonheur d'échapper aux digues insubmersibles; mais elle est cependant éprouvée par de grandes inondations, auxquelles le reboisement ne pourrait malheureusement pas grand'chose.

340. Déversoirs. — On en établit sur quelques digues insubmersibles de la Loire, assez timidement, car on n'en est encore qu'au troisième ou quatrième. Pour cela on abaisse la digue sur quelques centaines de mètres, vers l'amont, et on la défend de telle manière qu'elle puisse supporter sans rupture le déversement des eaux. Une sorte de digue doublante, perreyée seulement sur le talus regardant le fleuve, est adossée à la digue au droit du déversoir; on la nomme *banquette*. Le sommet de celle-ci est à 1 mètre ou 1ᵐ25 au-dessous de la grande crue de 1856, qui a rompu toutes les digues sans exception, et à 1 mètre au-dessus du déversoir. Quand la banquette sera surmontée, elle cédera sous l'action des eaux déversantes, et l'ouvrage adossé fonctionnera. Le val se remplira par l'amont et se videra par l'aval, soit que de ce dernier côté il soit déjà ouvert en grand, soit qu'on y pratique un reversoir. Le gain, au point de vue des localités d'aval, consistera dans le retard du maximum de la portion de débit déversée, au point de réunion. Le débit maximum à la seconde se trouvera diminué, immédiatement au-dessous de ce point.

De grands efforts ont été et seront faits pour consolider les digues. Si ces efforts sont couronnés de succès, la situation de l'aval sera sérieusement aggravée, car on n'établit pas les déversoirs dans les conditions nécessaires pour équivaloir aux ruptures de 1856. Le val le plus important, celui de l'Authion, ne sera pas pourvu d'ouvrages de ce genre, et les intéressés voudraient même qu'on exhaussât la digue qui le couvre. Une écluse munie de portes de flot ferme l'aval en temps de crue, en sorte que les eaux du fleuve ne peuvent refluer dans la petite rivière d'Authion et sur les terrains avoisinants; ce ne serait d'ailleurs qu'un remède insuffisant, le val étant très long et sa pente totale très grande.

Pour bien comprendre la question des déversoirs, reportons-nous à la seconde figure de M. Kleitz (Annexe I). La courbe locale des débits dans le lit du fleuve, au droit du déversoir, sera modifiée, abaissée, vers son sommet; le débit maximum ainsi réduit se retrouvera vis-à-vis le reversoir, où il pourra subir un léger exhaussement ; en arrivant au premier affluent d'aval, la courbe locale des débits sera encore déprimée ; mais si l'affluent est en grande avance, le maximum au delà de l'embouchure ne se ressentira plus de l'influence du déversoir. Ce débit maximum est en effet, dans ce cas, la somme d'une ordonnée antérieure au maximum qui s'est produit au-dessus de l'affluent et d'une ordonnée postérieure au maximum de celui-ci ; le second élément est indépendant du déversoir, et l'on voit qu'il pourrait en être de même du premier.

L'action des plaines inondables libres s'exerce dans de bonnes conditions pour diminuer, en aval, le débit maximum d'une crue, parce qu'elle agit pour le moins sur toute la moitié supérieure de la courbe de croissance ; il peut n'en être plus de même quand les plaines latérales ne sont utilisées que par l'intermédiaire de déversoirs.

Mais cette remarque s'applique également à l'effet des brèches sur l'aval, quand elles se produisent peu de temps avant le maximum, ce qui est le cas ordinaire. Toute mesure qui n'ouvre pas les digues au niveau des chantiers, ou à une hauteur modérée au-dessus, est donc menacée de stérilité.

Les déversoirs auraient un effet plus réel sur l'aval si l'on n'avait pas ajouté la banquette au programme primitif ; malheureusement ils auraient causé des dommages aux vals, dans des cas où cela ne serait pas indispensable, le système existant admis.

341. Réservoirs. — M. Gros a publié, en 1881, un mémoire où il est dit « qu'il faut renoncer *d'une manière absolue* à l'idée d'atténuer le danger des inondations par des retenues artificielles. »

L'auteur termine en disant que « tout bien considéré, on ne peut par ce moyen ni prévenir des désastres semblables à ceux qui ont été causés jusqu'à ce jour par les grandes inondations, ni les atténuer dans une mesure réellement utile. »

M. Kleitz, qui a traité cette question de main de maître (Annexe I), montre que, pour défendre la vallée du Rhône par des réservoirs, on arriverait à des dépenses hors de proportion avec les résultats utiles correspondants. Mais rien ne prouve qu'en appliquant sa théorie générale à la Loire, par exemple, on n'arriverait pas à une autre conclusion.

Il est bon d'insister sur les difficultés de la question, car le
danger des ruptures de digues est très grave; mais l'étude est à
entreprendre pour chaque cas, et il y a bien peu de rivières où
la complication et l'importance des affluents soient comparables
à ce qu'ils sont dans le bassin du Rhône. Le service de la Loire
inclinerait à penser, si nous sommes bien informés, qu'on ne
peut résoudre la question des crues de ce fleuve sans réservoirs :
les déversoirs ne seraient considérés que comme des palliatifs.
Le maximum de l'Allier arrivant généralement au Bec en
avance de quelques heures, on conçoit que des réservoirs dans
la partie supérieure du bassin de la Loire puissent avoir d'utiles
conséquences; mais les expropriations à faire, les accidents à
craindre, les grandes dépenses, l'incertitude des résultats?...
C'est une question d'espèce et nous manquons des éléments
nécessaires pour la trancher. Il était utile cependant d'expliquer que le pessimisme de M. Gros n'a pas sa raison d'être, en
ce qu'il a d'absolu. La conclusion de M. Kleitz, pour ce qui
concerne le Rhône, est justifiée par des raisons économiques,
par l'insuffisance des renseignements sur les combinaisons de
crues dans le fleuve et les affluents, mais non par l'insignifiance
des améliorations possibles dans un cas comme celui de 1856.
Qu'il y ait moins de dépense proportionnelle à faire dans un
autre bassin, que l'étude des crues antérieures démontre qu'en
aucun cas les réservoirs projetés ne pourraient faire de mal, et
la conclusion ne sera plus la même.

M. Kleitz a démontré que l'exécution des travaux étudiés
par son service aurait conduit, en 1856, à des résultats dont
nous citerons deux exemples :

1° La crue se serait élevée à $7^m,41$ au Pont-Saint-Esprit, au
lieu de $6^m,77$, s'il n'y avait pas eu de ruptures de digues. *Les
réservoirs étudiés l'auraient ramenée à $6^m,38$;*

2° A Beaucaire : $7^m,95$ effectifs; $8^m,77$ calculés pour le cas
de non-rupture des digues; $7^m,25$ *avec les réservoirs* (page 39
du mémoire autographié)[1].

1. En général les digues du Rhône, au-dessus de Beaucaire, sont submersibles; mais les plaines latérales ne se remplissent d'abord que par
l'aval, où les eaux s'étendent derrière la digue au niveau qu'atteint le
fleuve à l'extrémité de celle-ci. Quand les eaux arrivent à déverser, elles
rompent souvent les levées, ce qui hâte l'emmagasinement dans le champ
d'inondation.

342. Défense des berges. — Le lit de la Loire est em·
combré de sables jusqu'à la mer, notamment parce que les
berges de l'Allier ne sont que partiellement défendues. Nous
n'insistons pas ici sur cette question, plusieurs fois traitée;
mais il fallait mentionner l'importance de la défense des rives
au point de vue du dégagement du lit du fleuve, et par suite
de l'abaissement du niveau de ses crues. En combinant cette
défense avec une régularisation bien étudiée du lit mineur de
l'Allier, il serait possible d'obtenir une amélioration immédiate du régime des crues de la Loire, parce que le maximum
du débit de la rivière devancerait davantage celui du fleuve au
Bec. Ce serait un premier résultat, en attendant celui que
donnerait l'épuisement des sables. Il est vrai que si l'on
rectifiait aussi les berges de la Loire supérieure, en amont du
Bec, une accélération analogue pourrait se produire; mais ce
travail est moins urgent que l'autre.

343. Défense des villes. — Des travaux ont été faits
pour défendre les villes de nos grandes vallées contre les
inondations, conformément aux dispositions de la loi de 1858.
Mais il n'y a encore de solution ni pour Toulouse sur la Garonne, ni pour Nantes sur la Loire.

Toulouse. Un projet a cependant été présenté pour Toulouse. Il comprend une digue insubmersible sur la rive gauche
du fleuve, l'élargissement partiel de la rivière, un canal de
dérivation et la reconstruction du pont principal.

Malheureusement la propagation du maximum de débit
aurait lieu à peu près dans le même temps par la rivière et par
le canal, de l'origine à la fin de celui-ci; il en résulterait
qu'au-dessous du confluent l'on aurait la même hauteur
maxima qu'auparavant.

La disposition des lieux a d'ailleurs amené à mal tracer le
canal à son entrée, ce qui pourra provoquer en ce point un
exhaussement de la crue (Dupuit, *Mouvement des eaux.*)

Le profil longitudinal ne pourrait donc guère différer, le
long de la ville, du profil ancien. Tout au moins faudrait-il
rectifier la Garonne dans toute la longueur de la traverse, où
l'on remarque un passage étranglé non touché par le projet,
et faire disparaître certain barrage du Bazacle (ou le transformer en barrage mobile). A défaut de ces mesures, il n'y a

pas besoin d'être un grand prophète pour annoncer que l'exécution des travaux ne produirait rien.

Nantes. M. Comoy a calculé l'exhaussement des grandes crues de la Loire, en cas de non rupture des digues; cet exhaussement serait énorme. On espère l'amoindrir au moyen des déversoirs, mais nous avons vu que ces ouvrages ne pourront avoir une grande influence. D'un autre côté, ni le Val de l'Authion, ni tous ceux qui sont compris entre la Maine et Nantes n'auront de déversoirs; l'augmentation du débit maximum provenant de la consolidation des digues insubmersibles ne sera donc pas sérieusement atténuée. En 1872, on a vu une crue, moins haute que celle de 1856 à Ancenis, monter davantage à Nantes. Les quais principaux ont été sérieusement envahis, et l'on peut craindre de grands désastres dans l'avenir, les circonstances météorologiques de 1856 venant à se renouveler[1].

Que faire? Rectifier la Loire à la traversée de la ville, en remplaçant les bras de la rive droite (qui seraient transformés en un bassin à flot) par un large bras concordant mieux avec les directions d'amont et d'aval, et dont le lit ne présenterait plus l'encombrement dû aux obstacles accumulés par les siècles dans les bras actuels.

On aurait une section d'écoulement plus grande, surtout si l'on construisait un barrage au-dessus de la ville, barrage au pied duquel le thalweg serait approfondi sans cesser de se trouver dans de bonnes conditions de raccordement avec l'aval. Nous avons expliqué qu'on pourrait résoudre en même temps la question de la navigation et celle de l'écoulement des crues.

Le grand bras de décharge de la rive gauche, dit de Pirmil, serait conservé tel quel. Cependant il pourrait y avoir quelque chose à faire ultérieurement de ce côté, car ce bras consti-

1. Il y a des quais étroits que l'on ne pourrait exhausser qu'en entier, ce qui entraînerait dans d'énormes dépenses, à cause des dommages aux propriétés riveraines. Les procédés ordinaires de défense des villes ne sont donc pas applicables à la basse ville de Nantes, assise le long de ses six bras de rivière. Il semble que tout se réunisse pour rendre la situation plus menaçante : le débit maximum augmenté (digues insubmersibles consolidées et même exhaussées en amont), l'écoulement gêné en aval par la surélévation des chemins (Trentemoult), l'exhaussement du lit dans la traverse, des ponts à piles et à tympans énormes, l'envasement des bras secondaires, etc.

tue en temps de crue une dérivation du courant principal, et
l'on va voir que les dérivations ont été condamnées par l'expérience en Italie.

344. Les dérivations en Italie. Opinion de Baccarini.
— Dans la seconde partie de l'introduction à son ouvrage sur
les crues du Tibre, l'ingénieur Baccarini, ancien ministre des
travaux publics du royaume d'Italie, s'exprime de la manière
suivante :

« Quant à l'emploi des dérivations pour abaisser les crues,
toute l'école italienne le regarde comme un moyen trompeur.
Paléocapa a fermé le Castagnaro, dérivation de l'Adige; le
même et Fossombroni ont fermé le Basinello, dérivation du
Sile.

« Si les dérivations rentrent dans le fleuve, c'est encore pis :
la pente de l'eau dans les deux branches est réglée par la surface de la crue dans la section de réunion, qui demeure constante. Les dérivations ne sont que des varices du lit. Le Cava-
mento n'a pas abaissé les crues dans le Panaro. »

Ce qu'on a dit au chapitre IV peut sembler contradictoire
avec ces faits, au premier abord; car si l'on détruisait le
barrage du bras droit la rivière serait rétablie dans la situation
antérieure, meilleure d'après Dupuit. Mais la figure montre
qu'il s'agit de deux bras se raccordant bien à l'amont et à
l'aval, et, d'après les expériences de Roanne, l'influence des
tracés est extrême dans ces cas de division d'un courant.

La vérité ne sera connue tout entière, sur cette question
des dérivations, qu'après des expériences méthodiques sur
des canaux artificiels de dimensions suffisantes, dans lesquels
on fera varier les tracés, les débits, etc.

345. Les crues à Paris. — Le doute est permis sur ce que
produirait le canal de dérivation étudié par M. Mary. Cependant il faut remarquer qu'il y a ici une circonstance spéciale :
l'accumulation d'un grand nombre de ponts en aval.

Le trouble apporté dans l'écoulement par la dérivation, vers
l'embouchure de la Marne, ne permet pas de compter sur un
abaissement immédiatement au-dessous; mais les chutes aux
ponts devenant moindres, par suite de la diminution du débit
de la Seine, et le niveau d'aval (au confluent) n'étant pas
supposé modifié, il pourrait y avoir un utile changement dans

la répartition de la pente totale. Cela se traduirait par une forte déclivité et des mouvements tumultueux vers l'entrée de la ville, et par de moindres hauteurs dans l'enceinte de Paris. Ici encore, on est amené à désirer les expériences demandées à l'article précédent; il serait facile d'en régler une série en vue du problème de Paris. Peut-être découvrirait-on que les bifurcations aux îles se présentent mal et qu'il faut diriger des efforts de ce côté.

Les égouts collecteurs sont en mesure d'écouler les eaux pluviales et autres, pendant les plus grandes crues contenues entre les quais; c'est déjà un important résultat. Mais ces quais pourraient être dépassés de beaucoup et, dans ce cas, le désastre matériel serait immense. Il y a donc lieu de reprendre la question, tout en reconnaissant qu'il ne serait pas impossible de se préserver par des défenses improvisées, dans le cas où une crue ne surmonterait que modérément le niveau des parapets[1].

346. Conclusions générales sur les inondations — Indépendamment de ce qui intéresse en même temps la navigation, les conclusions générales peuvent se résumer de la manière suivante :

1° *Pour les campagnes* : A. Rétablir autant que possible les emmagasinements naturels en ouvrant les hautes digues longitudinales, qui ne serviraient plus qu'à diriger les courants. En attendant, refuser toute subvention pour les réparations[2];

B. Modifier au besoin les digues basses elles-mêmes. Elles augmentent d'autant plus le débit maximum des crues ordinaires, comme le font les autres dans des cas plus graves, qu'elles rapprochent les moments des maxima lorsque la crue

1. Voir la note lue par M. Belgrand à l'Académie des sciences le 8 mai 1870, sur le moyen de prévenir la submersion des caves pendant les crues : « On préservera Paris des inondations souterraines — les quais étant supposés à hauteur suffisante — au moyen d'un drainage établi plus bas que les caves submergées et sans communication avec la rivière et les égouts, et en maintenant la nappe à son niveau ordinaire avec des pompes à force centrifuge et des turbines mises en mouvement par les eaux de la ville. »

2. Est-il besoin de faire remarquer que l'administration sort entièrement de son rôle quand elle subventionne des travaux qui, utiles peut-être pour certains particuliers, sont certainement dommageables pour d'autres ?

de l'affluent suit celle du cours d'eau principal[1], ce qui est le cas le plus fréquent ;

C. Rechercher, dans chaque cas, s'il n'y a pas lieu d'imiter ce qu'on fait dans les vallées où des digues submersibles sont munies de vannes et rattachées de distance en distance aux coteaux[2] ;

D. Quand la question n'est pas encore engagée : fermer les dépressions des rives et barrer de distance en distance les vallonnements correspondants, — ou construire dans la plaine des digues discontinues régulièrement tracées, ou des levées transversales dans les endroits où se développent des courants offensifs pendant les débordements[3].

E. Subordonner toutes les mesures au gros bon sens économique ; c'est-à-dire ne pas faire de dépenses énormes pour éviter des dommages annuels peu importants, ou des dommages considérables ne se produisant que rarement.

2° *Pour les villes* : A. Se rapprocher autant qu'on le peut des conditions de la rivière libre : laisser une grande largeur à la rivière et se raccorder convenablement avec le lit majeur en amont et en aval ; ne construire que des ponts à piles minces, avec des arches à naissances élevées, ou mieux des ponts-poutres ;

B. Former une enceinte de digues très épaisses et très élevées, quand les circonstances locales le permettent ;

C. Recevoir les eaux superficielles dans des égouts collecteurs allant déboucher au loin vers l'aval, afin de pouvoir assécher la ville en temps de crue, tant qu'elle n'est pas envahie en grand par les eaux de la rivière ;

D. Si le lit est encombré par des barrages, par d'anciens enrochements, etc., rétablir un bon nivellement sous-marin

---

1. Si l'endiguement n'était pas nuisible pour les vallées secondaires comme pour les autres, on pourrait souvent le recommander le long des affluents, dans l'intérêt de la vallée principale.

2. Les vannes sont ouvertes lorsque la saison comporte plus de bénéfice par le limonage que de perte par la submersion des récoltes, ou lorsque les nouvelles d'amont ne laissent aucun doute sur l'inondation du val. Ce système n'est pas applicable dans les vallées à très grandes pentes.

3. Ces digues longitudinales discontinues, ou ces levées transversales, peuvent être nuisibles au point de vue du niveau des crues, à cause de leur action sur les courants secondaires ; mais elles ont au moins l'avantage de ne pas réduire l'emmagasinement.

dans la traverse de la ville ; refaire les ponts défectueux;

E. Ne recourir à la dérivation d'une partie des eaux que si l'on peut la faire dans des conditions excellentes, l'effet des dérivations ayant souvent trompé l'attente des populations. Ne pas perdre de vue qu'il n'y a de grande utilité probable que si le débit maximum est très diminué au point de réunion, ce qui suppose, ou une crue très courte et une grande différence de la longueur des deux voies, ou un grand emmagasinement le long de la dérivation. S'il se trouve en aval un affluent, ne compter sur une amélioration à la suite de celui-ci que si la dérivation fonctionne longtemps avant le débit maximum;

F. Exiger que les habitants des quartiers bas mettent leurs maisons en état de résister à la submersion. L'administration, centrale ou locale, ne peut accepter la responsabilité morale d'effondrements tels que ceux de Saint-Cyprien (Toulouse) en 1875, où l'on a vu des centaines de maisons s'écrouler à la suite de submersions non accompagnées de forts courants;

G. Ne pas exécuter de travaux d'un effet douteux, parce qu'ils seraient nuisibles en donnant une fausse sécurité. Se borner, en attendant un projet réunissant tous les suffrages, à perfectionner le système des observations et des avertissements s'il laisse à désirer;

H. Examiner s'il ne serait pas possible d'abaisser le niveau des crues en aval de la ville. Les travaux étant faits, et l'expérience ayant montré l'exactitude des prévisions, mettre la traverse de la ville en état d'en profiter sérieusement en y abaissant le lit au moyen de dragages, etc.;

I. Ne pas perdre de vue l'impossibilité de rien faire de sérieux quand, à petite distance, il existe en aval un point où l'on ne peut agir sur la hauteur des crues, à moins que la traverse ne présente de véritables cataractes au passage de barrages très saillants, de ponts absolument insuffisants. Il faudrait alors détruire les barrages ou les transformer en barrages mobiles, et refaire les ponts.

§ IV

STATISTIQUE GÉNÉRALE

347. Les rivières et les canaux. — Les longueurs des cours d'eau navigables ou flottables et des canaux, dans nos quatre grands bassins, sont données par le tableau suivant :

	RIVIÈRES	CANAUX	TOTAUX
Bassin de la Seine (kilomètres). ...	2.220	1.396	3.616
Bassin de la Loire	2.709	1.264	3.973
Bassin de la Garonne.......	3.017	334	3.361
Bassin du Rhône.................	2.588	849	3.437

Il y a en outre 9,427 kilomètres de rivières navigables et 915 kilomètres de canaux dans les petits bassins de la mer du Nord.

Cela forme un bel ensemble apparent; mais combien de rivières ne sont navigables que de nom! Ni la Loire ni le Rhône ne le sont d'une manière bien sérieuse, et l'on ne fait pas le nécessaire pour les y amener.

Les difficultés à vaincre seraient-elles très grandes pour la Loire, si l'on voulait d'abord n'entreprendre de la réformer qu'en aval du Cher? Il faudrait défendre les berges du fleuve et de son principal affluent au-dessus du Bec-d'Allier, ce qui conduirait à la quasi suppression des arrivages de sable; contenir le lit mineur, de Tours à la partie maritime, entre des rives tracées suivant la méthode de M. Fargue; établir tous les quinze kilomètres en moyenne des barrages de soutènement du lit, surmontés d'appareils mobiles et accompagnés d'écluses à sas. Nous ignorons malheureusement quelle serait la dépense correspondante; des études détaillées faites par de bons ingénieurs, sans trop de hâte, pourraient seules le dire.

Quel serait le profit pour le pays? D'autres études, plus

difficiles, permettraient de le prévoir si nos enquêtes étaient plus sérieuses. Mais ces enquêtes ne sont pas organisées de manière à beaucoup éclairer les questions; nous le savons bien... et cependant nous continuons comme si nous ne le savions pas.

ANNEXES

SOMMAIRE :

Figures :

ANNEXES

A. — La pluie à Rouen depuis trente-huit ans.

(Du 1er janvier 1845 au 31 décembre 1882.)

ANNÉES	HAUTEUR D'EAU TOMBÉE		NOMBRE de jours DE PLUIE	ANNÉES	HAUTEUR D'EAU TOMBÉE		NOMBRE de jours DE PLUIE
1845	979m/m	22		Report....	16.534m/m	08	2.517
1846	905	47		1866	815	00	189
1847	860	29		1867	815	53	177
1848	883	73	Total des jours 824	1868	691	98	171
1849	786	93		1869	751	25	169
1850	633	31		1870	630	22	129
1851	844	39		1871	699	05	184
1852	990	03	134	1872	847	75	197
1853	898	52	137	1873	608	80	156
1854	831	07	150	1874	883	50	149
1855	719	07	102	1875	762	95	143
1856	872	17	101	1876	692	00	154
1857	583	20	107	1877	779	00	175
1858	630	60	103	1878	808	25	179
1859	790	70	109	1879	713	40	193
1860	1.023	90	151	1880	830	93	167
1861	623	1?	109	1881	833	00	147
1862	765	96	134	1882	1.516	00	180
1863	564	80	100				
1864	605	50	133	Totaux ..	29.841	03	5.330
1865	724	13	150	Moyennes	785	29	142
A Reporter	16.534	08	2.517				

Rouen n'est qu'à quelques mètres au-dessus du niveau moyen de la mer. A Tôtes, localité située sur la crête du pays de Caux, à 104 mètres, la hauteur de pluie atteint 1 mètre, année moyenne.

B. — Pluies exceptionnelles.

1° Dans le département de la Seine-Inférieure, de 1872 à 1882

DATES	STATIONS	HAUTEUR d'eau tombée EN MILLIMÈTRES	DURÉE
21 juillet 1872	Rouen	38ᵐ/ₘ.50	105 minutes
4 juin 1873	Fécamp	23 00	60 —
5 juin 1873	Elbeuf	72 50	120 —
22 avril 1874	Arques	32 40	60 —
9 mai 1874	Elbeuf	5 25	10 —
9 juillet 1874	Neufchâtel	11 00	20 —
9 juillet 1874	Goderville	38 25	90 —
23 septembre 1874	Saint-Valery	16 00	30 —
9 juin 1875	Cany	26 00	30 —
9 juin 1875	Saint-Valery	15 25	20 —
17 juin 1875	Neufchâtel	11 75	15 —
24 juin 1876	Bosc-le-Hard	16 10	20 —
28 septembre 1876	Eu	11 75	15 —
1ᵉʳ mai 1878	Caudebec-en-Caux	15 25	30 —
21 juillet 1878	Forges	27 75	45 —
23 juillet 1878	Longueville	45 25	60 —

2° Dans le département de l'Hérault.

Dans son *Hydraulique agricole*, M. Duponchel cite les faits suivants :

Des averses de 200 à 300 millimètres sont fréquentes à Montpellier. Celle du 11 octobre 1863 a atteint 0ᵐ,245 ; celle du 15 décembre 1864, 0ᵐ,100 en quelques heures.

Une inondation anormale de l'Hérault a été produite, le 29 octobre 1860, par une pluie torrentielle qui a duré plusieurs heures, et n'a pas dû fournir moins de 0ᵐ,100 par heure pendant un temps assez long.

Le 1ᵉʳ octobre 1865, des observations soigneusement faites par M. Mestre, à Villeneuvette (Hérault), ont accusé une tranche d'eau pluviale de 0ᵐ,578 en 26 heures, dont 0,185 en deux heures. La crue produite sur les cours d'eau avoisinants a été moindre que celle du 29 octobre 1860, ce qui confirme l'idée qu'on s'est faite de la pluie tombée à cette dernière époque.

Ces averses exceptionnelles sont locales et n'ont jamais une grande durée. Le champ de l'averse du 29 octobre 1860, qui a été d'environ 30,000 hectares, paraît être un maximum rarement atteint dans l'Hérault, bien qu'il soit dépassé dans le département de l'Ardèche, plus particulièrement exposé à de pareils cataclysmes.

C. — La vitesse des eaux dans les torrents pendant les crues.

(Extrait de l'ouvrage de M. Surell.)

Cherchons à nous faire une idée de la vitesse des torrents, lorsqu'ils sont gonflés par une crue.

On sait que dans les grandes vitesses, la résistance à l'écoulement est simplement proportionnelle au carré de la vitesse, et la formule qui exprime cette vitesse est alors celle-ci :

$$u = 51 \sqrt{\frac{ps}{c}}.$$

(D'Aubuisson, *Hydraulique*, page 113.)

Dans cette formule, p exprime la pente par mètre, s la section du fluide, et c le périmètre mouillé. Elle convient mieux qu'aucune autre à l'écoulement des torrents. Appliquons-lui les données les plus ordinaires.

Supposons que les eaux coulent à plein bord sur une pente de 0m,06 par mètre, et dans un canal ayant 8 mètres de largeur sur 2 mètres de hauteur. Je dois dire que cette dernière hypothèse se justifie par un bon nombre d'observations qu'on peut faire dans les parties où les torrents sont naturellement encaissés. Elle se justifie aussi par l'existence d'un grand nombre de ponts, dont le débouché présente toujours des dimensions au moins égales à celles-ci, et sous lesquels on a pu observer la hauteur des eaux dans les crues. Ainsi ces trois données peuvent être considérées comme exprimant les circonstances les plus ordinaires des crues, et comme étant toujours surpassées dans les grands débordements.

On a, d'après cela :

$$p = 0^m,06$$
$$s = 16^m,00$$
$$c = 12^m,00$$

D'où l'on tire :

$$u = 14^m,28.$$

La vitesse des eaux serait donc d'un peu plus de 14 mètres par seconde.

Or une pareille vitesse est excessive. Celle des fleuves les plus rapides ne dépasse pas 4 mètres ; encore ces exemples sont-ils cités comme se rapportant à des cas extraordinaires. La vitesse des vents impétueux est de 45 mètres ; ce qui est tout près de celle que nous venons de trouver.

On cite, comme un cas de prodigieuse vitesse, l'exemple rapporté par Bouguer, d'un torrent, parti du Cotopaxi, et gonflé par la fusion brusque des neiges qui couvraient des bouches volcaniques. Ce torrent emporta, six heures après l'explosion du volcan, un village situé à trente lieues du cratère, en ligne droite. En admettant la lieue de 5,000 mètres, cela ne ferait qu'une vitesse de 6^m,94 par seconde ; et, pour arriver à la vitesse de 14 mètres, il faut supposer que les contours du terrain ont à peu près doublé le parcours. Or c'est là justement ce qu'ajoute Bouguer, et son observation donnerait alors un résultat conforme à celui que le calcul nous donne ici, pour la vitesse possible de certains torrents.

Si l'on calcule la masse de liquide qui s'écoule dans l'intervalle d'une seconde, sous l'influence d'une vitesse de 14^m,28, par la section que nous avons assignée aux torrents, on trouve un cube de 228^m,48. — Pour se faire une idée de cet énorme débit, il faut savoir que la Garonne ne débite, en temps ordinaire, que 150 mètres cubes d'eau, que la Seine n'en débite que 130, etc... Ainsi, un torrent de moins de cinq lieues de longueur, lorsqu'il est enflé par les orages, dégorge plus d'eau qu'il n'en passe ordinairement sous les ponts de ces grands fleuves !... Il n'est pas surprenant, dès lors, que la durée des crues soit si courte dans les torrents.

D. — Rapport du volume de la pluie au volume recueilli dans des réservoirs ou écoulé par les rivières.

OBSERVATIONS DE M. LAMARLE.

Dans le mémoire de M. Lamarle sur l'alimentation du canal de la Sambre à l'Oise, publié dans les *Annales des Ponts et Chaussées* de 1842, on trouve (page 165) que les volumes d'eau recueillis pendant la saison froide se sont élevés jusqu'aux 65 centièmes des volumes de la pluie. Ce rapport est tombé à 0,015 et 0,007 en juin, s'est relevé à 0,29 en juillet, par suite d'un orage ayant donné 0,036 d'eau en douze heures. Il s'agit d'un pays de petits vallons, où ne jaillit aucune source pérenne d'une grande importance.

OBSERVATION DE M. MOCQUERY.

L'une des conclusions de l'étude de M. Mocquery sur la partie supérieure du bassin de la Saône (*Annales*, 1870) peut se formuler de la manière suivante :

La végétation et l'évaporation absorbent les 62 centièmes de la pluie ; la rivière débite 38 centièmes. Ces quantités sont des moyennes calculées d'après plusieurs années d'observations; la part de l'eau débitée augmente en même temps que le volume tombé, elle a été inférieure à 0,25 en 1858 et supérieure à 0,60 en 1867.

OBSERVATIONS DE M. REICH.

On lit dans le mémoire de MM. Belgrand et Lemoine de 1870: « Le principe fondamental de M. Dausse, que les pluies d'été ne profitent point aux cours d'eau [1], *est applicable aux nappes souterraines.* Dans les terrains perméables, l'évaporation est tellement active pendant les mois chauds qu'une très petite partie de la pluie arrive alors à ces magasins d'humidité. La différence que présentent, sous ce rapport, la saison chaude et la saison froide est encore plus considérable que celle qui exprime la proportion d'eau de pluie reçue dans des terrains imperméables, par les grands réservoirs artificiels. Toutefois pour que l'on puisse comparer entre eux les différents mois, nous donnons ci-dessous les nombres recueillis à Freyberg (Saxe), d'après une moyenne de vingt-neuf années d'observation (1830-1858) par le savant M. Reich, inspecteur général des mines de Saxe. »

Rapport, pour les différents mois de l'année, des quantités d'eau recueillies dans les deux réservoirs de Freyberg à la quantité de pluie tombée.

Superficie du bassin versant . . . . . .   7,800 hectares environ.
Hauteur de pluie annuelle . . . .   794 millimètres.

Novembre	0,34	Mai	0,30
Décembre	0,52	Juin	0,25
Janvier	0,55	Juillet	0,17
Février	0,75	Août	0,24
Mars	0,86	Septembre	0,22
Avril	0,91	Octobre	0,31
Moyenne du 1er novembre au 30 avril 0,62		Moyenne du 1er mai au 31 octobre 0,25	
Moyenne générale de l'année 0,38			

OBSERVATIONS DE M. GRAËFF.

Dans le département de la Loire, sur le Furens, l'Auzon et le Sornin, M. Graëff a trouvé les rapports suivants entre les débits des cours d'eau et de la pluie :

Hiver   1,245
Printemps   0,681
Été   0,272
Automne   0,636
Moyenne annuelle : 0,641.

1. C'est ce que nous avons appelé *la seconde loi de Dausse.* La première concerne les rapports de la pluie avec l'altitude.

Ces derniers résultats diffèrent beaucoup des précédents, parce que le terrain est granitique. Dans la région calcaire de l'étang de Gondrexange, le même auteur a trouvé : 0,862, 0,458, 0,323, 0,401 ; moyenne annuelle 0,493. Cela prouve de nouveau qu'il ne faut qu'avec beaucoup de réserve conclure d'une région à une autre, tant qu'on n'est pas bien fixé sur les conditions comparatives géologiques, topographiques, agronomiques, etc. Cependant, en se reportant aux constatations des auteurs, on peut toujours éviter, quand on est obligé de faire des hypothèses, les grosses erreurs auxquelles on ne pouvait guère échapper autrefois.

E. — Les torrents éteints.
(Extraits de l'ouvrage de M. Surell.)

De même que certaines rivières sont arrivées d'elles-mêmes à un état d'équilibre stable, certains torrents se sont *éteints* sans que l'homme ait eu à s'en mêler. « On est souvent frappé, dit M. Surell, dans son *Étude sur les torrents des Hautes-Alpes*, par l'aspect d'un monticule aplati, placé à la sortie d'une gorge, et dont la surface est dressée en éventail, suivant des pentes très régulières : c'est le cône de déjection d'un ancien torrent.

« Quelquefois, il faut une longue et minutieuse attention pour discerner la forme primitive, masquée comme elle est par des massifs d'arbres, par des cultures et souvent même par des habitations. Mais lorsqu'on l'examine avec soin et sous plusieurs aspects, la figure si caractéristique des lits de déjection finit par apparaître très nettement, et il devient impossible de s'y méprendre. Le long du monticule découle un petit ruisseau, qui sort de la gorge et traverse tranquillement les champs : c'est lui qui formait l'ancien torrent. Dans le fond de la montagne, on découvre l'ancien bassin de réception, reconnaissable aussi par sa forme.

« Ces torrents *éteints* (qu'on me passe cette expression) sont plus multipliés qu'on ne le pense d'abord. On en découvre un grand nombre, dès qu'on a une fois la clef de cette recherche, et qu'on dirige l'attention de ce côté.

« L'emplacement du bourg de *Savines*, entre Gap et Embrun, peut être cité, entre autres, comme un exemple fort remarquable de ce genre de formation.

« Le bourg tout entier, avec une partie de son territoire, est couché sur un cône de déjection dont la largeur dépasse 1.500 mètres, et couvert de champs fertiles. La nature de ce terrain n'est pas douteuse, non plus que son origine. Il a été fouillé jusqu'à de grandes profondeurs par les puits du bourg. Les tranchées d'une route nouvellement rectifiée l'ont éventré dans toutes sortes de directions. Dans le bas, la Durance a taillé des berges de plus de soixante-dix pieds de hauteur, qui forment

comme une coupe naturelle en travers du lit. Il se trouve donc à jour de
tous côtés, et peut être étudié avec une extrême facilité. Partout, il se
compose de pierres roulées, agglutinées par une boue calcaire. Ce poudingue est étendu par lits réguliers, parallèles à la courbure de la surface ; il devient plus dur et plus grossier à mesure qu'on le prend plus
bas, et finit par former une sorte de béton très compacte. Quant à la forme
caractéristique, on la distingue de loin, surtout en se plaçant du côté de
l'Est. Le bourg est bâti sur la région culminante ; les champs sont jetés
à l'entour. Dans le fond s'élève la montagne (le Magon) qui recèle le
bassin de réception, enseveli maintenant sous de noires forêts de sapin :
elle domine tout ce territoire. Enfin, vers le couchant et à l'extrémité du
bourg, coule le paisible ruisseau, auteur de ces antiques dépôts ; il s'est
encaissé dans ses propres alluvions entre des talus profonds, tapissés de
belles prairies.

« Il est à remarquer que l'extinction de ce torrent, quoique fort ancienne, puisqu'elle remonte à une époque immémoriale, est néanmoins
postérieure aux premiers établissements humains dans ces montagnes.
En effet, on a déterré des pierres à four et du charbon, enfouis à de
grandes profondeurs dans le sol. Ces débris témoignent qu'il y avait là
des hommes à une époque probablement antérieure aux âges historiques
lorsque le torrent, en pleine action, exhaussait encore son lit de déjection. »

Dans la seconde édition de son ouvrage, M. Surell dit quelques mots
des travaux exécutés suivant les procédés qu'il a si heureusement ima-
ginés dès le début de sa carrière : « Le travail se poursuit aujourd'hui
dans les Hautes Alpes, sur un grand nombre de torrents. De véritables
ingénieurs forestiers se sont formés, habiles à étudier les projets en les
adaptant judicieusement aux circonstances variées du terrain, non moins
habiles dans l'exécution des ouvrages d'art, souvent difficiles, que ces
travaux comportent. On peut citer, entre autres, les remarquables travaux de M. Costa de Bastelica, inspecteur général des forêts, sur le
torrent de Chagne et sur celui de Vachères.

« Quant aux résultats, ils ne sont plus contestables. Les torrents
s'éteignent à mesure que la végétation produit son effet, et celui-ci a été
généralement plus prompt qu'on ne s'y attendait.

« Par le fait de la végétation, dit M. Gentil, ingénieur en chef dans les
Hautes-Alpes, les caractères torrentiels ont disparu. Les eaux, même
en temps de pluie, sont devenues moins troubles. Il n'y a plus de
crues violentes et subites. Les eaux en arrivant sur les cônes de déjection
s'encaissent naturellement dans leurs dépôts. Les riverains peuvent se
défendre à moins de frais.

« L'aspect de la montagne a brusquement changé. Le sol a acquis une
telle stabilité que les violents orages de 1868, qui ont provoqué tant de

désastres dans les Hautes-Alpes, ont été inoffensifs dans les périmètres régénérés. »

F. — Les laves de boue et de pierres.
(Récit de M. Schlumberger, d'après M. Demontzey).

J'avais quitté Barcelonnette à 2 heures et demie (le 13 août 1876), au moment où l'orage arrivait sur le bassin de réception du torrent de Faucon. Il tombait quelques gouttes d'eau seulement dans la vallée; mais tout faisait présumer que la pluie était d'une violence extrême dans a montagne. Arrivé à Faucon, je monte sur le cône de déjection. L'orage avait cessé dans le bassin de réception et déjà l'on apercevait la cime des montagnes légèrement blanchie par la grêle. Cependant j'avance toujours et, arrivé au sommet du cône, au goulot du torrent, j'aperçois une lave formidable qui descend majestueusement la montagne.

A mes pieds, le lit du torrent, profond de 8 mètres environ et large de 25 mètres, est presque à sec, malgré l'orage. Mais regardant en amont, dans la direction des chutes qui se trouvent en cet endroit, je vois une immense masse noire qui s'avance comme un mur et presque sans bruit, descendant le lit du torrent. C'était la lave qui venait de la montagne, et qu'il m'était donné d'observer dans toute son intensité.

Cette lave, qui coulait rapidement quand la pente du torrent était forte, arrive bientôt à mes pieds, descendant sur une pente de 12 pour 100 tout au plus. Sa vitesse est aussitôt ralentie, et bientôt elle n'est plus que de 1m,50 par seconde.

C'est un amalgame de terre et de blocs de toutes grosseurs, ayant à peine la fluidité du béton. En avant, à moitié prise dans cette boue très épaisse, une avant-garde de gros blocs cubant parfois jusqu'à 5 et 6 mètres semble poussée par la lave. Ces rochers, qui sont entraînés pendant quelques minutes, sont engloutis dans le chaos qui les suit dès qu'ils trouvent un obstacle qui les arrête. Ils sont alors remplacés par d'autres qui sont poussés et bientôt engloutis à leur tour.

Profil en long du courant de lave, avec blocs en avant.

Toute cette masse n'est point animée d'une vitesse uniforme. Tantôt le mouvement est assez rapide, tantôt il est au contraire extrèmement lent, et à certains moments même tout semble immobile. Au moindre obstacle, les blocs qui sont en avant, trouvant une résistance à vaincre par suite de l'inégalité du lit ou d'une diminution de la pente, s'arrêtent brusquement. S'ils forment une masse suffisante, tous les matériaux qui suivent immédiatement sont arrêtés par ces barrages momentanés. Cependant le courant pousse toujours et le niveau de la lave peut alors s'élever à une grande hauteur (jusqu'à 7 mètres au-dessus du fond du lit). Mais bientôt les matériaux franchissent l'obstacle qui les arrêtait, soit qu'ils aient passé par-dessus, soit qu'ils l'aient fait céder à la pression formidable qu'il supportait. Alors la vitesse s'accélère de nouveau et toute la masse se remet en mouvement pour s'arrêter encore.

Une fois l'avant-garde de gros blocs passée, la lave descend le canal avec une vitesse assez régulière. C'est une masse de couleur noire à peine fluide; sa surface semble uniquement formée de terre mélangée d'eau et présente très peu de saillies extérieures, malgré les matériaux énormes qu'elle renferme; on dirait un fleuve de boue. Ce n'est que par moments que les gros blocs signalent leur présence au milieu de cette lave et se dressent un instant comme des tours au-dessus du flux boueux pour s'y engloutir bientôt après, alors qu'ils ont franchi l'obstacle qui les forçait de s'élever ainsi par-dessus la lave.

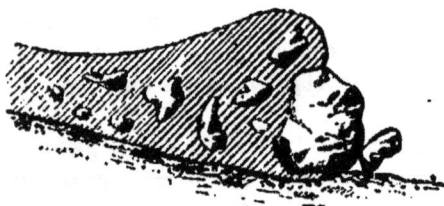

Courant de lave. Barrage momentané.

Cette lave descendait ainsi avec une hauteur moyenne de 4 mètres son profil en long était en général parallèle au lit du torrent : elle s'é-

Bloc s'élevant au-dessus de la lave.

levait seulement quand elle rencontrait un obstacle momentané. Le profil en travers était toujours *très convexe vers le ciel, quand la lave montait, et légèrement concave quand elle diminuait*. Cette forme s'explique facilement par le frottement ou l'adhérence qu'éprouve la lave au contact des berges du torrent, quand son niveau monte eu descend.

C'est ainsi que la lave épaisse descendit pendant vingt minutes environ. On n'entendait presque aucun bruit; seulement, de temps en temps, le son strident d'un rocher frottant contre la berge ou contre un autre rocher.

Lave montante.   Lave descendante.

Cependant cette lave devient de plus en plus liquide et dès lors animée d'une vitesse toujours croissante. Bientôt l'eau arrive en grande abondance; elle coule comme un ruisseau furieux sur la lave, qui elle-même

Flux d'eau avec blocs passant sur la lave.

marche encore lentement. Alors le bruit commence; l'eau, arrivant avec une grande force, forme des lames qui atteignent jusqu'à 2 mètres de hauteur et avancent avec le courant qu'elles suivent. Elles entraînent ainsi des blocs assez gros qui souvent paraissent à la surface, s'entre-choquent sans cesse et font un épouvantable fracas. Mais l'eau rejoint bientôt la lave épaisse qui est en avant et lui donne une nouvelle poussée.

Profil en travers de l'eau passant sur la lave.

Enfin, quand tout est balayé par devant, l'eau devient presque claire. Elle coule alors par-dessus la lave qui restait au fond du lit, et, devenue affouillante, se creuse un passage au milieu des débris.

On ne voit plus alors que quelques traces des matériaux entraînés qui sont restées adhérentes à la berge et témoignent seules de la hauteur à laquelle la lave est montée. L'eau a nettoyé le lit du torrent et les matériaux ont été entraînés plus loin.

Tel est le phénomène que j'ai observé dans le canal d'écoulement du torrent. Voyons maintenant ce qui s'est produit sur le cône de déjection proprement dit, où j'ai suivi pas à pas la marche de la lave.

La lave, qui se trouvait resserrée dans un canal profond, trouve tout à coup de l'espace pour s'étendre sur ce grand cône de déjection. Elle s'épanouit sur une grande largeur avec une épaisseur bien moindre et diminue par conséquent beaucoup de vitesse. Les plus gros blocs, qui se trouvaient cachés dans la lave, touchent maintenant le fond du gravier et sont peu à peu arrêtés, tandis que quelques-uns, plus petits, continuent leur marche en tournant et se montrent de temps en temps au-dessus de la boue. Quelquefois des blocs d'assez grandes dimensions sont soulevés au-dessus de la lave; souvent on les voit flotter quelque temps sur elle, nageant comme des morceaux de bois.

Sur certains points, au moment de la plus grande hauteur de la lave, une digue située sur la rive droite est franchie par une boue heureusement très épaisse et à peine fluide; sur d'autres points, la digue suffit à les arrêter et l'épaisseur de la boue est telle qu'elle forme un bourrelet de 10 et 20 centimètres au-dessus du couronnement de cette digue. Pourtant les cultures sont très menacées par derrière. Encore quelques instant comme cela, et le torrent va envahir les champs. Heureusement l'eau arrive à temps et, se creusant un passage au milieu de la lave, elle coule en ligne droite et fait baisser le niveau de cette boue. Les champs sont sauvés.

Poussée par derrière, la lave continue de marcher tantôt en ligne droite, tantôt par côté, sur la pente du cône. Elle forme des boursouflures, s'arrête sur certains points pour divaguer ailleurs. Puis elle arrive dans une oseraie naturelle; là, elle marche sur une hauteur de 2 mètres et une largeur de 40 mètres environ, mais avec une vitesse très faible (30 centimètres par seconde). Les arbres les plus faibles sont renversés par terre dès qu'ils sont atteints par cette masse noire : ils disparaissent engloutis dans la boue; les plus forts résistent et sont seulement ébranlés par le choc des blocs qui viennent se heurter contre leur pied.

La vitesse de la boue devient de plus en plus faible et elle n'aurait point tardé à s'arrêter complètement, quand l'eau arrive avec un bruit épouvantable et une vitesse de 3 à 4 mètres par seconde. Elle domine la lave étendue en grande nappe sur le cône, forme des vagues de 1 mètre de hauteur au moins et entraîne souvent des blocs d'assez grandes dimensions, coulant presque toujours en ligne droite et se creusant bientôt un canal dans la boue qu'elle affouille.

Elle arrive bientôt à la passerelle de la route nationale, qui n'a qu'un faible débouché. Pendant un instant toute l'eau passe dessous; mais bientôt cette eau s'épaissit de nouveau, entraîne de gros blocs qui sont arrêtés sous le pont, sans qu'on les ait vus arriver. Le niveau augmente immédiatement et, en un instant, toute l'eau redevenue lave passe sur la route, enlève la main courante de la passerelle, et continue son chemin jusqu'à l'Ubaye. Enfin, elle redevient de plus en plus claire, se creuse un nouveau lit dans la lave, et tout reprend son cours habituel.

G. -- Les tourbillons.

« Lorsqu'on examine, sur une carte hydrographique, le tracé d'une rivière et les cotes de profondeur de ses différentes parties, on voit que la ligne du thalweg passe successivement d'une rive à l'autre, et que les plus grandes cotes se maintiennent constamment dans les concavités accentuées.

... « Il y a là un phénomène singulier, qui a si bien attiré l'attention des ingénieurs que deux d'entre les plus distingués ont recherché, pour la Garonne, une relation empirique entre le rayon de courbure des rives et la profondeur du lit; mais, quant au mode d'action des filets liquides qui amènent l'approfondissement, il n'a point été indiqué.

« Or je crois l'avoir trouvé dans la création des tourbillons qui se présentent toujours dans les parties concaves des rivières, et dans un mouvement général de torsion dont est animé alors l'ensemble des filets liquides.

« Voici les expériences qui m'ont conduit à cette double explication :

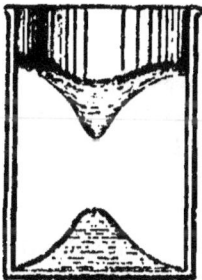

Huile. Eau. Aniline.

« Si l'on verse dans un vase de verre un liquide un peu plus dense que l'eau (par exemple de l'aniline), puis de l'eau, et enfin une couche mince d'une huile quelconque, et que l'on donne aux liquides supérieurs un mouvement de rotation au moyen de palettes, on voit se produire une dépression centrale à la surface de l'huile; un cône de ce liquide descend au centre de l'eau, tandis qu'une protubérance d'aniline s'élève du fond du vase.

« Si la vitesse de rotation s'accroît suffisamment, et si l'on augmente un peu la densité de l'eau au moyen de sel marin, la colonne d'aniline vient quelquefois rejoindre à travers l'eau la dépression supérieure.

« En diminuant la densité de l'eau, un effet inverse se produit : on voit descendre un cône d'huile presque jusqu'au fond du vase.

« Ces expériences, faites à Paris l'hiver dernier, ont été répétées à la Rochelle dans ma dernière mission, en employant une grande cuve et en remplaçant l'aniline par du sable ou de la vase. Les rotations étaient produites soit en donnant à l'eau des mouvements circulaires et réguliers à l'aide de palettes actionnées par des poids variables, soit en arrêtant brusquement une rotation rapide de la cuve, même lorsque cette rotation avait persisté assez longtemps pour entraîner par frottement latéral toute la masse de l'eau.

« Dans toutes ces expériences les résultats ont été les mêmes : le sable qui garnissait le fond de la cuve a été ramené au centre et soulevé. Une disposition particulière a permis de mesurer la valeur de la dépression centrale correspondant à chaque vitesse de rotation.

« Ce système de tourbillons, dont l'analogie est si grande avec ce qui se passe dans les trombes observées à la mer qu'il me semblait par instant, dans les premières expériences, voir une trombe réelle avec les mêmes inflexions et les même rotations, donne la clef des effets de transport qui se passent dans les cours d'eau.

« Tout le monde a vu, en effet, que les courbes des rivières sont accompagnées de tourbillons à dépression centrale, dont la formation est due au frottement des filets liquides contre la paroi concave.

« Ces tourbillons, créés aux dépens de la vitesse de la rivière, sont entraînés en aval, en provoquant sous les points où ils passent un soulèvement des particules sableuses, analogue à celui que nous avons constaté dans nos expériences.

« Ce soulèvement permet la descente en aval des matériaux ténus, quelque faible que soit la vitesse du courant général.

« Si nous examinons maintenant l'ensemble d'une rivière à son entrée dans une partie courbe, on peut comparer le mouvement de ses filets liquides à ceux qui sont provoqués par une rotation dans notre cuve à expérience, en prenant le centre de la cuve pour les points successifs de la rive convexe et le bord pour la partie concave.

« Or nous constatons dans nos expériences un mouvement du sable allant du bord au centre ; ce mouvement est vérifié dans la nature par ce qui se passe quotidiennement en aval des courbes. Le transport du sable coexiste dans les deux cas avec un même système de rides garnissant et le lit de la rivière et le fond de la cuve.

« Cette action de torsion de toute la rivière sur elle-même complète celle des tourbillons, en soumettant les sables dans les parties courbes à trois actions différentes, dont une de soulèvement.

« Indépendamment des tourbillons à axes verticaux, on peut indiquer qu'il s'en produit à axes horizontaux, ou diversement inclinés, lorsqu'il y a au fond de la rivière des roches saillant du lit, ou lorsque deux courants marchant en sens contraire se superposent.

« Ce dernier effet se produit dans les rivières à marée à l'arrivée du flot, toujours accompagné d'un soulèvement de vase caractéristique.

« C'est à ce phénomène que les pilotes font allusion, lorsqu'ils disent que le flot trace les chenaux, tellement leur esprit est frappé du trouble produit sous cette influence. » (Bousquet de la Grye. *Extraits*.)

« Une trombe est une machine soufflante, qui souffle en bas de l'air chaud si l'air des hautes régions où elle prend naissance ne contient ni cirrus ni eau vésiculaire à basse température, et de l'air froid dans le cas contraire. Dans le premier cas la trombe est invisible [1], car ses contours ne sont indiqués que par la condensation de vapeur qui s'opère sur ses flancs, lorsque l'abaissement intérieur de température atteint le point de rosée des couches traversées. Il arrive parfois qu'une trombe semble être interrompue si elle traverse une couche d'air relativement froide et sèche : j'en ai cité quelques exemples frappants. Mais il arrive plus souvent qu'au début, quand on la voit descendre du ciel, l'air qu'elle entraîne en bas, dans ses spires descendantes de plus en plus étroites, n'est pas assez froid pour former tout de suite, en bas, une gaîne de vapeurs condensées comme celle qui forme en haut son contour.

« On n'en voit pas moins, en bas, le travail effectué par cette trombe, en partie invisible, sur le sol et sur la mer, avant qu'elle ne paraisse l'avoir touché. On sait en quoi consiste ce travail en mer : il se dessine autour du pied de la trombe, visible ou non, une sorte de buisson formé par les gouttelettes d'eau soulevées avec violence. C'est la trombe qui agit sur l'eau à la manière d'une écope mue circulairement à grande vitesse. Puis, par l'afflux sans cesse renouvelé de l'air froid supérieur, la gaîne de vapeurs se forme en bas autour de la trombe et il semble alors que le tronçon inférieur aille rejoindre, en montant, le cône supérieur qui descend des nues. De là aussi la forme en hyperboloïde de révolution, forme qui tient à ce qu'on confond avec le pied étroit de la trombe le buisson beaucoup plus large qui se forme extérieurement autour du pied. » (Faye.)

---

[1]. C'est à ce cas que se rattachent le fœhn et les tempêtes sèches de l'Afrique ou du Mexique. L'air amené en bas par ces cyclones est extraordinairement chaud et sec. Dans les déserts de sable, les torrents de poussière soulevés par la trombe, à son pied et autour d'elle, peuvent en rendre les contours visibles par une sorte d'opacité.

H. — Le regazonnement et le reboisement.

(Extrait du Traité pratique, de Demontzey)

Dans les Alpes de Provence, situées entre le 44e et le 45e degré de latitude et où la limite des neiges éternelles dépasse 3.900 mètres d'altitude, les forêts en massif n'arrivent guère aujourd'hui qu'à 2.200 mètres et sont surmontées par des pelouses de gazons qui, dans les conditions les plus favorables à leur bonne végétation, atteignent une altitude de 2.800 à 3.000 mètres. Au premier aspect, ces pelouses semblent déterminer une zone toute spéciale ; mais si l'on observe de près, on est tout étonné de rencontrer, dans bon nombre d'entre elles, des traces évidentes d'anciennes forêts se manifestant tantôt par quelques pieds isolés, derniers témoins de l'antique végétation, tantôt par de vieilles souches presque entièrement recouvertes de végétation herbacée. De plus, en consultant la tradition du pays, on ne tarde pas à apprendre que les végétaux forestiers ont fait place à ces pâturages, qui n'occupent seuls aujourd'hui le sol que par *le fait de l'homme* à l'exclusion de toute autre cause.

En remontant vers les sommets, on ne tarde pas à voir cesser la pelouse de gazons bien garnis formant un tapis vert continu ; on ne trouve plus que des touffes de plantes chétives poussant à l'abri des rochers ou dans les intervalles de leurs débris, et souvent de grands espaces de terre nue, privés de végétation par suite du séjour des neiges qui y persistent parfois pendant deux ou trois ans, et interdisent alors tout développement des plantes.

Lorsque l'on considère les pelouses, malheureusement trop rares, on se prend à se demander comment ce beau gazon, qui forme un épais feutre, a pu s'établir sur des terrains si maigres en apparence, et immédiatement les rares vestiges de l'ancienne végétation forestière se présentent à l'esprit ; on reconstitue par la pensée les forêts clairiérées de mélèzes et de pins cembro qui devaient jadis occuper ce sol, dans un climat où certainement la température la plus basse n'atteint pas quarante degrés au-dessous de zéro [1], et l'on comprend facilement dès lors que la pelouse a pu se former, grâce à l'abri procuré aux jeunes plantes herbacées par les essences forestières et au fertilisant engrais fourni par leurs aiguilles à un sol assez pauvre d'ailleurs.

L'observation des faits contemporains apporte avec elle des conclusions absolument concordantes.

Dans les mêmes contrées, en effet, toutes circonstances égales d'ail-

[1]. Le mélèze supporte des froids de quarante degrés.

leurs, on a exécuté depuis plus de trente ans des essais de reboisement, combinés avec des mises en défends, dont les résultats fournissent de précieux renseignements. Partout où le sol s'est trouvé simplement abrité par un jeune peuplement de mélèzes, il se montre recouvert d'une véritable pelouse de gazons que l'on n'y a pas introduits, mais qui s'y sont développés naturellement, et qui présente le même aspect et la même composition que les pelouses situées dans des conditions d'altitude et de climat analogues. Partout au contraire où, *toutes circonstances égales d'ailleurs,* le sol a été abandonné à lui-même et préservé seulement par une mise en défends tout aussi rigoureuse, *la pelouse ne s'est pas formée,* les gazons anciens subsistent seuls et leurs intervalles sont demeurés nus par suite de l'absence d'abris.

Qu'au contraire, par suite de la mise en défends, il se soit manifesté une végétation ligneuse sur le sol, ce fait a eu pour conséquence immédiate la production du gazon. M. Mathieu, sous-directeur à l'École forestière, dans son rapport sur le reboisement et le gazonnement des Alpes, avait déjà relevé en 1865 une observation de ce genre que nous avons pu multiplier par centaines depuis cette époque. Nous trouvons dans son rapport le passage suivant (p. 42) : « Aux environs de Barcelonnette, une partie du bassin de réception du torrent de Gaudissart, où les travaux facultatifs et principalement des barrages sont en cours d'exécution depuis une vingtaine d'années déjà, la mise en défends a permis à *l'aune blanc* et à *l'hippophaë ramnoïde, l'un et l'autre véritable providence de ces terrains,* de se développer assez pour constituer des fourrés dont les intervalles sont *actuellement dotés* de beaux pâturages. »

Cette mise en défends datait de 1846 et avait été accompagnée sur certains points de semis de mélèze qui, depuis le passage de M. Mathieu, ont pris un développement remarquable entraînant avec lui la constitution de plus en plus prononcée de la pelouse.

Dans le reste des Alpes, en Dauphiné, en Savoie et en Suisse, tous les explorateurs de la montagne constatent, en le déplorant, l'abaissement graduel et constant de la limite supérieure de la végétation forestière, attribué exclusivement *au fait de l'homme.*

« Il n'est pas possible de supposer, en l'absence de toute preuve à cet égard, que le climat soit devenu plus mauvais par des causes physiques extérieures indépendantes de l'homme, et auxquelles il ne pourrait opposer aucune résistance. La diminution de plusieurs glaciers, dont l'augmentation et la diminution répondent d'ailleurs aux années froides et aux années chaudes, parlerait plutôt contre cette hypothèse qu'en sa faveur. La fertilité des Alpages a diminué, leur limite supérieure s'est abaissée, les forêts ont disparu des régions élevées, l'état climatérique est devenu moins favorable à la végétation ; les dévastations causées par les eaux, par les avalanches et par les chutes de pierres sont devenues plus fréquentes et plus considérables, ainsi que les éboulements sur les pentes et les amas de débris dans les vallées. Telle est la longue liste des désastres dus à l'égoïsme de l'homme, qui a méconnu les lois de la nature en exploitant les forêts d'une manière désordonnée et en abusant d'elles avec une imprévoyance coupable. Aussi le châtiment ne s'est-il pas fait attendre et se fera-t-il sentir encore plus fortement dans l'avenir [1]. »

De l'ensemble des considérations qui précèdent, nous tirons les conclusions suivantes :

Les gazons formant aujourd'hui des pelouses continues au-dessus des forêts actuelles ne sont que les témoins de l'existence des forêts supérieures, qui ont disparu *par le fait de l'homme*, après avoir été la cause dominante de la production de ces gazons.

Ces pelouses, qui subsistent encore, sont destinées, si l'homme n'y prend garde, à disparaître à leur tour, et à suivre la loi d'abaissement que son imprévoyance ou son égoïsme a imposée aux forêts.

La création de nouvelles pelouses sur des terrains supérieurs absolument dénudés ne peut être assurée que par l'intervention de la forêt, agissant comme celle qui a provoqué la production des pelouses qui existent encore dans la même région.

Les plantes herbacées qui végètent encore au-dessus de la *limite réelle* imposée à la végétation forestière, non par l'homme, mais par la température du lieu, ne forment pas des pelouses sérieusement exploitables pour le pâturage et susceptibles de protéger le sol contre les influences météorologiques.

Ces conclusions s'imposent avec plus d'énergie dans les Alpes de Provence que dans toutes les autres, par suite du climat très sec qui caractérise cette région. La végétation herbacée est loin d'y rencontrer en effet les conditions d'humidité si générales en Suisse, par exemple, que les forestiers que nous avons eu l'occasion de visiter, en parcourant ce pays, avaient peine à concevoir la signification du terme *gazonnement*, tant ils étaient peu habitués à l'absence d'une végétation herbacée quelconque sur des versants montagneux.

L'on rencontre enfin dans ces conclusions la justification de l'extinction des torrents par le reboisement ; car, sans elle, on se trouverait pour la plupart du temps réduit à ne reboiser que la région inférieure du bassin de réception et à abandonner tout le reste aux vaines tentatives d'un enherbement sans produits comme sans perpétuité assurée. Dans le cas donc d'un torrent à éteindre, on devra ne pas hésiter un seul instant à porter le reboisement beaucoup plus haut que ne peuvent l'indiquer les forêts actuelles et *ne s'arrêter qu'aux terrains où les neiges sont susceptibles de demeurer pendant plusieurs années de suite*. Il est

1. Landalt. *Rapport au Conseil fédéral sur les forêts des hautes montagnes de la Suisse.*

évident que les conditions de la végétation des essences forestières présenteront certaines difficultés, surtout dans les premières années; mais l'art forestier saura bien les surmonter et rétablir, là où elle fait si cruellement défaut, la végétation ligneuse disparue par le fait de l'homme seul.

I. — Théorie générale des réservoirs d'emmagasinement des crues

Suivie d'une note sur un nouveau système de réservoirs.

1. — En présentant quelques considérations générales sur les effets des retenues destinées à diminuer les crues par la réduction de leurs débits maxima, nous supposerons qu'elles soient produites par des barrages ayant une ouverture permanente, et agissant par conséquent sur le cours d'eau où ils sont placés sans le secours d'aucune manœuvre, depuis le moment où sa crue atteint une certaine hauteur, jusqu'à celui où elle y reviendra dans la période de décrue.

Prenons une section transversale, en un point quelconque d'un cours d'eau, et concevons qu'on construise : 1° une courbe dont les ordonnées donnent en fonction du temps, représenté par les abscisses, la quantité d'eau qui entre par seconde dans une partie de son bassin, limitée arbitrairement du côté d'amont, et ayant la section considérée pour orifice

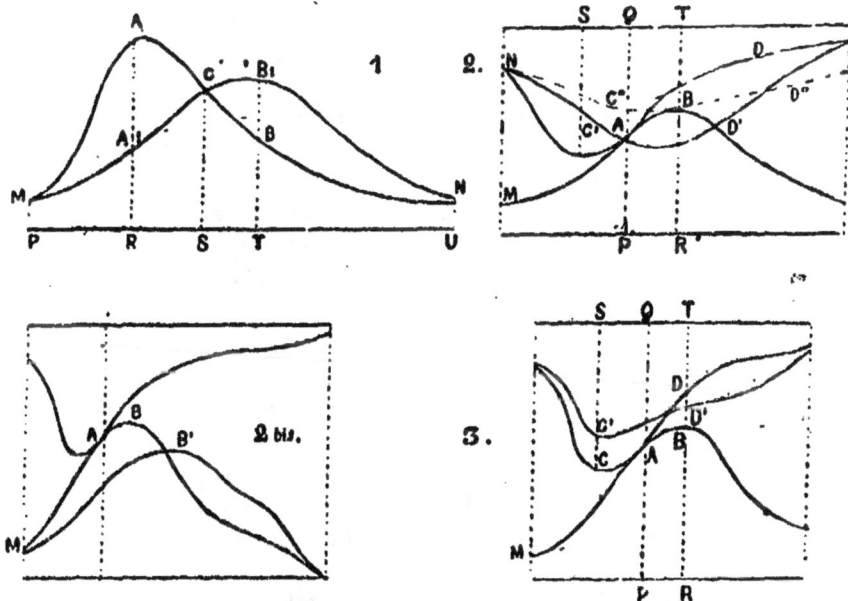

d'écoulement; 2º la courbe dont les ordonnées mesurent la quantité d'eau écoulée par seconde par cet orifice; c'est la courbe des débits dans la section dont il s'agit. Soient MACBN, et MA'CB'N (fig. 1) ces deux courbes. Les ordonnées de la première représentent les débits entrant dans le bassin, et celles de la seconde les débits sortants. Leurs différences sont les quantités d'eau retenues ou perdues par le bassin, durant une seconde.

Il arrive un moment, marqué par le temps PS, correspondant à l'intersection des courbes, où le débit entrant est égal au débit sortant. Alors le volume retenu ou emmagasiné sera un maximum. Le maximum des débits entrants sera déjà passé et les débits sortants n'auront pas encore atteint le leur. Quand ce dernier maximum aura lieu, le bassin aura donc déjà commencé à se vider.

Si, antérieurement au moment marqué par l'abscisse PS, le volume retenu s'accroît, cela ne veut pas dire, bien entendu, que dans tous les points du bassin le volume de la crue augmente; en certains points le bassin se videra déjà, lorsqu'il se gonflera en d'autres, et la retenue totale par seconde, dans tout le bassin, est égale à la somme des retenues aux points où il y a crue, diminuée de la somme des pertes, aux points où il y a décrue. Avant le maximum de la retenue, la somme des retenues ou emmagasinements dépasse celle des pertes ou désemmagasinements. Après ce moment, c'est l'inverse qui se produit.

Si on veut réduire le débit maximum, dans la section prise pour orifice de sortie du bassin considéré, on ne pourra atteindre ce but qu'en augmentant les retenues, dans la période qui précède ce maximum, car ce bassin est censé limité du côté d'amont au delà de l'influence des ouvrages qu'on y exécuterait, de sorte que la courbe des débits entrants est invariable. Mais si tel est l'effet général des retenues, on verra que dans certains cas elles peuvent produire le résultat contraire.

Pour apprécier l'influence qu'aura, sur la courbe des débits dans l'orifice de sortie, un barrage construit en un point quelconque du bassin, il ne suffirait pas de connaître comment il modifiera l'écoulement de la crue dans son emplacement; car la modification de la crue du cours d'eau passant par le barrage entraîne celle du cours d'eau inférieur dans lequel il se jette, et se transmet en aval en s'atténuant de plus en plus jusqu'à la limite du bassin. On commettrait donc une erreur si, en déterminant les changements de retenues ou de pertes qu'un barrage produira sur le cours d'eau où il est placé, on voulait les appliquer dans la section prise pour orifice d'écoulement de tout le bassin, parce que ces changements influeront sur les retenues et les pertes, dans tout le trajet parcouru par les eaux, depuis le barrage jusqu'à la section d'orifice; ce serait seulement le résultat final de toutes ces influences qu'il faudrait appliquer.

Pour arriver à évaluer les effets des retenues, au moyen des modifications éprouvées par les emmagasinements ou les désemmagasinements, on serait conduit à des calculs inextricables et qui supposeraient en tous cas la connaissance des courbes de débits dans tout le bassin, puisque, dans chaque portion de vallée, le volume occupé par la crue à chaque instant ne pourrait être déduit que des débits qui s'y produiraient.

Cette remarque était sans doute évidente à priori. Nous ne l'avons faite que pour bien établir qu'il ne suffirait pas de savoir de combien on augmentera les retenues dans l'emplacement des barrages, pour en déduire l'abaissement qui en résultera dans la courbe des débits, à une certaine distance en aval.

II. — La première question à résoudre dans cette recherche est bien de savoir comment la courbe des débits sera modifiée dans l'emplacement du barrage; mais il faudra ensuite connaître comment cette modification se propagera à la localité où l'on se propose de diminuer le débit maximum.

Nous expliquons dans la note A comment on peut se rendre compte de cette propagation d'effet, dans une portion de vallée comprise entre deux affluents. Supposons donc que la nouvelle courbe des débits du cours d'eau barré soit donnée à sa jonction avec le premier cours d'eau qu'il rencontre en aval. Après ce confluent le débit est égal à chaque instant à la somme des débits simultanés des deux cours d'eau. L'addition des ordonnées de la nouvelle courbe des débits du cours d'eau barré, avec celles de la courbe des débits du second cours d'eau, donnera donc la nouvelle courbe en aval de leur confluent. Il faudra ensuite chercher comment la modification de cette courbe influera sur celle en amont de l'embouchure de l'affluent suivant, et par sa combinaison avec la courbe des débits de cet affluent on obtiendra la courbe modifiée en aval du second confluent et ainsi de suite.

Pour apprécier l'influence qu'un barrage construit en un point donné exercera sur les crues en un autre point, il sera donc nécessaire de connaître les courbes des débits d'une ou plusieurs grandes crues générales en amont et en aval de tous les confluents qu'on rencontre entre ces deux points, ou au moins des principaux, ainsi que les vitesses de propagation des divers débits dans la même étendue.

En se contentant de prendre pour base la plus grande crue générale qui ait été observée, on aura assurément un travail déjà bien considérable à faire, pour justifier les effets d'un barrage sur une crue semblable dans les régions d'aval; cependant la justification ne serait pas encore complète, car les nombreux cours d'eau qui sillonnent un grand bassin présentent tant de combinaisons diverses, dans la marche et l'intensité de leurs crues partielles, qu'un barrage qui fonctionnerait utilement dans telle crue pourrait être inutile dans telle autre. Cette incertitude de l'effet des barrages augmente surtout bien rapidement avec la distance à laquelle on voudrait les faire agir, et en général *on ne doit regarder comme devant toujours être utiles que des barrages qui ne sont pas séparés des localités à défendre dans la vallée d'un grand fleuve par plusieurs affluents,* dont l'influence peut rendre insignifiante celle du barrage.

III. Essayons d'examiner à quelles conditions générales les retenues doivent satisfaire pour ne pas être nuisibles.

A la réunion de deux cours d'eau il arrive presque toujours, dans une inondation causée par une pluie générale, que le maximum de celui qui a le bassin le moins vaste et surtout dont le développement est le plus court, précède le maximum de l'autre[1]. Nous appellerons affluent celui dont la crue est en avance, et cours d'eau principal celui dont la crue est en retard. Pour nous rendre compte de l'effet que produirait au confluent des deux cours d'eau un barrage construit sur l'un deux, nous dessinerons la courbe des débits de l'affluent de haut en bas et celle du cours d'eau principal de bas en haut, ainsi que le montre la figure 2. Le débit en aval du confluent étant égal à chaque instant à la somme des débits des deux cours d'eau, on voit de suite que c'est au moment où l'on peut mettre les deux courbes en contact (en faisant marcher parallèlement aux ordonnées l'une des figures) que le débit maximum a lieu. Le moment de ce maximum suit celui de l'affluent et précède celui du cours d'eau principal. Sauf le cas exceptionnel d'une coïncidence parfaite, le débit maximum en aval d'un confluent se compose donc toujours d'un débit décroissant de l'affluent et d'un débit croissant du cours d'eau principal.

Pour qu'une retenue faite sur l'affluent abaisse le débit maximum en aval du confluent, il faut qu'elle diminue ses débits dans la première partie de sa période de décrue. Pour qu'une retenue faite sur le cours d'eau principal soit utile, il faut qu'elle diminue, comme cela a naturellement lieu, le débit de la période de crue.

A la seule inspection de la figure 2, on voit que si, par un barrage à ouverture permanente, qui augmente nécessairement les débits postérieurs au maximum du volume retenu, on modifiait la courbe des débits suivant NC'D', il faudrait remonter la nouvelle courbe pour l'amener au contact avec celle du cours d'eau principal; de sorte que le débit maximum au confluent serait augmenté en même temps que le moment en serait généralement retardé. Pour que la retenue n'augmente pas le débit maximum en aval du confluent, il faut donc que la nouvelle courbe ne coupe pas celle du cours d'eau principal, et pour qu'on soit certain du résultat, il faut que le nouveau débit maximum de l'affluent soit plus petit que BT. Il faudrait par exemple que la nouvelle courbe des débits fût NC''D''. Cela revient à dire que, pour que le barrage de l'affluent soit

[1]. Les débits maxima de tous les grands affluents du Rhône ont eu lieu en 1856, à leurs embouchures, avant celui du Rhône supérieur, à l'exception de la Saône, qui a atteint son maximum cinq jours après le Rhône. En 1840, les choses se sont passées de même.

sûrement utile, en aval du confluent, il faut modifier sa crue de manière qu'elle n'ait plus d'avance sensible sur celle de la rivière principale.

Si l'on désigne par Q_m le débit maximum du cours d'eau principal en amont du confluent, par Q_v le débit maximum en aval, par Q_a le débit maximum de l'affluent, on voit que pour remplir cette condition le nouveau débit maximum Q'_a de l'affluent doit être plus petit que (QP-RB) ou que $Q_v - Q_m$. La diminution du débit maximum de l'affluent devra donc satisfaire à l'inégalité.

$$(Q_a - Q'_a > Q_m + Q_a - Q_v)$$

Il en résulte que, dans un grand affluent, dont les crues précéderaient de beaucoup celles du cours d'eau principal, il faudrait que les retenues fussent très puissantes pour ne pas être dommageables immédiatement en aval du confluent.

Ces retenues pourraient néanmoins faire du bien dans les régions situées à une certaine distance en aval. En effet, si pendant le maximum de la crue dans ces régions, l'influence de l'affluent se fait sentir par un débit antérieur au moment où la nouvelle courbe des débits de l'affluent coupe la courbe ancienne, cette influence serait évidemment amoindrie, puisque les débits antérieurs à ce moment seraient réduits.

On peut donc dire que si, sur un affluent, on fait une retenue insuffisante pour réduire son débit maximum de la quantité représentée par $(Q_m \pm Q_a - Q_c)$ cette retenue commencera par faire du mal sur une certaine longueur, mais que si le bassin est très étendu, elle finira par faire du bien.

Des barrages pleins qui ne se videraient pas naturellement ne pourraient jamais être dommageables pour la région située en aval du confluent, parce qu'ils retiennent jusqu'à la fin de la crue l'eau emmagasinée dans le réservoir et ne débitent à aucun moment plus que le débit entrant dans le réservoir. Mais sur des cours d'eau considérables ils exigeraient des réservoirs énormes pour agir jusqu'après le moment de leur débit maximum. Abstraction faite de l'inconvénient du comblement des réservoirs, les barrages pleins ne sont convenables que sur de petits cours d'eau et surtout sur ceux très éloignés des localités à défendre, parce que ce sont seulement les débits du commencement des crues de ces cours d'eau éloignés, qui s'y font sentir aux environs du maximum; ils ont pour effet de soustraire d'une manière absolue un certain volume à l'inondation, et s'ils ne font pas grand bien, à cause de l'insuffisance des retenues, ils ne peuvent jamais faire de mal. Cependant il arriverait encore souvent, lorsqu'il se produit plusieurs crues successives, que les retenues n'auraient pas été vidées à temps pour fonctionner à nouveau, ou le seraient mal à propos.

Supposons maintenant que la courbe des débits de l'affluent reste la même et qu'on fasse un barrage sur le cours d'eau principal (fig. 2 bis).

Dans ce cas, le débit maximum sera nécessairement diminué en aval du confluent et généralement il sera un peu avancé; cet avancement sera évidemment sans inconvénient, puisque en définitive le nouveau maximum sera moindre que le débit qui, au même instant, avait lieu sans la retenue.

En opérant sur le cours d'eau dont le maximum arrive le dernier à un confluent; on est donc toujours assuré de diminuer la crue dans la région d'aval.

Mais lorsque ce cours d'eau principal est le Rhône, on ne peut y établir de barrages, si ce n'est dans les parties supérieures de son cours, à une grande distance des plaines qu'il s'agit de défendre. Il faut donc bien que les barrages soient construits sur les affluents dont les crues arrivent aux confluents avant celle du fleuve. Or ainsi placés les barrages peuvent être dommageables, lorsque leur puissance de retenue est insuffisante.

IV. Pour passer des cas simples que nous avons considérés à celui de l'ensemble du bassin de l'un des affluents du Rhône, il faudrait aussi pouvoir indiquer comment les barrages devraient y être disposés pour agir le plus sûrement au profit de la vallée du fleuve. Mais nous ne voyons guère la possibilité de poser des règles générales.

Concevons qu'en prenant pour base de cette étude une crue générale dont on connaisse bien la marche, on classe les cours d'eau de manière qu'à un confluent quelconque le cours d'eau dont le maximum est en avance soit considéré comme étant d'un ordre inférieur par rapport à celui dont le maximum est en retard. Ainsi la rivière qui se jette dans le Rhône sera du premier ordre, ses affluents directs du second ordre, les affluents de ceux-ci du troisième ordre et ainsi de suite.

Désignons par Q_m le débit maximum RB (fig. 3) du Rhône, en amont de l'embouchure de l'affluent du premier ordre, et par Q_o le débit maximum QP du fleuve en aval de cette embouchure. Pour que le nouveau débit maximum Q'_o après le confluent devienne sûrement moindre que Q_o, par l'effet de barrages construits dans le bassin de l'affluent, il faut que la nouvelle courbe des débits ne coupe pas la courbe des débits du Rhône et qu'il reste partout un intervalle entre ces deux courbes, afin que pour les mettre en contact il faille abaisser la première. C'est cet abaissement qui mesurera la réduction du débit maximum ($Q'_o - Q_o$). Ainsi au moment où le Rhône atteint son maximum RB, il faut que le nouveau débit TD' de l'affluent soit plus petit que TB, qui est égal à $Q_o - Q_m$.

Les meilleures dispositions des barrages pour opérer le plus grand abaissement de la courbe des débits de l'affluent de premier ordre, avec les moindres retenues, consisteraient à barrer chaque cours d'eau en amont de ses affluents directs ou d'ordre immédiatement inférieur. Ainsi les rivières du troisième ordre seraient barrées en amont des embouchures de celles du quatrième ordre; celles du deuxième ordre en amont des embouchures de celles du troisième ordre, et l'affluent principal du premier ordre en amont des embouchures de ses tributaires du deuxième ordre. De cette manière les effets des retenues aux divers confluents seraient toujours exprimés par la figure 2 bis.

Mais le choix des emplacements des barrages n'est pas arbitraire, et sous le rapport de leur facile construction et de la capacité des réservoirs, ce choix est en général plutôt commandé par la configuration du terrain que par des considérations purement hydrotechniques. Il sera donc généralement impossible de se guider uniquement par le plus grand effet utile à obtenir des retenues, et on-sera conduit à projeter les barrages sur des cours d'eau dont les crues arrivent en avance au confluent avec ceux d'un ordre supérieur. Dans ce cas les effets des retenues en aval de ces confluents seront exprimés par la figure 2, et nous ne voyons pas de règle générale pour apprécier sûrement comment ces effets se feront sentir sur la crue du Rhône. Ce ne sera qu'en suivant de confluent en confluent la propagation de ces effets, et leurs combinaisons, qu'on pourra s'assurer de l'abaissement que la crue du fleuve en éprouvera.

Nous répéterons du reste ici que, quand même les retenues dans un affluent ne seraient pas utiles dans la région qui suit immédiatement son embouchure, elles pourraient l'être dans les régions situées plus en aval dans le cas où les débits provenant de cet affluent, et contribuant à ceux voisins du maximum dans ces dernières régions, seraient réduits par les retenues. Ainsi des retenues dans l'Ain pourraient être inutiles et même nuisibles à Lyon, et cependant être utiles à Valence; de même des retenues dans l'Isère, inutiles ou nuisibles à Valence, pourraient améliorer la situation de Pont-Saint-Esprit; de même encore des retenues dans la Drôme et dans l'Ardèche, tout en servant peu au Pont-Saint-Esprit, et en lui étant même préjudiciables, pourraient être utiles à Beaucaire[1]. Mais il ne serait sans doute pas admis que des retenues dussent favoriser certaines parties de la vallée au détriment des autres, et nous croyons qu'elles doivent toujours satisfaire à la condition de baisser

1. En 1856 le maximum de la Durance, à son embouchure dans le Rhône, n'a dû précéder celui du fleuve que d'environ trois heures. En 1840, l'avance de la rivière a dû être plus marquée ; mais les observations sur cette crue ne sont pas assez précises pour qu'on puisse en tirer des déductions exactes. Ces observations ne s'appliquent d'ailleurs qu'aux hauteurs maxima qui, à cause de la rupture des digues, ont précédé de beaucoup plus les débits maxima. Quoi qu'il en soit, il paraît très probable que, dans les inondations générales, les crues de la Durance devancent assez peu celles du Rhône, qui sont très accélérées par la Drôme et l'Ardèche, pour que les retenues faites dans la vallée de cet affluent important profitent toujours à la vallée du fleuve, si elles sont faites de manière à diminuer notablement le débit maximum de la rivière à son embouchure.

la crue du Rhône immédiatement en aval de l'embouchure de l'affluent dans la vallée duquel elles seraient établies.

Lorsqu'on considère comment les retenues faites sur un cours d'eau influent sur la réduction du débit maximum en aval de son confluent avec un autre, on s'aperçoit de suite qu'elles sont bien loin d'être toutes utilisées. Ainsi si la retenue est faite sur l'affluent (figure 2) elle se videra déjà au moment du nouveau maximum, après le confluent; elle est donc commencée beaucoup trop tôt au point de vue de cette région. Si la retenue est faite sur le cours d'eau principal (fig. 2 *bis*), elle se prolonge long-temps et sans utilité après le nouveau maximum. Dans le premier cas (fig. 2) les retenues anticipées seront à la vérité profitables en partie aux régions situées à une grande distance en aval, mais dans le second cas (fig. 2*bis*) les retenues prolongées ne peuvent servir nulle part.

Il est donc bien certain que les volumes d'eau retenus dépasseront toujours de beaucoup ceux qui seraient nécessaires dans une localité inférieure, si le barrage de retenue était placé immédiatement en amont de cette localité. Cela revient à dire que si, d'après la courbe des débits dressée dans la région où il s'agit d'abaisser les crues, on reconnaît qu'un certain abaissement pourrait être obtenu par une retenue d'un certain volume, il faudrait, pour réaliser le même abaissement avec des retenues faites à de grandes distances en amont, qu'elles aient un volume beau-coup plus grand.

V. Nous avons considéré jusqu'ici une crue simple ayant un seul maximum. En 1856 les choses se sont passées généralement ainsi ; ce-pendant comme cette grande crue a été précédée de deux autres, dans un intervalle de quinze jours, il est probable que tous les réservoirs remplis par celles-ci n'auraient pas eu le temps de se vider.

En 1840 il y a eu aussi plusieurs crues successives, notamment dans les vallées du Doubs et de la Durance, et très probablement encore l'effet utile des barrages aurait été considérablement diminué.

En général, des crues successives ne peuvent pas faire qu'immédiate-ment en aval de l'emplacement d'un barrage les crues atteignent des débits maxima supérieurs à ceux qui auraient eu lieu sans le barrage. En effet pendant que le réservoir se vide, le débit sortant est bien augmenté dans la période décroissante d'une première crue ; mais la vidange cesse dès que le débit entrant fourni par une nouvelle crue devient égal à celui sortant, et après ce moment le réservoir se remplit de nouveau jusqu'a-près le maximum de cette nouvelle crue (si le barrage n'est pas sur-monté), de sorte que le débit maximum sortant sera encore moindre que celui entrant[1]. Lors même que le barrage serait dépassé et qu'il cesserait d'augmenter sensiblement la retenue, le débit sortant ne pourrait jamais

1. Il faudrait un très vaste bassin se vidant au moment de l'arrivée d'une crue relativement faible pour que celle-ci n'arrêtât pas la baisse du bassin.

excéder le débit entrant dans la période qui précède le maximum de celui-ci. Toutefois on pourrait perdre en grande partie, et même presque en entier, la réduction du débit sortant qui résultait de l'emmagasinement naturel antérieurement à l'établissement du barrage; cela arriverait si cet emmagasinement naturel était plus fort que celui qui se produirait dans le réservoir barré, dans l'état où la nouvelle crue le trouverait. Pour cela il faut que le réservoir s'étende sur une vallée ayant une grande puissance d'emmagasinement, c'est-à-dire qu'il occupe de vastes et larges plaines. Ce serait là, sans doute, un cas exceptionnel dans un système de réservoirs nombreux et répartis dans toute l'étendue d'un bassin, mais on voit néanmoins que ce serait dans les emplacements les mieux disposés que cet inconvénient serait le plus à craindre, et qu'on ne pourrait pas le négliger si l'on se bornait à faire seulement des barrages dans les emplacements les plus favorables à augmenter l'emmagasinement.

Ce n'est donc que dans les localités où, en l'état naturel, le débit maximum ne s'aplatit pas notablement dans l'étendue du réservoir, qu'on doit admettre qu'un barrage (sauf bien entendu le cas de rupture) n'aggravera pas la situation de la localité immédiatement en aval de son emplacement lorsque plusieurs crues se succéderont. Mais, même dans ce cas, il pourrait n'en être pas ainsi pour des régions éloignées; car si le débit maximum y est alimenté par un débit bien antérieur au maximum dans l'emplacement du barrage, il pourra être augmenté par la baisse de la retenue avant qu'elle ait été arrêtée par la nouvelle crue, comme par exemple le lac de Genève en baisse peut augmenter les crues à Valence et en aval.

En tout cas, l'effet utile des barrages pourrait être annihilé, et serait pour le moins considérablement amoindri, par des crues successives. Ils deviendraient très probablement nuisibles si des crues successives avaient lieu sur des affluents sans barrages, tandis qu'il n'y en aurait qu'une seule dans ceux avec barrages; car les débits de la seconde crue des uns s'ajouteraient avec des débits augmentés par la vidange des réservoirs établis sur les autres.

VI. Dans ce qui précède, nous avons supposé des barrages à ouvertures permanentes. Nous avons déjà dit que les barrages pleins ne devaient être, selon nous, que d'une application restreinte aux petits cours d'eau très éloignés des points à défendre. Il resterait à considérer les barrages à fermetures automobiles, ou manœuvrés par les hommes. Ces barrages nous paraissent tout au plus applicables lorsqu'il s'agit de *défendre une localité située à peu de distance en aval*. Alors il peut n'y avoir pas trop d'incertitude sur le moment opportun d'opérer la fermeture. Cependant, si le réservoir n'avait pas une capacité surabondante en prévision des crues successives, on pourrait bien avoir à regretter quelquefois de l'avoir fermé trop tôt. Mais à part ces cas exceptionnels, justifiés par des circonstances locales, nous croyons que des barrages non manœuvrés seront généralement préférables, que cette manœuvre se fasse par des hommes ou par l'action même de l'eau. Ces sortes de barrages (abstraction faite du surcroît de dépense d'entretien et de surveillance) auraient ce grave inconvénient, pendant une inondation, qu'on ne saurait jamais quelle hauteur de retenue ou quel moment il faudrait fixer pour la fermeture. Si le barrage n'est fermé qu'aux environs du débit maximum présumé, il aura laissé passer, sans les atténuer, des débits qui à une certaine distance en aval concourent à former le débit maximum de la crue ; si la fermeture est commencée plus tôt, on s'expose à voir le réservoir rempli lorsqu'il devrait encore fonctionner utilement pour des localités plus rapprochées.

Il nous semble qu'au lieu de chercher à réaliser une économie par la réduction de la hauteur du barrage dans la pensée de mieux utiliser la retenue, il est plus pratique d'augmenter la capacité du réservoir de manière à laisser fonctionner la retenue beaucoup plus tôt et sans le secours d'aucun mécanisme. D'ailleurs, si les barrages doivent profiter à des localités éloignées, il faut, comme nous l'avons déjà dit, qu'ils agissent sur les débits dont l'influence a le temps de se propager jusque-là, débits qui sont bien antérieurs au débit maximum entrant dans le réservoir. L'excédant de retenue produit par les barrages à ouverture permanente, pour un même abaissement du débit maximum, sera donc utilisé au moins en partie.

Nous ne nous étendrons pas davantage sur le mode de construction des barrages pour ne pas nous écarter de l'objet de cette étude.

Au point de vue de l'évaluation des effets que des barrages pleins ou manœuvrés produiraient sur les crues, il n'est du reste pas nécessaire de reprendre les considérations que nous avons présentées dans l'hypothèse des barrages à ouvertures permanentes. La difficulté ne consistera jamais à prévoir comment un barrage modifiera les crues dans son emplacement même, mais bien comment cette modification se fera sentir à une grande distance en aval. Or nous croyons que, pour cela, il est absolument indispensable d'avoir des renseignements statistiques bien complets sur le régime des divers cours d'eau, d'étudier le mouvement d'une ou plusieurs grandes crues générales dans tout le bassin, d'établir les courbes des débits de ces crues dans les emplacements des barrages et aux principaux confluents, et d'avoir le moyen de déterminer comment la modification d'une de ces courbes de débits influera sur celle d'aval.

VII. — La solution de la grande question des retenues au point de vue technique est assurément d'une complication extrême ; ce qui ajoute à toutes ces difficultés, c'est l'incertitude des résultats qu'on croit pouvoir en déduire, car, à moins de couvrir un bassin de réservoirs ayant une surabondance de capacité capable de parer à toutes les éventualités, on ne pourra pas affirmer que ces résultats ne seront pas considérablement amoindris dans une nouvelle inondation, qui, dans la combinaison des crues de tous les cours d'eau du bassin, différera nécessairement à beaucoup d'égards de celle sur laquelle on aura basé les études et les projets. Notre but est de porter la question sur le terrain économique, où elle est infiniment plus simple, en ce qui concerne du moins la vallée du Rhône. Mais auparavant nous devons encore examiner si la méthode si compliquée qui exige des courbes de débits nombreuses, la connaissance au moins approximative de leur propagation de l'amont à l'aval et de leurs combinaisons aux principaux confluents, ne pourrait être suppléée par de simples observations sur les hauteurs maxima des crues.

Nous croyons que les relations qu'on chercherait à établir entre ces

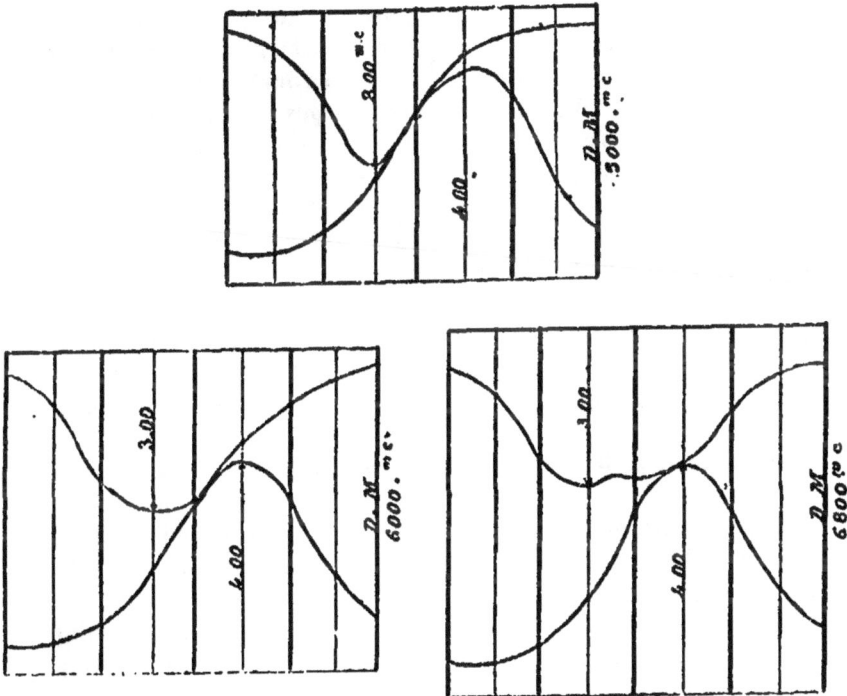

Figures 3 *bis.*

hauteurs ne suffiraient pas pour apprécier les effets des retenues ; car les débits maxima en un point donné ne dépendent pas uniquement des débits maxima des divers cours d'eau supérieurs, *mais encore de la durée de leurs crues, et de la manière extrêmement variable dont elles se combinent.* Négliger ces circonstances capitales, c'est négliger les éléments essentiels de la question. Les figures (3 *bis*) montrent clairement que deux cours d'eau ayant dans trois crues différentes les mêmes débits maxima de 3.000 mètres cubes et de 4.000 mètres cubes peuvent donner, en aval de leur confluent, des débits maxima de 5.000 mètres cubes, 6.000

mètres cubes ou 6,800 mètres cubes, sans que l'intervalle de leurs maxima particuliers soit changé.

Dira-t-on que le régime des rivières ne comporte pas de pareilles modifications? Ce serait une erreur, car le régime des cours d'eau en crue est extrêmement variable et, en comparant les diverses crues d'un même cours d'eau, on voit *qu'elles sont soumises à des changements bien autrement grands que ceux exprimés par les figures ci-dessus.* On sait par exemple que si le plus souvent tel affluent amène son débit maximum à son embouchure dans un autre cours d'eau avant l'arrivée du débit maximum de celui-ci, l'inverse se produit très fréquemment.

Pour peu qu'on veuille réfléchir aux mille causes qui peuvent modifier l'ordre d'arrivée des crues partielles des innombrables ruisseaux et rivières d'un grand bassin, leur plus ou moins de durée, le débit maximum que la crue atteindra dans le fleuve qui reçoit tous les cours d'eau paraîtra certainement un phénomène assez compliqué pour que, *a priori*, on ne doive pas espérer de pouvoir le formuler par une fonction simple des hauteurs maxima des crues des principaux affluents.

En cherchant à établir une loi entre les hauteurs maxima observées à différents points d'un bassin, on ne peut donc arriver qu'à des conjectures vagues, qui ne sauraient servir de bases à un calcul des effets qu'on devrait attendre de réservoirs établis en divers points de ce bassin. Une pareille loi n'existant pas réellement, les relations moyennes qu'on déterminerait en 10 crues, par exemple, seraient bien sujettes à être démenties par la onzième.

On ne serait certes pas plus sûr des résultats qu'on voudrait prédire d'après de pareilles relations que si, des quantités de pluie tombées pendant dix ans, on essayait de prévoir celle qui tombera à l'avenir.

Si une relation un peu constante entre les hauteurs maxima à deux endroits déterminés pouvait exister, ce serait assurément entre celles observées sur le même cours d'eau dans un intervalle où il n'y aurait pas de grands affluents, par exemple sur le Rhône au pont Saint-Esprit et à Avignon. Or, voici quelles ont été les hauteurs des trois plus grandes crues qui se sont produites depuis quatre ans :

	Octobre 1855.	Mai 1856.	Septembre 1857.
Pont-Saint-Esprit...	5m,00	6m,77	5m,80
Avignon.............	5 65	{7m,87 bras gauche} {8 45 bras droit}	4 65

Ainsi la crue brusque de 1857 s'est énormément aplatie du pont Saint-Esprit à Avignon. Celle plus longue de 1855 s'est moins affaissée, et dans celle de 1856 la hauteur a été plus grande à Avignon qu'au pont Saint-Esprit.

A supposer d'ailleurs qu'on trouve approximativement que la hauteur du Rhône à Lyon, par exemple, soit une fonction des hauteurs maxima de la Saône à Verdun, de l'Ain à Pont-d'Ain, de l'Arve à Carouge, cette fonction sera déduite de l'état actuel des lieux; or les retenues ayant pour conséquence nécessaire d'allonger les crues de tous ces affluents, de retarder les moments des maxima, de changer la propagation des débits, modifieront le mode d'écoulement de leurs crues, et par conséquent la fonction supposée cesserait d'être vraie; elle ne saurait donc servir à calculer les effets des retenues.

Des observations des hauteurs seules on peut incontestablement retirer de très utiles renseignements[1], et il est possible de prévoir, d'après les hauteurs d'eau annoncées télégraphiquement de divers points du bassin, dans quelles limites une crue pourra se tenir dans les régions inférieures. Toutefois, au lieu de baser ces prévisions sur des règles empiriques générales sujettes à de nombreuses exceptions et pouvant conséquemment induire en erreur, il sera peut-être préférable de se rendre compte, par une appréciation directe, de la hauteur présumée de la crue à l'embouchure de chacun des grands affluents. Mais en tous cas, si par ce moyen on peut connaître avec une approximation d'un mètre près, peut-être de 0m,50, la hauteur probable d'une crue, nous ne croyons pas qu'on puisse en déduire l'effet probable de retenues qui seraient pratiquées aux points d'où les hauteurs sont annoncées. Pour abaisser une grande crue du Rhône de 0m,50 à 1 mètre, nous verrons tout à l'heure que les capacités des retenues, en supposant qu'elles fonctionnent bien à propos, ne devraient pas être de moins de 800 millions de mètres cubes; et comme les crues du Rhône sont plus courtes dans la période des très grands débits que celles de beaucoup de grands fleuves, un même abaissement de ceux-ci exigerait probablement des retenues plus considérables encore.

VIII. — Pour qu'on puisse se rendre compte, avec quelque exactitude, des effets que produiraient des retenues destinées à diminuer les inondations, nous croyons qu'il est indispensable de connaître approximativement les débits qui se sont produits dans toute l'étendue du bassin, aux divers moments d'une des plus grandes inondations connues dont on aurait constaté la marche, depuis les emplacements des barrages jusqu'aux points qui doivent en profiter. Ces courbes de débits ne suffiraient d'ailleurs pas, car il faut encore connaître la durée de leur propagation dans les différentes régions du bassin.

Cependant elles permettent déjà de donner très simplement une limite inférieure, mais très inférieure, de la capacité des retenues qui seraient nécessaires pour obtenir un abaissement donné d'une crue, dans une localité donnée.

---

1. Avec un bon système d'observations de hauteurs, combinées d'une certaine manière, on déterminerait sans aucun jaugeage les débits correspondant aux diverses hauteurs dans les endroits où les modifications du fond du lit n'auraient pas une grande influence sur la relation des débits avec les hauteurs.

Soit MBACN (fig. 4) la courbe des débits en cet endroit. Si, immédiatement en amont de cette localité, on avait un réservoir dans lequel on pût emmagasiner à volonté, à partir du moment T' où le débit est BT', tous les excédents de débits, jusqu'au moment T", où le débit est naturellement revenu à la même valeur, on aurait emmagasiné un volume représenté par la surface de la calotte BAC. Mais il est bien évident que ce moyen est tellement éloigné de ceux qui sont praticables, qu'il ne peut donner qu'un aperçu très insuffisant des volumes qu'il faudrait réellement emmagasiner derrière un grand nombre de barrages cons-

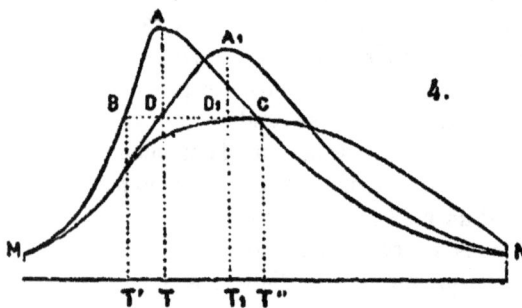

4.

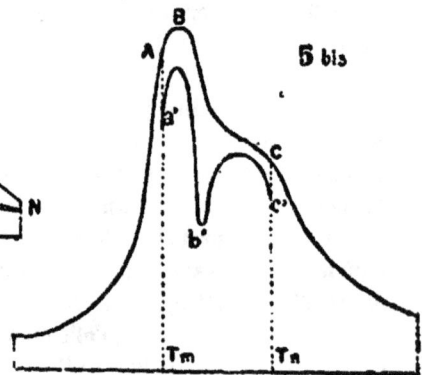

5 bis

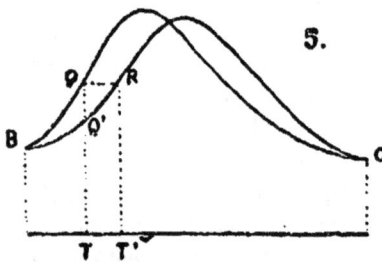

5.

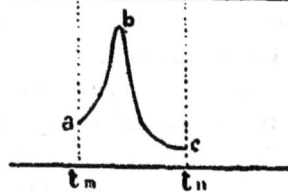

truits à de grandes distances des points qu'il s'agit de protéger. Dans l'hypothèse de ce calcul on retiendrait le strict nécessaire sans aucune déperdition, tandis qu'en réalité les effets des retenues se transmettraient toujours avec une très grande perte [1].

Quoi qu'il en soit, si l'on voulait appliquer cette manière de découronner horizontalement les courbes des débits aux petits cours d'eau, au moyen de barrages disposés de manière à ne fonctionner que lorsque la crue atteindrait une certaine hauteur, il faudrait avoir égard à une nou-

1. On a depuis longtemps appliqué au Rhône cette manière simple d'avoir des limites inférieures des retenues, mais en ayant soin de prévenir qu'elle supposait des moyens surhumains. M. Vallès, page 202, l'a aussi appliquée à la crue de 1846 dans la Loire, à Roanne. Il a seulement omis de dire que les volumes ainsi calculés étaient nécessairement bien inférieurs à ceux qu'il faudrait réellement retenir.

velle cause de déperdition des effets des retenues pour les régions d'aval.

Rappelons, ce qui est connu de tout le monde, que lorsque les courbes des débits sont arrondies vers leur sommet, les débits maxima diminuent, dans la propagation du flot de la crue, de l'amont vers l'aval (voir la note B), et que cet aplatissement des crues est surtout très prononcé pour les crues courtes, comme le sont en général celle des petits cours d'eau. Or, si l'on tronquait horizontalement la courbe des débits MBACN, de manière qu'elle prit la figure MBCN, il arriverait que, dans sa propagation vers l'aval, elle commencerait par s'arrondir avant de s'abaisser, de sorte que dans l'endroit où le maximum se produirait dans un intervalle de temps T'T", après le moment où l'on aurait commencé à faire la retenue, le débit CT' serait encore égal à BT'. Or si, par l'effet de l'aplatissement naturel, le débit maximum AT avait dû se réduire à $A_1 T_1$ dans la localité d'aval, il s'ensuit qu'à l'endroit où la retenue serait opérée, le débit maximum serait diminué de AD, tandis que, dans la localité inférieure, il ne le serait que de $A_1 D_1$.

Au point de vue de l'utilité des retenues pour les régions inférieures comme à celui de leur exécution moins difficile, et de l'avantage de la suppression de oute manœuvre dans laquelle on se tromperait le plus souvent, les barrages avec ouvertures permanentes dans le bas nous paraissent, comme nous l'avons déjà dit, devoir être préférés. Dans le cas où des réserves d'eau seraient utilisables pour l'agriculture, des barrages pleins pourraient être adoptés si l'on parvenait à concilier d'une manière pratique l'intérêt des irrigations, qui ferait tenir les réservoirs pleins, avec celui des inondations qui demanderait qu'ils fussent vides[1]. Nous croyons donc nous accorder avec la plupart des ingénieurs, en supposant qu'ils seront disposés avec des ouvertures permanentes, ou entièrement fermés dès le commencement des crues, ce qui les fera agir sur des débits beaucoup plus petits que le débit maximum.

Pour avoir une limite encore bien inférieure des volumes à retenir pour abaisser en un endroit donné le débit maximum de AT à A'T', on peut supposer que le barrage soit placé immédiatement en amont du point où l'abaissement doit être produit. Il fonctionnerait évidemment bien plus utilement qu'un ou plusieurs barrages situés en amont à de grandes distances, dont il serait impossible de coordonner le jeu de manière que dans toutes les crues, malgré leurs innombrables variations, les effets utiles de ces retenues pussent s'ajouter au lieu de s'annihiler partiellement les unes par les autres. Dans cette hypothèse, soit BAC (fig. 0) la courbe des débits avant l'établissement du barrage. Si, à la limite d'amont du remous produit par le barrage, la courbe des débits était sensi-

---

1. Il est bien entendu que ces barrages pleins auraient des ouvertures de fonds pour vider les bassins après les crues.

blement la même, ce serait encore la courbe des débits entrant dans le réservoir. Cherchons quelle sera la forme de la courbe des débits à la sortie du barrage. Le débit de sortie devenant un maximum en même temps que le volume emmagasiné, si la surface du réservoir n'est pas extrêmement vaste et reste sensiblement horizontale, il s'ensuit que l'intersection A′ des deux courbes se fera au point même du maximum de la courbe de sortie. En conséquence, si la retenue doit commencer à agir à partir du moment correspondant au débit BO, la courbe des débits sortant du barrage sera tangente en B à la courbe des débits primitifs, et aura sa tangente horizontale au point où elle coupera celle-ci, ce point

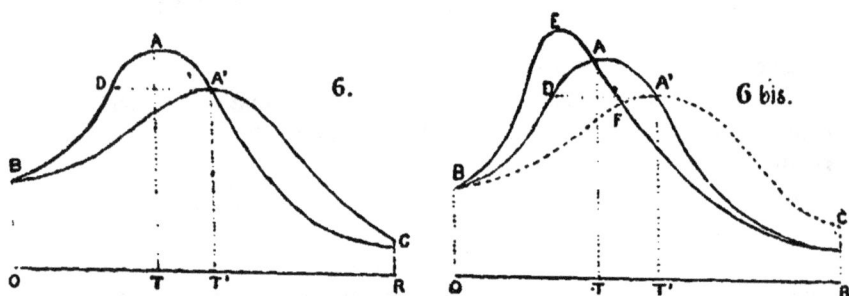

d'intersection correspondant d'ailleurs à un débit égal au maximum de sortie dans la période de décrue en amont du barrage. Le volume à emmagasiner sera donc représenté non seulement par la calotte DAA′, mais par toute la surface BDAA′. Le tracé des points intermédiaires de la courbe BA′, de même que celui de son prolongement A′C, se feraient sans difficulté par les formules connues de l'hydraulique si l'on avait la forme du réservoir en amont du barrage et celle du canal d'écoulement en aval. Mais ces recherches, qu'il faudrait faire à l'occasion des projets de détail des barrages dont l'utilité serait reconnue, sont superflues lorsqu'on veut seulement examiner cette utilité, ou qu'on se propose de chercher la limite inférieure des volumes totaux à retenir en amont d'une localité pour y obtenir une certaine diminution du débit maximum, parce que bien évidemment les erreurs qu'on commet nécessairement dans ces questions sont autrement grandes que celles qui proviendraient du tracé inexact de la courbe BA′[1].

Supposons maintenant que dans cette localité le barrage fictif doive produire un remous qui s'étende très loin, et même dans des affluents importants. Dans ce cas, la courbe des débits entrant dans le réservoir (on doit le concevoir comme étant limité par le périmètre du remous maximum) différera très sensiblement de la courbe des débits sortants.

[1]. Nous avons indiqué dans une note spéciale la méthode qui nous paraît devoir être employée pour déterminer le tracé de la courbe BA′.

— Soient BEC la courbe des débits entrants et BAC celle des débits sortants (figure 6 *bis*). Si BA'C est la nouvelle courbe de sortie, après l'exécution du barrage, il est bien évident que ce sera toujours la surface BAA'F qui représentera le volume d'eau dont on aura retardé la sortie et qu'il aura fallu retenir en sus de l'emmagasinement naturel au moyen du remous du barrage. Or c'est au moment où le nouveau débit sortant sera un maximum que le remous sera le plus élevé, et que l'augmentation de retenue sera aussi un maximum. La courbe AA'C aura donc encore sa tangente horizontale en A'. Par conséquent, le volume de la retenue provenant du barrage doit être calculé sur la courbe des débits sortants sans le barrage et non sur celle des débits entrants. On commettrait une erreur en prenant la surface BAF, au lieu de la surface BAA'F, car si, après la construction du barrage, le volume maximum emmagasiné (c'est-à-dire le maximum de la différence entre les emmagasinements positifs et les emmagasinements négatifs) est représenté par BEF, il n'en est pas moins vrai que, jusqu'à l'instant marqué par le temps OT', la retenue du barrage devra opérer soit pour augmenter les emmagasinements positifs, soit pour diminuer les pertes ou emmagasinements négatifs, et qu'en définitive le volume maximum du remous se composera de la somme de ces augmentations et de la somme de ces diminutions.

IX. Le procédé que nous venons d'indiquer peut donner, comme nous l'avons dit, une limite bien inférieure du volume que devrait avoir un ensemble de retenues quelconques, pour obtenir un abaissement déterminé dans une localité donnée. Mais il ne saurait servir à faire connaître les effets d'un barrage déterminé à une certaine distance en aval. Pour cela il est indispensable, nous le répétons, d'avoir au moins approximativement les courbes des débits des plus grandes inondations connues, dans les emplacements des réservoirs et dans ceux qui doivent en profiter, ainsi que les durées de propagation des différents débits dans toute cette étendue.

Cette méthode, nous objectera-t-on, est impraticable par sa complication? D'abord, si les retenues doivent entraîner à de grandes dépenses, il ne serait pas regrettable qu'on se livrât à tous les travaux préparatoires nécessaires pour en justifier l'utilité; ensuite cette dépense ne serait assurément pas autorisée, si les ingénieurs qui les proposeront n'en démontraient pas le bon emploi; *car un travail quelconque ne doit jamais coûter plus qu'il ne vaut.* Enfin, si la solution exacte de la question est inabordable, on peut en approcher par des aperçus approximatifs, et nous allons, en effet, montrer comment on peut se rendre compte des conditions auxquelles des retenues doivent satisfaire pour être utilement appliquées sur le Rhône.

X. Dans ces recherches nous prendrons pour base les courbes des débits de la crue de 1856, qui, bien qu'elle ait généralement dépassé en hauteur celle de 1840, pourrait cependant être abaissée avec des retenues moindres que cette dernière, parce qu'elle a été beaucoup plus courte et qu'en définitive les volumes écoulés dans la période du débordement ont été bien plus considérables en 1840 qu'en 1856.

En établissant nos calculs sur la crue de 1856, nous nous plaçons dans des circonstances très favorables à l'efficacité des retenues.

La question de l'utilité des retenues dans l'intérêt de la vallée du Rhône se compose de trois éléments :

1° Le volume d'eau qu'il faudrait retenir ;

2° L'estimation du dommage qui serait empêché ;

3° La dépense qu'exigerait la retenue.

L'étude des projets de réservoirs dans les affluents n'étant pas dans nos attributions, nous n'avons pas qualité pour estimer cette dépense. Nous ne pouvons que dire ce qu'elle devrait être au plus pour être faite utilement.

Ce travail n'a d'ailleurs pas pour objet de traiter d'une manière complète et générale la question si difficile de l'efficacité des retenues. Nous nous proposons seulement de montrer à quelles conditions il faudrait satisfaire : soit qu'on voulût seulement abaisser dans la vallée du Rhône une crue pareille à celle de 1856, de manière qu'elle ne rompît pas le s digues, et n'occasionnât pas ces désastres émouvants qui donnent un si vif intérêt à l'étude des moyens préventifs à opposer aux inondations ; soit qu'on voulût empêcher totalement les dégâts produits par le débordement sur les plaines.

M. Kleitz montre ensuite que les dépenses à faire pour défendre la vallée du Rhône, à l'aide de retenues, seraient hors de proportion avec les résultats utiles correspondants.

Nous ajouterons seulement aux observations générales qui précèdent les notes A et B, auxquelles l'auteur renvoie dans cette première partie de son travail.

Note A.

Considérons d'abord deux sections d'écoulement à deux points M et M' d'un cours d'eau, dans l'intervalle desquels il n'y a pas d'affluent, et soient BQC et BQ'C les courbes des débits d'une crue à ces deux points (fig. 5).

À un instant quelconque marqué par le temps T, le débit Q entrant par l'amont est égal à celui Q' sortant par l'aval augmenté de l'emmagasinement (Q-Q') rapporté à l'unité de temps. La surface BQQ' mesure le volume emmagasiné depuis l'origine de la crue jusqu'à l'instant T, et ce volume est un maximum BQRQ' lorsque le débit entrant est égal à celui sortant. Après cet instant l'emmagasinement se vide et devient négatif.

Cela posé, si l'on mène l'horizontale QR, on voit que le débit Q d'amont se sera produit dans la section d'aval au bout du temps T'. La durée de la propagation du débit Q, à la distance S qui sépare les deux sections, sera égale à T' — T. La vitesse de propagation, ou la distance parcourue dans l'unité de temps, sera $\dfrac{S}{T'-T}$ et la durée de la propagation pour l'unité de distance sera $\dfrac{T'-T}{S}$

Ces vitesses de propagation des débits sont essentiellement distinctes et pour ainsi dire indépendantes des vitesses d'écoulement de l'eau. Il ne s'agit pas d'un volume d'eau composé de particules déterminées qui se transportent de l'amont à l'aval, mais de la production d'un même débit en deux points différents.

Des formules simples, mais dont l'application exige malheureusement de très longues opérations et des calculs nombreux, permettent de calculer les vitesses de propagation de débits de 1.000, 2.000, 3.000 mètres cubes, etc., dans les diverses régions d'un cours d'eau, et pour le Rhône ces calculs ont été faits entre Lyon et le pont Saint-Esprit.

Si l'on représente par B le volume emmagasiné au bout du temps T on aura

$$Q - Q' = \frac{dB}{dt}.$$

Cette formule permet encore de déduire le débit d'aval de celui qui existe simultanément en amont, au moyen du mouvement de l'emmagasinement ; les volumes $\dfrac{dB}{dt}$ pour la crue de 1856 ont aussi été calculés pour le Rhône entre Lyon et Beaucaire.

Rigoureusement la vitesse de propagation varie avec la variation du débit par rapport au temps $\big[\, q = f(t)\,\big]$, c'est-à-dire avec la forme de la courbe des débits. Mais, sans dépasser la limite des erreurs inévitables dans les questions d'hydraulique, on peut admettre que pour chaque région la vitesse de propagation est constante pour le même débit. En admettant que dans chaque section il existe une relation constante $q = f(h)$ entre les débits et les hauteurs du cours d'eau au-dessus d'un plan de comparaison arbitraire et en désignant par L la largeur moyenne du champ d'inondation sur l'unité de longueur, on aura exactement pour la durée de propagation du débit Q à l'unité de distance :

$$\theta = \frac{L}{\dfrac{dq}{dh}}.$$

Si A représente la surface qu'aurait le champ d'inondation sur une longueur S, si dans chaque section transversale le débit était égal à q, et qu'on donne au rapport $\dfrac{dq}{dh}$ une valeur moyenne pour les diverses sections de la longueur S, la durée de la propagation à cette distance sera donnée par la formule : $\dfrac{A}{\dfrac{dq}{dh}}$.

L'expression rigoureuse de la durée de propagation rapportée à l'unité de distance en un point où l'on aurait le débit q et la section ω en fonction de t est

$$\theta = \frac{\dfrac{d\omega}{dt}}{\dfrac{dq}{dt}}.$$

Celle de la durée de propagation du débit maximum est

$$\theta = \frac{\dfrac{d^2\omega}{dt^2}}{\dfrac{d^2q}{dt^2}}.$$

Les formules que nous venons d'écrire se démontrent facilement.

Les hauteurs bien observées dans des crues diverses peuvent donner approximativement les hauteurs qui se rapportent à des débits égaux de régime permanent, à deux échelles qui ne sont pas séparées par des affluents considérables, pourvu que dans cet intervalle le fond du lit n'éprouve pas, ainsi que cela arrive en beaucoup d'endroits sur le Rhône, des modifications qui empêchent qu'il y ait une relation constante entre les débits et les hauteurs. Lorsqu'on peut avoir approximativement les hauteurs équivalentes quant au débit à ces deux échelles, on pourra évaluer la durée de propagation de ces débits au moyen des intervalles de temps qui ont séparé, dans plusieurs crues, la production des hauteurs équivalentes aux deux échelles.

En aval de l'embouchure d'un affluent, le débit Q du cours d'eau principal se compose de la somme des débits simultanés des deux cours d'eau. Si donc on connaît la durée de la propagation du débit Q jusqu'à l'affluent suivant, on déterminera comment chacun des débits en amont de ce second affluent se produit par un débit de l'affluent supérieur et un débit fourni par le cours d'eau principal. En ajoutant aux débits en amont du second affluent les débits simultanés de ce même affluent, on saura comment chaque débit, en aval du second affluent, a été formé, avec un débit de chacun des deux affluents et un débit venant du cours principal, et ainsi de suite. C'est ainsi qu'il faut concevoir comment les débits des divers affluents contribuent à former les débits du cours principal en un point quelconque de sa vallée.

Si l'on connaissait les vitesses de propagation des débits, variables dans les diverses parties d'un bassin, et, ce qui est beaucoup plus difficile, la loi de la diminution progressive des débits maxima (aplatissement des crues, voir la note B), on pourrait figurer sur la courbe des débits du cours d'eau principal, en un endroit donné, le contingent d'un affluent quelconque, c'est-à-dire sa part dans les débits qui se produisent à chaque instant en ce même endroit. La solution rigoureuse de ce problème est impossible ; mais on peut y arriver avec une approximation suffisante pour la pratique, lorsqu'on veut seulement apprécier grossièrement les effets des retenues qui seraient faites sur un affluent.

Supposons, pour fixer les idées, qu'on veuille se rendre compte de l'influence la crue de la Drôme sur la courbe des débits du Rhône à Beaucaire.

Soient ABC (fig. 5 *bis*) cette courbe et *abc* celle de la Drôme entre les instants marqués par les temps t_m et t_n. Désignons par q_m et q_n les débits marqués par les ordonnées at_m et ct_n. Il faudra chercher à quels débits du Rhône q_m et q_n en amont du confluent s'ajoutent les débits K_m et K_n de la Drôme, et se rendre compte approximativement de la durée de propagation jusqu'à Beaucaire des débits (q_m+K_m) et (q_n+K_n), en ayant égard à leur combinaison avec ceux des affluents en aval de la Drôme.

Supposons que ces deux durées de propagation soient les mêmes, que le débit (q_m+K_m) concoure à former le débit $AT_m=Q_m$ et que le débit (q_n+K_n) concoure à former le débit $CT_n=Q_n$. L'intervalle (T_n-T_m) sera ainsi égal à celui (t_n-t_m). Supposons encore que tous les débits intermédiaires de la Drôme se propagent avec la même vitesse que les débits K_m et K_n. Dans cette hypothèse il suffira de retrancher les ordonnées de la courbe de la Drôme de celles de la courbe de Beaucaire en comptant à partir de AT_m les mêmes intervalles de temps qu'à partir de at_m sur la courbe de la Drôme. On trouverait ainsi que les débits de la Drôme entre les instants t_m et t_n forment sur la courbe de Beaucaire la surface comprise entre ABC et *abc*, et que si la Drôme était supprimée la courbe de Beaucaire deviendrait $a'b'c'$ entre les instants T_m et T_n[1].

L'hypothèse de l'égale durée de propagation des divers débits que la Drôme vient ajouter au Rhône n'est pas vraie. La vitesse de propagation est plus grande pour les petits débits du Rhône, elle atteint un minimum

---

1. Rigoureusement la modification que la courbe de Beaucaire éprouverait par la suppression de la Drôme ne reviendrait pas à supprimer sur cette courbe l'emplacement occupé par les débits de la Drôme, parce que la propagation des débits du Rhône entre la Drôme et Beaucaire serait elle-même modifiée.

à une certaine hauteur de débordement sur les plaines et recommence à croître au delà. L'intervalle de temps $(T_n — T_m)$ n'est donc pas égal à $(t_n — t_m)$, mais dans tous les cas la surface $A\,a'b'c'\,CB$ doit être rigoureusement égale à la surface $t_m abc t_n$.

Le temps $(T_n — T_m)$ peut être plus petit que $(t_n — t_m)$, mais en général lorsque la crue de l'affluent précède de beaucoup celle du Rhône, les débits de sa période croissante se propagent plus vite que ceux de la période décroissante, de sorte qu'on peut dire alors que la courbe des débits de l'affluent s'allonge en se propageant sur le Rhône. Il est d'ailleurs une cause qui tend toujours à produire cet allongement, c'est la diminution progressive du débit maximum d'une crue entre deux affluents consécutifs. En conséquence, en supposant que les divers débits de la crue d'un affluent (surtout lorsqu'elle est courte) se propagent dans la crue du cours d'eau principal avec une même vitesse (qu'on peut faire égale à la vitesse de propagation moyenne), on fait une hypothèse qui exagère en général la part qui revient à cet affluent dans les débits du fleuve à une grande distance en aval. Elle exagère également l'influence qu'auraient sur le Rhône des modifications qu'on apporterait aux débits de l'affluent.

Il est du reste possible d'estimer, par la combinaison des courbes des débits du Rhône et des affluents et par les vitesses de propagation calculées approximativement, les intervalles de temps variables que les divers débits de la Drôme, par exemple, mettent à arriver à Beaucaire, et à part la mesure de l'aplatissement de la crue, on peut se rendre compte à peu près comment la courbe des débits de la Drôme se déforme dans sa propagation avec celles du Rhône.

Quoiqu'il en soit de la difficulté de ce problème, on peut imaginer la place que la crue d'un affluent occupe sur la courbe des débits dans la région inférieure du fleuve. Si l'on considère de cette manière ce que devient dans cette région un petit affluent éloigné et à crues brusques, on voit qu'une réduction relativement forte de son débit maximum peut être insignifiante pour le débit maximum du fleuve et l'on voit surtout combien cet effet est incertain, puisque cette position de la courbe des débits de l'affluent sur celle du fleuve peut varier par suite de mille circonstances.

En transportant sur la courbe des débits d'une localité les réductions de débits faites dans un endroit situé en amont au moyen de la vitesse de propagation moyenne de ces réductions, on néglige l'effet des emmagasinements sur l'aplatissement des débits maxima, et si, entre les deux localités, il y a de vastes plaines où il se fait des emmagasinements considérables, on exagérerait beaucoup, en opérant par cette méthode abrégée, les réductions de débits dans la localité d'aval. Dans ce cas, il convient toujours d'établir les courbes des débits à l'entrée et à la sortie de chacune de ces grandes plaines, et de se rendre compte comment les modifications faites à la première se transmettront à la seconde, en ayant égard à la diminution de l'emmagasinement.

Note B.

Le fait de la diminution progressive du débit maximum des crues dans l'intervalle de deux affluents, qu'on appelle ordinairement l'aplatissement des crues, est bien reconnu par l'expérience. Il aurait lieu même dans un canal régulier, et cela résulte théoriquement de ce que, dans le mouvement d'un courant en crue, la vitesse moyenne, la section et le débit ne prennent pas simultanément leurs valeurs maxima. Le maximum de la vitesse précède celui du débit, qui précède celui de la section. Mais, dans les cours d'eau naturels à larges plaines, l'aplatissement des crues qui débordent est beaucoup plus considérable et cela tient soit à ce que les plaines continuent à se remplir et à emmagasiner après que le débit a eu son maximum dans l'étendue de ces plaines, soit à ce que les divers courants dans lesquels se divise le débit entrant, en amont d'une plaine, se réunissent à la sortie de cette plaine, de manière que le maximum en ce point est formé par d'autres débits partiels que ceux qui forment le débit maximum entrant.

Ainsi, par exemple, si un débit maximum entrant de 10.000 mètres cubes se décompose en deux courants dont les débits maxima soient de 8.000 et 2.000 mètres cubes, et que le dernier courant propage ses débits plus lentement que le premier, le maximum à la réunion, en aval de la plaine, se composera d'un débit décroissant du premier courant et d'un débit croissant du second qui seront moindres que 8.000 et 2.000 mètres cubes. On sait, en effet, qu'en aval de la jonction des deux cours d'eau le débit est maximum lorsque la croissance de l'un (rapportée à l'unité de temps) est égale à la décroissance de l'autre. Les figures 2 et 2 *bis* mettent cet axiome en toute évidence.

Signé : KLEITZ.

Voici maintenant un extrait du dernier ouvrage de M. Duponchel, sur son projet bien connu du limonage des Landes. On trouvera dans cet extrait un historique des accidents survenus à de grands barrages de vallées, et des observations sur les réservoirs d'emmagasinement des crues que pourrait procurer l'exécution des limonages projetés par l'auteur.

Tous les réservoirs espagnols, de même que ceux que l'on a essayé de construire en France et en Algérie sur des types analogues, sont des réservoirs-barrages formant retenue en plein lit de rivières torrentielles. Ils sont donc, dès lors, exposés à deux causes principales de destruction : l'envasement qui les met rapidement hors de service lorsqu'on ne peut y remédier; la rupture de la digue de retenue qui, à un moment donné, peut ouvrir issue à une trombe d'eau qui balaye au loin les habitations et les propriétés riveraines sur toute l'étendue de la vallée en aval du barrage.

...Si l'on peut, à la rigueur, espérer un remède à l'envasement des réservoirs-barrages, on ne saurait compter en trouver contre la rupture du barrage de retenue, qui en principe doit toujours se produire un jour ou l'autre, sur un cours d'eau torrentiel, d'autant plus terrible dans ses conséquences qu'elle aura été plus longtemps retardée, et coïncidera par suite avec une crue naturellement plus forte elle-même. Les ingénieurs peuvent sans doute calculer avec toute la rigueur désirable les épaisseurs qu'un barrage de retenue doit avoir pour résister à la pression de l'eau dont il relève le niveau; mais ce qu'ils ne sauraient jamais garantir, c'est la résistance du barrage à l'action destructive des eaux qui s'écoulent par déversement sur sa crête, quand le réservoir est rempli.

Les maçonneries artificielles qui constituent le barrage, les rochers naturels qui peuvent former le seuil de son radier d'aval, n'offrent jamais qu'une résistance relative à la chute de la nappe d'eau qui tombe sur eux de toute la hauteur du barrage, et dont rien ne permet de délimiter par avance le poids total. De même qu'il n'est blindage de navire qu'on ne puisse défoncer par l'emploi d'un projectile de calibre suffisant, de même il n'est mur ou radier de barrage qui ne doive être tôt ou tard enlevé par le déversement d'une crue torrentielle supérieure à toutes celles qu'on avait pu observer précédemment.

Dans l'historique des réservoirs si peu nombreux, en somme, qui ont été construits en divers pays, on compte pour ainsi dire autant de sinistres que d'ouvrages. Ce sont, entre autres :

En France, les ruptures successives des réservoirs du Plessis et de Bertrand, sur le canal du Centre;

En Angleterre, la rupture du réservoir de Sheffield, d'une contenance de 3 millions de mètres cubes, qui a coûté la vie à 250 personnes et détruit 800 maisons ;

En Espagne, la rupture du réservoir de Puentès ou de Seria, d'une capacité de 15 millions de mètres cubes, qui a fait périr 600 personnes et occasionné des dommages évalués à six millions de francs;

En Algérie, la rupture du barrage de Tabia et les deux ruptures successives du barrage de l'Habra.

Ce dernier barrage a été emporté deux fois en moins de dix ans. La première fois, la crue étant relativement faible, l'inondation produite s'était arrêtée à quelques centaines de mètres du village de Perrégaux.

et n'avait occasionné que des dommages matériels de peu d'importance, à raison de l'état à peu près complet d'abandon dans lequel se trouvait alors la vallée inférieure. On peut juger cependant des résultats qui se seraient produits si le pays avait été cultivé et peuplé, par ce fait que les ingénieurs n'ont pas évalué à moins de 200.000 mètres cubes le volume des déblais affouillés et entraînés à l'issue de la brèche, lors de cette première rupture.

Le barrage ayant été reconstruit plus solidement, a montré plus de résistance. Il a fallu une crue beaucoup plus forte pour l'enlever. L'inondation a été d'autant plus considérable et a balayé les localités que la précédente avait épargnées. Les hommes et les maisons ont été emportés par centaines; les chemins de fer de Saïda et d'Oran ont été détruits et coupés sur de grandes longueurs. Bien que les détails navrants de ce désastre récent ne soient pas encore parfaitement connus, il est à espérer que la tradition légendaire s'en perpétuera assez longtemps dans le pays pour empêcher la reconstruction d'un ouvrage qui devrait fatalement ramener une troisième catastrophe du même genre.

Si l'on peut encore parfois songer à transformer en réservoirs d'une petite capacité quelques gorges étroites et profondes, à parois rocheuses, telles que celles qui ont été établies en Espagne pour l'alimentation d'une ville ou de quelques jardins; si l'on peut, à un autre point de vue, s'essayer à ménager la cuvette de quelques petits lacs naturels perdus dans les hautes régions des Alpes ou des Pyrénées, on ne saurait sérieusement compter sur des travaux de ce genre pour régulariser et ramener à un module uniforme le régime torrentiel d'une rivière de quelque importance.

Si l'on veut obtenir ce dernier résultat, ce n'est plus par unités ou dizaines, mais par centaines de millions de mètres cubes qu'on doit calculer la capacité des réservoirs, de manière à pouvoir emmagasiner, non seulement l'excédent d'une saison pluvieuse moyenne, mais celui d'une saison exceptionnelle, pour le répartir sur plusieurs années de sécheresse successives.

Prenons pour exemple la Neste, dont le débit moyen peut être considéré comme égal à 25 mètres par seconde pour l'année entière, que nous pouvons supposer réparti en trois périodes successives de quatre mois chacune, pendant lesquels ce débit aurait des valeurs variables de 10, 25 et 40 mètres. Si l'on voulait ramener le régime de cette rivière à un module uniforme et constant de 25 mètres, il faudrait emmagasiner les 15 mètres cubes d'excédent de la saison pluvieuse pour les répartir sur la période équivalente de l'étiage, ce qui exigerait un réservoir de 150 millions de mètres cubes environ. Mais si l'on admet, ce qui n'a rien que de très plausible, que le débit annuel, au lieu d'être constant, puisse varier du simple au double, de 500 à 1,000 millions de mètres, et qu'on veuille l'équilibrer d'une année à l'autre, la quantité à mettre en réserve pourra s'élever à plus de 300 millions de mètres.

Il est évident que, en dehors même des considérations de sécurité publique, qui ne sauraient jamais permettre de s'y arrêter, on devrait nécessairement reculer devant le chiffre énorme de dépenses qu'entraînerait l'exécution d'un ouvrage aussi colossal, dans le système actuellement suivi des barrages réservoirs en plein lit de vallée.

Nous avons vu dans quelles conditions se présente la solution du problème par le nouveau procédé que j'ai proposé. Le creusement d'un réservoir en déblai, d'une capacité de 2 à 300 millions de mètres cubes, devient une entreprise très réalisable dont le prix de revient n'aurait rien d'excessif, alors même que les frais de creusement ne seraient pas couverts, et au delà, par l'utilisation des déblais pour le limonage et la fertilisation des terrains inférieurs. Établi dans les conditions précédemment indiquées, un pareil réservoir, eût-il 100 mètres et plus de profondeur d'eau, ayant son plafond creusé au-dessous du niveau des vallées les plus voisines, séparé d'elles par des digues de terrain naturel de plusieurs kilomètres d'épaisseur, me paraîtrait offrir des garanties absolues de solidité.

On pourrait d'autant moins conserver de craintes à ce sujet, que les cas de rupture connus des barrages-réservoirs sont moins provenus de l'insuffisante épaisseur des digues ou barrages de retenue que du déversement obligé de l'excédent des grandes crues sur la crête de ces digues. Cet inconvénient disparaîtrait évidemment pour les réservoirs en déblai, qui ne recevraient que l'eau qu'on voudrait y introduire, et que la manœuvre d'une vanne suffirait à isoler du cours d'eau alimentaire, avant le moment où l'on pourrait avoir à redouter un débordement.

... Je puis me tromper dans mes appréciations; mais si l'examen approfondi de mon procédé, si quelques essais faits avec sagesse confirment mes espérances, on peut entrevoir déjà toutes les conséquences qui en résulteraient.

Des réservoirs analogues à celui que j'ai indiqué pour la Neste pourraient être multipliés sur tous les versants de nos grands massifs montagneux, et principalement dans la région des Pyrénées.

On ne saurait estimer à moins d'un million d'hectares la zone des hauts versants supérieurs à la cote 600 mètres, dont on pourrait ainsi aménager les eaux sur toute cette étendue de notre frontière méridionale. Nous avons vu, par l'exemple particulier de la Neste, que les cours d'eau de cette région montagneuse, alimentés par des précipitations exceptionnelles de pluies et de neiges, ont des débits excessivement élevés.

Celui de la Neste, en particulier, correspond à l'écoulement moyen d'une lame d'eau de 1m,25 sur toute l'étendue de son bassin. En ne comptant que sur le quart de cette quantité, sur une tranche d'eau moyenne de 0m,30 à mettre en réserve, on pourrait se procurer un approvisionnement annuel de 3 milliards de mètres cubes d'eau qui, suivant qu'on en régulariserait l'emploi pour une période d'irrigation ou de sécheresse de quatre à six mois, pourrait assurer des débits uniformes de 2 à 300 mètres cubes par seconde aux dérivations que ce réservoir alimenterait.

Pour contenir et faire fonctionner dans les meilleures conditions une réserve pareille, de beaucoup supérieure très certainement à celle dont les lacs des Alpes assurent l'emploi aux plaines lombardes, il suffirait d'affecter à l'usage de ces lacs artificiels une superficie de terrain de très peu de valeur, ne dépassant pas 3 à 4,000 hectares, suivant que la profondeur moyenne des retenues varierait de 100 à 80 mètres.

L'entreprise exigerait comme opération préalable une fouille de 3 à 4 milliards de mètres cubes, triple de celle qui serait nécessaire pour recouvrir le sable des Landes d'une couche uniforme de limons fertilisants de $0^m,10$ d'épaisseur; ce surcroît de déblais ne trouverait pas ailleurs un emploi moins avantageux, pour l'amélioration du sol arable de toute la région sous-pyrénéenne et le comblement des marais et étangs de tout le littoral méditerranéen entre l'embouchure de l'Aude et celle du Tech. Ce serait sans doute une opération de longue haleine qui ne pourrait se terminer en un jour, mais dont les résultats d'amélioration graduelle, s'accroissant d'eux-mêmes progressivement, ne tarderaient pas à faire de toute cette région la contrée du monde la plus favorisée, au double point de vue agricole et industriel, par la fertilisation de son sol régénéré, aussi bien que par l'abondance de ses eaux courantes.

K. — Les plantes aquatiques.

Les plantes aquatiques que l'on rencontre dans la vallée de l'Escaut sont nombreuses et appartiennent à des genres variés. En les étudiant au point de vue des précautions à prendre pour assurer le libre écoulement des eaux, on est amené à établir deux catégories. La première comprend les *plantes de fond*, et la seconde les *plantes de surface*.

Plantes de fond. — Nous entendons par plantes de fond celles qui ont leur racine au fond de l'eau et qui n'émergent que pour fleurir. Les plus répandues sont :

Les graminées, notamment :

1° Le roseau, tige cylindrique engaînante, feuilles alternes sortant de nœuds saillants ;

2° La presle, tige herbacée, creuse et cylindrique, feuilles verticillées.

Les massettes, comprenant :

1° La massette à larges feuilles, tige dépourvue de nœuds, feuilles un peu engaînantes, très longues, en forme de glaive ;

2° Le ruban d'eau à tige droite, à feuilles triangulaires ;

3° Le ruban d'eau flottant, à feuilles flottantes.

Les joncs. Plantes herbacées, vivaces, tige ou chaume cylindrique, feuilles engaînantes à la base.

Les mousses et notamment le câlin, petites plantes aux racines très fines et touffues, tige simple ou rameuse, feuilles petites, étroites et tubulées (en forme d'alène).

Les nymphéacées comprennent :

1° La morrène, plante herbacée, dont les tiges libreuses émettent des rejets traçants ; les fleurs naissent de houppes qui les élèvent au-dessus de l'eau.

2° Le nénuphar, grande et belle plante dont les feuilles et les fleurs s'étalent à la surface des eaux. Les feuilles sont larges, arrondies, épaisses ; les fleurs sont blanches ou jaunes.

Les nymphéacées forment la limite entre les plantes de fond et celles de surface dont nous parlerons plus bas.

Influence des plantes de fond sur l'état d'entretien des cours d'eau. Sous le rapport de l'influence des plantes de fond sur l'état d'entretien des cours d'eau, il faut distinguer les plantes rampantes de celles à tiges droites.

Les plantes rampantes, et notamment la mousse, se propagent par les fortes chaleurs avec une rapidité étonnante. Après avoir tapissé le lit, ces plantes s'élèvent au-dessus du fond, formant un véritable barrage au-dessus duquel l'eau passe en déversoir. Il est aisé de comprendre qu'il se produit à l'amont de ces barrages de mousse un remous qui retarde le dessèchement.

Les plantes à tige droite, quand elles ne sont pas trop rapprochées, ne diminuent pas d'une façon appréciable la vitesse des eaux ; mais quand on a laissé se propager librement ces plantes, surtout les joncs, les massettes et les graminées, il se forme au travers du lit une véritable barrière de tiges entrelacées, au milieu desquelles l'eau ne parvient que très difficilement à trouver un passage.

Moyens préservatifs contre les plantes de fond. Le moyen le plus efficace serait évidemment d'arriver à la destruction complète de ces plantes. On peut atteindre ce résultat quand le lit du cours d'eau est à l'état normal d'entretien et lorsque les plantes de fond ne sont pas trop multipliées. Dans ce cas, on se sert d'un trident en fer à pointes recourbées que l'on enfonce sous la plante assez profondément pour atteindre toutes les racines ; on exerce alors un effort de torsion et la plante est enlevée très facilement hors de l'eau.

Mais quand les plantes de fond ont envahi les cours d'eau sur une cêrtaine étendue, il n'est plus possible de les extirper à moins de faire des dépenses considérables. En général, on se contente de les faucarder pour rétablir périodiquement un écoulement convenable.

Cette opération se fait à la faux à main, ou au moyen du faucard (lames de fer articulées et tranchantes, traînées de l'aval à l'amont sur le fond du lit par des ouvriers placés sur les deux rives). La plupart des plantes, une fois coupées, remontent à la surface et se recueillent au rateau; mais la mousse, bien que détachée par la faux, demeure en place et ne surnage pas. On n'en sera pas étonné si l'on considère que la mousse adhérant au lit comme une sorte de tapis, garde dans ses racines si serrées et si nombreuses une certaine quantité de terre qui reste sous la plante, modifie la pesanteur spécifique de la masse et tend à la retenir au fond.

D'autre part le chevelu serré de la mousse arrête une partie du gravier charrié par les eaux; cela achève de lui donner du poids et il est rare qu'elle remonte.

Plantes de surface. — Ces plantes sont ainsi nommées parce qu'elle se propagent dans l'eau sans prendre racine au fond; pour la plupart, elles s'épanouissent à la surface. Les plus répandues dans la vallée de l'Escaut sont les suivantes :

Les algues. Ces plantes se montrent à l'origine sous l'aspect de petits globules isolés ou groupés, qui en se réunissant forment des filaments, des lames configurées de diverses manières, ou des réseaux.

Nous ne citerons que deux espèces :

1° La conferve, algue élémentaire composée de filaments articulés et nageant dans l'eau, tantôt simples, tantôt rameux ;

2° L'hydrophyte, ou liane des eaux. — Tiges flexibles et tenaces tantôt filiformes, tantôt aplaties. Cette espèce diffère essentiellement de la conferve en ce qu'elle a un cœur d'un tissu très serré et très résistant ; cette particularité l'a quelquefois fait classer dans la famille des linacées.

Les naïades ou plantes nageant soit dans l'eau, soit à la surface.

On distingue parmi les naïades :

1° Le lemna ou lentille d'eau. Cette plante se propage sur les eaux privées d'écoulement sous la forme de feuilles dépourvues de tiges. Ces feuilles sont ovales, d'un vert clair ;

2° Le chara, plante aux tiges grêles, rameuses, vertes et parfois trans-lucides, portant de distance en distance des rameaux au nombre de huit à dix.

Les crucifères, et en particulier le cresson de fontaine, qui couvre la surface des eaux pures et limpides.

Influence des plantes de surface sur l'état d'entretien des cours d'eau. Les naïades et les crucifères ne se développent généralement que dans les eaux stagnantes, ou sur les parties de cours d'eau où la vitesse d'écoulement est peu sensible. Il est à remarquer que là où les plantes de surface abondent, le fond se tapisse de mousse, de sorte que tôt ou tard, faute d'entretien, il arrive que le cœur de l'eau se trouve complètement intercepté. C'est ainsi que bon nombre de fossés particuliers finissent par ne plus être en communication avec les grandes artères de dessèchement.

Les algues, et notamment les hydrophytes, se développent aussi bien dans les eaux courantes que dans les eaux mortes. Elles forment des amas de lianes entrelacées qui amènent l'exhaussement de l'eau en diminuant sa vitesse. De plus, en prenant parfois leur point d'appui sur les parois du lit, les lianes déterminent souvent des espèces de barrages contre lesquels s'accumulent les matières étrangères charriées par les eaux. Ce n'est donc pas sans raison que les algues sont considérées comme une des plantes les plus nuisibles au bon entretien des artères de dessèchement. Nous ajouterons que, par les temps de forte chaleur, les hydrophytes se multiplient avec une incroyable rapidité.

Moyens préservatifs contre les plantes de surface. — Les plantes de surface s'enlèvent au râteau de bois à dents serrées.

Les crucifères et les naïades ne donnent lieu à aucune difficulté, mais les algues, en raison de leur forme et de la flexibilité de leurs éléments, échappent presque toujours au râteau. Quand la faux les détache des rives, il arrive souvent que les lianes retombent au fond. Toutefois, on obtient un résultat assez satisfaisant en se servant de râteaux à longues dents, et en ayant soin de retourner le râteau plusieurs fois sur lui-même avant de le retirer de l'eau.

ROUSSEL,
Conducteur des ponts et chaussées.

L. — Les marées et les crues.

Quand on établit un barrage élevé, en travers d'une rivière, le remous s'étend au loin, mais en s'atténuant; si dans son amplitude se trouve un pont, le remous de celui-ci s'ajoute à une fraction du premier, et ainsi de suite s'il y a d'autres causes de surélévation en remontant vers l'amont. C'est l'effet bien connu de la cumulation des exhaussements; mais il y a des atténuations à mesure que la distance augmente.

Le pont supposé ayant une section mouillée agrandie, en raison de la hauteur restante du remous du barrage, son remous propre est atténué, sauf le cas où l'effet du barrage aurait amené les eaux à dépasser les naissances.

La hauteur d'une crue, en un point donné d'une rivière, dépend de trois facteurs :

Le débit que verse l'amont ;

Le niveau existant en aval, au moment où se produit le maximum au point considéré ;

Les circonstances locales en ce point.

Le relèvement, au-dessus d'une ligne régulière de pente passant par un niveau connu existant à une certaine distance en aval, ne dépend pas seulement de la différence entre le débit maximum et celui qui s'écoule alors à cette distance; il résulte aussi de la *sommation d'une sorte d'intégrale, dont les éléments sont affectés de coefficients d'autant plus petits qu'ils concernent des causes plus éloignées.* Il va de soi que cette intégrale peut comporter des termes négatifs.

L'influence de la marée dans un profil en travers lointain, vers l'amont, sans que des augmentations et diminutions alternatives de la hauteur s'y fassent sentir, a été singulièrement exagérée[1]. Il semble qu'on admette que le phénomène de l'écoulement en Loire dépende seulement du niveau de la haute mer et non de celui de la basse mer.

Que le débit augmente dans un fleuve barré, et le point de tangence de la parabole du remous descendra vers l'aval; qu'il diminue, et il remontera vers l'amont. De même l'influence d'une grande marée ne s'étend plus jusqu'à sa limite ordinaire, mais seulement jusqu'en un point d'autant plus rapproché de la mer que la crue est plus forte.

Tout au moins voudra-t-on bien admettre que l'influence de la marée sur des crues cotant environ 10 mètres à Nantes, au-dessus du zéro de Saint-Nazaire, ne peut être notable. La seule adhésion à cette conclusion, plus que justifiée, deviendra le point de départ de nouvelles recherches dans l'intérêt d'une grande cité terriblement menacée : on ne pourra plus rejeter sur la marée les maux présents et à venir, et les représentants locaux des populations, sortant de leur inaction, feront procéder à des études qu'ils convieront ensuite l'administration à contrôler. Les faits bien éclaircis, tous les pouvoirs reconnaîtraient sans doute que des sacrifices sont nécessaires pour rétablir la situation, à Nantes même et dans le lit du fleuve jusqu'à la baie de Paimbœuf.

---

1. Le contre-courant de flot cesse d'exister longtemps avant les simples oscillations de la courbe des hauteurs. Pendant la crue du 9 février 1860 (planche du *Rapport sur la transformation de la basse Loire* ; in-4°. 1869), qui n'a marqué que 4m,31 à l'échelle de Mauves, il n'y a pas eu de contre-courant à La Martinière; l'oscillation des hauteurs, réduite à 1m,13 en ce point, n'a pas été saisissable à Nantes. Cependant la marée dépassait 6 mètres à Saint-Nazaire, tandis que les vives-eaux d'équinoxe n'atteignent pas cette cote par temps calme. Les tempêtes ne relèvent jamais assez le niveau de la mer pour qu'il ne reste pas inférieur de plusieurs mètres à celui des crues extraordinaires à Nantes.

ANGERS, IMPRIMERIE BURDIN ET Cie, RUE GARNIER, 4.

www.ingramcontent.com/pod-product-compliance
Lightning Source LLC
Chambersburg PA
CBHW060519220326
41599CB00022B/3369